U0301608

FAO / WHO
农药产品标准手册

农业部农药检定所　组织编写

Handbook of
FAO/WHO
Pesticide Product
Specifications

化学工业出版社

·北京·

本书按杀虫剂、杀菌剂、除草剂和其他类农药四部分编写，详细介绍了220个（其中杀虫剂95个，杀菌剂44个，除草剂76个，其他类农药5个）当前主流农药有效成分的结构式、分子量、CAS登录号和理化性状等信息。连同5个除草剂复配制剂，重点收集整理了共计225个最新FAO/WHO标准，每个标准均介绍了原药及其相关制剂的组成与外观、技术指标与有效成分含量的分析方法等。为便于读者查阅，书后收录了农药剂型名称及代码对照表，以及中文农药名称索引和英文农药通用名称索引。

本书可供从事农药生产质量控制、农药管理、农药登记、核查市场商品以及国际贸易的相关人员查阅和参考。

图书在版编目（CIP）数据

FAO/WHO农药产品标准手册/农业部农药检定所组织编写 . —北京：化学工业出版社，2015.1
ISBN 978-7-122-22393-7

Ⅰ.①F⋯ Ⅱ.①农⋯ Ⅲ.①农药-产品标准-中国-手册 Ⅳ.①S48-62

中国版本图书馆CIP数据核字（2010）第274524号

责任编辑：刘 军　　　　　　　文字编辑：向 东
责任校对：边 涛　　　　　　　装帧设计：刘丽华

出版发行：化学工业出版社（北京市东城区青年湖南街13号　邮政编码100011）
印　　刷：北京永鑫印刷有限责任公司
装　　订：三河市胜利装订厂
787mm×1092mm　1/16　印张30¼　字数801千字　2015年5月北京第1版第1次印刷

购书咨询：010-64518888（传真：010-64519686）　售后服务：010-64518899
网　　址：http://www.cip.com.cn
凡购买本书，如有缺损质量问题，本社销售中心负责调换。

定　　价：180.00元

本书编写人员

主　　编　陈铁春　李国平　赵欣昕　吴进龙

副主编　宋俊华　邵向东　刘苹苹　刘丰茂　王　玥

　　　　于　荣　姜宜飞

编写人员（按姓名汉语拼音排序）

白小宁　薄　瑞　陈铁春　陈　翔　董见南

董文凯　高　静　郭海霞　韩丽君　姜宜飞

孔令娥　李国平　李红霞　林绍霞　刘聪云

刘丰茂　刘苹苹　路彩虹　聂东兴　邵向东

宋俊华　王胜翔　王小丽　王　玥　温华珍

吴进龙　谢秀兰　薛佳莹　杨　锚　尤祥伟

于　荣　俞建忠　张峰祖　兆　奇　赵慧宇

赵柳微　赵欣昕　朱明伟

前　言

　　联合国粮农组织（FAO）/世界卫生组织（WHO）农药标准是被世界各个国家最广泛接受的、最具权威性的农药标准。它不仅为各国加强农药管理提供了依据，而且为农药国际贸易中判断产品质量，防止劣质农药的流通提供了国际标准。自20世纪80年代起，我国农药产品开始积极采用国际标准和先进的分析方法，从而大大促进了我国农药生产工艺、分析测试技术的进步和产品质量的提高，一些产品的质量达到了国际先进水平，出口创汇逐年增加。FAO和WHO标准是我国企业走出国门的敲门砖。近年来，我国参与国际标准制定的农药企业越来越多，参与国际农药分析方法制定的能力也不断提高，在很大程度上扩大了我国农药管理的国际影响力和增强了国际话语权。

　　为进一步将国际农药质量标准制定的规则和程序应用到我国农药产品质量管理之中，尽快建立与国际接轨的农药产品质量管理体系，加大专业人才队伍培养，跟踪国际前沿技术，努力实现我国从农药大国到农药强国的转变，为行业提供技术支撑和服务，我们编写了本书。

　　本书按杀虫剂、杀菌剂、除草剂和其他类农药四部分编写，详细介绍了220个（其中杀虫剂95个，杀菌剂44个，除草剂76个，其他类农药5个）当前主流农药有效成分的结构式、分子量、CAS登录号和理化性状等信息。连同5个除草剂复配制剂，重点收集整理了共计225个最新FAO/WHO标准，每个标准均介绍了原药及其相关制剂的组成与外观、技术指标与分析方法等。为便于读者查阅，书后收录了农药剂型名称及代码对照表，以及中文农药名称索引和英文农药通用名称索引。在此之前，我们还翻译了《FAO/WHO农药标准制定和使用手册》，两者结合起来，可为大家提供完整的FAO/WHO产品标准制定原则、程序和范例。

　　由于时间仓促，书中疏漏之处在所难免，恳请广大读者提出批评指正，以期再版时修正。

编者

2015年元月于北京

目录

第一章 杀虫剂

第四章　其他类农药

第一章

杀虫剂

保棉磷（azinphos-methyl）

$C_{10}H_{12}N_3O_3PS_2$，317.3

化学名称 O,O-二甲基-S-[（4-氧代-1,2,3-苯并三氮苯-3 [4H]-基）甲基]二硫代磷酸酯

其他名称 谷硫磷，甲基谷硫磷，谷赛昂，甲基谷赛昂

CAS 登录号 86-50-0

CIPAC 编码 37.a

理化性状 淡黄色晶体。m.p.（熔点）73℃，v.p.（蒸气压）5×10^{-4} mPa(20℃)、1×10^{-3} mPa(25℃)，$K_{ow}\lg P = 2.96$(OECD 107)，Henry 常数 5.7×10^{-6} Pa·m³/mol(20℃，计算值)，$\rho = 1.518$g/cm³(21℃)。溶解度（g/L，20℃）：水 28×10^{-3}，二氯乙烷、丙酮、乙腈、乙酸乙酯、二甲基亚砜＞250，正庚烷1.2，二甲苯170。稳定性：在碱性和酸性介质，快速水解；DT_{50}(22℃)：87d（pH4），50d(pH7)，4d(pH9)。对土壤表面光降解并随时水解。分解温度在200℃以上。

1. 保棉磷原药（azinphos-methyl technical）

FAO 规格 37.a/TC/S(1989)

(1) 组成和外观

本品应由保棉磷和相关的生产性杂质组成，应为黄色片状结晶，无可见的外来物和添加的改性剂。

(2) 技术指标

保棉磷含量/(g/kg)	≥870(允许波动范围为±25g/kg)
丙酮不溶物/(g/kg)	≤5
水分/(g/kg)	≤2
酸度或碱度：	
酸度(以 H_2SO_4 计)/(g/kg)	≤5
碱度(以 NaOH 计)/(g/kg)	≤2

(3) 有效成分分析方法——液相色谱法

① 方法提要 试样用乙腈溶解，以乙腈-水为流动相，在 Zorbax ODS 柱上对试样中的保棉磷进行分离，用紫外检测器检测，内标法定量。

② 分析条件 色谱柱：250mm×4.6mm（i.d.）不锈钢柱，Zorbax ODS 10μm；内标物：丙基苯基酮；流动相：乙腈-水 [65：35（体积比）]；流速：1.5mL/min；检测器灵敏度：0.16AUFS；检测波长：285nm；温度：室温；进样体积：10μL；保留时间：保棉磷 4.0min，丙基苯基酮 4.5min。

2. 保棉磷粉剂（azinphos-methyl dustable powers）

FAO 规格 37.a/DP/S(1989)

（1）组成和外观

本品应由符合 FAO 标准的保棉磷原药、载体和助剂组成，应为易流动的细粉末，无可见的外来物和硬块。

（2）技术指标

保棉磷含量（g/kg）：

标明含量	允许波动范围
≤25	标明含量的 ±15%
>25	标明含量的 ±10%

酸度或碱度：

酸度（以 H₂SO₄ 计）/（g/kg）	≤1
碱度（以 NaOH 计）/（g/kg）	≤2
流动性（必要时）/（流动数）	≤12（流动数）
干筛（未通过 75μm 筛）/%	≤5

留在 $75\mu m$ 试验筛上的保棉磷的量应不超过测定样品量的 $(0.005X)\%$；X 是测得的保棉磷含量。

例如：测得保棉磷含量为 50g/kg，而试验所用样品为 20g，则留在试验筛上保棉磷的量应不超过

$$\frac{(0.005 \times 50) \times 20}{100} g$$

热贮稳定性［在（54±2）℃下贮存 14d］：有效成分含量应不低于贮前测得含量的 85%，酸度或碱度、干筛仍应符合上述标准要求。

（3）有效成分分析方法可参照原药。

3. 保棉磷可湿性粉剂（azinphos-methyl wettable powder）

FAO 规格 37. a/WP/S(1989)

（1）组成和外观

本品应由符合 FAO 标准的保棉磷原药、填料和助剂组成，应为均匀的细粉末，无可见的外来物和硬块。

（2）技术指标

保棉磷含量（g/kg）：

标明含量	允许波动范围
≤500	标明含量的 ±5%
>500	±25

酸度或碱度：

酸度（以 H₂SO₄ 计）/（g/kg）	≤5
碱度（以 NaOH 计）/（g/kg）	≤3
湿筛（通过 75μm 筛）/%	≥97.5
悬浮率（CIPAC 标准水 C,30min）/%	≥60
持久起泡性（1min 后）/mL	≤25
润湿性（无搅动）/min	≤2

热贮稳定性［在（54±2）℃下贮存 7d］：有效成分含量应不低于贮前测得含量的 90％，酸、碱度、湿筛仍应符合上述标准要求。

（3）有效成分分析方法。

有效成分分析方法可参照原药。

4. 保棉磷乳油（azinphos-methyl emulsifiable concentrates）

FAO 规格 37. a/EC/S(1989)

（1）组成和外观

本品应由符合 FAO 标准的保棉磷原药和助剂溶解在适宜的溶剂中制成，应为稳定的均相液体，无可见的悬浮物和沉淀。

（2）技术指标

保棉磷含量(g/kg)：

标明含量	允许波动范围
≤500	标明含量的±6％
>500	±30

水分/(g/kg)	≤2

酸度或碱度：

酸度(以 H_2SO_4 计)/(g/kg)	≤5
碱度(以 NaOH 计)/(g/kg)	≤2
闪点(闭杯法)(必要时)	≥标明的闪点,并对测定方法加以说明

乳液稳定性和再乳化：本产品经热贮后，在 30℃下用 CIPAC 规定的标准水（标准水 A 或标准水 C）稀释，该乳液应符合下表要求。

稀释后时间/h	稳定性要求
0	初始乳化完全
0.5	乳膏≤0.5mL
2	乳膏≤4mL,浮油≤0.3mL
24	再乳化完全
24.5	乳膏≤4mL 浮油≤0.3mL

低温稳定性［(5±1)℃下贮存 7d］：析出固体或液体的体积应小于 0.3mL。

热贮稳定性［(54±2)℃下贮存 14d］：有效成分含量应不低于贮前测得平均含量的 92.5％，酸碱度仍应符合标准要求。

（3）有效成分分析方法可参照原药。

倍硫磷（fenthion）

$C_{10}H_{15}O_3PS_2$，278.3

化学名称 O,O-二甲基-O-(4-甲硫基-3-甲基苯基) 硫代磷酸酯

其他名称　百治屠

CAS 登录号　55-38-9

CIPAC 编码　79

理化性状　无色油状液体（原药为棕色油状，带有硫醇气味的液体）。m. p. 低于−80℃无明显凝固点，b. p.（沸点）90℃/1Pa、117℃/10Pa、284℃（calc.），v. p. 0.74mPa（20℃）、1.4mPa（25℃），$K_{ow}\lg P=4.84$，$\rho=1.25g/cm^3$（20℃）。溶解度（g/L，20℃）：水 4.2×10^{-3}，二氯甲烷、甲苯、异丙醇＞250，正己烷 100。稳定性：210℃以下光照稳定，酸性条件下相对稳定，碱性条件下在一定程度上稳定，DT_{50} 223d(pH4)、200d(pH7)、151d(pH9)（22℃）。f. p.（闪点）170℃（原药）。

1. 倍硫磷原药（fenthion technical material）

FAO 规格 79/TC(2006)

（1）组成和外观

本品应由倍硫磷和相关的生产性杂质组成，应为黄色至棕色液体，无可见的外来物和添加的改性剂。

（2）技术指标

倍硫磷含量/（g/kg）	≥940
水分/（g/kg）	≤1
O,O,O',O'-四甲基二硫代焦磷酸盐(sulfo-TMPP)	当≥倍硫磷含量的 0.1% 时为相关杂质，需标明限量
酸度（以 H_2SO_4 计）/（g/kg）	≤3

（3）有效成分分析方法——气相色谱法（79/TC/M/3，CIPAC Handbook L, p. 81，2006）

① 方法提要　用丙酮溶解样品，采用邻苯二甲酸二异辛酯为内标，进行毛细管 GC-FID 定量。

② 分析条件　色谱柱：石英柱，25m×0.32mm，填涂 Silicon SE 54，薄层厚度 0.17μm；进样方式：分流进样，分流比 1：75；温度：进样口 240℃，检测器 300℃，柱温 230℃；进样量：1μL；载气（氮气）：2.5mL/min；氢气：30mL/min；空气：400mL/min；保留时间：倍硫磷 1.2min，邻苯二甲酸二异辛酯（DIOP）6.2min。

2. 倍硫磷粉剂（fenthion dustable powder）

FAO 规格 79/DP(2006)

（1）组成和外观

本品应由符合 FAO 标准的倍硫磷原药、载体和助剂组成，应为易流动的细粉末，无可见的外来物和硬块。

（2）技术指标

倍硫磷含量（g/kg）：

标明含量	允许波动范围
≤25	标明含量的±25%
25＜含量≤100	标明含量的±10%
水分/（g/kg）	≤10

| O,O,O',O'-四甲基二硫代焦磷酸盐(sulfo-TMPP) | 当≥倍硫磷含量的 0.1%时为相关杂质,需标明限量 |
| 筛分(通过 75μm 试验筛) | ≤倍硫磷含量的 5%,(0.005×X)%,X 为倍硫磷含量 |

热贮稳定性 [(54±2)℃下贮存 14d]:有效成分含量应不低于贮存前测得含量的 80%,细度仍应符合上述标准要求。

(3) 有效成分分析方法可参照原药。

3. 倍硫磷可湿性粉剂 (fenthion wettable powder)

FAO 规格 79/WP(2006)

(1) 组成和外观

本品应由符合 FAO 标准的倍硫磷原药、填料和助剂组成,应为均匀的细粉末,无可见外来物和硬块。

(2) 技术指标

倍硫磷含量(g/kg):

标明含量	允许波动范围
>250 且≤500	标明含量的±5%
水分/(g/kg)	≤10
O,O,O',O'-四甲基二硫代焦磷酸盐(sulfo-TMPP)	当≥倍硫磷含量的 0.1%时为相关杂质,需标明限量
酸度(以 H_2SO_4 计)/(g/kg)	≤3
筛分(未通过 75μm 试验筛)/%	≤2
悬浮率[(30±2)℃ 30min 下,使用 CIPAC 标准水 D]	≥倍硫磷含量的 60%
持久起泡性(1min 后)/mL	≤25
润湿性(不经搅动)/min	≤2

热贮稳定性 [(54±2)℃下贮存 14d]:有效成分含量应不低于贮存测得平均含量的 90%,酸度、筛分,悬浮率,润湿性仍应符合上述标准要求。

(3) 有效成分分析方法可参照原药。

4. 倍硫磷超低容量液剂 (fenthion ultra low volume liquid)

FAO 规格 79/UL(2006)

(1) 组成和外观

本品应由符合标准的倍硫磷原药和必要的助剂制成,应为稳定均相的棕色透明液体,无可见的悬浮物和沉淀。

(2) 技术指标

倍硫磷含量[g/kg 或 g/L(120℃±2℃)]:

标明含量	允许波动范围
>500	±25
水分/(g/kg)	≤2

O,O,O',O'-四甲基二硫代焦磷酸盐
（sulfo-TMPP）
当≥倍硫磷含量的 0.1％时为
相关杂质,需标明限量

酸度（以 H_2SO_4 计）/(g/kg)　　　　　≤5

低温稳定性 [(0±2)℃下贮存 7d]：析出固体或液体的体积应小于等于 0.3mL。

热贮稳定性 [(54±2)℃下贮存 14d]：有效成分含量应不低于贮存前测得平均含量的 95％，酸度仍应符合上述标准要求。

（3）有效成分分析方法可参照原药。

5. 倍硫磷乳油 (fenthion emulsifiable concentrate)

FAO 规格 79/EC(2006)

（1）组成和外观

本品应由符合 FAO 标准的倍硫磷原药和助剂溶解在适宜的溶剂中制成，应为稳定的均相棕色或蓝色液体，无可见的悬浮物和沉淀，用水稀释后为乳状液。

（2）技术指标

倍硫磷含量[g/kg 或 g/L(20±2)℃]：

标明含量	允许波动范围
>250 且≤500	标明含量的±5％
>500	±25

水分/(g/kg)　　　　　≤2

O,O,O',O'-四甲基二硫代焦磷酸盐
（sulfo-TMPP）
当≥倍硫磷含量的 0.1％时为
相关杂质,需标明限量

酸度（以 H_2SO_4 计）/(g/kg)　　　　　≤1

持久起泡性(1min 后)/mL　　　　　≤20

乳液稳定性和再乳化性：在 (30±2)℃下用 CIPAC 规定的标准水（标准水 A 或标准水 D）稀释，该乳液应符合下表要求。

稀释后时间/h	稳定性要求
0	初始乳化完全
0.5	乳膏≤1mL
2	乳膏≤2mL;浮油无
24	再乳化完全
24.5	乳膏≤1mL;浮油无

注：在应用 MT 36.1 或 36.3 时,只有在 2h 后的检测有疑问时再进行 24h 以后的检测。

低温稳定性 [(0±2)℃下贮存 7d]：析出固体和/或液体的体积应小于等于 0.3mL。

热贮稳定性 [(54±2)℃下贮存 14d]：有效成分含量应不低于贮前测得平均含量的 95％，酸度和乳液稳定性和再乳化仍应符合上述标准要求。

（3）有效成分分析方法可参照原药。

6. 倍硫磷水乳剂 (fenthion emulsion, oil-in-water)

FAO 规格 79/EW(2006)

（1）组成和外观

本品应由符合 FAO 标准的倍硫磷原药和适宜的助剂在水相中形成的乳状液。制剂轻摇

后应为均相且与水有很好的相溶性。

（2）技术指标

倍硫磷含量[g/kg 或 g/L(20℃±2℃)]：

标明含量	允许波动范围
＞25 且≤100	标明含量的±10％
O,O,O',O'-四甲基二硫代焦磷酸盐 (sulfo-TMPP)	当≥倍硫磷含量的 0.1％时为 相关杂质,需标明限量
酸度(以 H_2SO_4 计)/(g/kg)	≤1
倾倒性(倾倒后残余物)/％	≤3
持久起泡性(1min 后)/mL	≤5

乳液稳定性和再乳化性：在（30±2）℃下用 CIPAC 规定的标准水（标准水 A 或标准水 D）稀释，该乳液应符合下表要求。

稀释后时间/h	稳定性要求
0	乳化完全
0.5	乳膏≤0.5mL
2	乳膏≤2mL;浮油无
24	再乳化完全
24.5	乳膏≤0.5mL;浮油无

注:在应用 MT36.1 或 36.3 时,只有在 2h 后的检测有疑问时再进行 24h 以后的检测。

低温稳定性 [(0±2)℃下贮存 7d]：制剂轻摇后无可见的颗粒或油状物。

热贮稳定性 [(54±2)℃下贮存 14d]：有效成分含量应不低于贮存前测得平均含量的95％，酸度及乳液稳定性和再乳化性仍应符合上述标准要求。

（3）有效成分分析方法可参照原药。

7. 倍硫磷溶液（fenthion solutions）

FAO 规格 79/OL/S(1989)

（1）组成和外观

本品应由符合标准的倍硫磷原药和助剂组成的溶液，无可见的悬浮物和沉淀。

（2）技术指标

倍硫磷含量[g/kg 或 g/L(20℃)]：

标明含量	允许波动范围
≤500	标明含量的-5％～+7％
＞500	-25～+35
水分/(g/kg)	≤1.5

酸度或碱度：

酸度(以 H_2SO_4 计)/(g/kg)	≤4
碱度(以 NaOH 计)/(g/kg)	≤0.5

闪点(闭杯法)(必要时)　　　　　　　　≥标明闪点,并对测定方法加以说明

与烃油的混溶性：若要求，本品应易于与烃油混溶。

低温稳定性 [(0±1)℃下贮存 7d]：析出固体或液体的体积应小于 0.3mL。

热贮稳定性［(54±2)℃下贮存 14d］：有效成分含量应不低于贮前测得平均含量的 95％，酸度不大于 5g/kg。

（3）有效成分分析方法可参照原药。

苯丁锡（fenbutatin oxide）

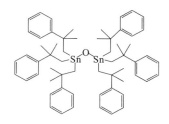

$C_{60}H_{78}OSn_2$，1052.7

化学名称 双［三（2-甲基-2-苯基丙基）锡］氧化物

CAS 登录号 13356-08-6

CIPAC 编码 359

理化性状 白色或淡黄色粉末晶体。m. p. 140～145℃，b. p. 230～310℃（分解），v. p.（20℃）$3.9×10^{-8}$ mPa，K_{ow} lg$P$＝5.2，密度 1.290～1.330g/cm³（20℃）。溶解性（g/L，20℃）：蒸馏水 0.0152mg/L（pH4.7～5.0），己烷 3.49、甲苯 70.1、二氯甲烷 310、甲醇 182、异丙醇 25.3、丙酮 4.92、乙酸乙酯 11.4。稳定性：对热、光和空气中的氧气极其稳定，光解 DT_{50} 55d(pH7，25℃)。遇水转变为三(2-甲基-2-苯基丙基)锡氧化物，该化合物在室内放置又可缓慢转变为苯丁锡，98℃可快速转变为苯丁锡。

苯丁锡原药（fenbutatin oxide technical）

FAO 规格 359/TC/S/F(1993)

（1）组成和外观

本品应由苯丁锡和相关的生产性杂质组成，应为白色粉末，无可见的外来物和添加的改性剂。

（2）技术指标

苯丁锡含量/(g/kg)	≥970(允许波动范围为±25g/kg)
双［羟基双（2-甲基-2-苯基丙基）锡］氧化物(bis［hydroxybis（2-methyl-2-phenylpropyl）tin］oxide)/(g/kg)	≤20

（3）有效成分分析方法——电位滴定法

① **方法提要** 试样溶于三氯甲烷中，以甲基黄作指示剂，用甲苯-4-磺酸滴定测定苯丁锡含量。

② **分析条件** 甲苯-4-磺酸标准滴定溶液：0.1mol/L 乙腈溶液，将 9.15g 甲苯-4-磺酸一水合物溶于 500mL 乙腈，如出现不溶物，过滤。

电位滴定仪：指示电极（锑），使用 15～20h 后，用 00 号纱布清洁锑电极。

参比电极（甘汞），使用 15～20h 后，将电极浸在饱和氯化钾溶液中过夜。

吡丙醚（pyriproxyfen）

$C_{20}H_{19}NO_3$, 321.4

化学名称　4-苯氧基苯基（*RS*)-［2-(2-吡啶基氧）丙基］醚

其他名称　灭幼宝、蚊蝇醚

CAS 登录号　95737-68-1

CIPAC 编码　715

理化性状　白色固体颗粒，原药为淡黄色蜡状固体，有轻微臭味。m. p. 47℃，v. p. ＜ 0.013mPa（23℃），$K_{ow} \lg P = 4.86$，密度 1.14g/cm³（25℃）。溶解性（20～25℃）：水 0.37mg/L，甲醇 200g/kg、己烷 400g/kg、二甲苯 500g/kg。f. p. 119℃。

1. 吡丙醚原药（pyriproxyfen technical material）

FAO/WHO 规格 715/TC(2011)

（1）组成和外观

本品应由吡丙醚和相关的生产性杂质组成，应为白色至淡黄色固体，或无色至黄色透明液体，无味、无可见的外来物和添加的改性剂。

（2）技术指标

吡丙醚含量/(g/kg)	≥970,（测定结果的平均含量应不低于最小的标明含量）

（3）有效成分分析方法——液相色谱法

① 方法提要　试样溶于乙腈，反相色谱柱分离，用带有紫外检测器（254nm）的高效液相色谱仪对试样中的吡丙醚进行检测，内标法定量。

② 分析条件　色谱柱：250mm×4.6mm（i. d.）Nucleosil C_{18}（5μm），不锈钢柱；流动相：乙腈-水［700∶350（体积比)］；柱温：40℃；流速：1.0mL/min；检测波长：254nm；进样体积：10μL；保留时间：吡丙醚约 17min，邻苯二甲酸二环己酯约 25min。

2. 吡丙醚乳油（pyriproxyfen emulsifiable concentrate）

FAO/WHO 规格 715/EC(2011)

（1）组成和外观

本品应由符合 FAO 要求的吡丙醚溶解于适当的溶剂并添加必要的助剂组成稳定均匀液体，无可见的悬浮物或沉淀，稀释于水后使用。

（2）技术指标

吡丙醚含量[g/kg 或 g/L(20±2)℃]：

标明含量	允许波动范围
＞25 且≤100	标明含量的±10％
＞100 且≤250	标明含量的±6％

水分/(g/kg)　　　　　　　　　　　　　　　≤3

pH 范围　　　　　　　　　　　　　　　　4～7

持久起泡性(1min 后)/mL　　　　　　　　　≤20

乳液稳定性和再乳化性：测定乳液在（30±2）℃下用 CIPAC 标准水 A 或标准水 D 稀释，该乳液应符合下表要求。

稀释后时间/h	稳定性要求
0	初始乳化完全
0.5	乳膏≤0.5mL
2	乳膏≤0.5mL,浮油≤0.5mL
24	再乳化完全
24.5	乳膏≤0.5mL,浮油≤痕量

低温稳定性 [（0±2）℃下贮存 7d]：析出固体或液体的体积应小于 0.3mL。

热贮稳定性 [（54±2）℃下贮存 14d]：有效成分含量应不低于贮前测得平均含量的 97%，pH 范围、乳液稳定性和再乳化仍应符合上述标准要求。

（3）有效成分分析方法可参照原药。

3. 吡丙醚水乳剂（pyriproxyfen emulsion, oil in water）

FAO/WHO 规格 715/EW(2011)

（1）组成和外观

本品应由符合 FAO 要求的吡丙醚乳油形成白色或类白色具有微弱特殊气味的黏稠液体稳定均匀液体，与其他助剂一起溶于水中，轻微搅拌后均匀并可稀释于水后使用。

（2）技术指标

吡丙醚含量[g/kg 或 g/L,（20±2）℃]：

标明含量　　　　　　　　　　　　　　允许波动范围

＞100 且≤250　　　　　　　　　　　　标明含量的±6%

倾倒性(倾倒后残留物)/%　　　　　　　　≤6

持久起泡性(1min 后)/mL　　　　　　　　≤10

乳液稳定性和再乳化性：测定乳液在（30±2）℃下用 CIPAC 标准水 A 或标准水 D 稀释，该乳液应符合下表要求。

稀释后时间/h	稳定性要求
0	初始乳化完全
0.5	乳膏≤0.5mL
2.0	乳膏≤0.5mL,浮油≤0.5mL
24	再乳化完全
24.5	乳膏≤0.5mL,浮油≤痕量

低温稳定性 [（0±2）℃下贮存 7d]：轻微搅拌后无析出固体或液体。

热贮稳定性 [（54±2）℃下贮存 14d]：有效成分含量应不低于贮前测得平均含量的 95%，乳液稳定性和再乳化仍应符合上述标准要求。

（3）有效成分分析方法可参照原药。

吡虫啉（imidacloprid）

$$C_9H_{10}ClN_5O_2, \quad 255.7$$

化学名称 1-(6-氯-3-吡啶基甲基)-N-硝基亚咪唑烷-2-基胺

其他名称 咪蚜胺

CAS 登录号 105827-78-9

CIPAC 编码 582

理化性状 无色晶体，有较弱的刺激气味。m. p. 144℃，v. p. 4×10^{-7} mPa(20℃)、9×10^{-7} mPa(25℃)，$K_{ow} \lg P = 0.57$(21℃)，$\rho = 1.54$g/cm^3(23℃)。溶解度(g/L，20℃)：水 0.61，二氯甲烷 67，异丙醇 2.3，甲苯 0.69，正己烷<0.1(室温)。稳定性：pH5～11 时不易水解。

1. 吡虫啉原药（imidacloprid technical material）

FAO 规格 582/TC(2013)

(1) 组成和外观

本品应由吡虫啉和相关的生产性杂质组成，应为米色粉末，无可见的外来物和添加的改性剂。

(2) 技术指标

吡虫啉含量/(g/kg)	≥970(测定结果的平均含量应不低于标明含量)

(3) 有效成分分析方法——液相色谱法

① 方法提要 经反相色谱柱分离，高效液相色谱 UV 检测器 260nm 外标法定量。

② 分析条件 色谱柱：124mm×4mm（i. d.）不锈钢柱，LiChrospher RP-18，5μm 或等价色谱柱。

pH3 缓冲溶液：0.03mol/L 柠檬酸钠-0.1mol/L 盐酸（40：60，体积比）；流动相：乙腈-缓冲溶液-水 [20：8：72，体积比]，流动相 pH=3.4；流速：2mL/min；检测波长：260nm；温度：40℃；进样体积：5μL；运行时间：约 10min；保留时间：约 2.5min。

2. 吡虫啉颗粒剂（imidacloprid granule）

FAO 规格 582/GR(2013)

(1) 组成和外观

本品应由符合 FAO 标准的吡虫啉原药和适宜的载体及助剂制成，应为干燥、易流动的米色或其他颜色球形颗粒，无可见的外来物和硬块，基本无粉尘，易于机器施药。

(2) 技术指标

吡虫啉含量(g/kg)：

标明含量	允许波动范围

≤25	标明含量的±25%
>25且≤100	标明含量的±10%

水分/(g/kg)　　　　　　　　　　　　　　≤1

密度：

　　松密度/(g/mL)　　　　　　　　　　　1.4~1.6

　　堆密度/(g/mL)　　　　　　　　　　　1.5~1.7

粒度范围(300~900μm)/(g/kg)　　　　　≥950

粉尘　　　　　　　　　　　　　　　　　几乎无粉尘

抗磨耗性/%　　　　　　　　　　　　　　≥99

热贮稳定性［(54±2)℃下贮存14d］：有效成分含量应不低于贮前测得平均含量的95%，粒度范围、粉尘、抗磨耗性仍应符合上述标准要求。

(3) 有效成分分析方法参照原药。

3. 吡虫啉种子处理可分散粉剂 (imidacloprid water dispersible pow-der for slurry seed treatment)

FAO规格582/WS(2013)

(1) 组成和外观

本品应由符合FAO标准的吡虫啉原药、填料和助剂（包括着色剂）组成，应为细粉末，无可见的外来物和硬块。

(2) 技术指标

吡虫啉含量/(g/kg)：

标明含量	允许波动范围
>250且≤500	标明含量的±5%
>500	±25

水分/(g/kg)　　　　　　　　　　　　　　≤20

湿筛(通过75μm筛)/%　　　　　　　　　≥99.9

持久起泡性(1min后)/mL　　　　　　　　≤20

润湿性(无搅动)/min　　　　　　　　　　≤1

甜菜种子附着率/%　　　　　　　　　　　≥85

热贮稳定性［(54±2)℃下贮存14d］：有效成分含量应不低于贮前测得平均含量的95%，湿筛、种子附着率仍应符合上述标准要求。

(3) 有效成分分析方法可参照原药。

4. 吡虫啉水分散粒剂 (imidacloprid water dispersible granule)

FAO规格582/WG(2013)

(1) 组成和外观

本品为由符合FAO标准的吡虫啉原药、填料和助剂，经造粒制成的近球形颗粒，粒径范围为0.1~0.8mm，平均粒径为0.4~0.5mm，适于在水中崩解、分散后使用，应干燥、易流动、基本无粉尘、无可见的外来物和硬块。

（2）技术指标

吡虫啉含量/(g/kg)：

标明含量	允许波动范围
＞500	±25

润湿性（无搅动）/s	≤5
湿筛（通过 75μm 筛）/%	≥99.9
分散性（经搅动，1min 后）/%	≥80
悬浮率（30℃下，使用 CIPAC 标准水 D，30min）/%	≥95
持久起泡性（1min 后）/mL	≤20
粉尘	基本无粉尘
耐磨性/%	≥98

流动性，试验筛上下跌落 20 次后，通过 5mm 试验筛的样品应≥95%。

热贮稳定性[（54±2）℃下贮存 14d]：有效成分含量应不低于贮前测得平均含量的 97%，分散性、湿筛、悬浮率、粉尘、流动性和耐磨性仍应符合上述标准要求。

（3）有效成分分析方法可参照原药。

5. 吡虫啉悬浮剂（imidacloprid aqueous suspension concentrate）

FAO 规格 582/SC(2013)

（1）组成和外观

本品应为由符合 FAO 标准的吡虫啉原药的细小颗粒悬浮在水相中，与助剂制成的悬浮液，经轻微搅动为均匀的悬浮液体，易于进一步用水稀释。

（2）技术指标

吡虫啉含量[g/kg 或 g/L（20℃）]：

标明含量	允许波动范围
≤25	标明含量的±15%
＞25 且≤100	标明含量的±10%
＞100 且≤250	标明含量的±6%
＞250 且≤500	标明含量的±5%

倾倒性（倾倒后残余物）/%	≤4
自动分散性（30℃下，使用 CIPAC 标准水 D，5min 后）/%	≥90
湿筛（通过 75μm 筛）/%	≥99.9
悬浮率（30℃下 30min，使用 CIPAC 标准水 D）/%	≥95
持久起泡性（1min 后）/mL	≤40

低温稳定性[（0±2）℃下贮存 7d]：产品的悬浮率、筛分仍应符合上述标准要求。

热贮稳定性[（54±2）℃下贮存 14d]：有效成分含量应不低于贮前测得平均含量的 97%，倾倒性、自动分散性、悬浮率、湿筛仍应符合上述标准要求。

（3）有效成分分析方法可参照原药。

6. 吡虫啉种子处理悬浮剂（imidacloprid suspension concentrate for seed treatment）

FAO 规格 582/FS(2013)

（1）组成和外观

本品应为由符合 FAO/WHO 标准的吡虫啉原药的细小颗粒悬浮在水相中，与助剂（包括着色剂）制成的悬浮液，经轻微搅动为均匀的悬浮液体，易于进一步用水稀释。

（2）技术指标

吡虫啉含量[g/kg 或 g/L(20℃)]：

标明含量	允许波动范围
＞25 且≤100	标明含量的±10％
＞100 且≤250	标明含量的±6％
＞250 且≤500	标明含量的±5％
pH 范围(不经稀释)	5～9
倾倒性(倾倒后残余物)/％	≤4
湿筛(通过 75μm 筛)/％	≥99.9
持久起泡性(1min 后)/mL	≤50
种子附着率(小麦、大麦、玉米)/％	≥90

低温稳定性 [(0±2)℃下贮存 7d]：产品的筛分仍应符合上述标准要求。

热贮稳定性 [(54±2)℃下贮存 14d]：有效成分含量应不低于贮前测得平均含量的 95％，倾倒性、pH 范围、湿筛和种子附着率仍应符合上述标准要求。

（3）有效成分分析方法可参照原药。

7. 吡虫啉可分散油悬浮剂（imidacloprid oil-based suspension concentrate）

FAO 规格 582/OD(2013)

（1）组成和外观

本品为由符合 FAO 标准的吡虫啉原药的细小颗粒悬浮在油相中，与助剂制成的棕色悬浮液，经摇晃或搅动为均匀的悬浮液体，易于进一步用水稀释。

（2）技术指标

吡虫啉含量[g/kg 或 g/L(20℃)]：

标明含量	允许波动范围
＞100 且≤250	标明含量的±6％
＞250 且≤500	标明含量的±5％
倾倒性(倾倒后残余物)/％	≤5
湿筛(通过 75μm 筛)/％	≥99.8
持久起泡性(1min 后)/mL	≤50

分散稳定性：在 30℃下用 CIPAC 规定的标准水稀释（标准水 A 或标准水 D），该制剂应符合如下要求。

分散后时间/h	稳定性要求
0	完全分散
0.5	油膏≤0.5mL,游离油≤痕量,沉淀≤0.1mL
24	再分散完全
24.5	油膏≤1mL,游离油≤痕量,沉淀≤0.25mL

低温稳定性[(0±2)℃下贮存7d]:产品的分散稳定性、筛分仍应符合上述标准要求。

热贮稳定性[(54±2)℃下贮存14d]:有效成分含量应不低于贮前测得平均含量的95%,倾倒性、分散稳定性、湿筛仍应符合上述标准要求。

(3) 有效成分分析方法可参照原药。

8. 吡虫啉可溶液剂 (imidacloprid soluble concentrate)

FAO 规格 582/SL(2013)

(1) 组成和外观

本品为由符合 FAO 标准的吡虫啉原药和助剂溶解在适宜的溶剂中制成的可溶液剂,应为清澈或带乳白光的液体,无可见的悬浮物和沉淀,在水中形成有效成分的真溶液。

(2) 技术指标

吡虫啉含量[g/kg 或 g/L(20℃)]:

标明含量	允许波动范围
>25 且≤100	标明含量的±10%
>100 且≤250	标明含量的±6%

持久起泡性(1min 后)/mL   ≤5

溶液稳定性:本品[在 (54±2)℃下贮存 14d 后]用 CIPAC 标准水 D 稀释,于 (30±2)℃下静置 18h 后,应为均匀、澄清溶液,最多含有不超过痕量的沉淀或可见的颗粒,任何可见的沉淀或颗粒均能通过 45μm 试验筛。

低温稳定性[(0±2)℃下贮存 7d]:析出固体或液体的体积应小于 0.1mL。

热贮稳定性[(54±2)℃下贮存 14d]:有效成分含量不应低于贮前测得平均含量的 97%。溶液稳定性仍应符合标准要求。

(3) 有效成分分析方法参照原药。

丙溴磷 (profenofos)

$C_{11}H_{15}BrClO_3PS$, 373.6

化学名称 O-乙基-O-(4-溴-2-氯苯基)-S-丙基硫代磷酸酯

其他名称   溴氯磷

CAS 登录号   41198-08-7

CIPAC 编码   461

理化性状 淡黄色液体，带有大蒜气味。b. p. 100℃/1.80Pa，v. p. 1.24×10^{-1} mPa（25℃），$K_{ow}lgP=4.44$，$\rho=1.455g/cm^3$（20℃）。溶解度：水 28mg/L（25℃），易溶于多数有机溶剂。稳定性：在中性和略酸性的条件下相对稳定，碱性条件下不稳定；水中 20℃，下 DT$_{50}$ 93d（pH5）、14.6d（pH7）、5.7h（pH9）（20℃）。在 pK_a 0.6～12 内无解离常数，f. p. 124℃。

1. 丙溴磷原药（profenofos technical）

FAO 规格 461/TC/S/F（1997）

（1）组成和外观

本品应由丙溴磷和相关的生产性杂质组成，应为透明或略带浑浊的黄色液体，无可见的外来物和添加的改性剂。

（2）技术指标

丙溴磷含量/（g/kg）	≥890（允许波动范围为±25g/kg）
4-溴-2-氯酚/%	≤1.0
水分/%	≤0.2

（3）有效成分分析方法——气相色谱法

① 方法提要 试样用丙酮溶解，以己二酸二-(2-乙基己基)酯为内标物，在 OV-210 柱上对丙溴磷进行分离，用带有氢火焰离子化检测器的气相色谱仪对试样中的丙溴磷含量进行测定。

② 分析条件 气相色谱仪，带有氢火焰离子化检测器；色谱柱：1.8m×2mm（i. d.）玻璃柱，内填 3% OV-210/Chromosorb Supelcoport，150～200μm；柱温：180℃；汽化温度：240℃；检测器温度：280℃；载气（氮气）流速：35mL/min；氢气、空气流速：按检测器的要求设定；进样体积：1μL；保留时间：丙溴磷 6.5min，内标物 11.4min。

2. 丙溴磷乳油（profenofos emulsifiable concentrate）

FAO 规格 461/EC/S/F（1997）

（1）组成和外观

本品应由符合 FAO 标准的丙溴磷原药和助剂溶解在适宜的溶剂中制成，应为稳定的均相液体，无可见的悬浮物和沉淀。

（2）技术指标

丙溴磷含量[g/L 或 g/kg（20℃）]：

标明含量	允许波动范围
＞100 且≤250	标明含量的±6%
＞250 且≤500	标明含量的±5%
＞500	±25
pH 范围	3.0～7.0
闪点（闭杯法）（必要时）	≥标明闪点，并对测定方法加以说明

乳液稳定性和再乳化：本产品经热贮后，在 30℃下用 CIPAC 规定的标准水稀释（标准

水 A 或标准水 D），该乳液应符合下表要求。

稀释后时间/h	稳定性要求
0	初始乳化完全
0.5	乳化程度≥70%
2	乳化程度≥50%
24	再乳化完全
24.5	乳化程度≥50%

低温稳定性[(0±1)℃贮存 7d]：无固体或液体析出。

热贮稳定性[(54±2)℃贮存 14d]：有效成分含量应不低于贮前测得含量的 95%，pH 范围，乳液稳定性和再乳化仍应符合上述标准要求。

（3）有效成分分析方法可参照原药。

3. 丙溴磷超低容量液剂（profenofos ultra low volume liquid）

FAO 规格 461/UL/S/F(1997)

（1）组成和外观

本品应由符合 FAO 标准的丙溴磷原药和助剂及溶剂组成，应为稳定的液体，无可见的悬浮物和沉淀，适于用超低容量液剂施药设备施药。

（2）技术指标

丙溴磷含量[g/kg 或 g/L(20℃)]：

标明含量	允许波动范围
>100 且≤250	标明含量的±6%
>250 且≤500	标明含量的±5%

pH 范围　　　　　　　　　　　3.0～7.0

闪点(闭杯法)　　　　　　　　≥标明闪点,并对测定方法加以说明

运动黏度范围：应标明本产品的运动黏度范围，黏度的测定应使用 U 形管黏度计。

低温稳定性[(0±1)℃下贮存 7d]：无固体或液体析出。

热贮稳定性[(54±2)℃下贮存 14d]：有效成分含量应不低于贮前测得平均含量的 96%，pH 范围仍应符合上述标准要求。

（3）有效成分分析方法可参照原药。

残杀威（propoxur）

OCONHCH₃
OCH(CH₃)₂

$C_{11}H_{15}NO_3$，209.2

化学名称　2-异丙氧基苯基-N-甲基氨基甲酸酯

其他名称　残杀畏

CAS 登录号　114-26-1

CIPAC 编码　80

理化性状　纯品为无色晶体（原药为白色至奶油色晶体）。m.p. 90℃（晶形Ⅰ）、87.5℃（晶形Ⅱ，不稳定），b.p. 蒸馏分解，v.p. 1.3mPa（20℃）、2.8mPa（25℃），K_{ow} lg$P$ = 1.56，ρ = 1.17g/cm³（20℃）。溶解度（g/L，20℃）：水 1.75；溶于大多数有机溶剂，异丙醇＞200、甲苯 94、正己烷 1.3。稳定性：水中 pH7 条件下稳定，在强碱性条件下水解；DT_{50} 1 年（pH4）、93d（pH7）、30h（pH9，22℃），DT_{50} 40min（pH10，20℃），直接光解不是从环境中整体消除残杀威的主要方法，间接光解（加入腐殖酸）更快（DT_{50} 88h）。

1. 残杀威原药（propoxur technical material）

FAO 规格 80/TC（2006.2）

（1）组成和外观

本品由残杀威和相关的生产杂质组成，是带有酚类气味的浅黄晶体，无可见的外来物和添加的改性剂。

（2）技术指标

残杀威含量/(g/kg)	≥980（不低于标明含量）
水分/(g/kg)	≤2.0
丙酮不溶物/(g/kg)	≤1.0
酸度或碱度：	
酸度（以 H_2SO_4 计）/(g/kg)	≤0.5
碱度（以 NaOH 计）/(g/kg)	≤0.1

（3）有效成分分析方法——液相色谱法

① 方法提要　试样用乙腈溶解，以丁酰苯为内标物，在 ODS-3 色谱柱上，采用流动相乙腈-水［60：40（体积比）］的高效液相色谱法对残杀威进行分离和测定。

② 分析条件　色谱柱：250mm×4.6mm（i.d.），C_{18}硅胶柱液相色谱柱；流动相：乙腈-水［60：40（体积比）］，使用前脱气；温度：室温；流速：1.5mL/min；检测波长：280nm；进样体积：20μL；保留时间：残杀威约 3.75min；丁酰苯约 6.5min。

2. 残杀威可湿性粉剂（propoxur wettable powder）

FAO 规格 80/WP（2006.2）

（1）组成和外观

本品应由符合 FAO 标准的残杀威原药、填料和助剂组成，应为均匀的细粉末，无可见的外来物和硬块。

（2）技术指标

残杀威含量/(g/kg)：	
标明含量	允许波动范围
＞100 且≤250	标明含量的±6%
＞250 且≤500	标明含量的±5%
水分/(g/kg)	≤20
pH 范围（在 10%水中）	4～6
湿筛（通过 75μm 筛）/%	≥98

悬浮率[(30±2)℃下 30min,使用 CIPAC 标准水 D]/%	≥60
持久起泡性(1min 后)/mL	≤10
润湿性(无搅动)/min	≤2

热贮稳定性[(54±2)℃下贮存 14d]：有效成分含量应不低于贮前测得平均含量的 97%，pH、湿筛、悬浮率及润湿性仍应符合上述标准要求。

(3) 有效成分分析方法可参照原药。

3. 残杀威乳油 (propoxur emulsifiable concentrate)

FAO 规格 80/EC(2006.2)

(1) 组成和外观

本品应由符合 FAO 标准的残杀威原药和助剂溶解在适宜的溶剂中制成，应为稳定的透明均相淡黄色液体，无可见的悬浮物和沉淀。用水稀释成乳液后施用。

(2) 技术指标

残杀威含量[g/kg 或 g/L(20℃±2℃)]：

| 标明含量 | 允许波动范围 |
| >100 且≤250 | 标明含量的±6% |

| 水分/(g/kg) | ≤10 |
| pH 范围(在 1%水中) | 3.0～4.2 |

乳液稳定性和再乳化性：本产品在 (30±2)℃下用 CIPAC 规定的标准水 (标准水 A 和标准水 D) 稀释，该乳液应符合下表要求。

稀释后时间/h	稳定性要求
0	初始乳化完全
0.5	乳膏≤1mL
2	乳膏≤2mL,浮油无
24	再乳化完全
24.5	乳膏≤1mL,浮油无

低温稳定性 [(0±1)℃下贮存 7d]：析出固体或液体的体积应不大于 0.3mL。

热贮稳定性 [(54±2)℃下贮存 14d]：有效成分含量应不低于贮前测得的平均含量的 97%，pH 范围、乳液稳定性和再乳化仍应符合上述标准要求。

(3) 有效成分分析方法可参照原药。

4. 残杀威粉剂 (propoxur dustable powder)

FAO 规格 80/DP(2006.2)

(1) 组成和外观

本品应由符合 FAO 标准的残杀威原药、载体和助剂组成，应为易流动的细粉末，无可见的外来物和硬块。

(2) 技术指标

残杀威含量(g/kg)：

| 标明含量 | 允许波动范围 |

| | ≤25 | 标明含量的±15% |
| | >25 且≤100 | 标明含量的±10% |

水分/(g/kg)　≤15

pH 范围(在 1%水中)　4～7

干筛(未通过 75μm 筛)/%　≤5，≤(0.005X)%，X 为残杀威含量/(g/kg)

热贮稳定性 [(54±2)℃下贮存 14d]：有效成分含量应不低于贮前测得的平均含量的97%，pH 和干筛试验仍应符合上述标准要求。

(3) 有效成分分析方法可参照原药。

除虫菊素 (pyrethrins)

R=—CH₃(chrysanthemates) 或 —COOCH₃(pyrethrates)
R¹=—CH=CH₂(pyrethrin) 或 —CH₃(cinerin) 或 —CH₂CH₃(jasmolin)

除虫菊素 I：$C_{21}H_{28}O_3$，328.4
瓜叶菊素 I：$C_{20}H_{28}O_3$，316.4
茉酮菊素 I：$C_{21}H_{30}O_3$，330.5
除虫菊素 II：$C_{22}H_{28}O_5$，372.4
瓜叶菊素 II：$C_{21}H_{28}O_5$，360.4
茉酮菊素 II：$C_{22}H_{30}O_5$，374.5

化学名称　六种杀虫组分的混合物，即

除虫菊素 I (pyrethrin I)；(1S)-2-甲基-4-氧代-3-[(Z)-戊-2,4-二烯基]环戊-2-烯基(1R,3R)-2,2-二甲基-3-(2-甲基丙-1-烯基)环丙烷羧酸酯

除虫菊素 II (pyrethrin II)；(1S)-2-甲基-4-氧代-3-[(Z)-戊-2,4-二烯基]环戊-2-烯基(1R,3R)-2,2-二甲基-3-[(E)-2-甲氧基甲酰基丙-1-烯基]环丙烷羧酸酯

瓜叶菊素 I (cinerin I)；(1S)-2-甲基-4-氧代-3-[(Z)-丁烯-2-基]环戊-2-烯基(1R,3R)-2,2-二甲基-3-(2-甲基丙-1-烯基)环丙烷羧酸酯

瓜叶菊素 II (cinerin II)；(1S)-2-甲基-4-氧代-3-[(Z)-丁烯-2-基]环戊-2-烯基(1R,3R)-2,2-二甲基-3-[(E)-2-甲氧基甲酰基丙-1-烯基]环丙烷羧酸酯

茉酮菊素 I (jasmolin I)；(1S)-2-甲基-4-氧代-3-[(Z)-戊-2-烯基]环戊-2-烯基（1R,3R）-2,2-二甲基-3-（2-甲基丙-1-烯基）环丙烷羧酸酯

茉酮菊素 II (jasmolin II)；(1S)-2-甲基-4-氧代-3-[(Z)-戊-2-烯基]环戊-2-烯基（1R,3R)-2,2-二甲基-3-[(E)-2-甲氧基甲酰基丙-1-烯基]环丙烷羧酸酯

CAS 登录号　8003-34-7

CIPAC 编码　32

理化性状　精制提取物为浅黄色、可流动油状物，带有微弱花香气味；粗制品为深绿褐色黏稠液体，粉末（地上的花）是棕褐色。$\rho=0.80\sim0.90g/cm^3$（25%提取物）、$0.90\sim0.95g/cm^3$（50%提取物）、约 $0.9g/cm^3$（油性树脂原油）。溶解度：几乎不溶于水，能溶

于有机溶剂，如醇类、碳氢化合物类、芳烃类、酯类等。稳定性：在室温无光条件下稳定 >10年，光照下会快速氧化、失活，DT_{50} 10～12h；在碱性和黏土中分解，加热大于200℃，生成不很活跃的异除虫菊酯。f.p.76℃（阿贝尔闭口杯法）。

一、FAO规格

1. 除虫菊素提取物 (pyrethrum extract)

FAO规格 32/1a/S/4

（1）组成和外观

本品是在20℃下，由除虫菊花中提取而得，可用烃类溶剂如煤油稀释，允许添加抗氧化剂。

（2）技术指标

除虫菊素含量/（g/kg）	≥200（允许波动范围为标明含量的±5%）
水分/（g/kg）	≤5
二氯二氟甲烷不溶物/（g/kg）	≤15

（3）有效成分分析方法——气相色谱法

① 方法提要　试样用丙酮溶解，以邻苯二甲酸二环己酯为内标物，在 OV-101/Chromosorb W-HP 色谱柱上进行分离，用带有氢火焰离子化检测器的气相色谱仪对试样中的除虫菊素进行测定。

② 分析条件　气相色谱仪，带有氢火焰离子化检测器。

色谱柱：1.2m×4mm，内装5% OV-101/Chromosorb W-HP（150～200μm）；柱温：210℃；汽化温度：250℃；检测器温度：250℃；载气（氮气）流速：50mL/min；氢气：50mL/min；空气：350mL/min；进样体积：2μL；保留时间：瓜菊酯Ⅰ7min，除虫菊酯Ⅰ10min，邻苯二甲酸二环己酯16min。

2. 除虫菊粉剂　（pyrethrins dust）

FAO规格 32/2/S/4

（1）组成和外观

本品应由符合FAO标准的除虫菊素原药浓剂、载体和助剂组成，包括增效剂，应为易流动的粗糙粉末，无可见的外来物和硬块。

（2）技术指标

除虫菊素含量：应标明含量，允许波动范围为标明含量的+10%～−5%。

除虫菊素Ⅰ和Ⅱ含量：应标明含量。

增效剂：若产品中含有增效醚或其他增效剂，则应标明其含量，允许波动范围为标明含量的±5%。

水分/（g/kg）	≤10
水分散液 pH	6.0～7.0
干筛（未通过150μm试验筛）/（g/kg）	≤10

热贮稳定性[（40±2）℃下贮存28d]：有效成分含量、除虫菊素Ⅰ和Ⅱ含量、增效剂、pH仍应符合上述标准要求。

（3）有效成分分析方法可参照原药。

3. 除虫菊素增效醚溶液（pyrethrins solutions synergized piperonyl butoxide）

FAO 规格 32/4/SL/4

（1）组成和外观

本品为由符合 FAO 标准的除虫菊素原药浓剂和增效醚增效剂制成的除虫菊素溶液。

（2）技术指标

除虫菊素含量[g/kg 或 g/L（20℃）]	应标明含量，允许波动范围为标明含量的±5%
除虫菊素Ⅰ和Ⅱ含量	应标明含量
增效剂[g/kg 或 g/L（20℃）]	应标明含量，允许波动范围为标明含量的±5%
闪点（闭杯法）（必要时）	≥标明的闪点，并对测定方法加以说明

气味：溶剂的气味不能掩盖最终产品的令人反感的味道。

热贮稳定性[（40±2）℃下贮存 28d]：有效成分含量、除虫菊素Ⅰ和Ⅱ含量仍应符合上述标准要求。

（3）有效成分分析方法可参照原药

二、WHO 规格

除虫菊素原药（pyrethrum technical concentrate）

WHO 规格 WHO/SIT/7.R3（2009 年 8 月）

（1）组成和外观

本产品由除虫菊花天然提取物或浓缩物组成，外观为灰色或暗色油腻黏稠状液体，无可见的外来物和添加改性剂。

（2）技术指标

除虫菊素含量/（g/kg）	≥200

注：除虫菊素含量为六种杀虫组分（除虫菊素Ⅰ、瓜叶菊素Ⅰ、茉酮菊素Ⅰ、除虫菊素Ⅱ、瓜叶菊素Ⅱ、茉酮菊素Ⅱ）含量之和。

（3）有效成分分析方法——气相色谱法 [见 32+33+345/TK/（M）/3，CIPAC Handbook H，p.239，1998]

① 方法提要　六种除虫菊素化合物与内标化合物经 GC-FID 分离检测。

② 分析条件　气相色谱仪：带有氢火焰离子化检测器和分流进样，自动进样器。

色谱柱：30m × 0.32mm（i.d.），液膜厚度 0.25μm，壁涂 100% 甲基聚硅氧烷 Durabond-1（或相当的固定液）；分流比：20∶1；汽化温度：250℃；载气（氦气）流速：1mL/min；进样体积：1μL；检测器温度：300℃；柱温：180℃保持 11min，10℃/min 升温，在 220℃ 下保持 8min，10℃/min 降温，在 210℃ 下保持 18min，30℃/min 升温，在 245℃ 下保持 4min；运行时间：45min；氢气流速：40mL/min；空气流速：400mL/min；

氮气（补偿气）：30mL/min；总流速：35mL/min；保留时间：瓜叶菊素 I 约 16min，瓜叶菊素 II 约 30min，茉酮菊素 I 约 19min，茉酮菊素 II 约 35min，除虫菊素 I 约 20min，除虫菊素 II 约 37min，正十七烷约 4min，正十八烷约 6min。

除虫脲（diflubenzuron）

$C_{14}H_9ClF_2N_2O_2$，310.7

化学名称　1-(4-氯苯基)-3-(2,6-二氟苯甲酰基) 脲

其他名称　敌灭灵，伏虫脲，氟脲杀，灭幼脲

CAS 登录号　35367-38-5

CIPAC 编码　339

理化性状　无色晶体（原药，类白色至黄色结晶）。m. p. 228℃，b. p. 257℃/40.0kPa（原药），v. p. 1.2×10^{-4} mPa（25℃）（含气饱和度法），$K_{ow} \lg P = 3.89$，Henry 常数 $\leqslant 4.7 \times 10$Pa·m³/mol（计算值），$\rho = 1.57$g/cm³（20℃）。溶解度（g/L，20℃）：水 0.08×10^{-3}（pH7，25℃），正己烷 0.063，甲苯 0.29，二氯甲烷 1.8，丙酮 6.98，乙酸乙酯 4.26，甲醇 1.1。稳定性：当在溶液中，对光敏感，但固体在阳光下稳定；在 100℃下 1d 存贮后分解 < 0.5%；在 50℃下 7d 存贮后分解 < 0.5%；水溶液中（20℃），在 pH5 和 pH7 稳定（DT_{50} > 180d）；在 pH9，DT_{50} 32.5d。

除虫脲母药（diflubenzuron technical concentrate）

FAO 规格 339/TK（2005）

(1) 组成和外观

本品由除虫脲和相关的生产性杂质组成，为灰白色细粉末，除稀释剂外，无可见的外来物和添加的改性剂。

(2) 技术指标

除虫脲含量/(g/kg)	≥900,允许波动范围±25
粒径(≤5μm)/%	≥70
平均粒径/μm	≤3.75

(3) 有效成分分析方法——液相色谱法

① **方法提要**　将样品溶解于二噁烷中，以利谷隆为内标物，在反相色谱柱上对除虫脲进行分离和测定。

② **分析条件**　色谱柱：250mm × 4.6mm（i.d.）不锈钢柱，Zorbax TM$_{BP}$-C$_8$；Spherisorb ODS，5μm 或 Bondapak C$_{18}$ 10μm 或 Zorbax TM$_{BP}$-C$_{18}$ 等价色谱柱，理论塔板数不小于 3000 块；流动相：乙腈-水-二噁烷［450：450：100（体积比）］；流速：1.3mL/min；检测器灵敏度：0.02AUFS；检测波长：254nm；温度：室温 ± 2℃；进样体积：20μL；保留时间：除虫脲约 7min，利谷隆约 4min。

稻丰散（phenthoate）

$$C_{12}H_{17}O_4PS_2, 320.4$$

化学名称 O,O-二甲基-S-（α-乙氧基甲酰苄基）二硫代磷酸酯

其他名称 爱乐散，益尔散

CAS 登录号 2597-03-7

CIPAC 编码 108

理化性状 无色晶体（原药为红黄色液体）。m. p. $17 \sim 18℃$，b. p. $186 \sim 187℃ / 5mmHg$❶，v. p. 5.3mPa($40℃$)，$K_{ow} lg P = 3.69$（$25℃$），$\rho = 1.226 g/cm^3$（$20℃$）。溶解度（g/L，$25℃$）：水 0.01，易溶于甲醇、乙醇、丙酮、正己烷、二甲苯、苯、二硫化碳、氯仿、二氯甲烷、乙腈和四氢呋喃，正己烷 116，煤油 340。稳定性：$180℃$分解，在中性和酸性的水中稳定，碱性条件下降解。f. p. $165 \sim 170℃$。

1. 稻丰散原药（phenthoate technical）

FAO 规格 108/1/ts/5(1980)

（1）组成和外观

本品应由稻丰散和相关的生产性杂质组成，应为液体，无可见的外来物和添加的改性剂。

（2）技术指标

稻丰散含量/%	$\geqslant$90.0(允许波动范围为$\pm$2%)
P=O 稻丰散/%	$\leqslant$0.5
酸度(以 H_2SO_4 计)/%	$\leqslant$0.3
水分/%	$\leqslant$0.5
丙酮不溶物/%	$\leqslant$0.5

2. 稻丰散粉剂（phenthoate dust）

FAO 规格 108/2/ts/5(1980)

（1）组成和外观

本品应由符合 FAO 标准的稻丰散原药、载体和助剂组成，应为易流动的细粉末，无可见的外来物和硬块。

（2）技术指标

稻丰散含量(%),应标明含量,允许波动范围为标明含量的$\pm$10%。

酸度或碱度：

---

❶ 1mmHg=133.322Pa，全书同。

酸度（以 H_2SO_4 计）/%	≤0.1
碱度（以 NaOH 计）/%	≤0.2
流动数	≤12
干筛（未通过 $75\mu m$ 筛）/%	≤5

留在 $75\mu m$ 试验筛上的稻丰散的量应不超过测定样品量的（$0.15X$）%；X 是测得的稻丰散含量。

例如：测得稻丰散含量为 5%，而试验所用样品为 20g，则留在试验筛上稻丰散的量应不超过

$$\frac{(0.15 \times 5) \times 20}{100}(g)$$

热贮稳定性［在（54 ± 2）℃下贮存 14d］：有效成分含量应不低于贮前测得含量的 95%，酸度允许升至 0.5%、干筛仍应符合上述标准要求。

3. 稻丰散可分散性粉剂（phenthoate dispersible powder）

FAO 规格 108/3/ts/5（1980）

(1) 组成和外观

本品应由符合 FAO 标准的稻丰散原药、填料和助剂组成，应为均匀的细粉末，无可见的外来物和硬块。

(2) 技术指标

稻丰散含量（%），应标明含量，允许波动范围为标明含量的 ±5%

酸度或碱度：

酸度（以 H_2SO_4 计）/%	≤0.3
碱度（以 NaOH 计）/%	≤0.1
湿筛（通过 $75\mu m$ 筛）/%	≥98

悬浮率：

收到的产品/%	≥60	（使用 CIPAC 标准水 A）
热贮后/%	≥50	（使用 CIPAC 标准水 C）
持久起泡性（1min 后）/mL	≤25	
润湿性（无搅动）/min	≤1	

热贮稳定性 ［（54 ± 2）℃下贮存 14d］：有效成分含量应不低于贮前测得含量的 95%，酸度允许升至 0.5%、湿筛、润湿性仍应符合上述标准要求。

4. 稻丰散乳油（phenthoate emulsifiable concentrate）

FAO 规格 108/5/ts/5（1980）

(1) 组成和外观

本品应由符合 FAO 标准的稻丰散原药和助剂溶解在适宜的溶剂中制成，应为稳定的均相液体，无可见的悬浮物和沉淀。

(2) 技术指标

稻丰散含量［% 或 g/L（20℃）］，应标明含量，允许波动范围为标明含量的 ±5%

酸度或碱度：

酸度（以 H_2SO_4 计）/%	≤0.2
碱度（以 NaOH 计）/%	≤0.1

水分/% ≤0.5

闪点（闭杯法） ≥标明的闪点，并对测定方法加以说明

乳液稳定性和再乳化：本产品经热贮后，在30℃下用CIPAC规定的标准水稀释（标准水A或标准水C），该乳液应符合下表要求。

稀释后时间/h	标准
0	完全乳化
0.5	乳膏≤0.5mL
2	乳膏≤2mL，浮油≤0.5mL
24	再乳化完全
24.5	乳膏≤1mL，浮油≤0.5mL

低温稳定性[（0±1）℃下贮存7d]：析出固体或液体的体积应小于0.3%。

热贮稳定性[（54±2）℃下贮存14d]：有效成分含量应不低于贮前测得平均含量的95%，酸度允许升至0.5%、乳液稳定性和再乳化仍应符合上述标准要求。

滴滴涕（DDT）

$C_{14}H_9Cl_5$，354.5

化学名称 2,2-双（对氯苯基）-1,1,1-三氯乙烷

其他名称 二二三

CAS 登录号 50-29-3

CIPAC 编码 3

理化性状 无色晶体（p,p'-DDT）（原药，蜡状固体）。m.p. 不确定（原药）；108.5～109℃（p,p'-DDT），b.p. 185～187℃/0.05mmHg（分解）（p,p'-DDT），v.p. 0.025mPa（20℃）（p,p'-DDT）ρ=1.56g/cm³（15℃）。溶解度（g/L，27℃）：几乎不溶于水，易溶于芳香族和氯化溶剂；适度溶于极性有机溶剂和石油润滑油，环己酮1000，二噁烷1000，二氯甲烷850，苯770，三氯乙烯720，二甲苯600，丙酮500，四氯化碳470，氯仿310，乙醚270，乙醇60，甲醇40。稳定性：p,p'-DDT在高于熔点温度下，在碱性溶液中经脱氯化氢反应，转化为无杀虫活性的1,1'-[2,2-双（对氯苯基）]-双（4-氯苯）（DDE）。此反应是由氯化铁、氯化铝、和紫外线，并且在溶液中，通过碱催化的。氧化总体稳定。

1. 滴滴涕原药（DDT technical material）

WHO规格 WHO/SIT/1.R9（2009年8月）

（1）组成和外观

本产品由滴滴涕和相关生产性杂质组成，外观为白色到淡黄色颗粒、片状或粉末状，无可见的外来物和添加改性剂。

（2）技术指标

p,p'-滴滴涕含量/(g/kg)	≥700
水合氯醛含量/(g/kg)	≤0.25
水分含量/(g/kg)	≤10
丙酮不溶物含量/(g/kg)	≤10
酸度（以 H_2SO_4 计）/(g/kg)	≤3

（3）有效成分分析方法——气相色谱法（见 CIPAC E，3/TC/M/3，p.59，1993）

① 方法提要　样品溶于氯仿中，添加 2,2′-二硝基联苯为内标化合物，用气相色谱氢火焰离子化检测器检测。

② 分析条件　气相色谱仪：带有氢火焰离子化检测器和分流进样，可柱头进样

色谱柱：1.83m×2mm（i.d.），填充 5％OV-210 Chromosorb W-HP，100～200μm 孔径；汽化温度：240℃；载气（氮气）流速：30mL/min；进样体积：2μL；检测器温度：250℃；柱温：170℃；保留时间：p,p'-滴滴涕 13.5min，内标 21min，o,p'-滴滴涕 8.5min。

2. 滴滴涕粉剂（DDT dustable powder）

WHO 规格 WHO/SIF/16.R8（2009 年 8 月）

（1）组成和外观

本品应由符合 WHO 标准 WHO/SIT/1.R9 的滴滴涕原药、载体和必要的助剂组成均匀混合物，外观为精细易流动白色、淡黄色或灰色粉末，无可见的外来物或硬块。

（2）技术指标

p,p'-滴滴涕含量（g/kg）：

标明含量	允许波动范围
＞25 且≤100	标明含量的±10％
酸度（以 H_2SO_4 计）/(g/kg)	≤1
碱度（以 NaOH 计）/(g/kg)	≤2
干筛（未通过 150μm 实验筛）/%	≤2,且无砂砾

热贮稳定性[（54±2）℃下贮存 14d]：有效成分含量不低于储前含量的 95％、酸碱度、干筛仍应符合上述标准要求。

（3）有效成分分析方法可参照原药。

3. 滴滴涕可湿性粉剂（DDT wettable powder）

WHO 规格 WHO/SIF/1.R9（2009 年 8 月）

（1）组成和外观

本品应由符合 WHO 标准 WHO/SIT/1.R9 的滴滴涕原药、填料和必要的助剂组成均匀混合物，外观为精细易流动白色或淡黄色粉末，无可见的外来物或硬块。

(2) 技术指标

p,p'-滴滴涕含量(g/kg)：

标明含量	允许波动范围
>100 且≤250	标明含量的±6%
>250 且≤500	标明含量的±5%
>500	±25

酸度(以 H_2SO_4 计)/(g/kg)	≤2
碱度(以 NaOH 计)/(g/kg)	≤2
湿筛(未通过 $75\mu m$ 实验筛)/%	≤2
悬浮率[30min,(30±2)℃,标准水 D]/%	≥60
持久起泡性(1min 后,标准水 A)/mL	≤60
润湿性(标准水 D,无搅动)/min	≤2

热贮稳定性[(54±2)℃下贮存 14d]：有效成分含量不低于贮前含量的 95%，酸碱度、湿筛、悬浮率和润湿性仍应符合上述标准要求。

(3) 有效成分分析方法可参照原药。

敌百虫（trichlorfon）

$$
\begin{array}{c}
O \\
\| \\
Cl_3CCH - P(OCH_3)_2 \\
| \\
OH
\end{array}
$$

$C_4H_8Cl_3O_4P$, 257.4

化学名称 O,O-二甲基-（2,2,2-三氯-1-羟基乙基）膦酸酯

CAS 登录号 52-68-6

CIPAC 编码 68

理化性状 纯品为无色晶体，略带刺激性气味。m.p.78.5℃，延迟至 84℃ 熔化，v.p.0.21mPa(20℃)、0.5mPa(25℃)，$K_{ow}\lg P = 0.43(20℃)$，$\rho = 1.73g/cm^3(20℃)$。溶解度(g/L，20℃)：水 120，与常见的有机溶剂互溶（如脂肪族化合物和石油），正己烷 0.1~1，二氯甲烷、异丙醇>200，甲苯 20~50。稳定性：易水解和脱氯化氢反应，在加热和大于 pH6 条件下分解迅速，在碱性条件下，迅速转换为敌敌畏，然后水解 DT_{50} 510d (pH4)、46h(pH7)、<30min(pH9，22℃)，光解缓慢。

一、FAO 规格

1. 敌百虫原药（trichlorfon technical）

FAO 规格 68/TC/S(1989)

(1) 组成和外观

本品应由敌百虫和相关生产性杂质组成，为近白色结晶固体，无可见的外来物和添加的改性剂。

（2）技术指标

敌百虫含量/（g/kg）	≥980（允许波动范围为±10g/kg）
水分/（g/kg）	≤3
丙酮不溶物/（g/kg）	≤5
酸碱度：	
酸度（以 H_2SO_4 计）/（g/kg）	≤3
碱度（以 NaOH 计）/（g/kg）	≤0.5

（3）有效成分分析方法——化学法

方法提要：用单乙醇胺水解敌百虫的一个氯，生成的氯离子用硝酸银进行电位滴定，对存在的任何无机氯化物进行校正。

2. 敌百虫粉剂（trichlorfon dustable powder）

FAO 规格 68/DP/S（1989）

（1）组成和外观

本品应由符合 FAO 标准的敌百虫原药、载体和助剂组成，应为易流动的细粉末，无可见的外来物和硬块。

（2）技术指标

敌百虫含量	应标明含量，允许波动范围为标明含量的 +15%～-10%
酸碱度：	
酸度（以 H_2SO_4 计）/（g/kg）	≤1
碱度（以 NaOH 计）/（g/kg）	≤2
流动数，若要求	≤12
干筛（通过 $75\mu m$ 筛）/%	≥92

留在 $75\mu m$ 试验筛上的敌百虫的量应不超过测定样品量的 （0.008X）%，X 是测得的敌百虫含量 （g/kg）。

例如：测得敌百虫含量为 50g/kg 而试验所用样品为 20g，则留在试验筛上敌百虫的量应不超过

$$\frac{(0.008\times50)\times20}{100}=0.08（g）$$

热贮稳定性［（54±2）℃下贮存 14d］：有效成分含量应不低于贮前测得平均含量的 90%，酸碱度、干筛仍应符合上述标准要求。

（3）有效成分分析方法可参照原药。

3. 敌百虫水溶性粉剂（trichlorfon water soluble powder）

FAO 规格 68/SP/S（1989）

（1）组成和外观

本品应由符合 FAO 标准的敌百虫原药和助剂组成，应为均匀粉末，无可见的外来物和硬块。

（2）技术指标

敌百虫含量(g/kg)：

标明含量	允许波动范围
≤500	标明含量的 -5% ~ $+10\%$
>500	-25 ~ $+50$

水分/(g/kg)   ≤15

水不溶物：应标明水不溶物含量,测定结果与标明含量相差不超过±15%

酸碱度：

酸度(以 H_2SO_4 计)/(g/kg)	≤5
碱度(以 NaOH 计)/(g/kg)	≤1

持久起泡性(1min 后)/mL   ≤5

湿筛(通过 $45\mu m$ 筛)/%   ≥97

溶解度：除不溶物外，在 (20±2)℃ 下，3min 内能迅速溶解本品形成浓度为 1% 的溶液

热贮稳定性 [(54±2)℃ 下贮存 14d]：有效成分含量应不低于贮前测得平均含量的 95%，酸度允许升至 8g/kg，溶解度仍应符合上述标准要求。

(3) 有效成分分析方法可参照原药。

4. 敌百虫可溶性液剂 (trichlorfon soluble concentrate)

FAO 规格 68/SL/S(1989)

(1) 组成和外观

本品为由符合 FAO 标准的敌百虫原药和助剂组成的溶液，应无可见的悬浮物和沉淀。

(2) 技术指标

敌百虫含量[g/kg 或 g/L(20℃)]：

标明含量	允许波动范围
≤500	标明含量的 -5% ~ $+7\%$
>500	-25 ~ $+35$

水分/(g/kg)   ≤7

酸碱度：

酸度(以 H_2SO_4 计)/(g/kg)	≤5
碱度(以 NaOH 计)/(g/kg)	≤0.5

闪点(闭杯法)   ≥标明闪点,并对测定方法加以说明

与水的混合性：本品经热贮实验后,30℃ 下用 CIPAC 标准水 C 稀释,应为清澈、均匀溶液。

低温稳定性 [(0±1)℃ 下贮存 7d]：对含量为 ≤400g/L 的产品，析出固体或液体的体积应小于 0.3mL；对于其他规格产品，应声明其低温稳定性。

热贮稳定性 [(54±2)℃ 下贮存 14d]：有效成分含量应不低于贮前测得平均含量的 90%，酸度允许升至 12g/kg，与水的混合性仍应符合标准要求。

(3) 有效成分分析方法可参照原药。

5. 敌百虫可湿性粉剂 (trichlorfon wettable powder)

FAO 规格 68/WP/S(1989)

（1）组成和外观

本品应由符合 FAO 标准的敌百虫原药、填料和助剂组成，应为均匀的细粉末，无可见的外来物和硬块。

（2）技术指标

敌百虫含量（g/kg）：

标明含量	允许波动范围
≤500	标明含量的−5%～+10%
>500	−25～+50

水分/（g/kg）	≤10

酸碱度：

酸度（以 H_2SO_4 计）/（g/kg）	≤5
碱度（以 NaOH 计）/（g/kg）	≤2
湿筛（未通过 $75\mu m$ 筛）/%	≤2
水不溶物	应标明水不溶物含量，测定结果与标明含量相差不超过±25g/kg
悬浮率（CIPAC 标准水 C，30min）/%	≥50
持久起泡性（1min 后）/mL	≤25
润湿性（无搅动）/min	≤2

热贮稳定性 $[(54\pm2)℃$ 下贮存 14d]：有效成分含量应不低于贮前测得平均含量的 95.0%，酸度允许升至 8g/kg，湿筛仍应符合上述标准要求。

（3）有效成分分析方法可参照原药。

二、WHO 规格

1. 敌百虫原药（trichlorfon technical）

WHO 规格/SIT/13. R5（1999 年 12 月 10 日修订）

（1）组成和外观

本品应由敌百虫和相关的生产性杂质组成，应为白色或近白色结晶固体，无可见的外来物和添加的改性剂。

（2）技术指标

敌百虫含量/（g/kg）	≥970（测定结果的平均含量应不低于标明含量）
凝固点/℃	≥77
酸度（以 H_2SO_4 计）/（g/kg）	≤3
丙酮不溶物/（g/kg）	≤5
水分/（g/kg）	≤3

（3）有效成分分析方法——碱解定氯法。

方法提要：试样在甲醇-乙醇胺混合溶液中定量地水解成氯离子。通过测定总氯和水解前无机氯之差，求算试样中的敌百虫含量。

2. 敌百虫可溶粉剂 (trichlorfon water soluble powder)

WHO 规格/SIF/45. R2(1999 年 12 月 10 日修订)

(1) 组成和外观

本品应是由符合 WHO 标准的敌百虫原药和水溶性填料制成的均匀混合物,为白色至浅棕色、易于流动的粉末,易溶于水。

(2) 技术指标

敌百虫含量(g/kg):

标明含量	允许波动范围
>250 且≤500	标明含量的-10%~+25%
>500	-25~+50

热贮后的筛分(通过 45μm 筛)/%	≥97
水分/(g/kg)	≤15
酸度(以 H_2SO_4 计)/(g/kg)	≤5

水不溶物 (g/kg),应标明水不溶物含量,测定结果与标明值相差不得超过±1.5%

热贮稳定性 [(54±2)℃下贮存 14d]:敌百虫含量仍应符合上述标准要求,酸度允许升至 8g/kg

(3) 有效成分分析方法参照原药

敌敌畏 (dichlorvos)

$C_4H_7Cl_2O_4P$,221.0

化学名称 O,O-二甲基-O-(2,2-二氯) 乙烯基磷酸酯

CAS 登录号 62-73-7

CIPAC 编码 11

理化性状 纯品为无色液体 (原药为无色至琥珀色,带有芳香气味)。m. p. <-80℃,b. p. 234.1℃/1×10^5 Pa、74℃/1.3×10^2 Pa,最近更多研究表明敌敌畏没有明显的沸点,v. p. 2.1×10^3 mPa(25℃),K_{ow} lg$P$=1.9,ρ=1.425g/cm³ (20℃)。溶解度:水约 18g/L (25℃),与芳香族化合物、氯化烃类和醇类互溶,适度溶于柴油、煤油、矿物油等烷烃化合物。稳定性:在 185~280℃之间发生吸热反应,到 315℃剧烈分解;在水或酸性介质中缓慢水解,在碱性介质里水解更快,生成磷酸氢二甲酯和二氯乙醛;DT$_{50}$ 31.9d(pH4)、2.9d (pH7)、2.0d(pH9,22℃)。f. p. >100℃ (DIN 51578)、172℃(潘斯基-马腾斯闭口杯法,1×10^5 Pa)。

一、FAO 规格

1. 敌敌畏原药 (dichlorvos technical)

FAO 规格 11/TC/S(1989)

（1）组成和外观

本品应由敌敌畏和相关的生产性杂质组成，应为无色至浅棕色液体，无可见的外来物和添加的改性剂。

（2）技术指标

敌敌畏含量/(g/kg)	≥970(允许波动范围为±20g/kg)
三氯乙醛/(g/kg)	≤5
水分/(g/kg)	≤0.5
酸度(以 H_2SO_4 计)/(g/kg)	≤2

（3）有效成分分析方法——气相色谱法

① 方法提要　试样用三氯甲烷溶解，以十五烷为内标物，在 10% DC-550 柱上进行色谱分离，用带有氢火焰离子化检测器的气相色谱仪对敌敌畏原药进行分离和测定。

② 分析条件　气相色谱仪，带有氢火焰离子化检测器。

色谱柱：2m×3mm 玻璃柱，内填 10% DC-550（或相当的固定液）/Gas Chrom Q（180～250μm）；内标物：十五烷（不应有干扰分析的杂质）；柱温：174℃；汽化温度：200℃；检测器温度：250℃；载气（氮气）流速：37mL/min；氢气流速：32mL/min；空气流速：300～400mL/min；保留时间：敌敌畏 2.2min，内标物 3.8min。

2. 敌敌畏可溶性液剂（dichlorvos soluble concentrate）

FAO 规格 11/SL/S(1989)

（1）组成和外观

本品为由符合 FAO 标准的敌敌畏原药和助剂组成的溶液，应无可见的悬浮物和沉淀。

（2）技术指标

敌敌畏含量[g/kg 或 g/L(20℃)]：

标明含量	允许波动范围
≤500	标明含量的±5%
>500	±25

水分/(g/kg)	≤0.8
酸碱度：	
酸度(以 H_2SO_4 计)/(g/kg)	≤5
碱度(以 NaOH 计)/(g/kg)	≤0.1
闪点(闭杯法)	≥标明闪点,并对测定方法加以说明

与水的混溶性：在 30℃下，用 CIPAC 标准水 C 稀释热贮后的本品，应是透明、均匀的溶液。

低温稳定性 [(0±1)℃下贮存 7d]：析出固体或液体的体积应小于 0.3mL。

热贮稳定性 [(54±2)℃下贮存 14d]：有效成分含量不应低于贮前测得平均含量的 85%，酸度允许升至≤10g/kg。

（3）有效成分分析方法可参照原药。

3. 敌敌畏乳油（dichlorvos emulsifiable concentrate）

FAO 规格 11/EC/S(1989)

（1）组成和外观

本品应由符合标准的敌敌畏原药和助剂溶解在适宜的溶剂中制成，应为稳定的均相液体，无可见的悬浮物和沉淀。

（2）技术指标

敌敌畏含量[g/L(20℃)或 g/kg]：

标明含量	允许波动范围
≤500	标明含量的±5%
>500	±25

水分/(g/kg)　　　　　　　　　　　　≤1

酸碱度：

　　酸度(以 H_2SO_4 计)/(g/kg)　　　　≤5

　　碱度(以 NaOH 计)/(g/kg)　　　　≤0.1

闪点(闭杯法)　　　　　　　　　　　≥标明闪点,并对测定方法加以说明

乳液稳定性和再乳化：本产品经热贮后，在 30℃下用 CIPAC 规定的标准水稀释（标准水 A 或标准水 C），该乳液应符合下表要求。

稀释后时间/h	稳定性要求
0	初始乳化完全
0.5	80%乳化
2	50%乳化
24	再乳化完全
24.5	80%乳化

低温稳定性 [(0±1)℃下贮存 7d]：析出固体或液体的体积应小于 0.3mL。

热贮稳定性 [(54±2)℃下贮存 14d]：有效成分含量应不低于贮前测得平均含量的 85%，酸度不大于 10g/kg。

（3）有效成分分析方法可参照原药。

二、WHO 规格

1. 敌敌畏原药 (dichlorvos technical material)

WHO 规格 WHO/SIT/16. R5(2009 年 8 月)

（1）组成和外观

本产品由敌敌畏和相关生产性杂质组成，外观为灰琥珀色液体，无可见的外来物和添加改性剂。

（2）技术指标

敌敌畏含量/(g/kg)　　　　　　　　　≥950

水分含量/(g/kg)　　　　　　　　　　≤1

酸度(以 H_2SO_4 计)/(g/kg)　　　　≤2

（3）有效成分分析方法——气相色谱法 [见 CIPAC H，11/TC/(M)/3, p.136，1998]

① 方法提要　将样品溶解于丙酮中，用气相色谱氢火焰离子化检测器进行内标定量。

② 分析条件　气相色谱仪：带有氢火焰离子化检测器。

色谱柱：1.5m×4mm（i.d.），填充 3% OV-225/Gas Chrom Q 100～120μm 孔径（或

相当的固定相）；汽化温度：160℃；载气（氮气）流速：40mL/min；进样体积：2～6μL；检测器温度：250℃；柱温：140℃；保留时间：敌敌畏约 5min；内标（庚二酸二乙酯）约 9.5min。

2. 敌敌畏乳油（dichlorvos emulsifiable concentrate）

WHO 规格 WHO/SIF/39. R3(2009 年 8 月)

(1) 组成和外观

本品应由符合 WHO 标准 WHO/SIF/16. R5 的敌敌畏原药和必要的助剂溶于适当的溶剂中，外观为稳定均一液体，无可见的悬浮物或沉淀，用水稀释后作为乳剂使用。

(2) 技术指标

敌敌畏含量[g/kg 或 g/L,(20±2)℃]：

标明含量	允许波动范围
>250 且≤500	标明含量的±5%
>500	±25

水分含量/(g/kg)	≤1
酸度(以硫酸计)/(g/kg)	≤5
碱度(以氢氧化钠计)/(g/kg)	≤0.1
持久起泡性(1min 后,标准水 A)/mL	≤60

乳液稳定性和再乳化：在（30±2)℃下用 CIPAC 规定的标准水稀释（标准水 A 或标准水 D)，该乳液应符合下表要求。

稀释后时间/h	稳定性要求
0	初始乳化完全
0.5	乳膏≤1mL
2	乳膏≤2mL，无浮油
24	再乳化完全
24.5	乳膏/沉淀物≤2mL，无浮油

注:只有当 2h 实验结果有疑问时才需进行 24h 实验

低温稳定性：在（0±2)℃下贮存 7d 析出固体或液体体积不超过 0.3mL。

热贮稳定性：在（54±2)℃下贮存 14d 有效成分含量不低于储存前含量的 95%，酸碱度和乳液稳定性和再乳化仍应符合上述标准要求。

(3) 有效成分分析方法可参照原药。

敌瘟磷（edifenphos）

$$C_{14}H_{15}O_2PS_2，310.4$$

化学名称 *O*-乙基-*S*,*S*-二苯基二硫代磷酸酯

其他名称　稻瘟光，克瘟散

CAS 登录号　17109-49-8

CIPAC 编码　409

理化性状　黄色至浅棕色液体，有特殊气味。m. p. −25℃，b. p. 154℃/1Pa、3.2×10^{-2} mPa（20℃），$K_{ow} \lg P = 3.83$（20℃），Henry 常数 2×10^{-4} Pa·m^3/mol（20℃），$\rho = 1.251$g/cm^3（20℃）。溶解度（g/L，20℃）：水 56×10^{-3}，正己烷 20～50，二氯甲烷、异丙醇、甲苯 200；易溶于甲醇，丙酮，苯，二甲苯，四氯化碳，二噁烷；微溶于庚烷。稳定性：在中性介质下稳定，在强酸和强碱下水解。在 25℃，DT_{50} 19d（pH7）、2d（pH9）在光下存在降解。f. p. 115℃（原药）（DIN51755）。

1. 敌瘟磷原药（edifenphos technical）

FAO 规格 409/TC/S/F(1991)

（1）组成和外观

本品应由敌瘟磷和相关的生产性杂质组成，应为浅黄色至深黄色液体，无可见的外来物和添加的改性剂。

（2）技术指标

敌瘟磷含量/(g/kg)	≥940（允许波动范围为 ±20g/kg）
O,O-二乙基-S-苯基硫代磷酸酯/(g/kg)	≤2
苯硫酚/(g/kg)	≤2
水分/(g/kg)	≤1
pH	≤6.5

（3）有效成分分析方法——气相色谱法

① 方法提要　试样用丙酮溶解，以磷酸三苯酯为内标物，用带有氢火焰离子化检测器的气相色谱仪对试样中的敌瘟磷进行分离和测定。

② 分析条件　气相色谱仪：带有氢火焰离子化检测器；色谱柱：1.1m×3.2mm（内径），填充 5% SE-30/Chromosorb W-HP，150～170μm；内标溶液：1.5g 磷酸三苯酯溶于 200mL 丙酮中；柱温：190℃；汽化温度：220℃；检测器温度：220℃；载气（氮气）流速：60mL/min；进样体积：4μL；保留时间：敌瘟磷 8.6min，磷酸三苯酯 11.0min。

2. 敌瘟磷乳油（edifenphos emulsifiable concentrate）

FAO 规格 409/EC/S/F(1991)

（1）组成和外观

本品应由符合 FAO 标准的敌瘟磷原药和其他助剂溶解在适宜的溶剂中制成，应为稳定的均相液体，无可见的悬浮物和沉淀。

（2）技术指标

敌瘟磷含量[g/kg 或 g/L(20℃)]：

标明含量	允许波动范围
≤500	标明含量的 ±5%
>500	±25
O,O-二乙基-S-苯基硫代磷酸酯	≤测得敌瘟磷含量的 0.3%
苯硫酚	≤测得敌瘟磷含量的 0.3%

水分/(g/kg)	≤5
pH	≤6.5
闪点(闭杯法)	≥标明的闪点,并对测定方法加以说明

乳液稳定性和再乳化:本产品在30℃下用CIPAC规定的标准水(标准水A或标准水C)稀释,该乳液应符合下表要求。

稀释后时间/h	稳定性要求
0	初始乳化完全
0.5	乳膏≤1mL
2	乳膏≤2mL,浮油≤0mL
24	再乳化完全
24.5	乳膏≤2mL,浮油≤0.5mL

低温稳定性 [(0±1)℃下贮存7d]:析出的固体或液体应不超过0.3mL。

热贮稳定性 [(54±2)℃下贮存14d]:有效成分平均含量不应低于贮前测得平均含量的97%,O,O-二乙基-S-苯基硫代磷酸酯、苯硫酚、pH、乳液稳定性仍应符合上述标准要求。

(3) 有效成分分析方法可参照原药。

碘硫磷 (iodofenphos)

$C_8H_8Cl_2IO_3PS$, 413.0

化学名称 O-(2,5-二氯-4-碘苯基)-O,O-二甲基硫代磷酸酯 [O-(2,5-dichloro-4-iodophenyl) O,O-dimethyl phosphorothioate]

CAS登录号 18181-70-9

理化性状 无色晶体。m.p. 76℃,v.p. 0.106mPa(20℃),Henry常数<$2.19×10^{-2}$ Pa·m³/mol(计算值),$\rho=2.0$g/cm³ (20℃)。溶解度 (g/L,20℃):水<$2×10^{-3}$,丙酮、甲苯450,二氯甲烷810,苯610,异丙醇230,己烷33,甲醇、正辛醇30。稳定性:在中性,弱酸性,和弱碱性介质中极其稳定。在强酸和强碱下水解。原药的稳定性>160℃

1. 碘硫磷原药 (iodofenphos technical)

WHO规格/SIT/22.R3(1999年12月10日修订)

(1) 组成和外观

本品应由碘硫磷和相关的生产性杂质组成,应为白色结晶固体,无可见的外来物和添加的改性剂。

(2) 技术指标

碘硫磷含量/(g/kg)	≥910(测定结果的平均含量应不低于标明含量)

酸度（以 H_2SO_4 计）/（g/kg）	$\leqslant 3$
丙酮不溶物/（g/kg）	$\leqslant 5$
水分/（g/kg）	$\leqslant 5$

（3）有效成分分析方法——化学法

方法提要：试样用冰乙酸溶解，用酸化的标准溴化钾和溴酸钾溶液氧化，过量的溴酸钾与碘化钾反应，游离出的碘用标准硫代硫酸钠滴定。

2. 碘硫磷可湿性粉剂（iodofenphos wettable powder）

WHO 规格/SIF/33. R3(1999 年 12 月 10 日修订)

（1）组成和外观

本品为由符合 WHO 标准的碘硫磷原药、填料和助剂组成的均匀混合物，应为易流动的细粉末，在水中经搅拌易于润湿，无可见的外来物和硬块。

（2）技术指标

碘硫磷含量（g/kg）：

标明含量	允许波动范围
＞250 且≤500	标明含量的±5%
＞500	±25（所取全部样品的平均含量应不低于标明含量）

热贮后的筛分（通过 $75\mu m$ 筛）/%	$\geqslant 98$
悬浮率（热贮后，用标准硬水）/%	$\geqslant 50$
持久起泡性（用 WHO 标准软水，1min 后）/mL	$\leqslant 60$
润湿性/min	$\leqslant 2$

热贮稳定性［(54±2)℃下贮存 14d］：碘硫磷含量仍应符合上述标准要求。

（3）有效成分分析方法可参照原药。

丁硫克百威（carbosulfan）

$C_{20}H_{32}N_2O_3S$，380.6

化学名称 2,3-二氢-2,2-二甲基苯并呋喃-7-基（二丁基氨基硫）-N-甲基氨基甲酸酯

其他名称 丁硫威

CAS 登录号 55285-14-8

CIPAC 编码 417

理化性状 橘黄色至棕色透明黏稠液体。没有明确熔点，b. p. 真空蒸馏时热不稳定(65mmHg)，v. p. 3.58×10^{-2} mPa(25℃)，$K_{ow} \lg P = 5.4$，$\rho = 1.05$g/cm³ （20℃）。溶解

度：水中 3mg/L（25℃），与大多数有机溶剂互溶，如二甲苯、正己烷、三氯甲烷、二氯甲烷、甲醇、乙醇、丙酮等。稳定性：在水溶液中水解，DT_{50} 0.2h（pH5）、11.4h（pH7）、173.3h（pH9）。f.p.96℃（闭口杯法）。

1. 丁硫克百威原药（carbosulfan technical）

FAO 规格 417/TC/S/F(1991)

(1) 组成和外观

本品由丁硫克百威和相关的生产杂质组成，为棕色黏稠液体，除稳定剂之外，无可见的外来物和添加的改性剂。

(2) 技术指标

丁硫克百威含量/(g/kg)	≥890(允许波动范围±25g/kg)
克百威/(g/kg)	≤20
水分/(g/kg)	≤2
碱度(以 NaOH 计)/(g/kg)	≤0.2

(3) 有效成分分析方法——液相色谱法

① 方法提要　试样溶于乙腈中，以甲醇-水作流动相，在反相色谱柱（C_{18}）上对丁硫克百威原药进行分离，用紫外检测器（280nm）检测，内标法定量。

② 分析条件　液相色谱仪，带有紫外检测器；色谱柱：250mm×4.6mm（i.d.），填充 5μm 的 Zobax C_{18} 或性能相当的其他 C_{18} 柱；内标物：壬苯酮；内标溶液：3.6g 壬苯酮溶于 1000mL 乙腈中；流动相：甲醇-水 [88∶12（体积比）]；流速：1.0mL/min；检测波长：280nm；温度：室温；进样体积：10μL；保留时间：丁硫克百威约 11.5min，壬苯酮约 8.5min。

2. 丁硫克百威乳油（carbosulfan emulsifiable concentrate）

FAO 规格 417/EC/S/F(1991)

(1) 组成和外观

本品应由符合标准的丁硫克百威原药和助剂溶解在适宜的溶剂中制成，应为稳定的均相液体，无可见的悬浮物和沉淀。

(2) 技术指标

丁硫克百威含量[g/kg 或 g/L(20℃)]：

标明含量	允许波动范围
≤500	标明含量的±5%

克百威	≤测得的丁硫克百威含量的 2%
水分/(g/kg)	≤2
碱度(以 NaOH 计)/(g/kg)	≤1
闪点(闭杯法)	≥标明的闪点，并对测定方法加以说明

乳液稳定性和再乳化：本品在 30℃下用 CIPAC 规定的标准水（标准水 A 或标准水 C）稀释，该乳液应符合下表要求。

稀释后时间/h	稳定性要求
0	初始乳化完全
0.5	乳化≥95%
2	乳化≥90%
24	再乳化完全
24.5	乳化≥95%

低温稳定性〔(0±1)℃下贮存7d〕：析出固体或液体的体积应小于0.3mL

热贮稳定性〔(54±2)℃下贮存14d〕：有效成分含量应不低于贮前测得平均含量的97%，碱度、乳液稳定性仍应符合标准要求。

（3）有效成分分析方法可参照原药

3. 丁硫克百威颗粒剂（carbosulfan granule）（适用于机器施药）

FAO规格417/GR/S/F(1991)

（1）组成和外观

本品应由符合FAO标准的丁硫克百威原药和适宜的载体及助剂制成，应为干燥、易流动的颗粒，无可见的外来物和硬块，基本无粉尘，易于机器施药。

（2）技术指标

丁硫克百威含量(g/kg)：

标明含量	允许波动范围
≤100	标明含量的±10%

克百威　　　　　　　　　　　　　　≤测得的丁硫克百威含量的2%
酸度(以H_2SO_4计)/(g/kg)　　　　　≤0.5

堆积密度范围：应标明本产品堆积密度范围。当要求时，密度应不小于1.5g/mL。

粒度范围：应标明产品的粒度范围，粒度范围下限与上限的粒径比例应不超过1：4，在粒度范围内的本品应≥90%。

125μm试验筛筛余物（留在125μm试验筛上），≥995g/kg，且留在筛上的样品中丁硫克百威含量应≥测得的产品中丁硫克百威含量的95%。

热贮稳定性〔(54±2)℃下贮存14d〕：有效成分含量应不低于贮前测得平均含量的97%，酸度、粒度范围、125μm试验筛筛余物仍应符合上述标准要求。

（3）有效成分分析方法可参照原药。

4. 丁硫克百威超低容量液剂（carbosulfan ultra low volume liquid）

FAO规格417/UL/S/P(1993)

（1）组成和外观

本品应由符合FAO标准的丁硫克百威原药和助剂组成，应为稳定的均相液体，无可见的悬浮物和沉淀。

（2）技术指标

丁硫克百威含量[g/kg或g/L(20℃)]：

标明含量	允许波动范围
≤25	标明含量的±15%
>25且≤100	标明含量的±10%
>100且≤250	标明含量的±6%

　　　　　　＞250 且≤500　　　　　　　　　标明含量的±5%

克百威　　　　　　　　　　　　　　　≤测得的丁硫克百威含量的 2%

水分/（g/kg）　　　　　　　　　　　≤2

碱度（以 NaOH 计/（g/kg）　　　　　≤1

闪点（闭杯法）　　　　　　　　　　　≥22.8℃,并对测定方法加以说明

运动黏度范围：30℃下本产品的运动黏度范围应在 $1\sim10\text{mm}^2/\text{s}$。

挥发性：本品测得的挥发性应≤100g/kg。

低温稳定性［(0 ± 1)℃下贮存 7d］：析出固体或液体的体积应小于 0.3mL。

热贮稳定性［(54 ± 2)℃下贮存 14d］：有效成分含量应不低于贮前测得平均含量的 97%，碱度、运动黏度范围仍应符合上述标准要求。

（3）有效成分分析方法可参照原药。

毒虫畏（chlorfenvinphos）

$C_{12}H_{14}Cl_3O_4P$, 359.6

化学名称　　2-氯-1-(2,4-二氯苯基) 乙烯基二乙基磷酸酯

CAS 登录号　　470-90-6

CIPAC 编码　　88

理化性状　　无色液体（原药，琥珀色液体）。m. p. $-23\sim-19$℃，b. p. $167\sim170$℃/0.5mmHg, v. p. 1mPa(25℃)、0.53mPa（外推至 20℃），$K_{ow}\lg P=3.85$［(Z)-异构体］，4.22［(E)-异构体］，$\rho=1.36\text{g/cm}^3$（20℃）。溶解度：水 121×10^{-3}［(Z)-异构体］、7.3×10^{-3}［(E)-异构体］（23℃），和最常用的有机溶剂相混溶，例如乙醇、丙酮、二氯甲烷、己烷、二甲苯、丙二醇、煤油。稳定性：在中性、酸性和弱碱性水溶液中缓慢水解。在强碱性溶液中迅速水解。DT_{50}（38℃）＞700h（pH1.1）、＞400h(pH9.1)；（20℃）1.28h(pH13)。285℃下无闪点（EC 方法 AP-ISO 3679）

毒虫畏原药（chlorfenvinphos technical）

FAO 规格 88/1/S/6(1977)

（1）组成和外观

本品应由毒虫畏和相关的生产性杂质组成，应为琥珀色液体，无可见的外来物和添加的改性剂。

（2）技术指标

毒虫畏含量/%　　　　　　　　　　　≥90.0(允许波动范围为±2.5%)

酸度（以 H_2SO_4 计）/%　　　　　≤0.5

| 水分/% | ≤0.3 |
| 相对密度(15℃) | 1.33～1.39 |

(3) 有效成分分析方法——气相色谱法

① 方法提要　试样用丙酮溶解，以邻苯二甲酸二正丁酯为内标物，在 OV-225 柱上对毒虫畏进行分离，用带有氢火焰离子化检测器的气相色谱仪对试样中的毒虫畏 E 式和 Z 式异构体含量进行测定。

② 分析条件　气相色谱仪，带有氢火焰离子化检测器；色谱柱：3.3m×3mm（i.d.）玻璃柱，内填 3% OV-225/Chromosorb W-HP，150～200μm；柱温：220℃；汽化温度：240℃；载气（氮气）流速：35mL/min；氢气、空气流速：按检测器的要求设定；进样体积：4μL；保留时间：毒虫畏（Z）-体约 10min，（E）-体约 7min，内标物约 4min。

毒死蜱 (chlorpyrifos)

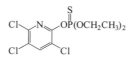

$C_9H_{11}Cl_3NO_3PS$，350.6

化学名称　O,O-二乙基-O-(3,5,6-三氯-2-吡啶基) 硫代磷酸酯

其他名称　乐斯本

CAS 登录号　2921-88-2

CIPAC 编码　221

理化性状　无色结晶，具有轻微的硫醇气味。m. p. 42～43.5℃，b. p. ＞400℃，v. p. 2.7mPa(25℃)，$K_{ow}lgP=4.7$，$\rho=1.44g/cm^3$(20℃)。溶解度：水 1.4mg/L(25℃)、苯 7900、丙酮 6500、氯仿 6300、二硫化碳 5900、乙醚 5100、二甲苯 5000、异辛醇 790、甲醇 450(g/kg，25℃)。稳定性：随 pH 增加水解速度加快，存在铜和其他金属会形成螯合物；DT_{50}1.5d（水 pH8，25℃）～100d（磷酸盐缓冲液 pH7，15℃）。

1. 毒死蜱原药 (chlorpyrifos technical)

FAO/WHO 规格 221/TC(2004)

(1) 组成和外观

本品应由毒死蜱和相关的生产性杂质组成，在低于其熔点的温度下，应为白色至灰白色结晶固体，无可见的外来物和添加的改性剂。

(2) 技术指标

毒死蜱含量/(g/kg)	≥970(测定结果的平均含量应不低于标明含量)
治螟磷(sulfotep)/(g/kg)	≤3
丙酮不溶物(45μm 筛残留物)/(g/kg)	≤5
酸度(以 H_2SO_4 计)/(g/kg)	≤1

(3) 有效成分分析方法——液相分析方法

① 方法提要　用 1,4-二溴萘为内标的乙腈溶液溶解样品，在反相色谱柱上（Zarbox

C_{18}）分离，流动相中含少量乙酸以抑制3,5,6-三氯吡啶酚的非可再生性电离所引起的干扰，以高效液相色谱法测定定量。

② 分析条件　色谱柱：$25mm \times 4.6mm(i.d.)$ 不锈钢柱，$2\mu m$，Zorbax ODS 色谱柱；流动相：乙腈＋水＋乙酸＝82＋17.5＋0.5（体积比）；流速：$2mL/min$；检测波长：$300nm$；温度：30℃（或室温）；进样体积：$10\mu L$。

2. 毒死蜱乳油（chlorpyrifos emulsifiable concentrate）

FAO 规格 221/EC(2004)

（1）组成和外观

本品应由符合 FAO 标准的毒死蜱原药和助剂溶解在适宜的溶剂中制成，应为稳定的浅黄色至琥珀色均相液体，无可见的悬浮物和沉淀，在水中稀释成乳状液后使用。

（2）技术指标

毒死蜱含量[g/kg 或 g/L(20℃)]：

标明含量	允许波动范围
≤100	标明含量的±10%
>100 且≤250	标明含量的±6%
>250 且≤500	标明含量的±5%

治螟磷（sulfotep）　　　　　　　　　　≤测得的毒死蜱含量的 0.3%

pH 范围（1%水分散液）　　　　　　　　4.5～6.5

持久起泡性（1min 后）/mL　　　　　　　≤20

乳液稳定性和再乳化：在 30℃下用 CIPAC 规定的标准水稀释（标准水 A 或标准水 D），该乳液应符合下表要求。

稀释后时间/h	稳定性要求
0	初始乳化完全
0.5	乳膏≤2mL
2	乳膏≤2mL,浮油痕量
24	再乳化完全
24.5	乳膏≤2mL,浮油痕量

低温稳定性 [(0±2)℃下贮存 7d]：析出固体或液体的体积应小于 0.3mL。

热贮稳定性 [(54±2)℃下贮存 14d]：有效成分含量应不低于贮前测得平均含量的 95%、pH 范围、乳液稳定性和再乳化仍应符合上述标准要求。

（3）有效成分分析方法可参照原药。

3. 毒死蜱超低容量液剂（chlorpyrifos ultra low volume liquid）

FAO 规格 221/UL(2004)

（1）组成和外观

本品应由符合 FAO 标准的毒死蜱原药和助剂溶解在适宜的溶剂中制成，应为稳定的浅黄色至琥珀色均相液体，无可见的悬浮物和沉淀，不经稀释，用手动或飞机喷药器械直接喷洒。

（2）技术指标

毒死蜱含量[g/kg 或 g/L（20℃）]：

标明含量	允许波动范围
≤100	标明含量的±10％
>100 且≤250	标明含量的±6％
>250 且≤500	标明含量的±5％
>500	±25

治螟磷（sulfotep）	≤测得的毒死蜱含量的 0.3％
酸度（以 H_2SO_4 计）/（g/kg）	≤2

低温稳定性 [（0±2）℃下贮存 7d]：析出固体或液体的体积应小于 0.3mL。

（3）有效成分分析方法可参照原药。

对硫磷（parathion）

$C_{10}H_{14}NO_5PS$, 291.3

化学名称 O,O-二乙基-O-（对硝基苯基）-硫代磷酸酯

其他名称 1605

CAS 登录号 56-38-2

CIPAC 编码 10

理化性状 浅黄色液体，具有苯酚类气味。m.p.6.1℃；b.p.150℃/80Pa，v.p.0.89mPa（20℃）；$K_{ow}lgP=3.83$，$\rho=1.2694g/cm^3$。溶解度（g/L，20℃）：水中11×10^{-3}，与多数有机溶剂完全混溶，如二氯甲烷>200，异丙醇、甲苯、己烷50～100。稳定性：在 pH5 和 pH7 中，稳定性：在酸性介质中水解非常缓慢（pH1～6），在碱性介质中更迅速；DT_{50}（22℃）272d（pH4），260d（pH7），130d（pH9）。在加热超过 130℃时，异构化为 O,S-二甲基化合物。f.p.174℃（原药）。

1. 对硫磷原药（parathion technical）

FAO 规格 10.b/TC/S（1989）

（1）组成和外观

本品应由对硫磷和相关的生产性杂质组成，应为棕色带有大蒜气味的液体，无可见的外来物和添加的改性剂。

（2）技术指标

对硫磷含量/（g/kg）	≥950（允许波动范围为±20g/kg）
水分/（g/kg）	≤1
酸度（以 H_2SO_4 计）/（g/kg）	≤3

（3）有效成分分析方法

① 方法一：气相色谱法

a. 方法提要　试样用二硫化碳溶解，以邻苯二甲酸二苯酯为内标物，在 SE-30＋OV-210 柱上进行分离，用带有氢火焰离子化检测器的气相色谱仪对试样中的对硫磷进行测定。

b. 分析条件　气相色谱仪，带有氢火焰离子化检测器，适合柱头进样；色谱柱：1.2m×4mm 玻璃柱，内填 1.5％ SE-30＋1.5％ OV-210（或相当的固定液）/Gas Chrom Q，150～200μm；柱温：(180±10)℃；汽化温度：210℃；检测器温度：250℃；载气（氮气）流速：50～75mL/min；氢气、空气流速：按检测器的要求设定；进样体积：1μL；保留时间：对硫磷 6～8min，内标物 8～10.5min。

② 方法二：液相色谱法

a. 方法提要　试样用三氯甲烷溶解，以二苯甲酮为内标物，在 10μm 硅胶柱上，用紫外检测器测定对硫磷含量。

b. 分析条件　色谱柱：300mm×4mm（i.d.）不锈钢柱，填充 Waters Associates Inc. 10μm 硅胶粒；流动相：在适当真空下（约 47kPa），用磁力搅拌器混合 500mL 3～4min；内标物：二苯甲酮；流速：1.5mL/min；检测器灵敏度：0.16AUFS；检测波长：254nm；温度：室温；进样体积：10μL；保留时间：对硫磷 4.0～5.5min，二苯甲酮 7～9min。

2. 对硫磷粉剂（parathion dustable powder）

FAO 规格 10.b/DP/S(1989)

(1) 组成和外观

本品应由符合 FAO 标准的对硫磷原药、载体和助剂组成，应为易流动的细粉末，无可见的外来物和硬块。

(2) 技术指标

对硫磷含量(g/kg)：

标明含量	允许波动范围
≤25	标明含量的±15％
＞25	标明含量的±10％

酸碱度：

酸度（以 H_2SO_4 计）/(g/kg)	≤3
碱度（以 NaOH 计）/(g/kg)	≤2

流动数　　　　　　　　　　　　　≤14

干筛：留在 75μm 试验筛上的对硫磷的量应不超过 5％及测定样品量的 $(0.005 \times X)$％，X 是测得的对硫磷含量(g/kg)。

例如：测得对硫磷含量为 50g/kg 而试验所用样品为 20g，则留在试验筛上对硫磷的量应不超过

$$\frac{(0.005 \times 50) \times 20}{100} = 0.05(g)$$

热贮稳定性［(54±2)℃下贮存 14d］：有效成分含量应不低于贮前测得含量的 90％，酸碱度、干筛仍应符合上述标准要求。

(3) 有效成分分析方法可参照原药。

3. 对硫磷可湿性粉剂（parathion wettable powder）

FAO 规格 10.b/WP/S(1989)

（1）组成和外观

本品应由符合 FAO 标准的对硫磷原药、填料和助剂组成，应为均匀的细粉末，无可见的外来物和硬块。

（2）技术指标

对硫磷含量（g/kg）：

标明含量	允许波动范围
≤100	标明含量的±10％
＞100 且≤250	标明含量的±6％
＞250 且≤400	标明含量的±5％
＞400	±20

酸碱度：

酸度（以 H_2SO_4 计）/（g/kg）	≤5
碱度（以 NaOH 计）/（g/kg）	≤2

湿筛（未通过 $75\mu m$ 筛）/％	≤2
悬浮率（CIPAC 标准水 C,30min）/％	≥60
持久起泡性（1min 后）/mL	≤25
润湿性（无搅动）/min	≤1

热贮稳定性 $[(54\pm2)℃$ 下贮存 14d]：有效成分含量、酸碱度、湿筛、润湿性仍应符合上述标准要求。

（3）有效成分分析方法可参照原药。

4. 对硫磷溶液（parathion solution）

FAO 规格 10. b/OL/S(1989)

（1）组成和外观

本品应由符合 FAO 标准的对硫磷原药和助剂组成的溶液，无可见的悬浮物和沉淀。

（2）技术指标

对硫磷含量[g/kg 或 g/L(20℃)]：

标明含量	允许波动范围
≤200	标明含量的±10％
＞200	±20

水分/（g/kg）	≤2

酸碱度：

酸度（以 H_2SO_4 计）/（g/kg）	≤3
碱度（以 NaOH 计）/（g/kg）	≤0.5

闪点（闭杯法）	≥标明闪点,并对测定方法加以说明

与烃油的混合性：若要求，本品应易与适宜的烃油混合。

低温稳定性 $[(0\pm1)℃$ 下贮存 7d]：析出固体或液体的体积应小于 0.3mL。

（3）有效成分分析方法可参照原药。

5. 对硫磷乳油（parathion emulsifiable concentrate）

FAO 规格 10. b/EC/S(1989)

(1) 组成和外观

本品应由符合 FAO 标准的对硫磷原药和助剂溶解在适宜的溶剂中制成，应为稳定的均相液体，无可见的悬浮物和沉淀。

(2) 技术指标

对硫磷含量[g/L（20℃）或 g/kg]：

标明含量	允许波动范围
≤500	标明含量的±5%
＞500	±25

水分/（g/kg）　　　　　　　　　　　　　≤2

酸碱度：

酸度（以 H_2SO_4 计）/（g/kg）　　　　≤3

碱度（以 NaOH 计）/（g/kg）　　　　　≤1

闪点（闭杯法）　　　　　　　　　　　　≥标明闪点，并对测定方法加以说明

乳液稳定性和再乳化：本产品经热贮后，在 30℃下用 CIPAC 规定的标准水稀释（标准水 A 或标准水 C），该乳液应符合下表要求。

稀释后时间/h	稳定性要求
0	初始乳化完全
0.5	乳膏≤2mL
2	乳膏≤4mL，浮油无
24	再乳化完全
24.5	乳膏≤4mL，浮油≤0.5mL

低温稳定性 [（0±1）℃下贮存 7d]：析出固体或液体的体积应小于 0.3mL。

热贮稳定性 [（54±2）℃下贮存 14d]：有效成分含量、酸碱度仍应符合上述标准要求。

(3) 有效成分分析方法可参照原药。

多杀霉素（spinosad）

多杀霉素 A，R=——H
多杀霉素 D，R=——CH_3

$C_{41}H_{65}NO_{10}$（多杀霉素 A），732.0
$C_{42}H_{67}NO_{10}$（多杀霉素 D），746.0

CAS 登录号　　168316-95-8；131929-60-7

CIPAC 编码　　636

理化性状　　浅灰色到白色晶体（原药）。m. p. 84～99.5℃（多杀霉素 A）、161.5～170℃（多杀霉素 D），v. p. $3.0×10^{-5}$ mPa（25℃，多杀霉素 A）、$2.0×10^{-5}$ mPa（25℃，

多杀霉素 D）。多杀霉素 A 的 K_{ow} lg$P$＝2.8（pH5）、4.0（pH7）、5.2（pH9），多杀霉素 D 的 K_{ow} lg$P$＝3.2（pH5）、4.5（pH7）、5.2（pH9）。ρ＝0.512g/cm³（散装，20℃）。溶解度（g/L，20℃）：多杀霉素 A，89×10⁻³（蒸馏水）、290×10⁻³（pH5）、235×10⁻³（pH7）、16×10⁻³（pH9），丙酮 16.8、乙腈 13.4、二氯甲烷 52.5、己烷 0.448、甲醇 19.0、正辛醇 0.926、甲苯 45.7；多杀霉素 D：0.5×10⁻³（蒸馏水）、28.7×10⁻³（pH5）、0.33×10⁻³（pH7）、0.053×10⁻³（pH9），丙酮 1.01、乙腈 0.255、二氯甲烷 44.8、己烷 0.743、甲醇 0.252、正辛醇 0.127、甲苯 15.2。稳定性：在 pH5 和 pH7 水中解稳定；DT_{50} 200d（pH9）（多杀霉素 A），259d（多杀霉素 D）。水中光降解 DT_{50}（pH7）0.93d（多杀霉素 A），0.82d（多杀霉素 D）。pK_a 8.10（多杀霉素 A），7.87（多杀霉素 D）。

1. 多杀霉素原药（spinosad technical material）

FAO 规格 636/TC(2006)

(1) 组成和外观

本品应由多杀霉素和相关的生产性杂质组成，外观为灰白色至黄褐色粉末，无可见的外来物和添加的改性剂。

(2) 技术指标

多杀霉素含量（包括多杀霉素 A 和多杀霉素 D）/(g/kg)　　　　≥850

(3) 有效成分分析方法——液相分析法

① 方法提要　将样品溶解于甲醇中，经反相色谱柱上（C_{18}）分离，以高效液相色谱法紫外检测器 250nm 处检测，外标法定量。

② 分析条件　色谱柱：YMC ODS-AQ 150mm×4.6mm（i.d.）不锈钢柱，5μm、12nm 孔径（YMC Co.，Ltd. No.：AQ12S051546WT 或等价柱）；缓冲溶液：20g 乙酸铵溶解于 1L 水中，用冰乙酸调节至 pH＝5.3；流动相：甲醇-乙腈-缓冲溶液［40∶40∶20（体积比）］；流速：1.5mL/min；运行时间：20min；检测波长：250nm；温度：35℃；进样体积：20μL；保留时间：多杀霉素 A 约 9.0min，多杀霉素 D 约 12.0min。

2. 多杀霉素颗粒剂（spinosad granule）

FAO 规格 636/GR(2006)

(1) 组成和外观

本品应由符合 FAO 标准的多杀霉素原药，合适的载体和必要的助剂制成。外观为干燥，可自由流动的颗粒，无可见的外来物和硬块，基本无粉尘，适用于机械施药。

(2) 技术指标

多杀霉素含量（包括多杀霉素 A 和多杀霉素 D）(g/mL)：

标明含量	允许波动范围
≤25	标明含量的±10％

松密度和堆密度：

松密度/(g/mL)	0.47～0.61
堆密度/(g/mL)	0.52～0.66
粒度范围(1100～1600μm)	≥多杀霉素含量的 85％
含尘量	基本无尘

耐磨性/%　　　　　　　　　　　　　　≥98

热贮稳定性［(54±2)℃下贮存14d］：有效成分含量应不低于贮前测得平均含量的95%，粒度范围、含尘量和耐磨性仍应符合上述标准要求。

(3) 有效成分分析方法可参照原药。

3. 多杀霉素悬浮剂 (firponil aqueous suspension concentrate)

FAO 规格 636/SC(2006)

(1) 组成和外观

本品应为符合 FAO 标准的多杀霉素原药和适宜的助剂在水相中形成的悬浮剂。制剂轻轻搅动后应为均匀的悬浮液体，易于进一步用水稀释。

(2) 技术指标

多杀霉素含量(包括多杀霉素 A 和多杀霉素 D)[g/kg 或 g/L(20±2)℃]：

标明含量	允许波动范围
>100 且≤250	标明含量的±6%
>250 且≤500	标明含量的±5%

pH 范围	6.5～8.5
倾倒性(倾倒后残余物)/%	≤5
自发分散性[(30±2)℃,5min,使用 CIPAC 标准水 D]	≥多杀霉素含量的75%
悬浮率[(30±2)℃,30min,使用 CIPAC 标准水 D]/%	≥多杀霉素含量的70%
湿筛试验(未通过75μm 试验筛)	≤多杀霉素制剂的0.5%
持久起泡性(1min 后)/mL	≤20

低温稳定性 ［(0±2)℃下贮存7d］：悬浮率，湿筛试验仍应符合上述标准要求。

热贮稳定性 ［(54±2)℃下贮存14d］：有效成分含量应不低于贮前测得平均含量的95%，pH、倾倒性、自发分散性、悬浮率、湿筛试验仍应符合上述标准要求。

(3) 有效成分分析方法可参照原药。

噁虫威 (bendiocarb)

$C_{11}H_{13}NO_4$, 223.2

化 学 名 称　2,2-二甲基-1,3-苯并二噁戊环-4-基甲基氨基甲酸酯

其 他 名 称　苯噁威

CAS 登录号　22781-23-3

CIPAC 编码　232

理 化 性 状　无色无味晶体。m. p. 129℃，v. p. 4.6mPa（25℃），$K_{ow} \lg P = 1.72$

（pH6.55），$\rho = 1.29g/cm^3$（20℃）。溶解度（g/L，20℃）：水 0.28（pH7），二氯甲烷 200～300，丙酮 150～200，甲醇 75～100，乙酸乙酯 60～75，对二甲苯 11.7，正己烷 0.225。稳定性：碱性溶液中很快水解，在中性和酸性介质中分解缓慢；DT_{50} 2d（pH7，25℃按 EPA 导则测试），分解物为 2,2-二甲基-1,3-苯并二氧杂环戊烯-4-醇、甲胺和二氧化碳；对光和热稳定。pK_a 8.8（源于苯酚），弱酸性。

1. 噁虫威原药（bendiocarb technical material）

WHO 规格 232/TC（2008 年 11 月）

（1）组成和外观

本产品由噁虫威和相关生产性杂质组成，外观为米黄色透明粉末状，除稳定剂外，无可见的外来物和添加改性剂。

（2）技术指标

噁虫威含量/（g/kg）	≥970（测定结果的平均含量应不低于最小的标明含量）
相关杂质：	
异氰酸甲酯（≥1g/kg 时）	划定为相关杂质并标明限量值
甲苯（≥10g/kg 时）	划定为相关杂质并标明限量值

（3）有效成分分析方法—液相色谱法［232/TC/（M）/3，CIPAC Handbook D，p. 11，1988］

① 方法提要　试样用含有苯丙酮作为内标的乙腈溶解或萃取，过滤经反相色谱柱分离，用乙腈水作流动相，用标准品和样品中噁虫威与苯丙酮响应值之比对样品进行定量。

② 分析条件　流动相：2L 水中溶解 800mL 乙腈；色谱柱：不锈钢柱，250mm×4.6mm（i. d.），填料为 Partisil-10ODS-2；柱温：室温；进样体积：5μL；检测波长：254nm；保留时间：噁虫威：3～5min，内标为噁虫威保留时间的 1.5 倍。

2. 噁虫威可湿性粉剂（bendiocarb wettable powder）

WHO 规格 232/WP（2008 年 11 月）

（1）组成和外观

本品应由符合 WHO 标准的噁虫威原药、填料和必要的助剂组成均匀混合物，本品应为精细的粉末，无可见的外来物或硬块。

（2）技术指标

噁虫威含量（g/kg）：	
标明含量	允许波动范围
约 800	标明含量的±25
相关杂质：	
异氰酸甲酯（≥噁虫威含量的 1g/kg 时）	划定为相关杂质并标明限量值
甲苯（≥噁虫威含量的 10g/kg 时）	划定为相关杂质并标明限量值
湿筛（通过 75μm 筛）%	≥99
悬浮率/%（30℃ 下，使用 CIPAC 标准水 D，30min 后）	≥70

持久起泡性（1min 后）/mL	≤50
润湿性/s（不经搅动）	≤60

热贮稳定性［在（54±2）℃下贮存 14d］：有效成分含量应不低于贮前测得平均含量的95％，湿筛、悬浮率、润湿性仍应符合上述标准要求。

（3）有效成分分析方法可参照原药

3. 虫威粉剂（bendiocarb dustable powder）

WHO 规格/SIF/54. R1（1999 年 12 月 10 日修订）

（1）组成和外观

本品由符合 WHO 标准的噁虫威原药和载体及助剂组成，应为易流动的细粉末，无可见的外来物和硬块。

（2）技术指标

噁虫威含量（g/kg）：

标明含量	允许波动范围
应标明含量	标明含量的−10％～＋35％（所取全部样品的平均含量应不低于标明含量）
pH 范围	6.8～7.2
热贮后的筛分（通过 150μm 筛）/％	≥98
干筛试验（留在 75μm 筛上）/％	≤5

留在 75μm 试验筛上的噁虫威的量应不超过测定样品量的 $(0.005X)\%$，X 是测得的噁虫威含量（％）。

热贮稳定性［在（54±2）℃下贮存 14d］：噁虫威含量、pH 范围仍应符合上述标准要求。

（3）有效成分分析方法可参照原药。

4. 噁虫威超低容量液剂（bendiocarb ultra low volume liquid）

WHO 规格/SIF/58. R1（1999 年 12 月 10 日修订）

（1）组成和外观

本品应由符合 WHO 标准的噁虫威原药和助剂溶解在适宜的溶剂中制成，应为稳定的均相液体，无可见的悬浮物和沉淀。

（2）技术指标

噁虫威含量（g/kg）：

标明含量	允许波动范围
＞100 且≤200（目前尚无更高的标明含量）	标明含量的±6％（所取全部样品的平均含量应不低于标明含量）
冷试验（0℃,1h）	应无固体物和（或）油状物析出
水分/（g/kg）	≤10

pH 范围	3.0~3.5
闪点/℃（必要时）	≥23［并应符合所有国家和（或）国际的运输规定］
运动黏度范围(22℃±0.5℃)/(mm²/s)	≤36
挥发性(蒸发速度)/(g/kg)	≤130

热贮稳定性［(54±2)℃下贮存 14d］：噁虫威含量、冷试验、pH 范围仍应符合上述标准要求。

(3) 有效成分分析方法可参照原药。

二甲硫吸磷（thiometon）

$C_6H_{15}O_2PS_3$, 246.3

化学名称 S-［2-(乙硫基) 乙基］-O，O-二甲基二硫代磷酸酯

CAS 登录号 640-15-3

CIPAC 编码 115

理化性状 无色液体，具有含硫有机磷酸酯特征气味。b. p. 110℃/0.1mmHg；v. p. 39.9mPa(20℃)，$K_{ow}\lg P = 3.15$（平均 20℃）。Henry 常数 2.840×10^{-2} Pa·m³/mol（计算值），$\rho = 1.209$g/cm³。溶解度（g/L，25℃）：水中 200×10^{-3}，易溶于普通有机溶剂，微溶于石油醚、矿物油。稳定性：在 pH5 和 pH7 水中稳定性好于非极性溶剂中，在纯态的时候更不稳定，在碱性介质中水解比在酸性介质中迅速。DT_{50}（5℃）90d(pH3)、83d(pH6)、43d(pH9)，(25℃) 25d(pH3)、27d(pH6)、17d(pH9)。在 20℃ 的保质期（Ekatin50ZP）约为两年。

1. 二甲硫吸磷原药溶液（thiometon technical solution）

FAO 规格 115/1a/S/2(1977)

(1) 组成和外观

本品应由符合 FAO 标准的二甲硫吸磷原药和助剂溶解在高沸点石油馏分溶剂中制成，形成具有特殊气味的蓝色液体，无可见的悬浮物和沉淀。

(2) 技术指标

二甲硫吸磷含量/%	≥50,允许波动范围标明含量的±2.5%
丙酮不溶物/%	≤0.5
酸度或碱度：	
酸度(以 H₂SO₄ 计)/%	≤0.5
碱度(以 NaOH 计)/%	≤0.1
水分/%	≤0.3

(3) 有效成分分析方法——红外光谱法

① 方法提要　试样用二硫化碳溶解，红外光谱扫描，在 658cm⁻¹ 最大吸收处对二甲硫

吸磷进行测定。

② 分析条件 使用双光束红外光谱分析仪，扫描范围在 $750\sim550\text{cm}^{-1}$。将试样溶解在二硫化碳中。分析时每次扫描记录基线到 658^{-1} 最大吸收处的入射辐射功率 P_0 和发射辐射功率 P。吸收强度 E 的计算公式是 $E=\lg P_0/P$，根据相关浓度 c 与 E 作图。样品的测定过程称取一定质量 m 的样本，把样品测定的吸收强度 E 代入图中求得浓度 c，二甲吸硫磷的含量 $=(25c/m)\times100\%$。

2. 二甲硫吸磷乳油 (thiometon emulsifiable concentrate)

FAO 规格 115/5/S/6(1977)

(1) 组成和外观

本品应由符合 FAO 标准的二甲硫吸磷原药和助剂溶解在适宜的溶剂中制成，应为稳定的均相液体，无可见的悬浮物和沉淀。

(2) 技术指标

二甲硫吸磷含量[%或 g/L(20℃)]：

标明含量	允许波动范围
≤250g/L 或 25%	标明含量的±6%或±60g/L
>250g/L 或 25%且≤500g/L 或 50%	标明含量的±5%或±50g/L
>500g/L 或 50%	±2.5%或±25g/L

酸度或碱度：

酸度(以 H_2SO_4 计)/%	≤0.3
碱度(以 NaOH 计)/%	≤0.1
水分/%	≤0.3
闪点(闭杯法)	≥标明的闪点,并对测定方法加以说明

乳液稳定性和再乳化：本产品经热贮后，在 30℃下用 CIPAC 规定的标准水稀释，该乳液应符合下表要求。

稀释后时间/h	稳定性要求
0	初始乳化完全
0.5	乳膏≤2mL,游离油≤1mL 总析出物≤2mL
2	乳膏≤3mL,游离油≤2mL 总析出物≤3mL
24	再乳化完全
24.5	乳膏≤2mL,游离油≤1mL 总析出物≤2mL

低温稳定性 [(0±1)℃下贮存 7d]：析出固体或液体的体积应小于 0.6%。

热贮稳定性 [(54±2)℃下贮存 14d]：有效成分含量不应低于标明含量的 90%，酸度、水分仍应符合上述标准要求。

(3) 有效成分分析方法可参照原药。

二嗪磷（diazinon）

$$C_{12}H_{21}N_2O_3PS, 304.3$$

化学名称 O,O-二乙基-O-(2-异丙基-6-甲基嘧啶-4-基）硫代磷酸酯

其他名称 二嗪农，地亚农，大亚仙农

CAS 登录号 333-41-5

CIPAC 编码 15

理化性状 透明的无色液体（原药为黄色液体）。b.p.83~84℃/0.0002mmHg、125℃/1mmHg, v.p.12mPa(25℃)，$K_{ow}lgP=3.30$，$\rho=1.11g/cm^3$（20℃），溶解度：水60mg/L（20℃），与很多常见的有机溶剂互溶，例如乙醚、乙醇、苯、甲苯、己烷、环己烷、二氯甲烷、丙酮、石油等。稳定性：超过100℃易被氧化，在中性介质中稳定，但在碱性介质中会慢慢水解，在酸性介质中快速水解；20℃的DT_{50} 11.77h（pH3.1)、185d（pH7.4)、6.0d（pH10.4)，120℃以上分解。pK_a2.6（OECD 112)，f.p.≥62℃。

一、FAO 规格

1. 二嗪磷原药（diazinon technical）（带稳定剂）

FAO 规格 15/TC/S(1988)

（1）组成和外观

本品应由二嗪磷和相关的生产性杂质组成，应为黄色至棕色液体，除稳定剂外，无可见的外来物和添加的改性剂。

（2）技术指标

应标明二嗪磷含量/(g/kg)	允许波动范围±25
O,S-四乙基硫代焦磷酸酯（O,S-TEPP)/(g/kg)	≤0.2
S,S-四乙基硫代焦磷酸酯（S,S-TEPP)/(g/kg)	≤2.5
水分/(g/kg)	≤0.6
丙酮不溶物/(g/kg)	≤1.5
酸度(以 H_2SO_4 计)/(g/kg)	≤0.3

（3）有效成分分析方法——气相色谱法

① 方法提要 试样用丙酮溶解，以艾氏剂为内标物，用带有氢火焰离子化检测器的气相色谱仪对二嗪磷原药进行分离和测定。

② 分析条件 气相色谱仪，带有氢火焰离子化检测器；色谱柱：1.8m×4mm 玻璃柱，内填 10%DC-200（或相当的固定液）/Gas Chrom Q（150~200μm）；内标物：艾氏剂（不应有干扰分析的杂质）；柱温：190℃；汽化温度：240℃；检测器温度：240℃；载气（氮气

或氮气）流速：80～100mL/min；其他气体流速：按检测器要求设定；进样体积：3μL；保留时间：二嗪磷 5～6min，内标物 10～12min。

2. 二嗪磷粉剂 (diazinon dustable powder)

FAO 规格 15/DP/S(1988)

(1) 组成和外观

本品应由符合 FAO 标准的二嗪磷原药、载体和助剂组成，应为易流动的细粉末，无可见的外来物和硬块。

(2) 技术指标

二嗪磷含量,测定时,所得结果与标明含量之差不应超过±10%。

水分散液的 pH	7.0～10.5
流动数	≤12
干筛（通过 75μm 筛）/%	≥95

留在 75μm 试验筛上的二嗪磷的量应不超过测定样品量的 (0.015X)%，X(g/kg) 是测得的二嗪磷含量；

例如：测得二嗪磷含量为 50g/kg 而试验所用样品为 20g，则留在试验筛上二嗪磷的量应不超过

$$\frac{(0.015\times50)\times20}{100}=0.15(g)$$

热贮稳定性 [(54±2)℃下贮存 14d]：有效成分含量对 3% 以上含量的粉剂应不低于贮前测得含量的 90%，对低于 3% 含量的粉剂应不低于贮前测得含量的 80%，pH、干筛仍应符合上述标准要求。

(3) 有效成分分析方法可参照原药。

3. 二嗪磷可湿性粉剂 (diazinon wettable powder)

FAO 规格 15/WP/S(1988)

(1) 组成和外观

本品应由符合 FAO 标准的二嗪磷原药、填料和助剂组成，应为均匀的细粉末，无可见的外来物和硬块。

(2) 技术指标

二嗪磷含量(g/kg)：

标明含量	允许波动范围
≤500	标明含量的±5%
>500	±25
水分散液的 pH	7.0～10.5
湿筛（通过 75μm 筛）/%	≥98
悬浮率/%	≥50(使用 CIPAC 标准水 C)
持久起泡性(1min 后)/mL	≤25
润湿性(无搅动)/min	≤1

热贮稳定性 [(54±2)℃下贮存 14d]：有效成分含量应不低于贮前测得平均含量的

90%，pH、湿筛仍应符合上述标准要求。

（3）有效成分分析方法可参照原药。

4. 二嗪磷溶液（diazinon solution）

FAO 规格 15/OL/S(1988)

（1）组成和外观

本品应由符合 FAO 标准的二嗪磷原药和助剂组成的溶液，无可见的悬浮物和沉淀。

（2）技术指标

二嗪磷含量[g/kg 或 g/L(20℃)]：

标明含量	允许波动范围
≤200	标明含量的±10%
>200	±20

O,S-四乙基硫代焦磷酸酯	≤测得二嗪磷含量的 0.022%
S,S-四乙基硫代焦磷酸酯	≤测得二嗪磷含量的 0.28%
水分/(g/kg)	≤2
酸度(以 H_2SO_4 计)/(g/kg)	≤0.5
闪点(闭杯法)	≥标明闪点,并对测定方法加以说明

与烃油的混合性：若要求，本品应易于与烃油混合

低温稳定性 [(0±1)℃下贮存 7d]：析出固体或液体的体积应小于 0.3mL。

热贮稳定性 [(54±2)℃下贮存 14d]：有效成分含量应不低于贮前测得平均含量的 85%，O,S-四乙基硫代焦磷酸酯、S,S-四乙基硫代焦磷酸酯、酸度仍应符合上述标准要求。

（3）有效成分分析方法可参照原药。

5. 二嗪磷乳油（diazinon emulsifiable concentrate）

FAO 规格 15/EC/S(1988)

（1）组成和外观

本品应由符合 FAO 标准的二嗪磷原药和助剂溶解在适宜的溶剂中制成，应为稳定的均相液体，无可见的悬浮物和沉淀。

（2）技术指标

二嗪磷含量[g/L(20℃)或 g/kg]：

标明含量	允许波动范围
≤500	标明含量的±5%
>500	±25

O,S-四乙基硫代焦磷酸酯	≤测得二嗪磷含量的 0.022%
S,S-四乙基硫代焦磷酸酯	≤测得二嗪磷含量的 0.28%
水分/(g/kg)	≤2
酸度(以 H_2SO_4 计)/(g/kg)	≤0.5
闪点(闭杯法)(必要时)	≥标明闪点,并对测定方法加以说明

乳液稳定性和再乳化：本产品经热贮后，在 30℃下用 CIPAC 规定的标准水稀释（标准水 A 或标准水 C），该乳液应符合下表要求。

稀释后时间/h	稳定性要求
0	初始乳化完全
0.5	乳膏≤1mL
2	乳膏≤4mL,浮油无
24	再乳化完全
24.5	乳膏≤4mL,浮油≤2mL

低温稳定性 [在 (0±1)℃下贮存 7d]：析出固体或液体的体积应小于 0.3mL。

热贮稳定性 [在 (54±2)℃下贮存 14d]：有效成分含量应不低于贮前测得平均含量的 90%，O,S-四乙基硫代焦磷酸酯、S,S-四乙基硫代焦磷酸酯、酸度仍应符合上述标准要求。

(3) 有效成分分析方法可参照原药。

二、WHO 规格

1. 二嗪磷原药 (diazinon technical)

WHO 规格/SIT/9. R7(1999 年 12 月 10 日修订)

(1) 组成和外观

本品应由二嗪磷和相关的生产性杂质组成，应为黄色至棕色的液体，无可见的外来物和添加的改性剂 (稳定剂除外)。

(2) 技术指标

二嗪磷含量(扣除稳定剂)/(g/kg)	≥950,测定结果的平均含量应不低于标明含量
如加稳定剂(≤100g/kg),二嗪磷含量也不应低于950g/kg	
O,S-特普(O,S-TEPP)	≤二嗪磷含量的 0.02%
S,S-特普(S,S-TEPP)	≤二嗪磷含量的 0.25%
酸度(以 H_2SO_4 计)/(g/kg)	≤0.3
丙酮不溶物/(g/kg)	≤1.5
水分/(g/kg)	≤0.6

(3) 有效成分分析方法——气相色谱法

① 方法提要　试样用丙酮溶解，以艾氏剂为内标物，使用 180cm×4mm (i. d.) 硼硅玻璃管，内填 10%DC-200/Gas Chrom Q (177～194μm) 填料的色谱柱和氢火焰离子化检测器 (FID)，对试样中的二嗪磷进行气相色谱分离和测定。

② 操作条件　温度 (℃)：柱室 190，汽化室 240，检测器 240；气体流速：载气 (氮气或氦气) 80～100mL/min，氢气和空气按制造厂推荐值设定；保留时间：二嗪磷 5～6min，内标物 10～12min。

(4) O,S-特普和 S,S-特普含量分析方法——毛细管气相色谱法

① 方法提要　试样用加入邻苯二甲酸二乙酯作为内标物的甲醇溶解，让该试样溶液通过一个填有强阳离子交换树脂的柱子以除掉二嗪磷，将洗脱液浓缩，加 1,1,1-三氯乙烷溶解，用毛细管气相色谱柱和氢火焰离子化检测器 (FID)，对试样中的 O,S-特普和 S,S-特普进行气相色谱分离和测定。

② 操作条件　气相色谱仪：带有冷柱头进样系统和 FID 检测器；色谱柱：15m×0.32mm (i. d.) 玻璃柱，内涂 OV-1701，液膜厚度 1μm；柱室温度：60℃保持 1min，再以

5℃/min 的速度升温至 250℃，保持 12min；汽化温度：250℃；检测器温度：270℃；气体流量（mL/min）：载气（H₂）线速度为 40cm/s（柱室温度为 60℃时测定），补偿气（N₂）50、氢气 25、空气 350；进样体积：0.5μL；保留时间：内标物 23.9min，O,S-特普 25.7min，S,S-特普 26.2min。

2. 二嗪磷可湿性粉剂（diazinon wettable powder）

WHO 规格/SIF/9.R7(1999 年 12 月 10 日修订)

（1）组成和外观

本品为由符合 WHO 标准的二嗪磷原药、填料和助剂组成的均匀混合物，应为易流动的细粉末，在水中经搅拌易于润湿，无可见的外来物和硬块。

（2）技术指标

二嗪磷含量(g/kg)：

标明含量	允许波动范围（所取全部样品的平均含量应不低于标明含量）
＞250 且≤500	标明含量的±5％
＞500	±25
pH 范围	7.0～10.5
热贮后的筛分（通过 75μm 筛)/%	≥98
悬浮率（热贮后，用 WHO 标准硬水稀释为 10g/L 后 30min)/%	≥50
持久起泡性（用 WHO 标准软水，1min 后)/mL	≤60
润湿性（无搅动)/min	≤2

热贮稳定性 [(54±2)℃下贮存 14d]：二嗪磷含量，pH 范围仍应符合上述标准要求。

（3）有效成分分析方法可参照原药。

3. 二嗪磷乳油（diazinon emulsifiable concentrate）

WHO 规格/SIF/13.R7(1999 年 12 月 10 日修订)

（1）组成和外观

本品应由符合 WHO 标准的二嗪磷原药和助剂溶解在适宜的溶剂中制成，为稳定的均相液体，无可见的悬浮物和沉淀。

（2）技术要求

二嗪磷含量/(g/kg)：

标明含量	允许波动范围（所取全部样品的平均含量应不低于标明含量）
＞250 且≤500	标明含量的±5％
＞500	±25
O,S-特普	≤0.22X mg/kg，X 为测得的二嗪磷含量
S,S-特普	≤2.8X mg/kg，X 为测得的二嗪磷含量

水分/(g/kg)	≤2
酸度(以 H_2SO_4 计)/(g/kg)	≤0.5
冷试验(0℃,1h)	应无固体物和(或)油状物析出
闪点	应符合所有国家和(或)国际的运输规定
乳液稳定性(分别用标准软水和标准硬水稀释 20 倍试验)	析出物应不大于 2mL
持久起泡性(用 WHO 标准软水,1min 后)/mL	≤60

热贮稳定性 [(54±2)℃下贮存 14d]:二嗪磷含量,O,S-特普、S,S-特普含量、酸度和乳液稳定性仍应符合上述标准要求

(3) 二嗪磷含量测定方法可参照原药。

二溴磷 （naled）

$$C_4H_7Br_2Cl_2O_4P,\ 380.8$$

化学名称 O,O-二甲基-O-（1,2-二溴-2,2-二氯乙基）磷酸酯

CAS 登录号 300-76-5

CIPAC 编码 195

理化性状 无色液体,有轻微刺激性气味（原药为黄色液体）。m.p. 26～27.5℃, b.p. 110℃/0.5mmHg, v.p. 266mPa（20℃）, $\rho=1.96g/cm^3$（20℃）。溶解度:实际上不溶于水,易溶于芳香族和含氯溶剂,微溶于脂肪族溶剂和矿物油。稳定性:干燥时稳定,水溶液中迅速水解（室温下 48h 超过 90%）,在酸性和碱性介质中水解更快,光照下分解;金属和还原剂存在时,会失去溴生成敌敌畏。

1. 二溴磷原药 （naled technical）

FAO 规格 195/TC/tS(1983)

(1) 组成和外观

本品应由二溴磷和相关的生产性杂质组成,应为琥珀色液体,无可见的外来物和添加的改性剂。

(2) 技术指标

二溴磷含量/(g/kg)	≥900(允许波动范围为±20g/kg)
水分/(g/kg)	≤2
酸碱度:	
酸度(以 H_2SO_4 计)/(g/kg)	≤10
碱度(以 NaOH 计)/(g/kg)	≤2
丙酮不溶物/(g/kg)	≤5

(3) 有效成分分析方法可向 FAO 作物保护部索取。

2. 二溴磷乳油（naled emulsifiable concentrate）

FAO 规格 195/EC/tS(1983)

（1）组成和外观

本品应由符合 FAO 标准的二溴磷原药和助剂溶解在适宜的溶剂中制成，应为稳定的均相液体，无可见的悬浮物和沉淀。

（2）技术指标

二溴磷含量[g/L(20℃)或 g/kg]：

标明含量	允许波动范围
≤400	标明含量的±5%
>400	±20g

水分/（g/kg）　　　　　　　　　　≤2

酸碱度：

　　酸度（以 H_2SO_4 计）/（g/kg）　　≤10

　　碱度（以 NaOH 计）/（g/kg）　　≤2

闪点（闭杯法）　　　　　　　　　≥标明闪点,并对测定方法加以说明

乳液稳定性和再乳化：本产品经热贮后，在 30℃下用 CIPAC 规定的标准水稀释（标准水 A 或标准水 C），该乳液应符合下表要求。

稀释后时间/h	稳定性要求
0	初始乳化完全
0.5	乳膏≤2mL
2	乳膏≤4mL
24	再乳化完全
24.5	乳膏≤4mL,浮油≤0.5mL

低温稳定性 [（0±1）℃下贮存 7d]：析出固体或液体的体积应小于 3mL/L。

热贮稳定性 [（54±2）℃下贮存 14d]：有效成分含量、酸碱度、低温稳定性仍应符合上述标准要求。

（3）有效成分分析方法可参照原药。

呋虫胺 （ dinotefuran ）

$C_7H_{14}N_4O_3$，202.2

化学名称　　（RS）-1-甲基-2-硝基-3-（四氢-3-呋喃甲基）胍

CAS 登录号　165252-70-0

CIPAC 编码　749

理化性状　白色结晶固体。m. p. 107.5℃，b. p.（分解），208℃，v. p. $<1.7\times10^{-3}$ mPa（30℃），$K_{ow}\lg P = -0.549$（25℃）。Henry 常数 8.7×10^{-9} Pa·m^3/mol（计算值），$\rho =$

$1.40\mathrm{g/cm^3}$。溶解度（g/L，20℃）：水中39.8，在己烷中的9.0×10^{-6}，庚烷11×10^{-6}，二甲苯72×10^{-3}，甲苯150×10^{-3}，二氯甲烷61，丙酮58，甲醇57，乙醇19，乙酸乙酯5.2。稳定性：在150℃下稳定（DSC），水解$DT_{50}>1$年（pH4，pH7，pH9）。光降解$DT_{50}3.8h$（灭菌/天然水）。$pK_a12.6$（20℃）

呋虫胺原药（dinotefuran technical material）

FAO规格 749/TC(2013)

（1）组成和外观

本品应由呋虫胺和相关的生产性杂质组成，外观为白色结晶粉末，无可见的外来物和添加的改性剂。

（2）技术指标

呋虫胺含量/(g/kg)　　　　　　　　≥991

（3）有效成分分析方法——液相色谱法

① 方法提要　用高效液相色谱对试样在270nm处检测并外标法定量。

② 分析条件　色谱柱：250mm×4mm（i.d.）不锈钢柱，填充Waters symmetry shield RP-8，5μm；流动相：甲醇-水［20：80（体积比）］；温度：40℃；流速：1.0mL/min；检测波长：270nm；进样体积：10μL；保留时间：呋虫胺约6min；运行时间：15min。

伏杀硫磷（phosalone）

$C_{12}H_{15}ClNO_4PS_2$，367.8

化学名称　O,O-二乙基-S-(6-氯-2-氧代苯并噁唑啉-3-基甲基) 二硫代磷酸酯

其他名称　佐罗纳

CAS登录号　2310-17-0

CIPAC编码　109

理化性状　无色晶体，有大蒜气味。m.p.46.9℃（99.5%）、42～48℃（原药），v.p.7.77×10^{-3}mPa（20℃），$K_{ow}lgP=4.01$（20℃），$\rho=1.338\mathrm{g/cm^3}$（20℃）。溶解度（g/L，20℃）：水0.0014，丙酮、二氯甲烷、乙酸乙酯、甲苯、甲醇>1000，正庚烷26.3，正辛醇266.8。稳定性：在强酸和强碱条件下分解，$DT_{50}9d$（pH9）。

1. 伏杀硫磷原药（phosalone technical）

FAO规格 109/TC/S(1988)

（1）组成和外观

本品应由伏杀硫磷和相关的生产性杂质组成，应为黄色至红色固体，无可见的外来物和添加的改性剂。

（2）技术指标

伏杀硫磷含量/(g/kg)　　　　　　　　≥930（允许波动范围为±20g/kg）

水分和挥发分/（g/kg）	≤10

酸碱度：

酸度（以 H$_2$SO$_4$ 计）/（g/kg）	≤1
碱度（以 NaOH 计）/（g/kg）	≤1

（3）有效成分分析方法——气相色谱法

① 方法提要　试样用甲苯溶解，以癸二酸二辛酯为内标物，用带有热导池或氢火焰离子化检测器的气相色谱仪对试样中的伏杀硫磷进行分离和测定。

② 分析条件　气相色谱仪，带有热导池或氢火焰离子化检测器；色谱柱：50cm×2mm 不锈钢或玻璃柱，内填 10% SE-30（或相当的固定液）/Chromosorb W-HP，150～200μm 或相当的色谱柱；内标物：癸二酸二辛酯（不应有干扰分析的杂质）；柱温：220℃；汽化温度：250℃；检测器温度：250℃；载气流速：氢气 50mL/min；其他气体流速：按检测器要求设定；进样体积：5μL；保留时间：伏杀硫磷约 3min，癸二酸二辛酯约 8min。

2. 伏杀硫磷可湿性粉剂 （phosalone wettable powder）

FAO 规格 109/WP/S(1988)

（1）组成和外观

本品应由符合 FAO 标准的伏杀硫磷原药、填料和助剂组成，应为均匀的细粉末，无可见的外来物和硬块。

（2）技术指标

伏杀硫磷含量（g/kg）：

标明含量	允许波动范围
≤250	标明含量的±6%
>250 且≤400	标明含量的±5%
>400	±20

酸碱度：

酸度（以 H$_2$SO$_4$ 计）/（g/kg）	≤1
碱度（以 NaOH 计）/（g/kg）	≤1
湿筛（未通过 75μm 筛）/%	≤2
悬浮率（CIPAC 标准水 C,30min）/%	≥60
持久起泡性（1min 后）/mL	≤20
润湿性（无搅动）/min	≤2

热贮稳定性［(54±2)℃下贮存 14d］：有效成分含量、酸碱度、湿筛、润湿性仍应符合上述标准要求。

（3）有效成分分析方法可参照原药。

3. 伏杀硫磷乳油 （phosalone emulsifiable concentrate）

FAO 规格 109/EC/S(1988)

（1）组成和外观

本品应由符合 FAO 标准的伏杀硫磷原药和助剂溶解在适宜的溶剂中制成，应为稳定的均相液体，无可见的悬浮物和沉淀。

（2）技术指标

伏杀硫磷含量[g/L(20℃)或 g/kg]：

标明含量	允许波动范围
≤500	标明含量的±5%
>500	±25

水分/(g/kg)   ±5%

酸碱度：

酸度(以 H_2SO_4 计)/(g/kg)   ≤1

碱度(以 NaOH 计)/(g/kg)   ≤1

闪点(闭杯法)   ≥标明闪点,并对测定方法加以说明

乳液稳定性和再乳化：本产品经热贮后，在 30℃下用 CIPAC 规定的标准水稀释（标准水 A 或标准水 C），该乳液应符合下表要求。

稀释后时间/h	稳定性要求
0	初始乳化完全
0.5	乳膏≤1mL
2	乳膏≤2mL,浮油无
24	再乳化完全
24.5	乳膏≤1mL,浮油≤0.5mL

低温稳定性 [(0±1)℃下贮存 7d]：析出固体或液体的体积应小于 0.3mL。

热贮稳定性 [(54±2)℃下贮存 14d]：有效成分含量、酸碱度应符合上述标准要求。

（3）有效成分分析方法可参照原药。

氟虫腈（fipronil）

$C_{12}H_4Cl_2F_6N_4OS$, 437.2

化学名称 （RS)-5-氨基-1-(2,6-二氯-4-三氟甲基苯基)-4-三氟甲基亚磺酰基吡唑-3-腈

其他名称 锐劲特，氟苯唑

CAS 登录号 120068-37-3

CIPAC 编码 581

理化性状 白色固体，m. p. 203℃（原药 195.5～203℃），v. p. $2×10^{-3}$ mPa（25℃），$K_{ow}\lg P = 4.0$（摇瓶法），$\rho = 1.477～1.705g/cm^3$（20℃）。溶解度（g/L，20℃）：水 $1.9×10^{-3}$（pH5）、$2.4×10^{-3}$（pH9）、$1.9×10^{-3}$（蒸馏水），丙酮 545.9，二氯甲烷 22.3，正己烷 0.028，甲苯 3.0。稳定性：在 pH5 和 pH7 水中稳定，pH9 时缓慢水解（DT_{50} 约 28d）；对热稳定，在日照下缓慢降解（连续照射 12d 后损失约 3%），在水溶液中快速光解（DT_{50} 约 0.33d）。

1. 氟虫腈原药 (fipronil technical material)

FAO 规格 581/TC(2009)

(1) 组成和外观

本品应由氟虫腈和相关的生产性杂质组成，外观为白色至淡黄色结晶粉末，有霉味，无可见的外来物和添加的改性剂。

(2) 技术指标

氟虫腈含量(以干重计)/(g/kg)	≥950
水分含量/(g/kg)	≤90

(3) 有效成分分析方法——液相色谱法

① 方法提要　试样用异丙醇溶解，在 Nucleosil C_{18} 色谱柱上，以乙腈-水〔65∶35（体积比）〕作流动相和紫外检测器对氟虫腈进行高效液相色谱分离和测定。

② 分析条件　色谱柱：250mm×4mm（i. d.）不锈钢柱，填充 Nucleosil C_{18}，5μm 或具有同等分离效能色谱柱；流动相：乙腈-水〔65∶35（体积比）〕，使用前脱气；温度：40℃；流速：1mL/min；检测波长：280nm；进样体积：5μL；保留时间：氟虫腈约 6min；运行时间：30min。

2. 氟虫腈水分散粒剂 (fipronil water dispersible granule)

FAO 规格 581/WG(2009)

(1) 组成和外观

本品应由符合 FAO 标准的氟虫腈原药，载体和必要的助剂制成。在水中崩解后，形成米色至棕色不规则颗粒状。外观应为干的、能自由流动的颗粒，基本无粉尘，无可见的外来杂质和硬团块。

(2) 技术指标

氟虫腈含量(g/kg)：

标明含量	允许波动范围
>250 且≤500	标明含量的±5%
>500	±25

水分/(g/kg)	≤20
润湿性(不经搅动)/min	≤1
湿筛试验(通过 75μm 试验筛)	≤氟虫腈制剂的 0.5%
分散性(1min 摇动后)/%	≥85
悬浮率〔(30±2)℃ 30min 下，使用 CIPAC 标准水 D〕	≥氟虫腈含量的 70%
持久起泡性(1min 后)/mL	≤50
粉尘	基本无尘
流动性（上下颠动 20 次通过 5mm 筛）/%	≥氟虫腈制剂的 99
耐磨性/%	≥96

热贮稳定性〔(54±2)℃下贮存 14d〕：有效成分含量应不低于贮前测得平均含量的

95％，湿筛试验、分散性、悬浮率、含尘量和流动性仍应符合上述标准要求。

（3）有效成分分析方法可参照原药。

3. 氟虫腈悬浮剂（fipronil aqueous suspension concentrate）

FAO 规格 581/SC（2009）

（1）组成和外观

本品应为符合 FAO 标准的氟虫腈原药和适宜的助剂在水相中形成的颗粒悬浮剂。制剂轻轻搅动后能形成均匀的悬浮液体，易于进一步用水稀释。

（2）技术指标

氟虫腈含量[g/kg 或 g/L(20±2)℃]：

标明含量	允许波动范围
＞25 且≤100	标明含量的±10％
＞100 且≤250	标明含量的±6％

pH 范围	5～7
倾倒性(倾倒后残余物)/％	≤5
自发分散性[(30±2)℃,5min,使用 CIPAC 标准水 D]	≥氟虫腈含量的80％
悬浮率/％[(30±2)℃,30min,使用 CIPAC 标准水 D]	≥氟虫腈含量的70％
湿筛试验(通过 75μm 试验筛)	≤氟虫腈制剂的2％
持久起泡性(1min 后)/mL	≤50

低温稳定性 [(0±2)℃下贮存 7d]：悬浮率，湿筛试验仍应符合上述标准要求。

热贮稳定性 [(54±2)℃下贮存 14d]：有效成分含量应不低于贮前测得平均含量的95％，pH、倾倒性、自发分散性、悬浮率、湿筛试验仍应符合上述标准要求。

（3）有效成分分析方法可参照原药。

4. 氟虫腈乳油（fipronil emulsifiable concentrate）

FAO 规格 581/EC（2009）

（1）组成和外观

本品应由符合 FAO 标准的氟虫腈原药和助剂溶解在适宜的溶剂中制成，应为稳定的均相液体，无可见的悬浮物和沉淀，应用时用水稀释后为乳状液。

（2）技术指标

氟虫腈含量[g/kg 或 g/L(20±2)℃]：

标明含量	允许波动范围
≤25	标明含量的±15％
＞25 且≤100	标明含量的±10％

持久起泡性(1min 后)/mL	≤50

乳液稳定性和再乳化：在 (30±2)℃下用 CIPAC 规定的标准水 （标准水 A 或标准水 D）稀释，该乳液应符合下表要求。

稀释后时间/h	稳定性要求
0	初始乳化完全
0.5	乳膏≤2mL
2	乳膏≤2mL,浮油≤0.2mL
24	再乳化完全
24.5	乳膏≤2mL,浮油≤0.2mL

注:在应用 MT 36.1 或 36.3 时,只有在 2h 后的检测有疑问时再进行 24h 以后的检测。

低温稳定性 [(0±2)℃下贮存 7d]:析出固体和/或液体的体积应小于等于 0.3mL。

热贮稳定性 [(54±2)℃下贮存 14d]:有效成分含量应不低于贮前测得平均含量的 95%,乳液稳定性和再乳化仍应符合上述标准要求。

(3) 有效成分分析方法可参照原药。

5. 氟虫腈悬浮种衣剂 (fipronil suspension concentrate for seed treatment)

FAO 规格 581/FS(2009)

(1) 组成和外观

本品应为符合 FAO 标准的氟虫腈悬浮原药和适宜的助剂在水相中形成的颗粒悬浮剂。制剂轻轻搅动后能形成均匀的悬浮液体,易于进一步用水稀释。

(2) 技术指标

氟虫腈含量[g/kg 或 g/L(20±2)℃]:

标明含量	允许波动范围
>25 且≤100	标明含量的±10%
>100 且≤250	标明含量的±6%
>250 且≤500	标明含量的±5%
>500	±25g/kg 或 g/L

pH 范围	5~9
倾倒性(倾倒后残余物)/%	≤5
湿筛试验(通过 75μm 试验筛)	≤氟虫腈制剂的 0.5%
粒度范围(0.1~4μm)	>50

低温稳定性 [(0±2)℃下贮存 7d]:析出固体和/或液体的体积应小于等于 0.3mL。

热贮稳定性 [(54±2)℃下贮存 14d]:有效成分含量应不低于贮前测得平均含量的 95%,pH 范围、倾倒性和湿筛试验仍应符合上述标准要求。

(3) 有效成分分析方法可参照原药。

6. 氟虫腈超低容量液剂 (fipronil ultra low volume liquid)

FAO 规格 581/UL(2009)

(1) 组成和外观

本品应由符合 FAO 标准的氟虫腈原药和必要的助剂组成的有机相溶液,外观为稳定均相液体,无可见的悬浮物和沉淀。

(2) 技术指标

氟虫腈含量[g/kg 或 g/L(20±2)℃]:

标明含量	允许波动范围
≤25	标明含量的±15%
>25 且≤100	标明含量的±10%
水分/(g/L)	≤5
黏度范围	2~50mPa·s

低温稳定性 [(0±2)℃下贮存7d]：析出固体和/或液体的体积应小于等于0.3mL。

热贮稳定性 [(54±2)℃下贮存14d]：有效成分含量应不低于贮前测得平均含量的95%。

(3) 有效成分分析方法可参照原药。

7. 氟虫腈颗粒剂（fipronil granule）

FAO 规格 581/GR(2009)

(1) 组成和外观

本品应为由符合FAO标准的氟虫腈原药、载体和包括着色剂在内的必要助剂制成的颗粒。外观为干燥、无可见的外来物和硬块，可自由流动，基本无粉尘，适用于机械施药。

(2) 技术指标

氟虫腈含量[g/kg(20±2)℃]：

标明含量	允许波动范围
≤25	标明含量的±25%
>25 且≤100	标明含量的±10%
含尘量	基本无尘
耐磨性/%	≥98

热贮稳定性 [(54±2)℃下贮存14d]：有效成分含量应不低于贮前测得平均含量的95%，含尘量和耐磨性仍应符合上述标准要求。

(3) 有效成分分析方法可参照原药。

氟氯氰菊酯（cyfluthrin）

$C_{22}H_{18}Cl_2FNO_3$，434.3

化学名称 (RS)-α-氰基-4-氟-3-苯氧基苄基 (1RS,3RS；1RS，3SR)-3-(2,2-二氯乙烯基)-2,2-二甲基环丙烷羧酸酯

CAS 登录号 68359-37-5

CIPAC 编码 385

理化性状 由四对对映体组成的混合物。无色晶体（原药为棕色黏稠油状液体，部分结晶）。m. p. (Ⅰ)64℃、(Ⅱ)81℃、(Ⅲ)65℃、(Ⅳ)106℃（原药约60℃），b. p. >220℃分解，v. p.(Ⅰ)$9.6×10^{-4}$、(Ⅱ)$1.4×10^{-5}$、(Ⅲ)$2.1×10^{-5}$、(Ⅳ)$8.5×10^{-5}$(mPa，20℃)，$K_{ow}lgP$(Ⅰ)6.0、

（Ⅱ）5.9、（Ⅲ）6.0、（Ⅳ）5.9（20℃），$\rho=1.28g/cm^3$（20℃）。溶解度（g/L，20℃）：（Ⅰ）水 2.5×10^{-6}（pH3）、2.2×10^{-6}（pH7），二氯甲烷、甲苯>200，正己烷10～20，异丙醇20～50；（Ⅱ）水 2.1×10^{-6}（pH3）、1.9×10^{-6}（pH7），二氯甲烷、甲苯>200，正己烷10～20，异丙醇5～10；（Ⅲ）水 3.2×10^{-6}（pH3）、2.2×10^{-6}（pH7），二氯甲烷、甲苯>200，正己烷、异丙醇10～20；（Ⅳ）水 4.3×10^{-6}（pH3）、2.9×10^{-6}（pH7），二氯甲烷>200，甲苯100～200，正己烷1～2，异丙醇2～5。稳定性：室温下热稳定，水中 DT_{50}（Ⅰ）36d、17d、7d，（Ⅱ）117d、20d、6d，（Ⅲ）30d、11d、3d，（Ⅳ）25d、11d、5d（pH 分别为4、7和9，22℃）。f.p.107℃（原药）。

1. 氟氯氰菊酯原药（cyfluthrin technical）

FAO/WHO 规格 385/TC(2004)

（1）组成和外观

本品应由氟氯氰菊酯和相关的生产杂质组成，应为棕色黏稠油状液体（可能有部分结晶），无可见的外来物和添加的改性剂。

（2）技术指标

氟氯氰菊酯含量/（g/kg） ≥920（测定结果不应低于最低值）

异构体比例:氟氯氰菊酯是由 4 种非对映异构体组成的混合物,每种非对映异构体相对于总酯的比例如下：

非对映异构体Ⅰ（$1R,3R,\alpha R：1S,3S,\alpha S=1:1$,顺式）:23%～27%
非对映异构体Ⅱ（$1R,3R,\alpha S：1S,3S,\alpha R=1:1$,顺式）:17%～21%
非对映异构体Ⅲ（$1R,3S,\alpha R：1S,3R,\alpha S=1:1$,反式）:32%～36%
非对映异构体Ⅳ（$1R,3S,\alpha S：1S,3R,\alpha R=1:1$,反式）:21%～25%

酸度/碱度：
碱度(以 NaOH 计)/（g/kg） ≤1.0

(3)有效成分分析方法——液相色谱法

① 方法提要　试样用正庚烷-叔丁基甲醚溶解,在硅胶柱上,以正庚烷-叔丁基甲醚[95：5(体积比)]作流动相和紫外检测器(235nm)对氟氯氰菊酯进行高效液相色谱分离和测定,外标法定量。

② 分析条件　液相色谱仪,带有 $5\mu L$ 或 $10\mu L$ 进样环;色谱柱:250mm×4.6mm(i. d.)不锈钢柱,填充 LiChrosorb Si-60 $5\mu m$;流动相:正庚烷-叔丁基甲醚[95：5(体积比)],使用前脱气;流速:1.8mL/min;检测波长:235nm;进样体积:$5\mu L$ 或 $10\mu L$;保留时间:顺式异构体(Ⅰ)约 6.5min,顺式异构体(Ⅱ)约 5.9min,反式异构体(Ⅲ)约 8.5min,反式异构体(Ⅳ)约 7.3min。

2. 氟氯氰菊酯可湿性粉剂(cyfluthrin wettable powder)

FAO 规格 385/WP(2004)

(1)组成和外观

本品应由符合 FAO 标准的氟氯氰菊酯原药、填料和助剂组成,应为均匀的细粉末,无可见的外来物和硬块。

(2)技术指标

氟氯氰菊酯含量(g/kg)

标明含量	允许波动范围
100	标明含量的±10%

水分/（g/kg）	≤35
pH	6.0～7.5

湿筛：

通过 40μm 试验筛/%	≥95
通过 75μm 试验筛/%	≥96
通过 100μm 试验筛/%	≥98
悬浮率（30℃下 30min，使用 CIPAC 标准水 D）/%	≥70
持久起泡性（1min 后）/mL	≤10
润湿性（无搅动）/min	≤2

热贮稳定性 [（54±2）℃下贮存 14d]：有效成分含量应不低于贮前测得平均含量的 95%，pH、湿筛和悬浮率仍应符合标准要求。当用可溶性袋包装时，该包装袋应附带防水密封袋、盒或其他容器，于（54±2）℃下贮存 14d，有效成分含量应不低于贮前测得平均含量的 95%，pH、湿筛、包装袋溶解度、悬浮性、持久起泡性仍应符合上述标准要求。贮前和贮后操作过程中，水溶性袋不能有破裂或泄漏。

（3）水溶性包装袋封装产品

水溶性袋溶解度/s	≤160（悬浮液流动时间）
悬浮性（30℃下 30min，使用 CIPAC 标准水 D）/%	≥70
持久起泡性（1min 后）/mL	≤10
润湿性（无搅动）/min	≤2

（4）有效成分分析方法可参照原药

3. 氟氯氰菊酯水乳剂（cyfluthrin emulsion, oil in water）

FAO 规格 385/EW（2004）

（1）组成和外观

本品应为由符合 FAO 标准的氟氯氰菊酯原药与助剂在水相中制成的乳状液，经轻微搅动是均匀的，易于进一步用水稀释。

（2）技术指标

氟氯氰菊酯含量[g/kg 或 g/L（20℃）]：

标明含量	允许波动范围
50	标明含量的±10%

pH 范围（未稀释）	2.5～3.5
倾倒性（倾倒后残留物）/%	≤0.5
持久起泡性（1min 后）/mL	0

乳液稳定性和再乳化：选经过热贮稳定性试验的产品，在 30℃下用 CIPAC 规定的标准水（标准水 A 或标准水 C）稀释，该乳液应符合下表要求。

稀释后时间/h	稳定性要求
0	初始乳化完全
0.5	乳膏无
2	乳膏无,浮油无
24	再乳化完全
24.5	乳膏无,浮油无

低温稳定性［(0±2)℃下贮存 7d］：经轻微搅动，应无可见的颗粒或油状物析出。

热贮稳定性［(54±2)℃下贮存 14d］：有效成分含量应不低于贮前测得平均含量的95％，pH、乳液稳定性和再乳化仍应符合上述标准要求。

(3) 有效成分分析方法可参照原药

4. 氟氯氰菊酯乳油（cyfluthrin emulsifiable concentrate）

FAO 规格 385/EC/S/F(1995)

(1) 组成和外观

本品应由符合 FAO 标准的氟氯氰菊酯原药和助剂溶解在适宜的溶剂中制成，应为稳定的均相液体，无可见的悬浮物和沉淀。

(2) 技术指标

氟氯氰菊酯含量[g/kg 或 g/L(20℃)]：

标明含量	允许波动范围
≤25	标明含量的±15％
>25 且≤100	标明含量的±10％
>100 且≤250	标明含量的±6％

水分/(g/kg)　　　　　　　　　　　　　　≤3.0

酸度/碱度：

酸度(以 H_2SO_4 计)/(g/kg)　　　　　　≤3.0

碱度(以 NaOH 计)/(g/kg)　　　　　　≤0.1

闪点(闭杯法)　　　　　　　　　　≥标明的闪点,并对测定方法加以说明

乳液稳定性和再乳化：选经过热贮稳定性［(54±2)℃下贮存 14d］试验的产品，在30℃下用 CIPAC 规定的标准水（标准水 A 或标准水 C）稀释，该乳液应符合下表要求。

稀释后时间/h	稳定性要求
0	完全乳化
0.5	乳膏≤1mL
2	乳膏≤2mL,浮油无
24	再乳化完全
24.5	乳膏≤1mL,浮油无

低温稳定性［(0±1)℃下贮存 7d］：析出固体或液体的体积应小于 0.3mL。

热贮稳定性［(54±2)℃下贮存 14d］：有效成分含量应不低于贮前测得平均含量的98.0％，酸碱度、乳液稳定性仍应符合上述标准要求。

(3) 有效成分分析方法可参照原药

5. 氟氯氰菊酯超低容量液剂（cyfluthrin ultra low volume liquid）

FAO 规格 385/UL/S/F(1995)

(1) 组成和外观

本品应由符合 FAO 标准的氟氯氰菊酯原药和助剂组成，应为稳定的均相液体，无可见的悬浮物和沉淀。

(2) 技术指标

氟氯氰菊酯含量[g/kg 或 g/L(20℃)]：

标明含量	允许波动范围
≤25	标明含量的±15%
>25 且≤100	标明含量的±10%
>100 且≤250	标明含量的±6%

水分/(g/kg)	≤2.0
酸度/碱度：	
酸度(以 H_2SO_4 计)/(g/kg)	≤2.0
碱度(以 NaOH 计)/(g/kg)	≤0.1
闪点(闭杯法)	≥标明的闪点,并对测定方法加以说明

运动黏度范围：若必要，应标明 20℃下本产品的运动黏度范围，并对测定方法加以说明，测定时，所得结果与标示值相差不应超过±20%。

低温稳定性［(0±1)℃下贮存 7d］：析出固体或液体的体积应小于 0.3mL。

热贮稳定性［(54±2)℃下贮存 14d］：有效成分含量应不低于贮前测得平均含量的 98.0%，酸碱度仍应符合上述标准要求。

(3) 有效成分分析方法可参照原药。

氟螨嗪（diflovidazin）

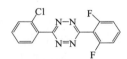

$C_{14}H_7ClF_2N_4$，304.7

化学名称　3-(2-氯苯基)-6-(2,6-二氟苯基)-1,2,4,5-四螨嗪

CAS 登录号　162320-67-4

CIPAC 编码　734

理化性状　无味，紫红色晶体。m. p. (185.4±0.1)℃，b. p. (211.2±0.05)℃，v. p. < $1×10^{-2}$ mPa(25℃)。$K_{ow}\lg P=3.7±0.07$(20℃)。$\rho=(1.574±0.010)$g/cm³。溶解度（g/L，20℃）：水中 $(0.2±0.03)×10^{-3}$，丙酮24，甲醇1.3，己烷168。稳定性：在光线和空气中稳定，熔点以上分解。在酸性条件下稳定，但在 pH>7 时水解。DT_{50} 60h(pH9，25℃，40%乙腈)。在甲醇，丙酮和己烷中稳定。f. p. 425℃（闭杯）。

1. 氟螨嗪原药 (diflovidazin technical material)

FAO 规格 734/TC(2003)

(1) 组成和外观

本产品由氟螨嗪和相关生产性杂质组成，外观为品红色晶体，无可见的外来物和添加改性剂。

(2) 技术指标

有效成分含量/(g/kg)	≥975

(3) 有效成分分析方法——反相液相色谱

① 方法提要　试样用反相液相色谱测定，紫外检测器（270nm）对氟螨嗪进行高效液

相色谱分离和测定，外标法定量。

　　② 分析条件　色谱柱：250mm×4.6mm（i. d.）C$_{18}$不锈钢柱，填充 Spherisorb 5 ODS-1；柱温：室温；流动相：乙腈-水 ［55：45（体积比）］；流速：1.4mL/min；检测波长：270nm；进样体积：10μL；保留时间：约 8.3min。

2. 氟螨嗪水悬浮剂（diflovidazin aqueous suspension concentrate）

FAO 规格 734/SC（2003）

（1）组成和外观

本品应由符合 FAO 标准 734/SC 的氟螨嗪原药细微颗粒悬浮在水相中，与适当制剂制成。轻微搅动后为均匀液体，易于进一步用水稀释。

（2）技术指标

氟螨嗪含量[g/kg 或 g/L 在（20±2）℃]：

标明含量	允许波动范围
＞100 且≤250	标明含量的±6%

倾倒性（倾倒后残留物）/%	≤4
自发分散性[（30±2）℃下，使用 CIPAC 标准水 D，5min 后]/%	≥85
悬浮率[（30±2）℃下 30min，使用 CIPAC 标准水 D]/%	≥85
湿筛（未通过 75μm 筛）/%	≤0.4
持久起泡性（1min 后）/mL	≤20

　　低温稳定性 ［（0±2）℃下贮存 7d］：产品的悬浮率、筛分仍应符合上述标准要求。

　　热贮稳定性 ［（54±2）℃下贮存 14d］：有效成分含量应不低于贮前测得平均含量的95%，倾倒性、自发分散性、悬浮率、湿筛仍应符合上述标准要求。

（3）有效成分分析方法可参照原药。

高效氟氯氰菊酯（beta-cyfluthrin）

C$_{22}$H$_{18}$Cl$_2$FNO$_3$，434.3

　　化学名称　两对外消旋异构体的混合物：（S）-α-氰基-4-氟-3-苯氧基苄基（1R，3R）-3-（2,2-二氯乙烯基）-2,2-二甲基环丙烷羧酸酯、（R）-α-氰基-4-氟-3-苯氧基苄基（1S，3S）-3-（2,2-二氯乙烯基）-2,2-二甲基环丙烷羧酸酯、（S）-α-氰基-4-氟-3-苯氧基苄基（1R，3S）-3-（2,2-二氯乙烯基）-2,2-二甲基环丙烷羧酸酯、（R）-α-氰基-4-氟-3-苯氧基苄基（1S，3R）-3-

(2,2-二氯乙烯基)-2,2-二甲基环丙烷羧酸酯

CAS 登录号 68359-37-5

CIPAC 编码 482

理化性状 由四对对映体组成的混合物。无色晶（原药为棕色黏稠油状液体，部分结晶）。m. p. (Ⅰ)64℃、(Ⅱ)81℃、(Ⅲ)65℃、(Ⅳ)106℃（原药约60℃），b. p. >220℃分解，v. p. (mPa, 20℃)(Ⅰ)$9.6×10^{-4}$、(Ⅱ)$1.4×10^{-5}$、(Ⅲ)$2.1×10^{-5}$、(Ⅳ)$8.5×10^{-5}$，$K_{ow}\lg P$ (20℃)(Ⅰ)6.0、(Ⅱ)5.9、(Ⅲ)6.0、(Ⅳ)5.9，$\rho=1.28g/cm^3$（20℃）。溶解度（g/L，20℃）：(Ⅰ) 水$2.5×10^{-6}$（pH3）、$2.2×10^{-6}$（pH7），二氯甲烷、甲苯>200，正己烷10~20，异丙醇20~50；(Ⅱ) 水$2.1×10^{-6}$（pH3）、$1.9×10^{-6}$（pH7），二氯甲烷、甲苯>200，正己烷10~20，异丙醇5~10；(Ⅲ) 水$3.2×10^{-6}$（pH3）、$2.2×10^{-6}$（pH7），二氯甲烷、甲苯>200，正己烷、异丙醇10~20；(Ⅳ) 水$4.3×10^{-6}$（pH3）、$2.9×10^{-6}$（pH7），二氯甲烷>200，甲苯100~200，正己烷1~2，异丙醇2~5。稳定性：室温下热稳定，水中DT_{50} (Ⅰ)：36d、17d、7d，(Ⅱ)：117d、20d、6d，(Ⅲ)：30d、11d、3d，(Ⅳ)：25d、11d、5d（pH 分别为4、7 和9，22℃）。F. p. 107℃（原药）。

1. 高效氟氯氰菊酯原药（*beta*-cyfluthrin technical material）

FAO 规格 482/TC(1999)

(1) 组成和外观

本品应由氟氯氰菊酯和相关生产性杂质组成，外观为白色或浅黄色粉末，无可见的外来物和添加改性剂。

(2) 技术指标

氟氯氰菊酯含量/(g/kg)	≥965
异构体比例：	
非对映异构体Ⅰ($1R,3R,\alpha R$: $1S,3S,\alpha S=1$: 1;顺式)：	≤2.0%
非对映异构体Ⅱ($1R,3R,\alpha S$: $1S,3S,\alpha R=1$: 1;顺式)：	30.0%~40.0%
非对映异构体Ⅲ($1R,3S,\alpha R$: $1S,3R,\alpha S=1$: 1;反式)：	≤3.0%
非对映异构体Ⅳ($1R,3S,\alpha S$: $1S,3R,\alpha R=1$: 1;反式)：	57.0%~67.0%
酸性(以 H_2SO_4 计)/(g/kg)	≤2

(3) 有效成分分析方法一——正相液相色谱法

① 方法提要 使用正相 HPLC 法测定，外标法定量。

② 分析条件 色谱柱：250mm×4.0mm 或 3.0mm(i. d.) 不锈钢柱，填充 Si 60；柱温：40℃或室温；流速：1.8mL/min 或 1.0mL/min；检测波长：235nm；进样体积：$5\mu L$ 和 $10\mu L$；保留时间：异构体顺式Ⅰ大约 6.5min，异构体顺式Ⅱ大约 5.9min，异构体反式Ⅲ大约 8.5min，异构体反式Ⅳ大约 7.3min。

(4) 有效成分分析方法二——反相液相色谱法

① 方法提要 使用反相 HPLC 法测定，外标法定量。

② 分析条件 色谱柱：500mg/3mL SiOH 固定相 $6×10^{-9}$ m×$4.0\mu m$(Bakerbond spe, art. No. 7086-03) 不锈钢柱；洗脱液 A：乙腈-甲醇-水 [23:49:28（体积比）]；洗脱液 B：乙腈。

洗脱梯度：

时间/min	A(体积分数)/%	B(体积分数)/%
0	100	0
25	100	0
26	20	80
28	20	80
29	100	0

柱温：40℃；流速：1.5mL/min；检测波长：235nm；进样体积：10μL；保留时间：异构体顺式Ⅰ大约23min，异构体反式Ⅲ大约20min。

2. 高效氟氯氰菊酯乳油（*beta*-cyfluthrin emulsifiable concentrate）

FAO 规格 482/EC(1999)

(1) 组成和外观

本品应由符合 FAO482/TC(1999) 标准的高效氟氯氰菊酯原药、载体和适当溶剂制成。外观应为稳定均相液体，无可见的悬浮物和沉淀，便于用水稀释成乳剂使用。

(2) 技术指标

有效成分含量[g/kg 或 g/L(在 20±2)℃下]：

标明含量	允许波动范围
≤25	标明含量的±15%
>25 且≤100	标明含量的±10%

水分/(g/kg)　　　　　　　　　　　　　　≤2.0
pH 范围　　　　　　　　　　　　　　　　4.5～7.0
持久起泡性(1min 后)/mL　　　　　　　　≤10

乳液稳定性和再乳化：(30±2)℃，供试产品用 CIPAC 规定的标准水（标准水 A 或标准水 D）稀释，该乳液应符合下表要求。

稀释后时间/h	稳定性要求
0	初始乳化完全
0.5	乳膏无
2	乳膏≤1mL,浮油无
24	再乳化完全
24.5	乳膏无,浮油无

注：24h 之后的测试只有对 2h 之后的结果产生疑问时才有必要。

低温稳定性 [(0±2)℃下贮存 7d]：无可见固体或液体分离物。

热贮稳定性 [(54±2)℃下贮存 14d]：有效成分含量应不低于贮前测得平均含量的95%，pH 范围，乳液稳定性和再乳化仍应符合上述标准要求。

(3) 有效成分分析方法可参照原药。

3. 高效氟氯氰菊酯水悬浮剂（*beta*-cyfluthrin aqueous suspension concentrate）

FAO 规格 482/SC(1999)

(1) 组成和外观

本品应由符合 FAO 标准 482/TC(1999) 的氯氰菊酯原药细微颗粒与适当助剂组成的水

悬浮剂，轻微搅动后可混合均匀并适合进一步用水稀释。

（2）技术指标

有效成分含量[g/kg 或 g/L,(20±2)℃]:

标明含量	允许波动范围
≤25	标明含量的±15%
>25 且≤100	标明含量的±10%
>100 且≤250	标明含量的±6%

20℃时每毫升制剂质量/(g/mL)	如需要,应标明
pH 范围	4.0～5.5
倾倒性/%	≤3
自发分散性(5min)[(30±2)℃,使用 CIPAC 标准水 D]/%	≥90
悬浮率(30min)[(30±2)℃,使用 CIPAC 标准水 D]/%	≥95
湿筛(未通过 75μm 筛)/%	≤0.1
持久起泡性(1min 后)/mL	≤30

低温稳定性 [(0±2)℃下贮存 7d]:悬浮率、湿筛仍应符合上述标准要求。

热贮稳定性 [(54±2)℃下贮存 14d]:有效成分含量应不低于贮前测得平均含量的 98.0%,pH 范围、倾倒性、自发分散性、悬浮率、湿筛仍应符合上述标准要求。

（3）有效成分分析方法可参照原药。

高效氯氟氰菊酯（ *lambda* -cyhalothrin ）

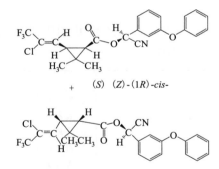

(S) (Z)-(1R)-cis-

+

(R) (Z)-(1S)-cis-

C$_{23}$H$_{19}$ClF$_3$NO$_3$, 449.9

化学名称 (S)-α-氰基-3-苯氧基苄基(Z)-(1R,3R)-3-(2-氯-3,3,3-三氟丙烯基)-2,2-二甲基环丙烷羧酸酯和(R)-α-氰基-3-苯氧基苄基(Z)-(1S,3S)-3-(2-氯-3,3,3-三氟丙烯基)-2,2-二甲基环丙烷羧酸酯(1:1)

CAS 登录号 91465-08-6

CIPAC 编码 463

理化性状 纯品为无色固体（原药为深褐色或深绿色固化物）。m. p. 49.2℃（原药 47.5～48.5℃），在正常气压条件下不沸腾，v. p. 2×10^{-4} mPa（20℃）、2×10^{-1} mPa（60℃），$K_{ow} \lg P = 7$（20℃），亨利常数 2×10^{-2} Pa·m^3/mol，密度 1.33g/cm^3（25℃）。溶解性：水中 0.005(mg/L,pH6.5,20℃)，丙酮、甲醇、甲苯、己烷、乙酸乙酯>500g/L。

稳定性：对光稳定，15～25℃下可稳定贮存 6 个月以上。$pK_a>9$。f. p. 83℃（彭斯基马顿闭口杯试验法）。

1. 高效氯氟氰菊酯原药（*lambda*-cyhalothrin technical）

FAO/WHO 规格/463/TC(2003)

(1) 组成和外观

本品应由高效氯氟氰菊酯和相关的生产性杂质组成，外观为黏稠的棕色或绿色半固体状物质，50℃下呈液态，除痕量机械杂质外，无可见的外来物和添加的改性剂。

(2) 技术要求

高效氯氟氰菊酯含量/(g/kg)   ≥810

注：测定结果的平均含量应不低于标明含量。

酸度（以 H_2SO_4 计)/(g/kg)   ≤0.5

(3) 有效成分分析方法——气相色谱法

① 方法提要   试样用 4-甲基戊酮溶解，以正二十八烷为内标物，用 $1m×4mm$（i. d.）玻璃管，内填 3% OV-210/Chromosorb W-HP($125～150\mu m$）的色谱柱和氢火焰离子化检测器（FID），对试样中的高效氯氟氰菊酯进行气相色谱分离和测定。

② 气相色谱操作条件   温度（℃）：柱室 190～220，汽化室 260，检测器 250；气体流速：载气（N_2)50mL/min，氢气和空气按说明书优化设置；保留时间：高效氯氟氰菊酯顺式异构体约 7.9min，高效氯氟氰菊酯反式异构体约 9.3min，内标物约 4.2min。

2. 高效氯氟氰菊酯乳油（*lambda*-cyhalothrin emulsifiable concentrate）

FAO/WHO 规格/463/EC(2003)

(1) 组成和外观

本品应由符合 WHO 标准的高效氯氟氰菊酯原药和助剂溶解在适宜的溶剂中制成，为透明至轻微浑浊的稳定均相液体，无可见的悬浮物和沉淀。

(2) 技术指标

高效氯氟氰菊酯含量[g/L(20℃)]：

标明含量	允许波动范围
≤25	标明含量的±15%
>25 且≤100	标明含量的±10%
pH 范围	6.0～8.0
持久起泡性(1min 后)/mL	≤15

乳液稳定性和再乳化：在 30℃下用 CIPAC 规定的标准水（标准水 A 或标准水 D）稀释，该乳液应符合下表要求。

稀释后时间/h	稳定性要求
0	初始乳化完全
0.5	乳膏≤1mL
2	乳膏≤2mL,浮油≤痕量
24	再乳化完全
24.5	乳膏≤2mL,浮油≤痕量

注：24h 之后的测定只有对 2h 之后的结果产生疑问时才有必要。

低温稳定性 [(0±2)℃下贮存 7d]：析出固体或液体的体积应小于 0.3mL。

热贮稳定性 [(54±2)℃下贮存 14d]：有效成分含量应不低于贮前测得平均含量的 95％，pH 范围、乳液稳定性和再乳化仍应符合上述标准要求。

(3) 有效成分分析方法可参照原药。

3. 有效氯氟氰菊酯可湿性粉剂（*lambda*-cyhalothrin wettable powder）

FAO/WHO 规格 463/WP(2003)

(1) 组成和外观

本品为由符合 WHO 标准的高效氯氟氰菊酯原药、填料和助剂组成的均匀混合物，应为易流动的细粉末，无可见的外来物和硬块。

(2) 技术指标

高效氯氟氰菊酯含量(g/kg)：

标明含量	允许波动范围
≤25	标明含量的 ±15％
>25 且≤100	标明含量的 ±10％
pH 范围	5.5～9.0
湿筛(通过 75μm 筛)/％	≥98
悬浮率/％	≥50
持久起泡性(1min 后)/mL	≤60
润湿性(无搅动)/min	≤1

热贮稳定性 [(54±2)℃下贮存 14d]：高效氯氟氰菊酯含量应不低于贮前测得平均含量的 95％，pH 范围、湿筛、悬浮率、润湿性仍应符合上述标准要求。当用可溶性袋包装时，该包装袋应附带防水密封袋、盒或其他容器，于 30℃下贮存 18 周，有效成分含量应不低于贮前测得平均含量的 95％，pH、湿筛、包装袋溶解度、悬浮性、持久起泡性仍应符合上述标准要求。贮前和贮后操作过程中，水溶性袋不能有破裂或泄漏。

(3) 水溶性包装袋封装产品

水溶性袋溶解度/s	≤30(悬浮液流动时间)
悬浮性(30℃下 30min,使用 CIPAC 标准水 D)/％	≥50
持久起泡性(1min 后)/mL	≤60

(4) 有效成分分析方法可参照原药。

4. 高效氯氟氰菊酯缓释微囊悬浮剂（*lambda* -cyhalothrin slow-release capsule suspension）

FAO/WHO 规格 /463/CS(2007)

(1) 组成和外观

本品应是含有符合 WHO 标准的高效氯氟氰菊酯原药的微胶囊与适宜的助剂悬浮在水相中的悬浮剂，经轻微搅动应为均匀的悬浮液体，适于用水进一步稀释。

(2) 技术指标

总高效氯氟氰菊酯含量 [g/L(20℃)]：

标明含量	允许波动范围

≤25	标明含量的±15%
>25 且≤100	标明含量的±10%

游离（未在胶囊内的）高效氯氟氰菊酯含量，应不超过总高效氯氟氰菊酯含量的 4%

释放速度：

15min 时，释放出的高效氯氟氰菊酯应为 180min 时释放量的 30%～75%

30min 时，释放出的高效氯氟氰菊酯应为 180min 时释放量的 50%～90%

180min 时，释放出的高效氯氟氰菊酯应≥测得的总高效氯氟氰菊酯含量的 80%

pH 范围	4.5～9.0
倾倒性（倾倒后残余物）/%	≤5
自动分散性［CIPAC 标准硬水 D，（30±2）℃，5min］/%	≥90
悬浮率［CIPAC 标准硬水 D，（30±2）℃，30min］/%	≥75
湿筛（通过 75μm 筛）/%	≥99.9
持久起泡性（用 WHO 标准软水，1min 后）/mL	≤5

结冻-融化稳定性：经过 4 次结冻-融化循环［在（20±2）℃ 和（－3±2）℃ 两个温度，经历 18h 结冻和 6h 融化的循环］之后，进行均匀化处理，产品的 pH 范围、倾倒性、自动分散性、悬浮率、湿筛仍应符合上述标准要求。

热贮稳定性［（54±2）℃ 下贮存 14d］：高效氯氟氰菊酯含量应不低于贮前测得平均含量的 96%、游离（未在胶囊内）的高效氯氟氰菊酯含量、释放速度、pH 范围、倾倒性、自动分散性、悬浮率、湿筛仍应符合上述标准要求。

(3) 有效成分分析方法可参照原药。

甲胺磷（methamidophos）

$$C_2H_8NO_2PS, \ 141.1$$

化学名称 O,S-二甲基氨基硫代磷酸酯

其他名称 多灭磷

CAS 登录号 10265-92-6

CIPAC 编码 355

理化性状 无色晶体，具有硫醇气味。m. p. 45℃（纯化活性成分），b. p. >160℃ 分解；v. p. 2.3mPa(20℃)、4.7mPa(25℃)。$K_{ow} \lg P = -0.8$(20℃)。Henry 常数 $<1.6×10^{-6}$ Pa·m³/mol（计算值，20℃）。$\rho = 1.27$g/cm³(20℃)。溶解度（g/L，20℃）：水中 >200，异丙醇和二氯甲烷 >200，己烷 0.1～1，甲苯 2～5。稳定性：在环境温度中稳定，但在加热到未沸腾时分解。在 pH3～pH8 时稳定。在酸、碱下水解。DT_{50}(22℃)1.8 年（pH4），110h(pH7)，72h(pH9)。光降解比较轻微。f. p. 约 42℃（欧盟 A9/ASTN-D56）。

1. 甲胺磷原药（methamidophos technical）

FAO 规格 355/TC/S/P(1992)

(1) 组成和外观

本品应由甲胺磷和相关生产性杂质组成,为无色至黄色液体或结晶,无可见的外来物和添加的改性剂。

(2) 技术指标

甲胺磷含量/(g/kg)	≥680(允许波动范围为±25g/kg)
O,O-二甲基氨基硫代磷酸酯/(g/kg)	≤90
N-甲基同系物/(g/kg)	≤80
O,O,O-三甲基硫代磷酸酯/(g/kg)	≤70
O,O,S-三甲基硫代磷酸酯/(g/kg)	≤20
水分/(g/kg)	≤1
酸度(以 H_2SO_4 计)/(g/kg)	≤12

(3) 有效成分分析方法——液相色谱法

① 方法提要　试样用水溶解,以乙腈-水为流动相,在 LiChrospher 100 RP-8 柱上对试样中的甲胺磷进行分离,用紫外检测器检测,外标法定量。

② 分析条件　色谱柱:250mm×4mm(i.d.) 不锈钢柱,填充 LiChrospher 100 RP-8;流动相:乙腈-水 [6:94 (体积比)],已脱气;流速:1.5mL/min;检测器灵敏度:0.2AUFS;检测波长:210nm;温度:35℃;进样体积:20μL;保留时间:甲胺磷约 3.2min。

2. 甲胺磷原药浓剂 (methamidophos technical concentrate)

FAO 规格 355/TK/S/P(1992)

(1) 组成和外观

本品应由符合 FAO 标准的甲胺磷原药及相关的生产杂质组成,应为无色至黄色液体,除必要时添加的稀释剂和稳定剂外,无可见的悬浮物和沉淀。

(2) 技术指标

甲胺磷含量/(g/kg)	≥600(允许波动范围为±25g/kg)
O,O-二甲基氨基硫代磷酸酯	≤测得的甲胺磷含量的13%
N-甲基同系物	≤测得的甲胺磷含量的12%
O,O,O-三甲基硫代磷酸酯	≤测得的甲胺磷含量的10%
O,O,S-三甲基硫代磷酸酯	≤测得的甲胺磷含量的3%
水分/(g/kg)	≤2
酸度(以 H_2SO_4 计)/(g/kg)	≤12

(3) 有效成分分析方法可参照原药。

3. 甲胺磷溶液 (methamidophos solution)

FAO 规格 355/SL/S/P(1992)

(1) 组成和外观

本品应由符合 FAO 标准的甲胺磷原药和助剂组成的溶液,无可见的悬浮物和沉淀。

(2) 技术指标

甲胺磷含量[g/kg 或 g/L(20℃)]

标明含量	允许波动范围
>100 且≤250	标明含量的±6％
>250 且≤250	标明含量的±5％
>500	±25
水分/(g/kg)	≤5
生产杂质	当有疑问时,依据甲胺磷原药浓剂标准进行检查
酸度(以 H_2SO_4 计)/(g/kg)	≤10
闪点(闭杯法)	≥标明闪点,并对测定方法加以说明

与水的混合性：本品经热贮实验后,用 CIPAC 标准水 C 稀释,在 30℃下静置 18h 后,应为清澈、均匀溶液。

低温稳定性 ［(0±1)℃下贮存 7d］：析出固体或液体的体积应小于 0.3mL。

热贮稳定性 ［(54±2)℃下贮存 14d］：有效成分含量应不低于贮前测得平均含量的 95％,酸度、与水的混合性仍应符合上述标准要求。

（3）有效成分分析方法可参照原药。

甲基对硫磷 (parathion -methyl)

$C_8H_{10}NO_5PS$, 263.2

化学名称 O,O-二甲基-O-对硝基苯基硫代磷酸酯

其他名称 甲基 1605

CAS 登录号 298-00-0

CIPAC 编码 487

理化性状 无色,无味晶体（原药,从亮到暗棕褐色的液体）。m. p. 35～36℃（原药,约 29℃）,b. p. 154℃/136Pa,v. p. 0. 2mPa(20℃)、0. 41mPa(20℃)。$K_{ow}\lg P=3.0$。$\rho=1.358g/cm^3$(20℃,原药,1. 20～1. 22g/cm³)。溶解度 (g/L,20℃)：水中 $55×10^{-3}$,易溶于普通有机溶剂,例如二氯甲烷,甲苯>200,己烷 10～20。微溶于石油醚和某些类型的矿物油。稳定性：在碱性和酸性介质中水解（比 5 倍浓度的对硫磷分解更迅速）；DT_{50}(25℃) 68d(pH5)、40d(pH7) 中、33d(pH9)。加热后异构化为 O,S-二甲基化合物,水中光解。f. p. >150℃（原药）。

1. 甲基对硫磷原药 (parathion-methyl technical material)

FAO 规格 487/TC(2001)

（1）组成和外观

本品应由甲基对硫磷和相关的生产性杂质组成,应为棕褐色的非晶体,无可见的外来物和添加的改性剂。

（2）技术指标

甲基对硫磷含量/(g/kg)   ≥950,（测量平均值不低于限量最低值）

甲基对氧磷（paraoxon-methyl）/(g/kg)   ≤1

S-甲基-甲基对硫磷（S-methyl-parathion-methyl）/(g/kg)   ≤15

对硫磷/(g/kg)   ≤3

（3）有效成分分析方法一——气相色谱法

① 方法提要　试样用二硫化碳溶解，以 p,p'-DDE 为内标物，在 SE-30＋OV-210 柱上，用带有氢火焰离子化检测器的气相色谱仪对试样中的甲基对硫磷进行分离和测定。

② 分析条件　气相色谱仪，带有氢火焰离子化检测器；色谱柱：1.2m×4mm(i.d.)玻璃柱，内填 1.5% SE-30＋1.5% OV-210（或相当的固定液）/Gas Chrom Q，150～200μm；柱温：(180±10)℃；汽化室温度：210℃；检测器温度：250℃；载气（氮气）流速：50～75mL/min；氢气、空气流速：按检测器的要求设定；保留时间：甲基对硫磷 3.5～5.5min，内标物 6～8min。

（4）有效成分分析方法二——液相色谱法

① 方法提要　试样用三氯甲烷溶解，以苯乙酮为内标物，在 10μm 硅胶柱上，用紫外检测器测定甲基对硫磷含量。

② 分析条件　色谱柱：300mm×4mm(i.d.) 不锈钢柱，填充 Waters Associates Inc.10μm 硅胶粒。流动相：在适当真空下（约 47kPa），用磁力搅拌器混合 200mL 用水饱和过的三氯甲烷与 300mL 三氯甲烷 2～3min；饱和三氯甲烷由 700mL 三氯甲烷与 150mL 水一起摇动 2～3min 制得，然后通过装有 100g 硅酸-水的 900mm×25mm 玻璃管。

内标物：苯乙酮；流速：1.2mL/min；检测器灵敏度：0.16AUFS；检测波长：254nm；温度：室温；进样体积：10μL；保留时间：对硫磷 3.5～5.0min，苯乙酮 5.5～8.0min。

2. 甲基对硫磷母液（parathion-methyl technical concentrate）

FAO 规格 487/TK(2001)

（1）组成和外观

本品应由甲基对硫磷原药和相关的生产性杂质组成，在凝固点以上应为浅褐色至深褐色液体，除稀释剂外，无可见的外来物和添加的改性剂。

（2）技术指标

甲基对硫磷含量[g/kg 或 g/L(20℃±2℃)]：

标明含量	允许波动范围
>500	±25

杂质 1（甲基对氧磷）含量[(20±2)℃]   ≤测得的甲基对硫磷含量的 0.1%

杂质 2（S-甲基-甲基对硫磷）含量[(20±2)℃]   ≤测得的甲基对硫磷含量的 2%

杂质 3（对硫磷）含量[(20±2)℃]   ≤测得的甲基对硫磷含量的 0.3%

（3）有效成分分析方法可参照原药。

（4）杂质 2　S-甲基-甲基对硫磷分析方法可参照原药。

3. 甲基对硫磷乳油 (parathion-methyl emulsifiable concentrate)

FAO 规格 487/EC(2001)

(1) 组成和外观

本品应由符合 FAO 标准 487/TC(2001) 的甲基对硫磷原药和助剂溶解在适宜的溶剂中制成，应为稳定的均相液体，无可见的悬浮物和沉淀，用水稀释成乳状液后使用。

(2) 技术指标

甲基对硫磷含量[g/L 或 g/kg(20±2)℃]：

标明含量	允许波动范围
>100 且≤250	标明含量的±6%
>250 且≤500	标明含量的±5%

杂质 1(甲基对氧磷)含量[(20±2)℃]　　　　　　　≤测得的甲基对硫磷含量的 0.1%

杂质 2(S-甲基-甲基对硫磷)含量[(20±2)℃]　　　≤测得的甲基对硫磷含量的 2%

杂质 3(对硫磷)含量[(20±2)℃]　　　　　　　　　≤测得的甲基对硫磷含量的 0.3%

持久起泡性(1min 后)/mL　　　　　　　　　　　≤25

乳液稳定性和再乳化：本产品经热贮后，在 (30±2)℃ 下用 CIPAC 规定的标准水稀释 (标准水 A 或标准水 D)，该乳液应符合下表要求。

稀释后时间/h	稳定性要求
0	初始乳化完全
0.5	乳膏≤2mL
2	乳膏≤4mL,浮油无
24	再乳化完全
24.5	乳膏≤4mL,浮油≤0.5mL

低温稳定性 [(0±2)℃下贮存 7d]：析出固体或液体的体积应小于 0.3mL。

热贮稳定性 [(54±2)℃下贮存 14d]：有效成分含量应不低于贮前测得含量，S-甲基对硫磷含量不大于测得的甲基对硫磷含量的 2%、乳液稳定性和再乳化应符合上述标准要求。

(3) 有效成分分析方法可参照原药。

(4) 杂质 2（S-甲基-甲基对硫磷）**分析方法可参照原药。**

4. 甲基对硫磷粉剂 (parathion-methyl dustable powder)

FAO 规格 10.a/DP/S(1989)

(1) 组成和外观

本品应由符合 FAO 标准的甲基对硫磷原药、载体和助剂组成，应为易流动的细粉末，无可见的外来物和硬块。

(2) 技术指标

甲基对硫磷含量(g/kg)：

标明含量	允许波动范围
≤25	标明含量的±15%
>25	标明含量的±10%

| S-甲基对硫磷 | ≤测得的甲基对硫磷含量的 2% |
| 对硫磷含量 | ≤测得的甲基对硫磷含量的 0.25% |

酸碱度：

酸度（以 H_2SO_4 计）/(g/kg)	≤1
碱度（以 NaOH 计）/(g/kg)	≤2
干筛（通过 $75\mu m$ 筛）/%	≥95[留在 $75\mu m$ 试验筛上的甲基对硫磷的量应不超过测定样品量的 $(0.005\times X)$%，X 是测得的甲基对硫磷含量(g/kg)]

例如：测得甲基对硫磷含量为 50g/kg 而试验所用样品为 20g，则留在试验筛上甲基对硫磷的量应不超过 $(0.005\times 50)\times 20/100=0.05$(g)

| 流动数 | 若要求，≤14 |

热贮稳定性 [(54 ± 2)℃下贮存 14d]：有效成分含量应不低于贮前测得含量的 90%，S-甲基对硫磷含量不大于测得的甲基对硫磷含量的 4%、酸碱度、干筛仍应符合上述标准要求。

(3) 有效成分分析方法可参照原药。

5. 甲基对硫磷可湿性粉剂 (parathion-methyl wettable powder)

FAO 规格 10.a/WP/S(1989)

(1) 组成和外观

本品应由符合 FAO 标准的甲基对硫磷原药、填料和助剂组成，应为均匀的细粉末，无可见的外来物和硬块。

(2) 技术指标

甲基对硫磷含量(g/kg)：

标明含量	允许波动范围
≤400	标明含量的 ±5%
>400	±20
S-甲基对硫磷	≤测得的甲基对硫磷含量的 1.5%
对硫磷含量	≤测得的甲基对硫磷含量的 0.25%

酸碱度：

酸度（以 H_2SO_4 计）/(g/kg)	≤5
碱度（以 NaOH 计）/(g/kg)	≤2
湿筛（未通过 $75\mu m$ 筛）/%	≤2
悬浮率/%	≥60
持久起泡性（1min 后）/mL	≤25
润湿性/min	≤1

热贮稳定性 [(54 ± 2)℃下贮存 14d]：有效成分含量应不低于贮前测得含量的 95%，S-甲基对硫磷含量不大于测得的甲基对硫磷含量的 3%、酸碱度、湿筛、润湿性仍应符合上述标准要求。

(3) 有效成分分析方法可参照原药。

6. 甲基对硫磷溶液（parathion-methyl solution）

FAO 规格 10.a/OL/S(1989)

（1）组成和外观

本品应由符合 FAO 标准的甲基对硫磷原药和助剂组成的溶液，无可见的悬浮物和沉淀。

（2）技术指标

甲基对硫磷含量[g/kg 或 g/L(20℃)]：

标明含量	允许波动范围
≤200	标明含量的±10%
>200	±20

S-甲基对硫磷	≤测得的甲基对硫磷含量的 1.3%
对硫磷含量	≤测得的甲基对硫磷含量的 0.25%
水分/(g/kg)	≤3
酸碱度：	
酸度（以 H_2SO_4 计）/(g/kg)	≤3
碱度（以 NaOH 计）/(g/kg)	≤0.5
闪点（闭杯法）	≥标明闪点，并对测定方法加以说明
与烃油的混溶性	若要求，本品应易与适宜的烃油混溶

低温稳定性 [(0±1)℃下贮存 7d]：析出固体或液体的体积应小于 0.3mL。

（3）有效成分分析方法可参照原药。

1-甲基环丙烯 （1-methylcyclopropene）

$\triangleright$—CH$_3$

C$_4$H$_6$，54.09

化学名称　1-甲基环丙烯

其他名称　聪明鲜

CAS 登录号　3100-04-7

CIPAC 编码　767

理化性状　气体形式，b.p. 4.7℃（计算值），v.p. $2×10^8$ mPa(25℃，计算值) $K_{ow}\lg P=$ 2.4(pH7，26℃)。溶解度（g/L，20℃）：水 $137×10^{-3}$(pH7)，正庚烷 2.45，二甲苯 2.25，乙酸乙酯12.5，甲醇11，丙酮2.40，二氯甲烷2.0。稳定性：在 20℃时稳定 28d，但在较高温度下的水中不稳定，2.4h>70%降解（pH4~9，50℃）。

1. 甲基环丙烯母药 (1-methylcyclopropene technical concentrate)

FAO 规格 767/TK(2010)

（1）组成和外观

本产品由 3.3% 的 1-甲基环丙烯和相关生产性杂质以 $α$-环糊精复合体形式与其他必要辅

料组成的均匀混合物。外观为粉末状，除填充剂外，无可见的外来物和添加改性剂。

（2）技术指标

甲基环丙烯含量（g/kg）：

标明含量	允许波动范围
≤33	标明含量的±10％

相关杂质：

3-氯-2-甲基丙烯含量　　　　　　　　≤0.05％X，X为测得的1-甲基环丙烯含量

1-氯-2-甲基丙烯含量　　　　　　　　≤0.05％X，X为测得的1-甲基环丙烯含量

（3）有效成分分析方法见 CIPAC 手册 N 卷

2.1-甲基环丙烯熏蒸剂 (1-methylcyclopropene vapour releasing product)

FAO 规格 767/VP(2010)

（1）组成和外观

本品物质组成同 FAO 标准 767/TK。外观为粉末状，可能添加不溶性惰性成分，在水中溶解后有效成分以气体形式应用。

（2）技术指标

1-甲基环丙烯含量（g/kg）：

标明含量	允许波动范围
≤33	标明含量的±10％

相关杂质：

3-氯-2-甲基丙烯含量　　　　　　　　≤0.05％X，X为测得的1-甲基环丙烯含量

1-氯-2-甲基丙烯含量　　　　　　　　≤0.05％X，X为测得的1-甲基环丙烯含量

热贮稳定性 [(54±2)℃下贮存 14d]：有效成分含量应不低于贮前测得平均含量的 95％。

（3）有效成分分析方法可参照原药。

甲基嘧啶磷 (pirimiphos -methyl)

$$C_{11}H_{20}N_3O_3PS, 305.3$$

化学名称　O,O-二甲基-O-(2-二乙氨基-6-甲基嘧啶-4-基) 硫代磷酸酯

其他名称　安得利，安定磷

CAS 登录号　29232-93-7

CIPAC 编码　239

理化性状　淡黄色液体。m. p. 20.8℃（原药），b. p. 蒸馏分解，v. p. 2mPa（20℃）、6.9mPa（30℃）、22mPa（40℃），$K_{ow} \lg P = 4.2$（20℃），$\rho = 1.17$g/cm³（20℃）、1.157g/cm³（30℃）。溶解度（mg/L，20℃）：水 11(pH5)、10(pH7)、9.7(pH9)；与大多数有机溶剂互溶，如醇类、酮类、卤化和碳氢化合物类有机溶剂。稳定性：在浓酸和碱性条件下水解，DT_{50} 2～117d(pH4～9，pH7 时最稳定)，在水溶液中光照下 $DT_{50}<$1h。pK_a 4.30，f. p. ＞46℃。

1. 甲基嘧啶磷原药（pirimiphos-methyl technical）

FAO 规格 239/TC(2007)

（1）组成和外观

本品应由甲基嘧啶磷和相关的生产性杂质组成，18℃ 以上时应为透明或略带浑浊的红棕色液体，除稳定剂之外，无可见的外来物和添加的改性剂。

（2）技术指标

甲基嘧啶磷含量/(g/kg)	≥880（测定结果的平均含量应不低于标明含量）
O,O-dimethyl phosphorochloridothioate（DMPCT）	≤5g/kg
O,O,S-trimethyl phosphorodithioate（MeOOSPS）	≤5g/kg
O,O,S-trimethyl phosphorothioate（MeOOSPO）	≤5g/kg
O,O,O-trimethyl phosphorothioate（MeOOOPS）	≤5g/kg
O-2-diethylamino-6-methylpyrimidin-4-yl-O,S-dimethyl phosphoro thioate（iso-pirimiphos-methyl）	≤5g/kg
水分/(g/kg)	≤2
酸度（以 H_2SO_4 计）/(g/kg)	≤3

（3）有效成分分析方法——气相色谱法

① 方法提要　试样用三氯甲烷溶解，以正十八烷为内标物，在 SE-30 柱上对甲基嘧啶磷进行分离，用带有氢火焰离子化检测器的气相色谱仪对试样中的甲基嘧啶磷进行测定。

② 分析条件　气相色谱仪，带有氢火焰离子化检测器和柱上进样系统；色谱柱：1.5m×4mm(i. d.) 玻璃柱，内填 10% SE-30/Chromosorb W-HP；柱温：$[(210\sim220)\pm0.5]$℃；汽化室温度：240℃；检测器温度：300℃；载气（氮气）流速：50mL/min；氢气、空气流速：按检测器的要求设定；保留时间：甲基嘧啶磷 5.10min，内标物 3.49min。

2. 甲基嘧啶磷乳油（pirimiphos-methyl emulsifiable concentrate）

FAO 规格 239/EC(2007)

（1）组成和外观

本品应由符合 FAO 标准的甲基嘧啶磷原药和助剂溶解在适宜的溶剂中制成，应为稳定的均相液体，无可见的悬浮物和沉淀。

（2）技术指标

甲基嘧啶磷含量[g/L(20℃)或 g/kg]：

标明含量	允许波动范围
>100 且≤250	标明含量的±6%
>250 且≤500	标明含量的±5%
O,O-dimethyl phosphorochloridothioate（DMPCT）	≤甲基嘧啶磷含量的 0.5%
O,O,S-trimethyl phosphorodithioate（MeOOSPS）	≤甲基嘧啶磷含量的 0.5%
O,O,S-trimethyl phosphorothioate（MeOOSPO）	≤甲基嘧啶磷含量的 0.5%
O,O,O-trimethyl phosphorothioate（MeOOOPS）	≤甲基嘧啶磷含量的 0.5%
O-2-diethylamino-6-methylpyrimidin-4-yl-O,S-dimethyl phosphoro thioate（iso-pirimiphos-methyl）	≤甲基嘧啶磷含量的 0.5%

水分/(g/kg)	≤5
酸度(以 H$_2$SO$_4$ 计)/(g/kg)	≤1
闪点(闭杯法)/℃	≥38,并对测定方法加以说明

乳液稳定性和再乳化：本产品经热贮后，在30℃下用 CIPAC 规定的标准水稀释（标准水 A 或标准水 D），该乳液应符合下表要求。

稀释后时间/h	稳定性要求
0	初始乳化完全
0.5	乳膏≤0.1mL
2	乳膏≤0.1mL,浮油无
24	再乳化完全
24.5	乳膏≤2mL,浮油≤2mL

低温稳定性〔(0±2)℃下贮存 7d〕：析出固体或液体的体积应小于 0.3mL。

(3) 有效成分分析方法可参照原药。

甲硫威（methiocarb）

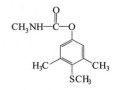

C$_{11}$H$_{15}$NO$_2$S，225.3

化学名称　3,5-二甲基-4-甲硫基苯基氨基甲酸甲酯

其他名称　灭旱螺

CAS 登录号　2032-65-7

CIPAC 编码　165

理化性状　无色晶体，苯酚类气味。m. p. 119℃，v. p. 0.015mPa(20℃)、0.036mPa(25℃)；K_{ow}lg$P$=3.08(20℃)。Henry 常数 1.2×10^{-4} Pa · m^3/mol(20℃)，ρ=1.236g/cm^3(20℃)。溶解度（g/L, 20℃）：水中 27×10^{-3}，二氯甲烷＞200，异丙醇 53，甲苯 33，己烷 1.3。稳定性：在强碱性介质中不稳定，水解 DT$_{50}$(22℃)＞1 年（pH4），＜35d(pH7)；6h(pH9)。光降解有助于消除甲硫威对环境的影响；DT$_{50}$6～16d。

1. 甲硫威原药 (methiocarb technical)

FAO 规格 165/TC/S/F(1991)

(1) 组成和外观

本品由甲硫威和相关的生产杂质组成，应为白色至黄色固体，无可见的外来物和添加的改性剂。

(2) 技术指标

甲硫威含量/(g/kg)	≥970(允许波动范围±20g/kg)

| 水分/(g/kg) | ≤2 |
| 酸度(以 H_2SO_4 计)/(g/kg) | ≤2 |

(3) 有效成分分析方法——液相色谱法

① 方法提要　试样溶于乙腈中，以乙腈-水作流动相，在反相色谱柱（C_{18}）上对甲硫威原药进行分离，用紫外检测器（266nm）检测，内标法定量。

② 分析条件　液相色谱仪，带有紫外检测器，可以产生大于 10.5MPa 压力；色谱柱：250mm × 4.6mm（i.d.），填充粒度小于 10μm 的键合到硅胶上的 C_{18}（Partisil-10 ODS 3 或相当的）；内标物：苯乙酮；内标溶液：10g 苯乙酮溶于 200mL 乙腈中；流动相：乙腈-水 [60∶40（体积比）]；流速：2.5mL/min；检测波长：266nm；检测灵敏度：0.16AUFS；温度：室温；进样体积：10μL；保留时间：甲硫威约 3.7min，苯乙酮约 2.5min。

2. 甲硫威原药浓剂 (methiocarb technical concentrate)

FAO 规格 165/TK/S/F(1991)

(1) 组成和外观

本品应由符合 FAO 标准的甲硫威及生产杂质组成，应为白色至黄色粉末，除稳定剂外，无可见的外来物和添加的改性剂。

(2) 技术指标

甲硫威含量/(g/kg)	≥800,允许波动范围±25g/kg
水分/(g/kg)	≤20
丙酮不溶物/(g/kg)	≤180
干筛(未通过 75μm 筛)/%	≤5[留在 75μm 试验筛上的甲硫威的量应不超过测定样品量的(0.005X)%;X 是测得的甲硫威含量(g/kg)]

(3) 有效成分分析方法可参照原药。

3. 甲硫威可湿性粉剂 (methiocarb wettable powder)

FAO 规格 165/WP/S/F(1991)

(1) 组成和外观

本品应由符合 FAO 标准的甲硫威原药、填料和助剂组成，应为均匀的细粉末，无可见的外来物和硬块。

(2) 技术指标

甲硫威含量(g/kg)：	
标明含量	允许波动范围
>250 且≤500	标明含量的±5%
>500	±25
水分/(g/kg)	≤25
pH 范围	7.0～9.0
湿筛(通过 75μm 筛)/%	≥98
悬浮率(25℃下 30min 使用 CIPAC 标准水 C)/%	≥50

| 持久起泡性（1min 后）/mL | $\leqslant 10$ |
| 润湿性（无搅动）/min | $\leqslant 2$ |

热贮稳定性 [(54±2)℃下贮存 14d]：有效成分含量应不低于贮前测得平均含量的97％，pH、湿筛、悬浮率仍应符合上述标准要求。

（3）有效成分分析方法可参照原药。

4. 甲硫威颗粒剂（methiocarb granule)(适用于机器施药）

FAO 规格 165/GR/S/F(1991)

（1）组成和外观

本品应由符合 FAO 标准的甲硫威原药和适宜的载体及助剂制成，应为干燥、易流动的颗粒，无可见的外来物和硬块，基本无粉尘，易于机器施药。

（2）技术指标

甲硫威含量(g/kg)：

标明含量	允许波动范围
$\leqslant 25$	标明含量的±25％
> 25 且$\leqslant 100$	标明含量的±10％

水分/(g/kg)	$\leqslant 150$
pH 范围	4.5～9.0
堆积密度范围	应标明本产品堆积密度范围

粒度范围：应标明产品的粒度范围，粒度范围下限与上限的粒径比例应不超过 1：4，在粒度范围内的本品应$\geqslant 85\%$。

筛析：对粒径$\geqslant 300\mu m$ 的产品，留在 $125\mu m$ 试验筛上的样品$\geqslant 980g/kg$，且留在筛上的样品中甲硫威含量应$\geqslant$测得的产品中甲硫威含量的 95％；对粒径$< 300\mu m$ 的产品，通过 $63\mu m$ 试验筛的样品$\leqslant 5g/kg$，且筛下物中甲硫威含量不应超过测得的产品中甲硫威含量。

热贮稳定性 [(54±2)℃下贮存 14d]：有效成分含量应不低于贮前测得平均含量的97％，pH 范围、粒度范围、筛分仍应符合上述标准要求。

（3）有效成分分析方法可参照原药。

5. 甲硫威悬浮种衣剂（methiocarb suspension concentrates for seed treatment）

FAO 规格 165/FS/S/F(1991)

（1）组成和外观

本品应为由符合 FAO 标准的甲硫威原药的细小颗粒悬浮在水相中，与助剂（包括染色物质）制成的悬浮液，轻微搅动后为均匀的悬浮液体，易于进一步用水稀释。

（2）技术指标

甲硫威含量[g/kg 或 g/L(20℃)]：

标明含量	允许波动范围
> 250 且$\leqslant 500$	标明含量的±5％
> 500	±25

20℃下每毫升质量/(g/mL)	应标明
pH 范围	2.5～4.5
倾倒性清洗后残余物/%	≤0.25
湿筛（通过 75μm 筛）/%	≥99.5
持久起泡性（1min 后）/mL	≤10（使用未稀释的样品进行试验）
闪点（闭杯法）	≥标明的闪点，并对测定方法加以说明

低温稳定性 [(0±1)℃下贮存 7d]：产品筛分仍应符合标准要求。

热贮稳定性 [(54±2)℃下贮存 14d]：有效成分含量应不低于贮前测得平均含量的 97%，pH、倾倒性、湿筛仍应符合上述标准要求。

(3) 有效成分分析方法可参照原药。

甲萘威（carbaryl）

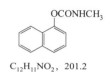

$C_{12}H_{11}NO_2$，201.2

化学名称　1-萘基-N-甲基氨基甲酸酯

其他名称　西维因

CAS 登录号　63-25-2

CIPAC 编码　26

理化性状　无色至淡黄褐色晶体。m. p. 142℃，v. p. 4.1×10^{-2} mPa(23.5℃)，$K_{ow}lgP=$1.85，$\rho=1.232g/cm^3$(20℃)。溶解度：水中 120mg/L(20℃)；易溶于极性有机溶剂（g/kg，25℃），二甲基甲酰胺、二甲基亚砜 400～450，丙酮 200～300，环己酮 200～250，异丙醇 100，二甲苯 100。稳定性：在中性和弱酸性条件下稳定，在碱性介质中水解形成 1-萘酚，DT$_{50}$约 12d(pH7)、3.2h(pH9)；对光和热稳定。f. p. 193℃。

1. 甲萘威原药（carbaryl technical material）

FAO 规格 26/TC(2007)

(1) 组成和外观

本品由甲萘威和相关的生产杂质组成，应为白色或近白色结晶粉末，无可见的外来物和添加的改性剂。

(2) 技术指标

甲萘威含量/(g/kg)　　　　　≥990，（测定结果的平均含量应不低于标明含量）

(3) 有效成分分析方法——液相色谱法

① 方法提要　试样用乙腈溶解，以乙腈-水（45∶55，体积比）为流动相，在 C$_{18}$ 反相柱上对试样进行分离，用紫外检测器进行检测，外标法定量。

② 分析条件　色谱柱：250mm×4.6mm(i. d.) 不锈钢柱，Nucleosil 5μm C$_{18}$ 或相当色谱柱；流动相：乙腈-水 [45∶55（体积比）]；流速：1.5mL/min；柱箱温度：40℃；检测

波长：280nm；进样体积：5μL；保留时间：甲萘威约5min；运行时间：约15min。

2. 甲萘威可湿性粉剂 (carbaryl wettable powder)

FAO 规格 26/WP(2007)

(1) 组成和外观

本品应由符合FAO标准的甲萘威原药、载体和助剂组成，应为易流动的细粉末，无可见的外来物和硬块。

(2) 技术指标

甲萘威含量(g/kg)：

标明含量	允许波动范围
>250 且≤500	标明含量的±5％
>500	±25

pH 范围	4.0～7.0
湿筛(通过 45μm 筛)/％	≥98
悬浮率(30℃下 30min,使用 CIPAC 标准水 D)/％	≥70
持久起泡性(1min 后)/mL	≤30
润湿性(不经搅动)/min	≤1

热贮稳定性 [(54±2)℃下贮存 14d]：有效成分含量应不低于贮前测得平均含量的95％，pH、湿筛、悬浮率、润湿性仍应符合上述标准要求。

(3) 有效成分分析方法可参照原药。

3. 甲萘威悬浮剂 (carbaryl aqueous suspension concentrate)

FAO 规格 26/ SC(2007)

(1) 组成和外观

本品应为由符合FAO标准的甲萘威原药的细小颗粒悬浮在水相中，与助剂制成的悬浮液，经轻微搅动为均匀的悬浮液体，易于进一步用水稀释。

(2) 技术指标

甲萘威含量 [g/kg 或 g/L(20℃)]：

标明含量	允许波动范围
>250 且≤500	标明含量的±5％

pH 范围	4.0～7.0
倾倒性 (倾倒后残余物)/％	≤5
自动分散性 (30℃下，使用 CIPAC 标准水 D，5min 后)/％	≥90
悬浮率 (30℃下 30min，使用 CIPAC 标准水 D)/％	≥90
湿筛 (通过 75μm 筛)/％	≥98
持久起泡性 (1min 后)/mL	≤50

低温稳定性 [(0±2)℃下贮存 7d]：产品的悬浮率、湿筛仍应符合标准要求。

热贮稳定性 [(54±2)℃下贮存 14d]：有效成分含量应不低于贮前测得平均含量的95％，悬浮率、自动分散性、倾倒性、pH 范围、湿筛仍应符合标准要求。

(3) 有效成分分析方法可参照原药。

甲氧滴滴涕（methoxychlor）

$$CH_3O-\text{⟨⟩}-\underset{CCl_3}{\overset{|}{\underset{|}{CH}}}-\text{⟨⟩}-OCH_3$$

$C_{16}H_{15}Cl_3O_2$, 345.7

化学名称　2,2-双(对甲氧苯基)-1,1,1-三氯乙烷

其他名称　N/A

CAS 登录号　72-43-5

CIPAC 编码　14

理化性状　无色晶体（原药，灰色粉末）。m. p. 89℃（原药，77℃），v. p. 非常低，密度 1.41(25℃)。溶解度：水 0.1mg/L(25℃)，易溶于芳烃，氯化物和酮的溶剂，植物油；在氯仿和二甲苯中 440g/kg、甲醇中 50g/kg（22℃）。稳定性：对于氧化剂和紫外线稳定；与碱反应，特别是具有催化活性的金属存在下，有氯化氢损失，但比 DDT 更慢。光照下颜色变成粉红色或褐色。

1. 甲氧滴滴涕原药（methoxychlor technical）

WHO 规格/SIT/4. R6(1999 年 12 月 10 日修订)

(1) 组成和外观

本品应由甲氧滴滴涕和相关的生产性杂质组成，应为白色或乳白色颗粒、薄片或粉末，无可见的外来物和添加的改性剂。

(2) 技术指标

总有机氯含量/(g/kg)	295～315
水解氯含量/(g/kg)	97～117
水合氯醛含量/(g/kg)	≤0.25
酸度(以 H_2SO_4 计)/(g/kg)	≤3.0
丙酮不溶物/(g/kg)	≤10
水分/(g/kg)	≤10

(3) 有效成分分析方法

甲氧滴滴涕含量分析方法为化学滴定法。

① 有机氯含量的测定　试样在异丙醇中与金属钠加热回流，所有有机氯都转变为氯离子，加入稍过量的硝酸银标准溶液与氯离子生成氯化银沉淀；多余的硝酸银用硫氰酸钾标准滴定溶液滴定，得到总氯含量，扣除无机氯后即为总有机氯含量。

② 水解氯含量的测定　试样用乙醇氢氧化钾水解，生成水解氯离子，其余操作与①相同。

2. 甲氧滴滴涕乳油（methoxychlor emulsifiable concentrate）

WHO 规格/SIF/11. R6(1999 年 12 月 10 日修订)

(1) 组成和外观

本品应由符合 WHO 标准的甲氧滴滴涕原药和助剂溶解在适宜的溶剂中制成，为稳定的均相液体，无可见的悬浮物和沉淀。

（2）技术指标

甲氧滴滴涕含量/（g/kg）：

标明含量	允许波动范围
＞250 且≤500	标明含量的±5%
＞500	±25 所取全部样品的平均含量应不低于标明含量

水分/（g/kg）	≤2
酸碱度：	
酸度（以 H_2SO_4 计）/（g/kg）	≤0.5
碱度（以 NaOH 计）/（g/kg）	≤0.5
冷试验（0℃，1h）	应无固体物和（或）油状物析出
闪点	应符合所有国家和（或）国际的运输规定
乳液稳定性（分别用标准软水和标准硬水稀释 20 倍试验）	析出物应不大于 2mL
持久起泡性（用 WHO 标准软水，1min 后）/mL	≤60

热贮稳定性［（54±2）℃下贮存 14d］：甲氧滴滴涕含量，酸碱度和乳液稳定性仍应符合标准要求。

（3）有效成分分析方法

甲氧滴滴涕含量测定方法，参照原药中水解氯含量的测定方法。

精右旋苯醚氰菊酯（d,d,trans-cyphenothrin）

(1R)-trans-

(1R)-cis-

$C_{24}H_{25}NO_3$，375.5

化学名称　右旋-顺，反-2，2-二甲基-3-（2-甲基-1-丙烯基）环丙烷羧酸-(S)-α-氰基-3-苯氧基苄基酯

CAS 登录号　无，39515-40-7（苯醚氰菊酯）

CIPAC 编码　761

理化性状　黏稠的黄色液体，有微弱的气味（原药）。b.p.241℃/0.1mmHg，v.p.0.12mPa（20℃）、0.4mPa（30℃），$K_{ow} \lg P = 6.29$，相对密度1.08（25℃）。溶解度（g/100g，20℃）：水（9.01±0.8）μg/L（25℃）、正己烷4.84、甲醇9.27。稳定性：正常条件下 2 年稳定，相对于热稳定。f.p.130℃。

1. 精右旋苯醚氰菊酯原药（*d*, *d*, *trans*-cyphenothrin technical material）

WHO 规格 761/TC(2005 年 9 月)

(1) 组成和外观

本产品由精右旋苯醚氰菊酯和相关生产性杂质组成，外观为黄色或黄棕色油状或黄色蜡状固体，基本无味，除稳定剂外，无可见的外来物和添加改性剂。

(2) 技术指标

精右旋苯醚氰菊酯含量/(g/kg)　　　　　　≥930

trans-异构体含量　　　　　　≥97%×*X*, *X* 为测得的精右旋苯醚氰菊酯含量

1*R*-异构体(酸部分)含量　　　　　　≥95%×*X*, *X* 为测得的精右旋苯醚氰菊酯含量

S-异构体(醇部分)含量　　　　　　≥92%×*X*, *X* 为测得的精右旋苯醚氰菊酯含量

(3) 有效成分分析方法

有效成分分析方法见 CIPAC 761/TC/M/3 和 CIPAC 761/TC/M/2。

2. 精右旋苯醚氰菊酯乳油（*d*, *d*, *trans*-cyphenothrin emulsifiable concentrate）

WHO 规格 761/EC(2005 年 9 月)

(1) 组成和外观

本品应由符合 WHO 标准 761/TC 的精右旋苯醚氰菊酯原药和必要的助剂溶于合适的溶剂中组成稳定均匀的液体，无可见的悬浮物和沉淀，用水稀释成乳状液后使用。

(2) 技术指标

有效成分含量[g/kg 或 g/L,(20±2)℃]:

标明含量　　　　　　　　　　允许波动范围

＞25 且≤100　　　　　　　　标明含量的±10%

trans-异构体含量　　　　　　≥97%*X*, *X* 为测得的精右旋苯醚氰菊酯含量

1*R*-异构体(酸部分)含量　　　　　　≥95%*X*, *X* 为测得的精右旋苯醚氰菊酯含量

S-异构体(醇部分)含量　　　　　　≥92%*X*, *X* 为测得的精右旋苯醚氰菊酯含量

水分含量/(g/kg)　　　　　　≤2

pH 范围　　　　　　　　　　4.0～7.0

持久起泡性(1min)/mL　　　　　　≤3

乳液稳定性和再乳化：在 (30±2)℃下用 CIPAC 规定的标准水稀释（标准水 A 或标准水 D），该乳液应符合下表要求。

稀释后时间/h	稳定性要求
0	初始乳化完全
0.5	乳膏≤0.5mL
2	乳膏≤0.5mL,浮油≤0.5mL
24	再乳化完全
24.5	乳膏≤0.5mL,浮油≤1mL

注:只有当 2h 试验结果有疑问时才需进行 24h 试验

低温稳定性 〔(0±2)℃下贮存7d〕：析出固体或液体体积不超过0.3mL；

热贮稳定性 〔(54±2)℃下贮存14d〕：平均有效成分含量不低于储前含量的95%，pH、乳液稳定性和再乳化仍应符合上述标准要求。

(3) 有效成分分析方法可参照原药。

注：由于无杂质分析方法，FAO撤销此产品标准。

久效磷（monocrotophos）

$$C_7H_{14}NO_5P, \quad 223.2$$

化学名称 O,O-二甲基-O-(2-甲氨基甲酰-1-甲基乙烯基) 磷酸酯

其他名称 纽瓦克，铃杀

CAS 登录号 6923-22-4

CIPAC 编码 287

理化性状 无色晶体，吸湿性晶体（原药是深褐色的半固体）。m.p.54～55℃（原药，25～35℃），b.p.125℃/0.0005mmHg，v.p.2.9×10⁻¹ mPa (20℃)、9.8×10⁻¹ mPa，$K_{ow}lgP=-0.22$。溶解度：水中100%(20℃)，甲醇100%、丙酮70%、正己烷25%、甲苯6%（20℃）；微溶于煤油和柴油。稳定性：分解温度>38℃，放热反应的温度>55℃；水解（20℃），$DT_{50}=96d(pH7)$、17d(pH9)；在短链醇中不稳定，会在一些惰性材料中分解（在色谱法进行时应注意）。

1. 久效磷原药（monocrotophos technical）

FAO 规格 287/TC/ts(1988)

(1) 组成和外观

本品应由久效磷和相关的生产性杂质组成，应为深棕色液体或结晶物，无可见的外来物和添加的改性剂。

(2) 技术指标

久效磷含量/(g/kg)	≥750(允许波动范围为±25g/kg)
磷酸三甲酯/(g/kg)	≤20
水分/(g/kg)	≤2
丙酮不溶物/(g/kg)	≤1
水不溶物/(g/kg)	≤0.5

(3) 有效成分分析方法——液相色谱法

① 方法提要 试样用甲醇溶解，以甲醇-乙腈-水为流动相，在 LiChrosorb RP-18 柱上对试样中的久效磷进行分离，用紫外检测器检测，外标法定量。

② 分析条件 色谱柱：250mm×4.6mm(i.d.) 不锈钢柱，填充 LiChrosorb RP-18；保护柱：20mm×2.0mm(i.d.) 不锈钢柱，Pellicular ODS；流动相：甲醇-乙腈-水 〔80:10:10（体积比）〕，已脱气；流速：1.5mL/min；检测器灵敏度：0.1AUFS；检测波长：230nm；温度：室温；进样体积：10μL；保留时间：久效磷5.8min。

2. 久效磷超低容量液剂 (monocrotophos ultra low volume liquid)

FAO 规格 287/UL/ts(1988)

(1) 组成和外观

本品应由符合 FAO 标准的久效磷原药、溶剂及助剂组成，应为稳定的均相液体，无可见的悬浮物和沉淀。

(2) 技术指标

久效磷含量[g/kg 或 g/L(20℃)]:

标明含量	允许波动范围
应标明含量	为标明含量的±10%
磷酸三甲酯/(g/kg)	$\leqslant 0.036 \times X$(X 为测得的久效磷含量)
水分/(g/kg)	$\leqslant 2.5$
酸度(以 H_2SO_4 计)/(g/kg)	$\leqslant 25$
闪点(闭杯法)	$\geqslant 22.8℃$,并对测定方法加以说明

运动黏度范围:若必要,应标明 20℃下本产品的运动黏度范围,并对测定方法加以说明

挥发性 (蒸发速度):若要求,应标明本品的挥发性,并对测定方法加以说明

低温稳定性 [(0±1)℃下贮存 7d]:析出固体或液体的体积应小于 0.3mL。

热贮稳定性 [(54±2)℃下贮存 14d]:有效成分含量应不低于贮前测得平均含量的 85%,磷酸三甲酯、酸度仍应符合上述标准要求。

(3) 有效成分分析方法可参照原药。

注:由于无杂质分析方法,FAO 撤销此产品标准。

3. 久效磷可溶性液剂(monocrotophos soluble concentrate)

FAO 规格 287/SL/ts(1988)

(1) 组成和外观

本品为由符合 FAO 标准的久效磷原药和助剂组成的溶液,应无可见的悬浮物和沉淀。

(2) 技术指标

久效磷含量[g/kg 或 g/L(20℃)]:

标明含量	允许波动范围
$\leqslant 500$	标明含量的-5%~10%
> 500	标明含量的-25~+50
磷酸三甲酯/(g/kg)	$\leqslant 0.036X$,X 为测得的久效磷含量
水分/(g/kg)	$\leqslant 2.5$
酸度(以 H_2SO_4 计)/(g/kg)	$\leqslant 25$
闪点(闭杯法)	$\geqslant$标明的闪点,并对测定方法加以说明

与水的混溶性:在 30℃下,用 CIPAC 标准水 C 稀释热贮前或热贮后的本品,均应是透明、均匀的溶液,无沉淀和可见颗粒。

低温稳定性 [(0±1)℃下贮存 7d]:析出固体或液体的体积应小于 0.3mL。

热贮稳定性 [(54±2)℃下贮存 14d]:有效成分含量不应低于贮前测得平均含量的 85%,磷酸三甲酯、酸度仍应符合上述标准要求。

(3) 有效成分分析方法可参照原药。

注：由于无杂质分析方法，FAO撤销此产品标准。

克螨特（propargite）

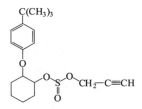

$C_{19}H_{26}O_4S$，350.5

化学名称　2-(4-叔丁基苯氧基)-环己基丙炔-2-基亚硫酸酯

其他名称　炔螨特、丙炔螨特、快螨特

CAS 登录号　2312-35-8

CIPAC 编码　216

理化性状　深琥珀色黏稠液。b.p.210℃分解（通常大气压下），不沸腾，v.p.0.04mPa（25℃），密度1.12g/cm³（20℃）。溶解性：水中0.215mg/L（25℃），可以在己烷、甲苯、二氯甲烷、甲醇和丙酮中充分溶解。稳定性：DT_{50} 66.3d（水，pH7，25℃）、9.0d（水，pH7，40℃）、1.1d（水，pH9，25℃）、0.2d（水，pH9，40℃），pH4时稳定；DT_{50} 6d（光，pH5）。大气中 DT_{50} 2.155h（Atkinson calculation 阿特金森计算值）。$pK_a > 12$，f.p.71.4℃（闭杯法马顿测试）。

炔螨特原药（propargite technical）

FAO 规格 216/TC/ts(1983)

(1) 组成和外观

本品应由炔螨特和相关的生产性杂质组成，应为浅棕色至深棕色黏稠液体，含有1%的环氧丙烷稳定剂（质量比），无可见的外来物和添加的改性剂。

(2) 技术指标

炔螨特含量/(g/kg)	≥900 允许波动范围为±25g/kg
丙酮不溶物/(g/kg)	≤1
水分/(g/kg)	≤2
水分散液的 pH（25℃下）	7.0

乐果（dimethoate）

$$CH_3NHCOCH_2S-P(OCH_3)_2$$
（S上方）

$C_5H_{12}NO_3PS_2$，229.3

化学名称 O,O-二甲基-S-(甲基氨基甲酰基甲基) 二硫代磷酸酯

CAS 登录号 60-51-5

CIPAC 编码 59

理化性状 无色晶体（原药为白色粒状固体）。m. p. $49\sim52℃$（纯度 99.4%），b. p. $117℃/0.1mmHg$，v. p. $0.25mPa(25℃)$，$K_{ow}\lg P = 0.704$，$\rho = 1.31g/cm^3$（$20℃$，纯度 99.1%）。溶解度：水 $39.8g/L(pH7,25℃)$；可溶于很多有机溶剂（g/kg，$20℃$），在乙醇、酮、苯、甲苯、氯仿、二氯甲烷中 >300，四氯化碳、饱和烃、正辛醇中 >50。稳定性：在 $pH2\sim7$ 的水溶液中相对稳定，在碱性溶液中易水解，$DT_{50}\ 4.4d(pH9)$，耐光性 $DT_{50}>175d(pH5)$；加热时会分解，形成 O,S-二甲基类似物。$pK_a\ 2.0$（$20℃$）。

1. 乐果原药 (dimethoate technical)

FAO 规格 59/TC(2005)

(1) 组成和外观

本品应由乐果和相关的生产性杂质组成，应为白色固体，带有硫醇气味，无可见的外来物和添加的改性剂。

(2) 技术指标

乐果含量/(g/kg)	$\geqslant950$
氧乐果/(g/kg)	$\leqslant2$
异乐果/(g/kg)	$\leqslant3$
水分/(g/kg)	$\leqslant2$
酸度(以 H_2SO_4 计)/(g/kg)	$\leqslant10$

(3) 有效成分分析方法——液相色谱法

① 方法提要　试样用乙腈和水溶解，以乙腈-水-冰乙酸为流动相，在反相液相色谱柱上对试样中的乐果进行分离，使用紫外检测器（210nm）对乐果进行检测，外标法定量。

② 分析条件　色谱柱：$125mm\times4.6mm(i.d.)$ 不锈钢柱，填充 Nucleosil/5 C_8 $5\mu m$ 填料；流动相：乙腈-水-冰乙酸 [400：600：1（体积比）]；流速：$1.5mL/min$；检测器灵敏度：$0.5AUFS$；检测波长：$210nm$；柱温：室温；进样体积：$10\mu L$；保留时间：乐果约 $2min$。

2. 乐果母药 (dimethoate technical concentrate)

FAO 规格 59/TK(2012)

(1) 组成和外观

本品应由符合 FAO 标准的乐果原药制成，为清澈液体，带有硫醇或丙酮气味，除稀释剂和稳定剂外，无可见的外来物和添加的改性剂。

(2) 技术指标

乐果含量[g/kg 或 g/L(20$\pm$2)℃]：

标明含量	允许波动范围
>250 且 $\leqslant500$	标明含量的 $\pm5\%$
>500	±25
氧乐果	$\leqslant$测得的乐果含量的 0.4%
异乐果	$\leqslant$测得的乐果含量的 8%
水分/(g/kg)	$\leqslant2$

(3) 有效成分分析方法可参照原药。

3. 乐果乳油 (dimethoate emulsifiable concentrate)

FAO 规格 59/EC(2012)

(1) 组成和外观

本品应由符合 FAO 标准的乐果原药和助剂或稳定剂溶解在适宜的溶剂中制成，应为稳定的均相液体，无可见的悬浮物和沉淀，在水中稀释成乳状液后使用。

(2) 技术指标

乐果含量[g/kg 或 g/L(20±2)℃]：

标明含量	允许波动范围
>250 且≤500	标明含量的+10%或−5%
>500	+40 或−20
氧乐果	≤测得的乐果含量的 0.4%
异乐果	≤测得的乐果含量的 7%
水分/(g/kg)	≤2
持久起泡性(1min 后)/mL	≤40

乳液稳定性和再乳化：在 30℃下用 CIPAC 规定的标准水稀释（标准水 A 或标准水 D），该乳液应符合下表要求。

稀释后时间/h	稳定性要求
0	完全乳化
0.5	乳膏≤1mL
2	乳膏≤2mL,浮油≤0.5mL
24	再乳化完全
24.5	乳膏≤4mL,浮油≤0.5mL

低温稳定性 [（0±2)℃下贮存 7d]：析出固体或液体的体积应小于 0.3mL。

热贮稳定性 [（54±2)℃下贮存 14d]：对于有效成分含量≤400g/L 的产品应不低于贮前测得平均含量的 90%，对于有效成分含量>400g/L 的产品应不低于贮前测得平均含量的 85%，氧乐果、异乐果、酸度、乳液稳定性仍应符合上述标准要求。

(3) 有效成分分析方法可参照原药。

联苯菊酯 (bifenthrin)

(Z)-(1R)-cis-

(Z)-(1S)-cis-

$C_{23}H_{22}ClF_3O_2$，422.9

化学名称 2-甲基联苯基-3-基甲基-(Z)-($1R,3R;1S,3S$)-3-(2-氯-3,3,3-三氟丙-1-烯基)-2,2-二甲基环丙烷羧酸酯

其他名称 虫螨灵，氟氯菊酯，毕芳宁

CAS 登录号 82657-04-3

CIPAC 编码 415

理化性状 纯品为黏稠液体，结晶或蜡状固体。b. p. 320～350℃，m. p. 57～64.6℃，v. p. 1.78×10^{-3} mPa(20℃)，$K_{ow}\lg P>6$，$\rho=1.210$g/cm³(25℃)。溶解度：水中$<1\mu$g/L(20℃)，溶于丙酮、丙酮、二氯甲烷、乙醚和甲苯，微溶于正庚烷和甲醇。稳定性：在25～50℃时稳定两年（原药）；在 pH5～9、21℃时稳定 21d；在自然光照射下，DT_{50} 255d。f. p. 165℃（泰格开口杯法）、151℃（潘斯基-马腾斯闭口杯法）。

1. 联苯菊酯原药（bifenthrin technical）

FAO/WHO 规格 415/TC(2012)

（1）组成和外观

本品应由联苯菊酯和相关的生产杂质组成，颜色为浅棕色至琥珀色，性状为黏稠液体或晶体，或蜡状固体，具有淡淡的甜味。无可见的外来物及添加改性剂。

（2）技术指标

联苯菊酯/(g/kg)　　　　　　　　　　　≥930

（3）有效成分分析方法——气相色谱法

① 方法提要　用二十八烷为内标的丙酮-正庚烷（1:4，体积比）溶液萃取样品，将萃取液盖上盖子并放在振荡仪上混合后，如有固体沉淀物，可静置或离心分离后取样，内标法定量。

② 分析条件　熔融石英毛细管柱：50%三氟丙基-甲基聚硅氧烷（安捷伦 DB-210 或其他等价柱）300mm×0.53mm(i. d.)，膜厚 1.0μm；进样口分流比：75～100:1；柱箱温度：195℃，等度；进样口温度：240℃；检测器温度：300℃；载气流量：氢气 15～20mL/min；检测器氢气：40mL/min；空气：450mL/min；运行时间：8min；保留时间：顺式联苯菊酯约 4.52min，反式联苯菊酯约 5.16min，二十八烷约 3.81min。

2. 联苯菊酯可湿性粉剂（bifenthrin wettable powder）

FAO/WHO 规格 415/WP(2012)

（1）组成和外观

本品应由符合 FAO 规格 415/TC（2006）的联苯菊酯、填充剂和其他必要助剂组成的均匀混合物，外观应为类白色到黄褐色的精细粉末，无可见的外来物或硬块。

（2）技术指标

联苯菊酯含量(g/kg)：

标明含量	允许波动范围
100	±10%

水分/(g/kg)	≤30.0
湿筛(通过 75μm 筛)/%	≥98
悬浮率(30℃下 30min,使用 CIPAC 标准水 D)/%	≥60
润湿性(无搅动完全润湿)/min	≤3
持久起泡性(1min 后)/mL	≤15

热贮稳定性 [（54±2）℃下贮存 14d]：有效成分含量应不低于贮前测得平均含量的 95%、筛分、悬浮率、润湿性仍应符合上述标准要求。

（3）有效成分分析方法可参照原药。

林丹（lindane）

$C_6H_6Cl_6$，290.8

化学名称 丙体-1,2,3,4,5,6-六氯环己烷

其他名称 高丙体六六六，灵丹

CAS 登录号 608-73-1

CIPAC 编码 488

理化性状 无色晶体。m. p. 112.86℃，v. p. 4.4mPa(24℃)，$K_{ow}\lg P=3.5$，相对密度 1.88(20℃)。溶解度（g/L，20℃）：水中 8.52mg/L(25℃)、8.35mg/L(pH5，25℃)，丙酮中的＞200、甲醇中的 29～40、二甲苯中＞250、乙酸乙酯中＜200、正己烷中 10～14。稳定性：在光照，空气（温度高达 180℃）及酸中非常稳定。在碱金属下，经过脱氯化氢。

一、FAO 规格（已撤销）

1. 林丹原药（lindane technical）

FAO 规格 488/TC/S(1990)

（1）组成和外观

本品应由林丹和相关的生产性杂质组成，应为白色或近白色颗粒、薄片或粉末，无可见的外来物和添加的改性剂，略带气味。

（2）技术指标

γ-六六六含量/(g/kg)	≥990（允许波动范围为±2g/kg）
α-六六六	≤测得的 γ-六六六含量的 0.5%
丙酮不溶物/(g/kg)	≤1
真空干燥减量/(g/kg)	≤1
酸度(以 H_2SO_4 计)/(g/kg)	≤1.5

（3）有效成分分析方法——气相色谱法

① 方法提要　试样用乙酸乙酯/异辛烷溶解，以邻苯二甲酸二丙酯为内标物，在 OV-210/Chromosorb W-HP 色谱柱上进行分离，用带有氢火焰离子化检测器的气相色谱仪对试样中的林丹进行测定。

② 分析条件　气相色谱仪，带有氢火焰离子化检测器；色谱柱：1.83m × 2mm (i. d.)，内装 7.5% OV-210/Chromosorb W-HP(125～150μm)；柱温：160℃；汽化温度：220℃；检测器温度：250℃；载气（氮气）流速：10mL/min；进样体积：1μL；保留时间：林丹 14min，邻苯二甲酸二丙酯 23min。

2. 林丹可湿性粉剂（lindane wettable powder）

FAO 规格 488/WP/S(1990)

(1) 组成和外观

本品应由符合 FAO 标准的林丹原药、填料和助剂组成，应为细粉末，无可见的外来物和硬块。

(2) 技术要求

γ-六六六含量(g/kg)：

标明含量	允许波动范围
$\leqslant$500	标明含量的$\pm$5%
$>$500	$\pm$25

α-六六六	$\leqslant$测得的 γ-六六六含量的 0.5%

酸度或碱度：

酸度(以 H_2SO_4 计)/(g/kg)	$\leqslant$2
碱度(以 NaOH 计)/(g/kg)	$\leqslant$2

湿筛(通过 75μm 筛)/%	$\geqslant$98
悬浮率(使用 CIPAC 标准水 C,30min 后)/%	$\geqslant$50%
持久起泡性(1min 后)/mL	$\leqslant$25
润湿性/min	$\leqslant$1

热贮稳定性［在 (54$\pm$2)℃下贮存 14d］：有效成分含量、酸碱度、筛分、悬浮率仍应符合上述标准要求。

(3) 有效成分分析方法可参照原药

3. 林丹乳油（lindane emulsifiable concentrate）

FAO 规格 488/EC/S(1990)

(1) 组成和外观

本品应由符合 FAO 标准的林丹原药和助剂溶解在适宜的溶剂中制成，应为稳定的均相液体，无可见的悬浮物和沉淀。

(2) 技术指标

γ-六六六含量[g/kg 或 g/L(20℃)]：

标明含量	允许波动范围
$\leqslant$400	标明含量的$\pm$5%
$>$400	$\pm$20

α-六六六	$\leqslant$测得的 γ-六六六含量的 0.5%
水分/(g/kg)	$\leqslant$1.5

酸度或碱度：

酸度(以 H_2SO_4 计)/(g/kg)	$\leqslant$0.5
碱度(以 NaOH 计)/(g/kg)	$\leqslant$0.5

闪点(闭杯法)	$\geqslant$标明的闪点,并对测定方法加以说明

乳液稳定性和再乳化：经热贮稳定性实验的样品，在30℃下用CIPAC规定的标准水（标准水A或标准水C）稀释，该乳液应符合下表要求。

稀释后时间/h	稳定性要求
0	完全乳化
0.5	乳膏≤2mL
2	乳膏≤4mL,浮油无
24	再乳化完全
24.5	乳膏≤4mL,浮油无

低温稳定性 [(0±1)℃下贮存7d]：析出固体或液体的体积应小于0.3mL。

热贮稳定性 [(54±2)℃下贮存14d]：有效成分含量、酸碱度、乳液稳定性、低温稳定性仍应符合上述标准要求。

(3) 有效成分分析方法可参照原药。

4. 林丹溶液（lindane solution）

FAO规格488/SL/S(1990)

(1) 组成和外观

本品应由符合FAO标准的林丹原药和助剂组成的溶液，无可见的悬浮物和沉淀。

(2) 技术指标

γ-六六六含量 [g/kg或g/L(20℃)]：

标明含量	允许波动范围
≤100	标明含量的±10%
>100且≤250	标明含量的±6%
>250且≤500	标明含量的±5%
>500	±25g

α-六六六	≤测得的γ-六六六含量的0.5%
水分/(g/kg)	≤0.5

酸度或碱度：

酸度（以H_2SO_4计）/(g/kg)	≤0.5
碱度（以NaOH计）/(g/kg)	≤0.5
闪点（闭杯法）	≥标明的闪点，并对测定方法加以说明
与烃油的混溶性	若要求，本品应易于与烃油混溶

低温稳定性 [(0±1)℃下贮存7d]：析出固体或液体的体积应小于0.3mL。

热贮稳定性 [(54±2)℃下贮存14d]：有效成分含量，酸碱度、与烃油的混溶性仍应符合上述标准要求。

(3) 有效成分分析方法可参照原药。

5. 林丹粉剂（lindane dustable powder）

FAO规格488/DP/S(1990)

(1) 组成和外观

本品应由符合FAO标准的林丹原药、载体和助剂组成，应为易流动的细粉末，无可见的外来物和硬块。

（2）技术指标

γ-六六六含量/(g/kg)	应标明含量,允许波动范围为标明含量的±10%
α-六六六	≤测得的 γ-六六六含量的 0.5%

酸度或碱度:

酸度(以 H_2SO_4 计)/(g/kg)	≤1
碱度(以 NaOH 计)/(g/kg)	≤2
干筛(未通过 75μm 筛)/%	≤5 留在试验筛上林丹的量应不超过测定样品量的$(0.005X)$%,X(g/kg)是测得的林丹含量。

例如：测得 γ-六六六含量为 50g/kg 而试验所用样品为 20g，则留在试验筛上林丹的量应不超过 0.050g：

$$\frac{(0.005 \times 50) \times 20}{100}(g)$$

流动数,若要求	≤12

热贮稳定性〔(54±2)℃下贮存 14d〕：有效成分含量、酸碱度、干筛、流动数仍应符合上述标准要求。

（3）有效成分分析方法可参照原药。

6. 林丹悬浮剂（lindane aqueous suspension concentrate）

FAO 规格 488/SC/S(1990)

（1）组成和外观

本品应为由符合 FAO 标准的林丹原药的细小颗粒悬浮在水相中，与助剂制成的悬浮液，经轻微搅动为均匀的悬浮液体，易于进一步用水稀释。

（2）技术要求

γ-六六六含量[g/kg 或 g/L(20℃)]:

标明含量	允许波动范围
≤250	标明含量的±6%
>250 且≤500	标明含量的±5%
>500	±25

α-六六六	≤测得的 γ-六六六含量的 0.5%
20℃下每毫升质量/(g/mL)	若要求,则应标明
pH 范围	3~7
倾倒性(清洗后残余物)/%	≤1
自动分散性(25℃下,使用 CIPAC 标准水 C,5min 后)/%	≥90
湿筛(通过 44μm 筛)/%	≥99
悬浮率(使用 CIPAC 标准水 C,30min 后)/%	≥70
持久起泡性(1min 后)/mL	≤5

低温稳定性〔(0±1)℃下贮存 7d〕：产品的自动分散性、悬浮率、湿筛仍应符合标准要求。

热贮稳定性〔(54±2)℃下贮存 14d〕：有效成分含量、倾倒性、悬浮率仍应符合指标要求，当有要求时，pH、自动分散性、湿筛也应符合上述标准指标。

（3）有效成分分析方法可参照原药。

7. 林丹水乳剂（lindane emulsion）

FAO 规格 Code 4γ/6/S/7

（1）组成和外观

本品由作为唯一活性成分的符合 FAO 标准 4γ/1/S/5 ［见 FAO 标准中植物保护剂：γ-六六六（AGP：CP/34）］的 γ-六六六原药和必要的溶剂、助剂组成，应为水乳剂。

（2）技术指标

γ-六六六含量[g/L 或％（质量分数），20℃]：

允许波动范围	标明含量的±5％
酸度/％	≤0.05，转换为 H_2SO_4 含量计算
碱度/％	≤0.05，转换为 NaOH 含量计算
稀释稳定性（用 CIPAC 规定的标准水 C 稀释）	≤5mL 油膏

低温稳定性（0℃下贮存）：无浮油或固体析出，且用 CIPAC 规定的标准水 C 稀释后析出油膏体积应小于 5mL。

热贮稳定性 ［(54±2)℃下贮存 14d］：有效成分含量、酸碱度、稀释稳定性仍应符合上述标准要求。

（3）有效成分分析方法——气相色谱法（方法同 γ-六六六原药）

① 方法提要 乙酸乙酯溶解目标物，以邻苯二甲酸二丙酯为内标物，用带有氢火焰离子化检测器的气相色谱仪对 γ-六六六原药进行分离和测定。

② 分析条件 色谱柱：1.83m×2mm(i.d.)，壁涂 7.5％ OV-210 固定液；检测器：氢火焰离子化检测器；柱温：160℃；进样口温度：220℃；检测器温度：250℃；载气（氮气）流速：10mL/min；进样量：1μL；保留时间：Gamma BHC 14min，邻苯二甲酸二丙酯（内标物）23min。

二、WHO 规格

1. 林丹原药（lindane technical material）

WHO 规格 WHO/SIT/3.R7(2009 年 8 月)

（1）组成和外观

本产品由林丹和相关生产性杂质组成，外观为白色或类白色颗粒、薄片或粉末，除稳定剂外，无可见的外来物和添加改性剂，有时略带微弱气味。

（2）技术指标

林丹含量/(g/kg)	≥988
α-HCH(1α,2α,3β,4α,5β,6β-六氯环己烷含量)	≤0.5％X，X 为测得的林丹含量
水分含量/(g/kg)	≤1
丙酮不溶物含量/(g/kg)	≤1
酸度(以 H_2SO_4 计)/(g/kg)	≤1.5

（3）有效成分分析方法——气相色谱法（见 CIPAC G，488/TC/M3/4，p.105，1995）

① 方法提要 将内标六氯苯和样品溶解于乙酸乙酯中，经大口径 WCOT 熔融石英毛细管柱分离，氢火焰离子化检测器检测定量。

② 分析条件 气相色谱仪：带有氢火焰离子化检测器和与大口径毛细管柱配套自动进样器；色谱柱：15m×0.53mm(i.d.)，液膜厚度 0.83μm，DB608（或相当的固定液）；进

样模式：不分流；不分流时间：60s；吹扫流速：60mL/min；汽化温度：250℃；载气（氮气）流速：10mL/min；进样体积：1μL；检测器温度：280℃；柱温：80℃保持1min，10℃/min升温，在250℃下保持10min；运行时间：45min；保留时间：六氯苯11.7min；α-HCH 12.2min，γ-HCH（林丹）13.2min。

2. 林丹粉剂（lindane dustable powder）

WHO规格 WHO/SIF/17.R8（2009年8月）

（1）组成和外观

本品应由符合WHO标准WHO/SIF/3.R7的林丹原药、填料和必要的助剂组成均匀混合物，外观为精细易流动粉末，无可见的外来物或硬块。

（2）技术指标

林丹含量（g/kg）：

标明含量	允许波动范围
确定的标明含量	平均含量不超过标明含量的±10%
α-HCH（1α,2α,3β,4α,5β,6β-六氯环己烷含量）	≤0.5%X,X为测得的林丹含量
酸度（以H_2SO_4计）/（g/kg）	≤1
碱度（以NaOH计）/（g/kg）	≤2
筛分（贮后,干筛,150μm试验筛）/%	≤2（残留物无砂砾）

热贮稳定性［在（54±2）℃下贮存14d］：有效成分含量不低于贮前测试平均含量的95%，酸碱度及干筛指标仍应符合上述标准要求。

（3）有效成分分析方法——气相色谱法（见CIPAC 1C，4/DP/M2/3，p.1978，1985）

① 方法提要 将样品用乙酸乙酯萃取，以邻苯二甲酸二丙酯为内标，经气相色谱氢火焰离子化检测器检测定量。

② 分析条件 气相色谱仪：带有氢火焰离子化检测器，可柱头进样；色谱柱：玻璃1.83m×2mm（i.d.），液膜7.5% OV-210/Chromosorb W-HP 100～120目网孔；汽化温度：220℃；载气（氮气）流速：10mL/min；检测器温度：250℃；柱温：160℃；保留时间：邻苯二甲酸二丙酯23min，γ-HCH（林丹）14min。

3. 林丹可湿性粉剂（lindane wettable powder）

WHO规格 WHO/SIF/2.R9（2009年8月）

（1）组成和外观

本品应由符合WHO标准WHO/SIF/3.R7的林丹原药、填料和必要的助剂组成均匀混合物，外观为精细易流动淡黄色粉末，无可见的外来物或硬块。

（2）技术指标

林丹含量（g/kg）：

标明含量	允许波动范围
>250且≤500	标明含量的±5%
>500	±25
α-HCH（1α,2α,3β,4α,5β,6β-六氯环己烷含量）	≤0.5%X,X为测得的林丹含量
酸度（以H_2SO_4计）/（g/kg）	≤2
碱度（以NaOH计）/（g/kg）	≤2
筛分（贮后,湿筛,75μm试验筛）/%	≤2（残留物无砂砾）

悬浮率[30min 后,标准水 D,(30±2)℃]/%	≥50X,X 为测得的林丹含量
持久起泡性(1min 后,标准水 A)/mL	≤10
润湿性(标准水 D,无搅拌)/min	≤2(完全润湿)

热贮稳定性［(54±2)℃下贮存 14d］:有效成分含量不低于贮前测试平均含量的 95%,酸碱度、湿筛及悬浮性指标仍应符合上述标准要求。

(3) 有效成分分析方法同粉剂。

4. 林丹乳油 (lindane emulsifiable concentrate)

WHO 规格 WHO/SIF/5. R9(2009 年 8 月)

(1) 组成和外观

本品应由符合 WHO 标准 WHO/SIF/3. R7 的林丹原药和必要的助剂溶解于合适的溶剂中,外观为稳定均匀液体,无可见的悬浮物或沉淀,用水稀释成乳状液后使用。

(2) 技术指标

林丹含量[g/kg 或 g/L,(20±2)℃]:

标明含量	允许波动范围
>250 且≤500	标明含量的±5%
>500	±25

α-HCH($1\alpha,2\alpha,3\beta,4\alpha,5\beta,6\beta$-六氯环己烷含量)	≤0.5%X,X 为测得的林丹含量
水分含量/(g/kg)	≤1.5
酸度(以硫酸计)/(g/kg)	≤0.5
碱度(以氢氧化钠计)/(g/kg)	≤0.5
持久起泡性(1min 后,标准水 A)/mL	≤60

乳液稳定性和再乳化:在 (30±2)℃下用 CIPAC 规定的标准水稀释 (标准水 A 或标准水 D),该乳液应符合下表要求。

稀释后时间/h	稳定性要求
0	初始乳化完全
0.5	乳膏≤1mL
2	乳膏≤2mL,无浮油
24	再乳化完全
24.5	乳膏/沉淀物≤2mL,无浮油

只有当 2h 试验结果有疑问时才需进行 24h 试验

低温稳定性:在 (0±2)℃下贮存 7d,析出固体或液体体积不超过 0.3mL。

热贮稳定性:在 (54±2)℃下贮存 14d,有效成分含量不低于贮前测试平均含量的 95%,酸碱度及乳液稳定性和再乳化指标仍应符合上述标准要求。

(3) 有效成分分析方法同粉剂。

磷化铝 (aluminium phosphide)

AlP,57.96

化学名称　磷化铝

其他名称 磷毒

CAS 登录号 20859-73-8

CIPAC 编码 227

理化性状 暗灰色或淡黄色晶体。m. p. ＞1000℃，v. p. 1000℃以下很小、1100℃升华，$\rho=2.85g/cm^3$(25℃)。稳定性：干燥时稳定，易吸潮分解，释放的磷化氢气体具有坏大蒜或电石气味；遇酸剧烈反应，当触及王水时，发生爆炸和着火；在潮湿空气中可自燃。

1. 磷化铝粉剂 (aluminium phosphide powder)

FAO 规格 227GE/(S)(1990)(已撤销)

(1) 组成和外观

本品为由磷化铝、缓释剂和防止自燃的适宜添加剂组成的均匀粉末。

(2) 技术指标

磷化铝含量/(g/kg)	应标明含量
允许波动范围	标明含量的±2%
砷含量/(g/kg)	≤0.04，相当于用来生产磷化铝的磷中砷含量≤0.1g/kg

着火安全性：在进行安全性试验的 6h 期间内，不应观察到点燃现象。

热贮稳定性：本品贮存在规定的包装容器内，磷化铝含量应符合标准要求。

(3) 有效成分分析方法——化学法

方法提要：磷化铝与酸反应生成的磷化氢气体，用过量的高锰酸钾标准溶液吸收（氧化）。加入过量的草酸溶液，还原剩余的高锰酸钾，最后再用高锰酸钾标准溶液回滴多余的草酸。根据高锰酸钾的消耗量计算磷化铝含量。

2. 磷化铝丸剂、片剂 (aluminium phosphide pellet, tablet)

FAO 规格 227GE(A)/(S) (1990)(已撤销)

(1) 组成和外观

本品为由磷化铝、缓释剂和防止自燃的适宜添加剂组成片剂或丸剂。

(2) 技术指标

磷化铝含量/(g/kg)	应标明含量
允许波动范围	标明含量的±2%
砷含量/(g/kg)	≤0.04，相当于用来生产磷化铝的磷中砷含量≤0.1g/kg

着火安全性：在进行安全性试验的 6h 期间内，不应观察到点燃现象。

热贮稳定性：本品贮存在规定的包装容器内，磷化铝含量应符合标准要求。

磷化镁 (magnesium phosphide)

$$Mg_3P_2$$
$$Mg_3P_2, 134.86$$

化学名称 磷化镁

其他名称 迪盖世

CIPAC 编码 228

理化性状　原药外观为灰绿色固体。m. p. ＞750℃。稳定性：遇水分解释放出磷化氢气体，遇酸激烈反应放出磷化氢，加热至750℃分解（隔绝空气条件下）。

1. 磷化镁丸剂、圆片或片剂 (magnesium phosphide pellet, round tablet or tablet)

FAO 规格 228/GE(A)/S(1990)(已撤销)

(1) 组成和外观

本品为由磷化镁、缓释剂和防止自燃的适宜添加剂组成的片剂或丸剂。

(2) 技术指标

磷化镁含量/(g/kg)	应标明含量
允许波动范围	标明含量的±2%
砷含量/(g/kg)	≤0.04，相当于用来生产磷化镁的磷中砷含量≤0.1g/kg

化学阻燃剂：本品应含有化学阻燃剂，该阻燃剂的毒性应是可接受的。

热贮稳定性：本品贮存在规定的包装容器内，磷化镁含量应符合标准要求。

(3) 有效成分分析方法可参考磷化铝分析方法。

2. 磷化镁粉剂 (magnesium phosphide powder)

FAO 规格 228/GE/(S)(1990)(已撤销)

(1) 组成和外观

本品为由磷化镁、缓释剂和防止自燃的适宜添加剂组成的均匀粉末。

(2) 技术指标

磷化镁含量/(g/kg)	应标明含量
允许波动范围	标明含量的±2%
砷含量/(g/kg)	≤0.04，相当于用来生产磷化镁的磷中砷含量≤0.1g/kg

着火安全性：在进行安全性试验的 6h 期间内，不应观察到点燃现象。

热贮稳定性：本品贮存在规定的包装容器内，磷化镁含量应符合标准要求。

(3) 有效成分分析方法可参考磷化铝分析方法。

3. 磷化镁盘状片剂 (magnesium phosphide plate)

FAO 规格 228/GE/S(1990)(已撤销)

(1) 组成和外观

本品为由磷化镁、缓释剂和防止自燃的适宜添加剂，于耐热塑料高分子聚合物模型中制成的盘状片。

(2) 技术指标

磷化镁含量/(g/kg)	应标明含量
允许波动范围	标明含量的±2%
砷含量/(g/kg)	≤0.04，相当于用来生产磷化镁的磷中砷含量≤0.1g/kg

化学阻燃剂：本品应含有化学阻燃剂，该阻燃剂的毒性应是可接受的。

热贮稳定性：本品贮存在规定的包装容器内，磷化镁含量应符合上述标准要求。

(3) 有效成分分析方法可参考磷化铝分析方法。

硫丹 （endosulfan）

$C_9H_6Cl_6O_3S$, 406.9

化学名称 （1,4,5,6,7,7-六氯-8,9,10-三降冰片-5-烯-2,3-亚基双亚甲基）亚硫酸酯

其他名称 硕丹，赛丹，安杀丹，安都杀芬

CAS 登录号 115-29-7

CIPAC 编码 89

理化性状 无色晶体（原药乳白色到棕色，大多为米色）。m.p.≥80℃（原药），α 体 109.2℃、β 体 213.3℃，v.p. 0.83mPa(20℃)（α 体和 β 体的比例为 2∶1），$K_{ow} lgP$（α 体）= 4.74、（β 体）=4.79（pH5），ρ=1.8g/cm³(20℃)（原药）。溶解度（g/L，20℃）：水（α-硫丹）0.32、（β-硫丹）0.33mg/L(22℃)；乙酸乙酯、二氯甲烷、甲苯 200，乙醇约 65，己烷约 24。稳定性：对光稳定；在酸和碱性介质中水解，形成二醇和二氧化硫。

一、FAO 规格

1. 硫丹原药（endosulfan technical material）

FAO 规格 89/TC/S(2011)

（1）组成和外观

本产品由硫丹和相关生产性杂质组成，外观为奶油色或棕色薄片或粉末，易结块。除稳定剂外，无可见的外来物和添加改性剂。

（2）技术指标

有效成分含量/（g/kg）	≥940（测定结果的平均值应不低于标明含量下限）
同分异构体（α∶β）	60∶40～75∶25
水分/(g/kg)	≤10
丙酮不溶物含量/(g/kg)	≤10
酸度（以 H_2SO_4 计）/(g/kg)	≤1

（3）有效成分分析方法——气相色谱法

① 方法提要 试样溶于甲苯，邻苯二甲酸二己酯（DEHP）作内标，Chromosorb W 色谱柱分离，气相色谱仪检测。

② 分析条件 柱温：230℃；进样温度：300℃；检测器温度：250℃；氮气：60mL/min；保留时间：α-硫丹 1.6min，β-硫丹 2.5min，DEHP 3.8min。

2. 硫丹粉剂（endosulfan dustable powder）

FAO 规格 89/DP/S(2011)

(1) 组成和外观

本品应由符合 FAO 标准 89/TC/S 的硫丹原药、填料和必要的助剂组成均匀混合物，外观为纤细的，流动性好的粉末，无可见的外来物和硬块。

(2) 技术指标

有效成分含量/(g/kg)	测定含量允许波动范围为标明含量的±10％
水分/(g/kg)	≤20

酸度或碱度：

酸度(以 H_2SO_4 计)/(g/kg)	≤1
碱度(以 NaOH 计)/(g/kg)	≤2
干筛(施用于植物时,未通过在 $75\mu m$ 筛]/％	≤5,残留的硫丹含量≤(0.005X)％,X 为样品中的硫丹含量(g/kg)
施用于土壤或者贮存用,未通过在 $150\mu m$ 筛/％:	≤2,残留的硫丹含量≤(0.002X)％,X 为样品中的硫丹含量(g/kg)

热贮稳定性 [(54±2)℃下贮存 14d]：有效成分含量应不低于贮前测得平均含量的 95％、酸度或碱度、筛分仍应符合上述标准要求。

3. 硫丹可湿性粉剂 (endosulfan wettable powder)

FAO 规格 89/WP/S(2011)

(1) 组成和外观

本品应由符合 FAO 标准 89/TC/S 的硫丹原药、填料和必要的助剂组成均匀混合物，外观为精细粉末，无可见的外来物和硬块。

(2) 技术指标

有效成分含量(g/kg)：

标明含量	允许波动范围
≤500	标明含量的±5％
>500	±25g/kg
水分/(g/kg)	≤20

酸度或碱度：

酸度 (以 H_2SO_4 计)/(g/kg)	≤2
碱度 (以 NaOH 计)/(g/kg)	≤2
湿筛 (通过 $75\mu m$ 筛)/％	≥98
悬浮率 [(30±2)℃，30min，CIPAC 标准水 D]/％	≥50
持久起泡性 (1min)/mL	≤25
润湿性 (不搅动)	2min 内完全润湿

热贮稳定性 [(54±2)℃下贮存 14d]：有效成分含量应不低于贮前测得平均含量的 95％、酸度或碱度、湿筛仍应符合上述标准要求。

4. 硫丹油溶性液剂 (endosulfan oil miscible liquid)

FAO 规格 89/OL/S(2011)

(1) 组成和外观

本品应由符合 FAO 标准 89/TC/S 的硫丹原药、填料和必要的助剂组成均匀混合物，无可见的悬浮物和沉积物。

(2) 技术要求

有效成分含量(20℃时，g/kg 或 g/L)：

标明含量	允许波动范围
≤25	标明含量的±15%
25～100	标明含量的±10%

水分/(g/kg)　　　　　　　　　　　　　　　≤5

酸度或碱度：

酸度(以 H_2SO_4 计)/(g/kg)　　　　　　≤0.5

碱度(以 NaOH 计)/(g/kg)　　　　　　　≤0.5

烃油可混合性　　　　　　　　如果有要求,制剂应与合适的烃化油混溶

热贮稳定性 [(0±2)℃下贮存 7d]：析出固体或液体体积≤0.3mL；在 (54±2)℃下贮存 14d，有效成分含量应不低于贮前测得平均含量的 95%、酸度或碱度仍应符合上述标准要求。

5. 硫丹乳油（endosulfan emulsifiable concentrate）

FAO 规格 89/EC/S(2011)

(1) 组成和外观

本品应由符合 FAO 标准 89/TC/S 的硫丹原药、填料和必要的助剂组成均匀混合物，外观为稳定均一的液体，无可见的悬浮物和沉积物，用水稀释成乳状液后使用。

(2) 技术要求

20℃时,有效成分含量(g/kg 或 g/L)：

标明含量	允许波动范围
250～500	标明含量的±5%
≤500	±25g/kg 或 g/L

水分/(g/kg)　　　　　　　　　　　　　　　≤0.5

酸度或碱度：

酸度(以 H_2SO_4 计)/(g/kg)　　　　　　≤0.5

碱度(以 NaOH 计)/(g/kg)　　　　　　　≤0.5

持久起泡性(1min,CIPAC 标准水 A)/mL　　≤60

乳液稳定性与再乳化：(30±2)℃，CIPAC 标准水 A 或 D 稀释时，情况见下表。

稀释后时间/h	稳定性要求
0	完全乳化
0.5	乳膏≤2mL
2	乳膏≤4mL,无浮油
24	再乳化完全
24.5	乳膏≤4mL,浮油≤0.5mL

热贮稳定性：在 (0±2)℃下贮存 7d，析出固体或液体体积≤0.3mL；在 (54±2)℃下贮存 14d，有效成分含量应不低于贮前测得平均含量的 95%、酸度或碱度、乳液稳定性与再乳化仍应符合上述标准要求。

二、WHO 规格

1. 硫丹原药（endosulfan technical）

WHO 规格/SIT/27.R2(2011)

（1）组成和外观

本品应由硫丹 α-异构体与 β-异构体的混合物和相关的生产性杂质组成，应为乳白色或棕色颗粒、薄片或趋向于聚集的粉末，无可见的外来物和添加的改性剂。

（2）技术要求

总硫丹含量/(g/kg)	≥920,测定结果的平均含量应不低于标明含量
同分异构体(α∶β)	60∶40～75∶25
酸度（以 H_2SO_4 计）/(g/kg)	≤1
丙酮不溶物/(g/kg)	≤10
水分/(g/kg)	≤10

（3）硫丹含量分析方法——气相色谱法

① 方法提要　试样用甲苯溶解，以邻苯二甲酸二异辛酯为内标物，使用 $150cm \times 4mm$ (i.d.) 硼硅玻璃管，内填 10%OV-210/Chromosorb W-HP($150～190\mu m$) 的色谱柱和高灵敏度热丝检测器，对试样中的硫丹进行气相色谱分离和测定。

② 气相色谱操作条件　温度（℃）：柱室 230，汽化室 300，检测器 250；气体流速：载气（氦气）60mL/min；保留时间：α-硫丹 2.0min，β-硫丹 3.5min，内标物 5.5min。

2. 硫丹乳油（endosulfan emulsifiable concentrate）

WHO 规格/SIF/49.R2(2011)

（1）组成和外观

本品应由符合 WHO 标准的硫丹原药和助剂溶解在适宜的溶剂中制成，为稳定的均相液体，无可见的悬浮物和沉淀。

（2）技术要求

总硫丹含量(g/kg)：

标明含量	允许波动范围
>250 且≤500	标明含量的±5%
>500	±25

水分/(g/kg)	≤0.5
酸碱度：	
酸度（以 H_2SO_4 计）/(g/kg)	≤0.5
碱度（以 NaOH 计）/(g/kg)	≤0.5
持久起泡性（用 CIPAC 标准水 A,1min 后）/mL	≤60

乳液稳定性与再乳化：(30±2)℃，CIPAC 标准水 A 或 D 稀释时，情况见下表。

稀释后时间/h	稳定性要求
0	初始乳化完全
0.5	乳膏≤2mL
2	乳膏≤4mL,无浮油
24	再乳化完全
24.5	乳膏≤4mL,浮油≤0.5mL

低温稳定性 [(0±2)℃下贮存 7d]：析出固体物和（或）油状物体积≤0.3mL。

热贮稳定性 [(54±2)℃下贮存 14d]：有效成分含量应不低于贮前测得平均含量的95％，酸碱度和乳液稳定性仍应符合上述标准要求

（3）有效成分分析方法可参考原药。

硫双威（thiodicarb）

$C_{10}H_{18}N_4O_4S_3$，354.5

化学名称 3,7,9,13-四甲基-5,11-二氧杂-2,8,14-三硫杂-4,7,9,12-四氮杂十五烷-3,12-二烯-6,10-二酮

CAS 登录号 59669-26-0

CIPAC 编码 543

理化性状 无色结晶（原药为浅黄色晶体）。m.p. 172.6℃，v.p. 2.7×10^{-3} mPa（25℃），$K_{ow}\lg P=1.62$(25℃)，$\rho=1.47\text{g/cm}^3$(20℃)。溶解度（g/L，25℃）：水 22.19×10^{-6}，二氯甲烷 200～300，丙酮 5.33，甲苯 0.92，乙醇 0.97。稳定性：pH6 时稳定，pH9时快速水解，pH3 时水解较慢（DT_{50}约 9d）；水溶液在光照下分解，可稳定至 60℃。

1. 硫双威原药（thiodicarb technical）

FAO 规格 543/TC/S/F(1997)

（1）组成和外观

本品由硫双威和相关的生产杂质组成，应为白色至黄褐色结晶粉末，无可见的外来物和添加的改性剂。

（2）技术指标

硫双威含量/(g/kg)	≥940(允许波动范围±20g/kg)
相关杂质：	
灭多威/(g/kg)	≤5
pH 范围	5.8～6.6
熔程/℃	158～163

（3）有效成分分析方法——液相色谱法

① 方法提要 试样溶于甲醇-二氯甲烷中，以甲醇-水作流动相，在反相色谱柱上对试样中的硫双威进行分离，用紫外检测器（254nm）检测，内标法定量。

② 分析条件 液相色谱仪，带有紫外检测器；色谱柱：250mm×4.6mm(i.d.)，Li-Chrospher ODS C_8 柱；内标物：邻苯二甲酸二甲酯。

流动相：

梯度（时间）/min	流动相 A（水）	流动相 B（甲醇）
0	40	60
12	40	60
15	0	100
25	0	100
26	40	60
35	40	60

流速：1.0mL/min；检测波长：254nm；温度：室温；进样体积：10μL；保留时间：硫双威约10min，邻苯二甲酸二甲酯约6min。

2. 硫双威悬浮剂（thiodicarb aqueous suspension concentrate）

FAO 规格 543/SC/S/F(1997)

（1）组成和外观

本品应为由符合 FAO 标准的硫双威原药的细小颗粒悬浮在水相中，与助剂制成的悬浮液，轻微搅动后为均匀的悬浮液体，易于进一步用水稀释。

（2）技术指标

硫双威含量[g/L(20℃)]：

标明含量	允许波动范围
≤500	标明含量的±5%
>500	±25

相关杂质：

灭多威	≤测得的硫双威含量的0.5%
20℃下每毫升质量/(g/mL)	应标明20℃下每毫升质量
pH 范围	4.0～7.0
倾倒性(倾倒后残余物)/%	≤5
清洗后残余物/%	≤0.6
自动分散性[(30±2)℃下，使用 CIPAC 标准水 D,5min 后]/%	≥90
悬浮率(30℃下，使用 CIPAC 标准水 D)/%	≥70
湿筛(通过 75μm 筛)/%	≥99
持久起泡性(1min 后)/mL	≤15(10g/L 的稀释液)

低温稳定性 [(0±1)℃下贮存 7d]：产品的自动分散性、悬浮率、湿筛仍应符合标准要求。

热贮稳定性 [(54±2)℃下贮存 14d]：有效成分含量应不低于贮前测得平均含量的95%，相关杂质、pH、倾倒性、自动分散性、悬浮率、湿筛仍应符合上述标准要求。

（3）有效成分分析方法可参照原药。

3. 硫双威水分散粒剂（thiodicarb water dispersible granule）

FAO 规格 543/WG/S/F (1997)

（1）组成和外观

本品应由符合 FAO 标准的硫双威原药、填料和助剂组成，应为干燥、易流动，在水中崩解、分散后使用的颗粒，无可见的外来物和硬块。

（2）技术指标

硫双威含量/（g/kg）：

标明含量	允许波动范围
≤500	标明含量的±5%
>500	±25

相关杂质：

灭多威	≤测得的硫双威含量的0.5%

水分/（g/kg）	≤15
pH 范围	4.0~7.0
润湿性（无搅动）/min	≤2
湿筛（通过75μm筛）/%	≥99
悬浮率[（30±2）℃下，使用CIPAC标准水D]/%	≥70
分散性/%	≥90
持久起泡性（1min后）/mL	≤15（10g/L的稀释液）
粉尘（收集的粉尘）/mg	≤12

流动性：试验筛上下跌落20次后，通过5mm试验筛的样品应为100%。

热贮稳定性 [（54±2）℃下贮存14d]：有效成分含量应不低于贮前测得平均含量的95%，相关杂质、pH、分散性、悬浮率、湿筛仍应符合上述标准要求。

（3）有效成分分析方法可参照原药。

4. 硫双威可湿性粉剂 (thiodicarb wettable powder)

FAO 规格 543/WP/S/F（1997）

（1）组成和外观

本品应由符合FAO标准的硫双威原药、填料和助剂组成，应为均匀的细粉末，无可见的外来物和硬块。

（2）技术指标

硫双威含量（g/kg）：

标明含量	允许波动范围
≤500	标明含量的±5%
>500	±25

相关杂质：

灭多威	≤测得的硫双威含量的0.5%

水分/（g/kg）	≤20
pH 范围	4.0~7.0
润湿性（无搅动）/min	≤2
湿筛（通过75μm筛）/%	≥99.5
悬浮率[（30±2）℃下，使用CIPAC标准水D]/%	≥70
持久起泡性（1min后）/mL	≤15（10g/L的稀释液）

热贮稳定性 [（54±2）℃下贮存14d]：有效成分含量应不低于贮前测得平均含量的95%，相关杂质、pH、悬浮率、湿筛仍应符合上述标准要求。

（3）有效成分分析方法可参照原药。

氯菊酯 (permethrin)

$C_{21}H_{20}Cl_2O_3$, 391.3

化学名称 3-苯氧基苄基(RS)-3-(2,2-二氯乙烯基)-2,2-二甲基环丙烷羧酸酯

其他名称 除虫精

CAS 登录号 52645-53-1

CIPAC 编码 331

理化性状 原药为黄褐色至褐色液体，在室温下有时会有部分结晶。m. p. 34~35℃、顺式异构体 63~65℃、反式异构体 44~47℃，b. p. 200℃/0.1mmHg、>290℃/760mmHg，v. p. 顺式异构体 $2.9×10^{-3}$ mPa(25℃)、反式异构体 $9.2×10^{-4}$ Pa(25℃)，$K_{ow}lgP=6.1$(20℃)，$\rho=1.29g/cm^3$(20℃)。溶解度（25℃）：水中 $6×10^{-3}$ mg/L(pH7,20℃)、顺式异构体 0.20mg/L、反式异构体 0.13mg/L（未标明 pH，25℃）；二甲苯、正己烷>1000，甲醇 258(g/kg，25℃)。稳定性：对热稳定（≥2年，50℃）酸性条件下比碱性条件下稳定，大约 pH4 时有最佳稳定性；DT_{50} 50d(pH9)、稳定（pH5、7）(25℃)；实验室研究中观察有一些光化学降解，但田间试验表明不会对生物活性有不利影响。f. p. >100℃。

1. (40:60) 顺式：反式氯菊酯原药 (permethrin technical material)

FAO/WHO 规格 331/TC(2009.3)

(1) 组成和外观

本品应由氯菊酯和相关的生产杂质组成，应为黄色至黄褐色黏稠液体，无可见的外来物和添加的改性剂。

(2) 技术指标

氯菊酯含量（测得的平均含量应不低于标明最小含量）/(g/kg)　　　　　　　　≥950

异构体比例：应标明异构体（1RS,3RS）:（1RS,3SR）(顺:反) 的平均测定比例，(30:70)~(50:50)

(3) 有效成分分析方法——气相色谱法

① 方法提要　试样用丙酮溶解，以磷酸三苯酯为内标物，使用交联二甲基聚硅氧烷为涂层（DB-1 或等效）色谱柱对氯菊酯进行分离，用带有氢火焰离子化检测器的气相色谱仪测定氯菊酯含量（顺反式结构总量）。从色谱图中计算出反式异构体含量。

② 分析条件　气相色谱仪，带有氢火焰离子化检测器；色谱柱：30m×0.25mm(i. d.) 石英玻璃柱，交联二甲基聚硅氧烷为涂层（DB-1 或等效），0.25μm；进样：分流进样；分流流速：约 100mL/min；进样体积：1μL；检测器：氢火焰离子化检测器；检测器温度：265℃；柱温：240℃；汽化温度：265℃；载气流速：氮气，30cm/s；保留时间：磷酸三苯酯约 6.5min，顺式氯菊酯约 12.4min，反式氯菊酯约 12.9min。

2. (25：75) 顺式：反式氯菊酯原药（permethrin technical material）

WHO 规格 331/TC(2009.3)

（1）组成和外观

本品应由氯菊酯和相关的生产杂质组成，应为黄色至黄褐色黏稠液体，无可见的外来物和添加的改性剂。

（2）技术指标

氯菊酯含量（测得的平均含量应不低于标明最小含量）/(g/kg)　　　　　　　　≥920

异构体比例：应标明异构体（1RS,3RS)：(1RS,3SR)(顺：反）的平均测定比例，(22.5～27.5)：(77.5～72.5)

（3）有效成分分析方法

有效成分分析方法同（40：60）顺式：反式氯菊酯原药。

3. 氯菊酯乳油（permethrin emulsifiable concentrate）

WHO 规格 331/EC(2011)

（1）组成和外观

本品应由符合标准的氯菊酯原药和助剂溶解在适宜的溶剂中制成，应为稳定的均相液体，无可见的悬浮物和沉淀。

（2）技术指标

氯菊酯含量[g/kg 或 g/L(20℃)]：

标明含量	允许波动范围
＜25	标明含量的±15%
≥25 且＜100	标明含量的±10%
≥100 且≤250	标明含量的±6%
＞250 且≤500	标明含量的±5%

异构体比例[(1RS,3RS)：(1RS,3SR)]　　　(22.5～27.5)：(77.5～72.5)

pH 值　　　　3～6.5

持久起泡性(1min 后)/mL　　　　≤50

乳液稳定性和再乳化：选经过热贮稳定性试验的产品，在30℃下用 CIPAC 规定的标准水（标准水 A 或标准水 D）稀释，该乳液应符合下表要求。

稀释后时间/h	稳定性要求
0	完全乳化
0.5	乳膏≤2mL
2	乳膏≤2mL,浮油≤1mL
24	再乳化完全
24.5	乳膏≤2mL,浮油≤1mL

低温稳定性 [(0±2)℃下贮存 7d]：析出固体或液体的体积应小于 0.3mL。

热贮稳定性 [(54±2)℃下贮存 14d]：有效成分含量应不低于贮前测得平均含量的95%，pH、乳液稳定性和再乳化仍应符合标准要求。

（3）有效成分分析方法可参照原药。

4. 氯菊酯长效（混合入纤维）杀虫帐［permethrin long-lasting（incorporated into filaments）insecticidal netting］

WHO 规格 331/LN(2014)

（1）组成和外观

本产品外观为网状，由高密度单丝聚乙烯纤维编织而成，与符合 WHO 规格的氯菊酯及其他必需助剂混合而成。外观应干净，无可见异物、损坏及制造缺陷，且适用于具长效活性的杀虫帐。

（2）技术指标

有效成分氯菊酯含量/(g/kg)	20(允许波动范围为±25%)
异构体比例[(1*RS*,3*RS*)：(1*RS*,3*SR*)(顺：反)]	(50：50)：(30：70)
氯菊酯洗涤保留指数/%	97～101
帐网格尺寸/(格/100cm²)	平均值≥528,低值≥500
清洗后尺寸稳定性(洗后第一维度上的尺寸变化率)	≤原始尺寸的 10%
破裂强度/kPa	≥350kPa

热贮稳定性［(54±2)℃下贮存 14d］：有效成分含量应不低于贮前测得平均含量的95%。异构体比例、洗涤保留尺寸稳定性、破裂强度仍应符合上述标准要求。

（3）有效成分氯菊酯的分析方法可参照原药。

5. (40：60)顺式：反式氯菊酯+增效醚长效（混合入纤维）杀虫帐［(40：60) *cis*：*trans* permethrin+piperonyl butoxide long-lasting（incorporated into filaments）insecticidal netting］

WHO 规格 331+33/LN(2013)

（1）组成和外观

本产品外观为网状，由 150 丹尼尔单丝聚乙烯纤维编织而成，与符合 WHO 规格 331/TC（2009）的氯菊酯及符合 WHO 规格 33/TC（2011）的增效醚及其他必需助剂混合而成。外观应干净，无可见异物、损坏及制造缺陷，且适用于具长效活性的杀虫帐。

（2）技术指标

有效成分氯菊酯含量/(g/kg)	20(允许波动范围为±25%)
氯菊酯异构体比率(顺式：反式)	50：50～30：70
氯菊酯洗涤保留指数/%	96～101
有效成分增效醚含量/(g/kg)	10(允许波动范围为±25%)
增效醚洗涤保留指数/%	84～96
帐网格尺寸/(格/cm²)	平均值≥6.45;低值≥6
尺寸稳定性(洗后每一维度上的尺寸变化率)/%	≤5
破裂强度/kPa	≥250

热贮稳定性［(54±2)℃下贮存 14d］：有效成分含量应不低于贮前测得平均含量的95%，保留指数、尺寸稳定性和破裂强度仍应符合上述标准要求。

（3）有效成分氯菊酯分析方法可参照原药。增效醚分析方法见增效醚。

6. 氯菊酯粉剂（permethrin dustable powder）

FAO 规格 331/DP/S(1991)

（1）组成和外观

本品应由符合 FAO 标准的氯菊酯原药、填料和助剂组成，应为均匀、易流动的细粉末，无可见的外来物和硬块。

（2）技术指标

氯菊酯含量（g/kg）：

标明含量	允许波动范围
≤100	标明含量的±10%

异构体比例：应标明异构体 [(1RS,3RS)：(1RS,3SR)（顺：反）] 的比例（占总氯菊酯含量的百分比），其中（1RS,3RS）异构体含量应在25%～50%之间；（1RS,3SR）异构体含量应在50%～75%之间，对实际比例≤40：60时，允许误差为±15%；对实际比例＞40：60时，允许误差为±10%

干筛法（通过75μm 试验筛）/%	≥95

留在筛上的氯菊酯的量 $\leqslant \dfrac{0.005 x_1 x_2}{100}$，$x_1$ 为测得的氯菊酯含量，x_2 为试验所取样品的量。

热贮稳定性 [(54±2)℃下贮存14d]：有效成分含量、干筛仍应符合上述标准要求。

（3）有效成分分析方法可参照原药。

7. 氯菊酯可湿性粉剂（permethrin wettable powder）

FAO 规格 331/WP/S(1991)

（1）组成和外观

本品应由符合 FAO 标准的氯菊酯原药、填料和助剂组成，应为均匀的细粉末，无可见的外来物和硬块。

（2）技术指标

氯菊酯含量（g/kg）：

标明含量	允许波动范围
≤500	标明含量的±5%

异构体比例：应标明异构体 [(1RS,3RS)：(1RS,3SR)（顺：反）] 的比例（占总酯——氯菊酯含量的百分比），其中（1RS,3RS）异构体含量应在25%～50%之间；（1RS,3SR）异构体含量应在50%～75%之间，对实际标明比例≤40：60时，允许误差为±15%；对实际标明比例＞40：60时，允许误差为±10%。

湿筛（通过75μm 试验筛）/%	≥99.5
悬浮率/%	≥50
润湿性/min	≤2

热贮稳定性 [(54±2)℃下贮存14d]：有效成分含量、湿筛和悬浮率仍应符合上述标准要求。

（3）有效成分分析方法可参照原药。

8. 氯菊酯乳油（permethrin emulsifiable concentrate）

FAO 规格 331/EC/S(1991)

（1）组成和外观

本品应由符合标准的氯菊酯原药和助剂溶解在适宜的溶剂中制成，应为稳定的均相液体，无可见的悬浮物和沉淀。

（2）技术指标

氯菊酯含量 [g/kg 或 g/L(20℃)]：

标明含量	允许波动范围
＜100	标明含量的±10％
≥100 且≤250	标明含量的±6％
＞250	标明含量的±5％

异构体比例：应标明异构体 [（1RS，3RS）：（1RS，3SR）（顺：反）] 的比例（占总酯——氯菊酯含量的百分比），其中（1RS，3RS）异构体含量应在 25％～50％之间；（1RS，3SR）异构体含量应在 50％～75％之间，对实际标明比例≤40：60 时，允许误差为±15％；对实际标明比例＞40：60 时，允许误差为±10％

水分/（g/kg）　　　　　　　　　　　　≤3

酸度（以 H_2SO_4 计)/（g/kg）　　　　　≤1.5

闪点（闭杯法)/℃　　　　　　　　　　≥23，并对测定方法加以说明

乳液稳定性和再乳化：选经过热贮稳定性试验的产品，在 30℃下用 CIPAC 规定的标准水（标准水 A 或标准水 C）稀释，该乳液应符合下表要求。

稀释后时间/h	稳定性要求
0	完全乳化
0.5	乳膏≤1mL
2	乳膏≤2mL,浮油无
24	再乳化完全
24.5	乳膏≤2mL,浮油≤2mL

低温稳定性 [（0±1）℃下贮存 7d]：析出固体或液体的体积应小于 0.3mL。

热贮稳定性 [（54±2）℃下贮存 14d]：有效成分含量、酸度仍应符合标准要求。

（3）有效成分分析方法可参照原药。

氯氰菊酯（cypermethrin）

$C_{22}H_{19}Cl_2NO_3$，416.3

化学名称　（RS)-α-氰基-3-苯氧基苄基（SR)-3-(2,2-二氯乙烯基)-2,2-二甲基环丙烷羧酸酯

CAS 登录号　52315-07-8

CIPAC 编码　332

理化性状　无味晶体（原药室温下为棕黄色黏稠半固体状）。m. p. 81.5℃（97.3％），v. p. $2.3×10^{-2}$ mPa(20℃)，$K_{ow}\lg P=6.94$，$\rho=1.24$ g/cm³(20℃)。溶解度（g/L，20℃)：

水 4×10^{-6}（pH7），丙酮、氯仿、环己酮、二甲苯＞450，乙醇337，正己烷103。稳定性：在中性和弱酸性条件下稳定，pH4 时稳定性最好；碱性条件下水解，DT_{50} 1.8d（pH9，25℃）；在 20℃、pH5 和 pH7 条件下稳定；在田间对光相对稳定，热稳定至 220℃。F. p. 不自燃，无爆炸性。

1. 氯氰菊酯原药（cypermethrin technical）

FAO 规格 332/TC/S/F(1993)

（1）组成和外观

本品应由氯氰菊酯和相关的生产杂质组成，20℃下应为深棕色液体至半固体（可能有部分结晶），无可见的外来物和添加的改性剂。

（2）技术指标

氯氰菊酯含量/（g/kg）　　　　　　　　　　　　≥900（允许波动范围±25g/kg）

注：顺式异构体，应标明顺式异构体含量，其含量应占氯氰菊酯含量的40％～60％，测定允许误差为顺式异构体标明含量的±10％。

酸度（以 H_2SO_4 计）/（g/kg）　　　　　　　　≤1.5

水分/（g/kg）　　　　　　　　　　　　　　　　≤1

闪点（闭杯法）　　　　　　　　　　　　　　　　≥标明的闪点，并对测定方法加
　　　　　　　　　　　　　　　　　　　　　　　　以说明

（3）有效成分分析方法——气相色谱法

① 方法提要　试样用甲基异丁酮溶解，以邻苯二甲酸二乙基己基酯为内标物，在 OV-101/Chromosorb W-HP 色谱柱上进行分离，用带有氢火焰离子化检测器的气相色谱仪对试样中的氯氰菊酯进行测定。

② 分析条件　气相色谱仪，带有氢火焰离子化检测器和柱上进样口；色谱柱：1.0m×4mm，内装 OV-101/Chromosorb W-HP（125～150μm）；柱温：235℃；汽化温度：250℃；检测器温度：250℃；载气（氮气）流速：50mL/min；进样体积：1.5μL；保留时间：内标物 5.4min，氯氰菊酯 11.4min。

2. 氯氰菊酯母药（cypermethrin technical concentrate）

FAO 规格 332/TK/S/F(1993)

（1）组成和外观

本品应由氯氰菊酯与相关的生产性杂质组成，应为黄色至深棕色清澈液体，除必要时添加的稀释剂和稳定剂外，无可见的悬浮物和沉淀。

（2）技术指标

氯氰菊酯的含量 [g/kg（不应小于 450g/kg）]：

标明含量	允许波动范围
≤500	标明含量的±5％
＞500	±25

注：顺式异构体，应标明顺式异构体含量，其含量应占氯氰菊酯含量的40％～60％，测定允许误差为顺式异构体标明含量的±10％。

水分/（g/kg）　　　　　　　　　　　　　　　　≤1

闪点（闭杯法）　　　　　　　　　　　　　　　　≥标明的闪点，并对测定方法加以说明

（3）有效成分分析方法可参照原药。

3. 氯氰菊酯乳油 (cypermethrin emulsifiable concentrate)

FAO 规格 332/EC/S/F(1993)

(1) 组成和外观

本品应由符合标准的氯氰菊酯原药或原药浓剂和助剂溶解在适宜的溶剂中制成，应为稳定的均相液体，无可见的悬浮物和沉淀。

(2) 技术指标

氯氰菊酯含量 [g/kg 或 g/L(20℃)]：

标明含量	允许波动范围
>25 且≤100	标明含量的±10%
>100 且≤250	标明含量的±6%
>250 且≤500	标明含量的±5%

注：顺式异构体，应标明顺式异构体含量，其含量应占氯氰菊酯含量的 40%～60%，测定允许误差为顺式异构体标明含量的±10%。

水分/(g/kg)　　　　　　　　　　　　　≤2
酸度（以 H_2SO_4 计)/(g/kg)　　　　　　≤1.5
乳液稳定性和再乳化：

a. 按 CIPAC　MT 36.1.1　选经过热贮稳定性试验的产品，在 30℃下用 CIPAC 规定的标准水（标准水 A 或标准水 C）稀释，该乳液应符合下表要求。

稀释后时间/h	稳定性要求
0	初始乳化完全
0.5	乳膏≤1mL
2	乳膏≤2mL,浮油无
24	再乳化完全
24.5	浮油≤0.5mL

b. 按 CIPAC　MT 173　选经过热贮稳定性试验的产品，在 30℃下用 CIPAC 规定的标准水（标准水 A 或标准水 C）稀释，该乳液应符合下表要求。

稀释后时间/h	稳定性要求
0	完全乳化
0.5	乳化≥75%
2	乳化≥60%
24	再乳化完全
24.5	乳化≥75%

闪点（闭杯法）　　　　　　　　　≥标明的闪点，并对测定方法加以说明

低温稳定性 [(0±1)℃下贮存 7d]：析出固体或液体的体积应小于 0.3mL。

热贮稳定性 [(54±2)℃下贮存 14d]：有效成分含量应不低于贮前测得平均含量的 95%，酸度仍应符合上述标准要求。

(3) 有效成分分析方法可参照原药。

4. 氯氰菊酯可湿性粉剂 (cypermethrin wettable powder)

FAO 规格 332/WP/S/F(1993)

（1）组成和外观

本品应由符合 FAO 标准的氯氰菊酯原药、填料和助剂组成，应为均匀的细粉末，无可见的外来物和硬块。

（2）技术指标

氯氰菊酯含量（g/kg）：

标明含量	允许波动范围
≤25	标明含量的 ±15％
＞25 且≤100	标明含量的 ±10％
＞100 且≤250	标明含量的 ±6％
＞250 且≤500	标明含量的 ±5％

注：顺式异构体，应标明顺式异构体含量，其含量应占氯氰菊酯含量的 40％～60％，测定允许误差为顺式异构体标明含量的 ±10％。

pH 范围	4～10
湿筛（通过 75μm 试验筛）/％	≥98
悬浮率（30℃下 30min，使用 CIPAC 标准水 C）/％	≥50
持久起泡性（1min 后）/mL	≤25
润湿性（无搅动）/min	≤2

热贮稳定性［(54±2)℃下贮存 14d］：有效成分含量应不低于贮前测得平均含量的 95％，pH、湿筛和悬浮率仍应符合上述标准要求。

（3）有效成分分析方法可参照原药

5. 氯氰菊酯超低容量液剂（cypermethrin ultra low volume liquid）

FAO 规格 332/UL/S/F(1993)

（1）组成和外观

本品应由符合标准的氯氰菊酯原药和助剂及溶剂组成，应为稳定的液体，无可见的悬浮物和沉淀。

（2）技术指标

氯氰菊酯含量［g/kg 或 g/L(20℃)］：

标明含量	允许波动范围
≤25	标明含量的 ±15％
＞25 且≤50	标明含量的 ±10％

注：顺式异构体，应标明顺式异构体含量，其含量应占氯氰菊酯含量的 40％～60％，测定允许误差为顺式异构体标明含量的 ±10％。

水分/（g/kg）	≤2
闪点（闭杯法）	≥标明的闪点，并对测定方法加以说明

运动黏度范围：取决于使用方式，若必要，应标明 20℃下本产品的运动黏度范围，并对测定方法加以说明，测定时，所得结果与标示值相差不应超过 ±20％。

低温稳定性［(0±1)℃下贮存 7d］：析出固体或液体的体积应小于 0.3mL。

热贮稳定性［(54±2)℃下贮存 14d］：有效成分含量应不低于贮前测得平均含量的 95％，运动黏度范围仍应符合标准要求。

（3）有效成分分析方法可参照原药。

α-氯氰菊酯（alpha-cypermethrin）

(S) (1R)-cis-

+

(R) (1S)-cis-

$$C_{22}H_{19}Cl_2NO_3, \quad 416.3$$

化学名称 本品是一个外消旋体，含（S）-α-氰基-3-苯氧基苄基（1R,3R）-3-（2,2-二氯乙烯基）-2,2-二甲基环丙烷羧酸酯和（R）-α-氰基-3-苯氧基苄基（1S,3S）-3-（2,2-二氯乙烯基）-2,2-二甲基环丙烷羧酸酯

CAS 登录号 67375-30-8

CIPAC 编码 454

理化性状 无色结晶（原药为白色或灰白色粉末，具有轻微的芳香气味）。m.p.81.5℃（97.3%），b.p.200℃/9.3Pa，v.p.2.3×10^{-2}mPa（20℃），K_{ow}lg$P$=6.94（pH7），ρ=1.28g/cm^3（22℃）。水中溶解度（μg/L，20℃）：0.67（pH4）、3.97（pH7）、4.54（pH9）、1.25（二次蒸馏水）；其他溶剂（g/L，21℃），正己烷6.5，甲苯596，甲醇21.3，异丙醇9.6，乙酸乙酯584，丙酮-正己烷＞0.5，易溶于二氯甲烷、丙酮（＞10^{3}g/L）。稳定性：稳定存在于中性或酸性介质中，强碱性条件下水解，DT$_{50}$＞10d（pH4，50℃）、101d（pH7，20℃）、7.3d（pH9，20℃）；热稳定至220℃，田间数据表明实际在空气中稳定。

1.α-氯氰菊酯原药（*alpha*-cypermethrin technical material）

FAO 规格 454/TC（2013）

(1) 组成和外观

本产品由α-氯氰菊酯原药和相关生产性杂质组成，外观为白色至淡黄色晶体粉末，有特殊气味，除稳定剂外，无可见的外来物和添加改性剂。

(2) 技术指标

α-氯氰菊酯含量/（g/kg） ≥930

(3) 有效成分分析方法——气相色谱法

① 方法提要 试样溶解于四氢呋喃中，利用毛细管气相色谱，分流进样模式，使用氢火焰离子化检测器对α-氯氰菊酯含量进行测定，内标法定量。

② 分析条件 色谱柱：30m×0.25mm×0.25μm，石英毛细管柱；分流比：约75～

100∶1；分流出口：约 75mL/min；进样体积：1μL；检测器：氢火焰离子化检测器；温度：柱温自 225℃升至 235℃，恒温；进样口温度：260℃；检测器温度：300℃；气体流速：氦气（载气）流速 0.8mL/min，氦气（补充气）流速 60mL/min；氢气流速：25～30mL/min；空气流速：200～300mL/min；隔垫吹扫：2mL/min；保留时间：顺式 α-氯氰菊酯Ⅱ约 27min，顺式 α-氯氰菊酯Ⅰ约 29min，邻苯二甲酸二辛酯约 14min。

2. α-氯氰菊酯可湿性粉剂（alpha-cypermethrin wettable powder）

FAO 规格 454/WP(2013)

(1) 组成和外观

本品应由符合 FAO 标准的 α-氯氰菊酯原药、填料和必要的助剂组成均匀混合物，外观为可自由浮动的细粉，无可见的外来物和硬块。

(2) 技术指标

α-氯氰菊酯含量（g/kg）：

标明含量	允许波动范围
＞25 且≤100	标明含量的±10％
＞100 且≤250	标明含量的±6％

pH 范围	4～8
湿筛（未通过 75μm 试验筛）/％	≤2
悬浮率 [(30±2)℃ 30min 使用 CIPAC 标准水 D]	≥α-氯氰菊酯含量的 70％
润湿性（经搅动）/min	≤1
持久起泡性（1min 后）/mL	≤60

热贮稳定性 [(54±2)℃下贮存 14d]：有效成分含量应不低于贮前测得平均含量的 95％，pH、湿筛试验、悬浮率、润湿性仍应符合上述标准要求。

(3) 有效成分分析方法可参照原药。

3. α-氯氰菊酯悬浮剂（alpha-cypermethrin suspension concentrate）

FAO 规格 454/SC/(2013)

(1) 组成和外观

本品应由符合 FAO 标准的 α-氯氰菊酯原药和适宜的助剂在水相中组成的悬浮液。轻摇后应为均相且更适宜溶于水的物质。

(2) 技术指标

α-氯氰菊酯含量 [g/kg 或 g/L(20℃±2℃)]：

标明含量	允许波动范围
≤25	标明含量的±15％
＞25 且≤100	标明含量的±10％
＞100 且≤250	标明含量的±6％

pH 范围	5～8
倾倒性（倾倒后残余物）	≤3％
自发分散性 [(30±2)℃ 5min 使用 CIPAC 标准水 D]	≥α-氯氰菊酯含量 60％
悬浮率 [(30±2)℃ 30min 使用 CIPAC 标准水 D]	≥α-氯氰菊酯含量 60％
湿筛试验（留在 75μm 试验筛上）/％	≤2

持久起泡性（1min）/mL   ≤60

低温稳定性 [（0±2）℃下贮存 7d]：悬浮率和湿筛试验仍应符合上述标准要求。

热贮稳定性 [（54±2）℃下贮存 14d]：有效成分含量应不低于贮前测得平均含量的 95%，pH、倾倒性、自发分散性、悬浮率、湿筛试验仍应符合上述标准要求。

（3）有效成分分析方法可参照原药。

4. α-氯氰菊酯乳油（*alpha*-cypermethrin emulsifiable concentrate）

FAO 规格 454/EC(2013)

（1）组成和外观

本品应由符合 FAO 标准的 α-氯氰菊酯原药和必要的助剂溶解在适宜的溶剂中制成。外观应为稳定均相液体，无可见的悬浮物和沉淀，兑水后成乳状液使用。

（2）技术指标

α-氯氰菊酯含量 [g/kg 或 g/L（20℃±2℃）]：

标明含量	允许波动范围
≤25	标明含量的±15%
>25 且≤100	标明含量的±10%
>100 且≤250	标明含量的±6%
pH 范围	4～8
持久起泡性（1min）/mL	≤60

乳液稳定性和再乳化：在（30±2）℃下用 CIPAC 规定的标准水（标准水 A 或标准水 D）稀释，该乳液应符合下表要求。

稀释后时间/h	稳定性要求
0	初始乳化完全
0.5	乳膏≤2mL
2	乳膏≤5mL,乳油≤1mL
24	再乳化完全
24.5	乳膏≤5mL,乳油≤1mL

注：只有在 2h 后的检测有疑问时再进行 24h 以后的检测。

低温稳定性 [（0±2）℃下贮存 7d]：析出固体和/或液体的体积应小于 0.3mL。

热贮稳定性 [（54±2）℃下贮存 14d]：有效成分含量应不低于贮存前测得平均含量的 95%，pH 范围及乳液稳定性和再乳化仍应符合上述标准要求。

（3）有效成分分析方法可参照原药。

5. α-氯氰菊酯超低容量液剂（*alpha*-cypermethrin ultra low volume liquid）

FAO 规格 454/UL(2013)

（1）组成和外观

本品应由符合 FAO 标准的 α-氯氰菊酯原药和必要的助剂组成。外观应为稳定的均相液体，无可见的悬浮物和沉淀。

（2）技术指标

α-氯氰菊酯含量 [g/kg 或 g/L(20℃±2℃)]：

标明含量	允许波动范围

≤25　　　　　　　　　　　　　　　　　标明含量的±15％

＞25 且≤100　　　　　　　　　　　　标明含量的±10％

pH 范围　　　　　　　　　　　　　　4～8

低温稳定性［(0±2)℃下贮存 7d］：析出固体和/或液体的体积应小于 0.3mL。

热贮稳定性［(54±2)℃下贮存 14d］：有效成分含量应不低于贮存前测得平均含量的 95％，pH 范围仍应符合上述标准要求。

(3) 有效成分分析方法可参照原药。

6. α-氯氰菊酯长效（纤维纳入）杀虫帐［alpha-cypermethrin long-lasting (incorporated into filaments) insecticidal net］

WHO 临时规格 454/LN/2(2009)

(1) 组成和外观

本产品外观为网状，由 150 丹尼尔高密度单丝聚乙烯纤维编织而成，纤维上纳入符合 WHO 规格 454/TC（2006）的 α-氯氰菊酯。外观应干净，无可见异物、损坏及制造缺陷，且适用于具长效活性的杀虫帐。

(2) 技术指标

α-氯氰菊酯含量/(g/kg)　　　　　　　5.8（允许波动范围为±25％）

α-氯氰菊酯保留指数　　　　　　　　0.95～0.99

帐网格尺寸/(格/cm²)　　　　　　　平均值≥20；低值≥20

尺寸稳定性（洗后每一维度上的尺寸变化率)/％　　≤10

破裂强度（平均值不应低于限值）　　应声明且不小于 500kPa 纤维的强度

(3) 有效成分 α-氯氰菊酯分析方法可参照原药。

7. α-氯氰菊酯（纤维涂层）杀虫［alpha-cypermethrin long-lasting (coated onto filaments) insecticidal net］

WHO 临时规格 454/LN/1(2009)

(1) 组成和外观

本产品外观为网状，由 75 或 100 丹尼尔高密度多丝（不小于 32 条）聚酯纤维编织而成，纤维上经处理加入符合 WHO 规格 454/SC(2006) 的 α-氯氰菊酯，并添加有必要的聚合黏结剂等添加剂。外观应干净，无可见异物，损坏及制造缺陷，且适用于具长效活性的杀虫帐。

(2) 技术指标

α-氯氰菊酯含量：

　　75 丹尼尔纱　　　　　　　　　　6.7g/kg（允许波动范围为±25％）

　　100 丹尼尔纱　　　　　　　　　5.0g/kg（允许波动范围为±25％）

α-氯氰菊酯保留指数　　　　　　　　0.90～0.98

帐网格尺寸/(完整格/cm²)　　　　　≥24

尺寸稳定性（每一维度上的尺寸变化率)/％　　≤5

破裂强度（平均值不应低于限值）应声明且不小于纤维的强度：

　　75 丹尼尔纱　　　　　　　　　　250kPa

　　100 丹尼尔纱　　　　　　　　　405kPa

(3) 有效成分 α-氯氰菊酯分析方法可参照原药。

马拉硫磷（malathion）

$$\begin{array}{l} CH_3CH_2OCOCH_2 \\ CH_3CH_2OCOCH-S \end{array}\!\!\!\!\begin{array}{l} S \\ \diagup \\ P(OCH_3)_2 \end{array}$$

$$C_{10}H_{19}O_6PS_2, \quad 330.4$$

化学名称 O,O-二甲基-S-[1,2-双(乙氧基甲酰)乙基]二硫代磷酸酯

其他名称 马拉松，除虫磷，

CAS 登录号 121-75-5

CIPAC 编码 12

理化性状 原药为清澈透明琥珀色液体。m.p. 2.85℃，b.p. 156～157℃/0.7mmHg，v.p. 5.3mPa（30℃），$K_{ow}\lg P = 2.75$，$\rho = 1.23g/cm^3$（25℃）。溶解度：水 0.145mg/L（25℃），能与大多数溶剂互溶，如酒精、酯、酮、醚、芳香烃，微溶于石油醚和某些矿物油，庚烷 65～93g/L。稳定性：中性水溶液中相对稳定，在强酸和碱性条件下分解，水解 DT_{50} 107d(pH5)、6d(pH7)、0.5d(pH9)（25℃）。f.p. 163℃（潘斯基-马腾斯闭口杯法）。

1. 马拉硫磷原药（malathion technical）

FAO/WHO 规格 12/TC(2013)

（1）组成和外观

本品应由马拉硫磷和相关的生产性杂质组成，应为无色至浅琥珀色液体，带有特殊气味，除去味剂外，无可见的外来物和添加的改性剂。

（2）技术指标

马拉硫磷含量/(g/kg)	≥950（测定结果的平均含量应不低于最小的标明含量）
马拉氧磷(CAS 登录号 1634-78-2)/(g/kg)	≤1
异马拉硫磷(CAS 登录号 3344-12-5)/(g/kg)	≤4
O,O,S-三甲基二硫代磷酸酯(CAS 登录号 2953-29-9)/(g/kg)	≤15
O,O,O-三甲基二硫代磷酸酯(CAS 登录号 152-18-1)/(g/kg)	≤5
酸度(以 H_2SO_4 计)/(g/kg)	≤2

（3）有效成分分析方法——气相色谱法

① **方法提要** 试样用三氯甲烷溶解，以 1,3-二苯氧基苯为内标物，在 OV-210 柱上对马拉硫磷进行分离，用带有氢火焰离子化检测器的气相色谱仪对试样中的马拉硫磷进行测定。

② **分析条件** 气相色谱仪，带有氢火焰离子化检测器；色谱柱：183cm×2mm(i.d.)玻璃柱，内填 7.5% OV-210/Chromosorb 125～150μm；柱温：180℃；汽化室温度：190℃；检测器温度：250℃；载气（氮气）流速：30mL/min；氢气流速：30mL/min；空气流速：300mL/min；保留时间：马拉硫磷 10min，内标物 7min。

2. 马拉硫磷粉剂（malathion dustable powder）

FAO/WHO 规格 12/DP(2013)

（1）组成和外观

本品应由符合 FAO 标准的马拉硫磷原药、载体和助剂组成，应为易流动的细粉末，无可见的外来物和硬块。

（2）技术指标

马拉硫磷含量（g/kg）：

标明含量	允许波动范围
>25 且≤100	标明含量的−10%～+25%
马拉氧磷	≤测得的马拉硫磷含量的 0.1%
异马拉硫磷	≤测得的马拉硫磷含量的 2.5%
O,O,S-三甲基二硫代磷酸酯	≤测得的马拉硫磷含量的 1.6%
O,O,O-三甲基二硫代磷酸酯	≤测得的马拉硫磷含量的 0.5%
酸度（以 H_2SO_4 计）/（g/kg）	≤1
干筛（未通过 $75\mu m$ 筛）/%	≤5[留在 $75\mu m$ 试验筛上的马拉硫磷的量应不超过测定样品量的（0.005X）%；X 为测得的马拉硫磷含量，g/kg]

例如：测得马拉硫磷含量为 50g/kg，而试验所用样品为 20g，则留在试验筛上马拉硫磷的最大量，应不超过 0.05g，按下式计算，

$$\frac{0.005\times50\times20}{100}(g)$$

热贮稳定性［在（54±2）℃下贮存 14d］：有效成分含量应不低于贮前测得含量的 85%，马拉氧磷、异马拉硫磷、O,O,S-三甲基二硫代磷酸酯、O,O,O-三甲基二硫代磷酸酯、酸度、筛分仍应符合上述标准要求。

（3）有效成分分析方法可参照原药。

3. 马拉硫磷超低容量液剂（malathion ultra low volume liquid）

FAO/WHO 规格 12/UL(2013)

（1）组成和外观

本品应由符合 FAO 标准的马拉硫磷原药和助剂组成，应为稳定的均相液体，无可见的悬浮物和沉淀。

（2）技术指标

马拉硫磷含量/（g/kg）	≥950,测定结果的平均含量应不低于最小的标明含量
马拉氧磷	≤测得的马拉硫磷含量的 0.1%
异马拉硫磷	≤测得的马拉硫磷含量的 0.4%
O,O,S-三甲基二硫代磷酸酯	≤测得的马拉硫磷含量的 1.6%
O,O,O-三甲基二硫代磷酸酯	≤测得的马拉硫磷含量的 0.5%
酸度（以 H_2SO_4 计）/（g/kg）	≤2

低温稳定性［（0±2）℃下贮存 7d］：析出固体或液体的体积应小于 0.3mL。

热贮稳定性 [(54±2)℃下贮存 14d]：有效成分含量应不低于 950g/kg，马拉硫磷、异马拉硫磷、O,O,S-三甲基二硫代磷酸酯、O,O,O-三甲基二硫代磷酸酯、酸度仍应符合上述标准要求。

（3）有效成分分析方法可参照原药。

4. 马拉硫磷乳油 (malathion emulsifiable concentrate)

FAO/WHO 规格 12/EC(2013)

（1）组成和外观

本品应由符合 FAO 标准的马拉硫磷原药和助剂溶解在适宜的溶剂中制成，应为稳定的均相液体，无可见的悬浮物和沉淀，在水中稀释成乳状液后使用。

（2）技术指标

马拉硫磷含量[g/kg 或 g/L(20℃)]：

标明含量	允许波动范围
>250 且≤500	标明含量的±5%
>500	±25

马拉氧磷	≤测得的马拉硫磷含量的 0.1%
异马拉硫磷	≤测得的马拉硫磷含量的 0.8%
O,O,S-三甲基二硫代磷酸酯	≤测得的马拉硫磷含量的 1.6%
O,O,O-三甲基二硫代磷酸酯	≤测得的马拉硫磷含量的 0.5%
酸度(以 H_2SO_4 计)/(g/kg)	≤2
持久起泡性(1min 后)/mL	≤25

乳液稳定性和再乳化：产品在 (30±2)℃下用 CIPAC 规定的标准水 （标准水 A 或标准水 D) 稀释，该乳液应符合下表要求。

稀释后时间/h	稳定性要求	稀释后时间/h	稳定性要求
0	完全乳化	24	再乳化完全
0.5	乳膏≤2mL	24.5	乳膏≤4mL,浮油≤0.5mL
2	乳膏≤4mL,浮油≤0.5mL		

低温稳定性 [(0±2)℃下贮存 7d]：析出固体或液体的体积应小于 0.3mL。

热贮稳定性 [(54±2)℃下贮存 14d]：对含量不大于 500g/kg 的产品，有效成分应不低于贮前测得平均含量的 90%；对含量大于 500g/kg 的产品而言，有效成分减少量不得高于 50g/kg；马拉硫磷、异马拉硫磷、O,O,S-三甲基二硫代磷酸酯、O,O,O-三甲基二硫代磷酸酯、酸度、乳液稳定性和再乳化仍应符合标准要求。

（3）有效成分分析方法可参照原药

5. 马拉硫磷水乳剂 (malathion emulsion oil in water)

FAO/WHO 规格 12/EW(2004)

（1）组成和外观

本品应由符合 FAO 标准的马拉硫磷原药与助剂在水相中制成的乳状液，经轻微搅动为均匀的，易于进一步用水稀释。

（2）技术指标

马拉硫磷含量 [g/kg 或 g/L(20℃)]：

标明含量	允许波动范围
>50 且≤100	标明含量的±10%

>100 且≤250	标明含量的±6%
>250 且≤500	标明含量的±5%
马拉氧磷	≤测得的马拉硫磷含量的0.8%
异马拉硫磷	≤测得的马拉硫磷含量的0.6%
O,O,S-三甲基二硫代磷酸酯	≤测得的马拉硫磷含量的1.6%
O,O,O-三甲基二硫代磷酸酯	≤测得的马拉硫磷含量的0.5%
pH 范围（1%水稀释液）	2～5.2
倾倒性（倾倒后残余物）/%	≤5
持久起泡性（1min 后）/mL	≤50

乳液稳定性和再乳化：产品在（30±2）℃下用 CIPAC 规定的标准水（标准水 A 或标准水 D）稀释，该乳液应符合下表要求。

稀释后时间/h	稳定性要求	稀释后时间/h	稳定性要求
0	完全乳化	24	再乳化完全
0.5	乳膏≤2mL	24.5	乳膏≤2mL,浮油无
2	乳膏≤4mL,浮油无		

低温稳定性［（0±2）℃下贮存 7d］：经轻微搅动，无固体或油状物析出。

热贮稳定性［（54±2）℃下贮存 14d］：有效成分不低于贮前的 90%，马拉硫磷、异马拉硫磷、O,O,S-三甲基二硫代磷酸酯、O,O,O-三甲基二硫代磷酸酯、pH 范围、乳液稳定性和再乳化仍应符合标准要求。

（3）有效成分分析方法可参照原药。

醚菊酯（etofenprox）

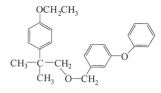

$C_{25}H_{28}O_3$，376.5

化学名称　2-(4-乙氧基苯基)-2-甲基丙基-3-苯氧基苄基醚

其他名称　科来多，多来宝

CAS 登录号　80844-07-1

CIPAC 编码　471

理化性状　白色晶体。m.p.（37.4±0.1）℃，b.p.200℃分解，v.p.8.13×10⁻⁴ mPa（25℃），K_{ow} lg$P$=6.9（20℃），ρ=1.172g/cm³（20℃）。溶解度（g/L，20℃）：水 22.5 μg/L（25℃），正己烷 667，正庚烷 621，二甲苯 856，甲苯 862，二氯甲烷 924，丙酮 877，甲醇 49，乙醇 98，乙酸乙酯 837。稳定性：150℃时稳定，水解 DT₅₀>1a（pH4、pH7、pH9，25℃），光解 DT₅₀2d（无菌/天然水，25℃）。pK_a在 pH3～10 范围内不解离，f.p.至 110℃无闪点。

1. 醚菊酯原药（etofenprox technical material）

FAO 规格 471/TC(2007)

（1）组成和外观

本产品由醚菊酯和相关生产性杂质组成，外观为白色晶体、淡黄色液体或糊状物，无可见的外来物和添加改性剂。

（2）技术指标

醚菊酯含量/（g/kg）	≥980
水含量/（g/kg）	≤5.0
丙酮不溶物含量/（g/kg）	≤1.0
pH 范围	5.5～7.0

（3）有效成分分析方法——气相色谱法（或见 CIPAC＿K/ etofenprox. pdf）

① 方法提要　试样用带氢火焰离子检测器（FID）的毛细管气相色谱进行检测，以邻苯二甲酸二环己酯为内标物进行定量。

② 分析条件　气相色谱仪：带有火焰离子检测器（FID）和分流进样器；色谱柱：30m×0.25mm(i.d.) 熔融石英毛细管柱，壁涂50％三氟醚和50％聚二甲基硅氧烷交联物（DB-210 或等同物），液膜厚度 0.25μm；进样模式：分流；分流速率：约40mL/min；进样体积：1μL；检测器：氢火焰离子检测器；载气（氮气）流速：1.2mL/min；柱温程序：初始温度230℃，保持 12min，以 10℃/min 的速率升温至 260℃，保持 10min；进样口温度：290℃；检测器温度：290℃；保留时间：醚菊酯约 10min，邻苯二甲酸二环己酯约 9min。

2. 醚菊酯乳油（etofenprox emulsifiable concentrate）

FAO 规格 471/EC(2007)

（1）组成和外观

本品应由符合 FAO 标准 471/TC（2007）的醚菊酯原药和助剂溶解在适宜的溶剂中制成。外观应为稳定均相液体，无可见的悬浮物和沉淀，用水稀释成乳液使用。

（2）技术指标

醚菊酯含量（g/kg）：

标明含量	允许波动范围
＞25 且≤100	标明含量的±10％
＞100 且≤250	标明含量的±6％
＞250 且≤500	标明含量的±5％
水分/（g/kg）	≤5
pH 范围	5.0～7.0
持久起泡性（1min 后）/mL	≤10

乳液稳定性和再乳化：在（30±2）℃下用 CIPAC 规定的标准水（标准水 A 或标准水 D）稀释，该乳液应符合下表要求。

稀释后时间/h	稳定性要求	稀释后时间/h	稳定性要求
0	初始乳化完全	24	再乳化完全
0.5	乳膏≤1.0m;浮油无;沉淀无	24.5	乳膏≤1.0mL;浮油≤1.0mL;沉淀无
2	乳膏≤1.0mL;浮油≤1.0mL;沉淀无		

注:在应用 MT 36.3 时,只有在 2h 后的检测有疑问时再进行 24h 以后的检测。

低温稳定性［(0±2)℃下贮存 7d］：无可见的析出固体或液体。

热贮稳定性［(54±2)℃下贮存 14d］：有效成分平均含量不应低于贮前测得平均含量的 95％，pH 范围、乳液稳定性及再乳化测试仍应符合标准要求。

（3）有效成分分析方法可参照原药。

3. 醚菊酯可湿性粉剂 (etofenprox wettable powder)

FAO 规格 471/WP(2007)

(1) 组成和外观

本品应由符合 FAO 标准的醚菊酯原药、填料和必要的助剂组成的均匀混合物，外观为微细粉末，无可见的外来物和硬块。

(2) 技术要求

醚菊酯含量 (g/kg)：

标明含量	允许波动范围
>25 且≤100	标明含量的±10%
>100 且≤250	标明含量的±6%
>250 且≤500	标明含量的±5%

水分/(g/kg)	≤40
pH 范围	5.5～9.0
湿筛试验 (留在 75μm 筛上)/%	≤1
悬浮率 [(30±2)℃ 30min 下，使用 CIPAC 标准水 D]	≥醚菊酯含量的 70%
持久起泡性 (1min 后)/mL	≤10
润湿性 (不经搅动)/min	≤1

热贮稳定性 [(54±2)℃下贮存 14d]：有效成分平均含量不应低于贮前测得平均含量的 95%，pH 范围、湿筛试验、悬浮率、润湿性仍应符合上述标准要求。

(3) 有效成分分析方法可参照原药。

4. 醚菊酯水乳剂 (etofenprox emulsion, oil in water)

FAO 规格 471/EW(2007)

(1) 组成和外观

本品应由符合 FAO 标准的醚菊酯原药与适当助剂在水箱中制成的乳液。制剂轻微搅动后应为均相且易于进一步用水稀释。

(2) 技术指标

醚菊酯含量 (g/kg)：

标明含量	允许波动范围
>25 且≤100	标明含量的±10%
>100 且≤250	标明含量的±6%

pH 范围	6.0～8.0
倾倒性 (倾倒后残余物)/%	≤2
持久起泡性 (1min 后)/mL	≤10

乳液稳定性和再乳化：在 (30±2)℃下用 CIPAC 规定的标准水 (标准水 A 或标准水 D) 稀释，该乳液应符合下表要求。

稀释后时间/h	稳定性要求
0	初始乳化完全
0.5	乳膏无；浮油无；沉淀无
2	乳膏无；浮油无；沉淀无
24	再乳化完全
24.5	乳膏无；浮油无；沉淀无

注：在应用 MT 36.3 时，只有在 2h 后的检测有疑问时再进行 24h 以后的检测。

低温稳定性 [(0±2)℃下贮 7d]：轻微搅拌后可见的微粒或油状物。

热贮稳定性 [(54±2)℃下贮存 14d]：有效成分平均含量不应低于贮前测得平均含量的 95％，pH 范围、乳液稳定性及再乳化仍应符合上述标准要求。

(3) 有效成分分析方法可参照原药。

棉隆（dazomet）

$$C_5H_{10}N_2S_2，162.3$$

化学名称 四氢-3,5-二甲基-1,3,5-噻二唑-2-硫酮

其他名称 必速灭，二甲噻嗪，二甲硫嗪

CAS 登录号 533-74-4

CIPAC 编码 146

理化性状 无色固体（原药为灰白色到淡黄色，带有硫黄气味的固体）。m. p. 104～105℃（原药，降解），v. p. 0.58mPa（20℃）、1.3mPa（25℃），$K_{ow} \lg P = 0.63$（pH＝7），$\rho = 1.36$g/cm³。溶解度（g/L，20℃）：水 3.5，环己烷 400、氯仿 391、丙酮 173、苯 51、乙醇 15、乙醚 6。稳定性：在 35℃ 以下稳定存在，在潮湿条件下或超过 50℃ 敏感。水解 DT_{50}6～10h(pH5)、2～3.9h(pH7)、0.8～1h(pH9)（25℃）。

1. 棉隆原药（dazomet technical material）

FAO 规格 146/TC(2001)

(1) 组成和外观

本品应由棉隆和相关的生产杂质组成，应为浅黄色至黄色固体，带有硫黄气味，除稳定剂之外，无可见的外来物和添加的改性剂。

(2) 技术指标

棉隆含量/(g/kg)　　　　　　　≥940，测定结果的平均含量应不低于最小的标明含量

(3) 有效成分分析方法——液相色谱法

① 方法提要　将样品溶解在乙腈中，在反相色谱柱中对其进行液相色谱分离，流动相为乙腈-水-乙酸，UV 检测器在 284nm 对其进行外标定量。

② 分析条件　色谱柱：250mm×4.0mm(i. d.)，Nucleosil 100 ODS 5μm；流动相：乙腈-水-乙酸 [150：350：1（体积比）]；流速：1.0mL/min；检测波长：284nm；温度：室温；进样体积：5μL；保留时间：棉隆约 4min。

2. 棉隆微粒剂（dazomet microgranule）

FAO 规格 146/MG(2001)

(1) 组成和外观

本品应由符合 FAO 标准的棉隆原药和适宜的载体及助剂制成，应为干燥、易流动的颗粒，无可见的外来物和硬块，基本无粉尘，易于机器施药。

（2）技术指标

棉隆含量（g/kg）：

标明含量	允许波动范围
>500	±25

粒度范围（100~600μm）/（g/kg）　≥850

粉尘/mg　基本无粉尘

抗磨耗性/%　≥90

热贮稳定性 [（54±2）℃下贮存 14d]：有效成分含量应不低于贮前测得平均含量的 95%，粒度范围、粉尘、抗磨耗性仍应符合上述标准要求。

（3）有效成分分析方法可参照原药。

灭多威（methomyl）

$C_5H_{10}N_2O_2S$，162.2

化学名称　O-甲基氨基甲酰基-2-甲硫基乙醛肟

其他名称　乙肟威，灭索威

CAS 登录号　16752-77-5

CIPAC 编码　264

理化性状　无色晶体，具有轻微的硫醇气味。m.p. 78~79℃，v.p. 0.72mPa（25℃），$K_{ow} \lg P = 0.093$，$\rho = 1.2946 g/cm^3$（25℃）。溶解度（g/kg，25℃）：水 57.9，甲醇 1000，丙酮 730，乙醇 420，异丙醇 220，甲苯 30。稳定性：水中稳定 30d(pH5 和 pH7，25℃)，DT_{50}约 30d(pH9，25℃)；可稳定至 140℃，光照下能稳定 120d。

1. 灭多威原药（methomyl technical material）

FAO 规格 264/TC(2002)

（1）组成和外观

本品为由灭多威和相关的生产杂质组成的白色或近白色均匀晶状固体，无可见的外来物和硬块。

（2）技术指标

灭多威含量/（g/kg）　　　≥980（测定结果的平均含量应不低于最小的标明含量）

（3）有效成分分析方法——液相色谱法

① 方法提要　试样溶于甲醇中，以乙腈-水作流动相，在反相色谱柱（C_{18}）上对试样中的灭多威进行分离，用紫外检测器（254nm）检测，内标法，利用标准曲线或最小二乘法定量。

② 分析条件　液相色谱仪，带有紫外检测器，柱箱，自动进样器或定量进样管。

色谱柱：150mm×4.6mm(i.d.)，Zorbax ODS C_{18}柱；内标物：苯甲酰胺；流动相：8%（体积分数）的乙腈-水溶液；流速：2.0mL/min；检测波长：254nm；检测灵敏度：0.8AUFS；温度：45℃；进样体积：10μL；保留时间：灭多威约 5.7min，苯甲酰胺约 7.8min。

2. 灭多威可溶粉剂 (methomyl water soluble powder)

FAO 规格 264/SP 和 264/SP-SB(2002)

(1) 组成和外观

本品应由符合 FAO 标准的灭多威原药和填料、助剂组成，为均匀粉末，无可见的外来物和硬块，除可能含有不溶的添加成分外，本品在水中溶解后应形成有效成分的真溶液。用水溶性包装袋包装的本品应由规定数量的可溶粉剂组成。

(2) 技术指标

灭多威含量（g/kg）：

标明含量	允许波动范围
＞100 且≤250	标明含量的±6％
＞250 且≤500	标明含量的±5％
＞500	±25

pH 范围 4.0～8.0

润湿性（不经搅动）/s ≤60

溶解程度和溶液稳定性 [(30±2)℃下，保留在 75μm 筛，CIPAC 标准水 D]（％）：

5min 后 ≤2.5

18h 后 ≤1.5

持久起泡性（1min 后）/mL ≤60

热贮稳定性 [(54±2)℃下贮存 14d]：有效成分含量应不低于贮前测得平均含量的 95％，pH、溶解程度和溶液稳定性、润湿性仍应符合标准要求。当用可溶性袋包装时，该包装袋应置于防水密封袋或其他容器中，于 (54±2)℃下贮存 14d，有效成分含量应不低于贮前测得平均含量的 95％、pH 范围、润湿性、水溶性袋溶解速度、溶解程度和溶液稳定性、持久起泡性仍应符合标准要求。贮前和贮后操作过程中，水溶性袋不能有破裂或泄漏。水溶性包装袋封装产品

水溶性袋溶解度/s ≤60（悬浮液流动时间）

溶解程度及溶液稳定性（30℃下，溶解于 CIPAC ≤3.0(5min 后)，≤1.5(18h 后)

标准水 D 后保留在 75μm 试验筛）/％

持久起泡性（1min 后）/mL ≤60

(3) 有效成分分析方法可参照原药。

3. 灭多威可溶液剂 (methomyl soluble concentrate)

FAO 规格 264/SL(2002)

(1) 组成和外观

本品为由符合 FAO 标准的灭多威原药和助剂溶解在适宜的溶剂中制成的可溶液剂，应为清澈或带乳白光的液体，无可见的悬浮物和沉淀，在水中形成有效成分的真溶液。

(2) 技术指标

灭多威含量 [g/kg 或 g/L（20℃）]：

标明含量	允许波动范围
＞100 且≤250	标明含量的±6％
＞250 且≤500	标明含量的±5％

pH 范围 4～8

持久起泡性（1min 后）/mL   ≤60

溶液稳定性：本品 [（54±2）℃下贮存 14d 后] 用 CIPAC 标准水 D 稀释，于（30±2)℃下静置 18h 后，应为均匀、澄清溶液，任何可见的沉淀或颗粒均能通过 45μm 试验筛。

低温稳定性 [（0±2）℃下贮存 7d]：析出固体或液体的体积应小于 0.3mL。

热贮稳定性 [（54±2）℃下贮存 14d]：有效成分含量不应低于贮前测得平均含量的 95%，pH 仍应符合上述标准要求。

（3）有效成分分析方法可参照原药。

灭蚜磷（mecarbam）

$$S$$
图

$C_{10}H_{20}NO_5PS_2$，329.4

化学名称　O,O-二乙基-S-（N-乙氧甲酰-N-甲基氨基甲酰甲基）二硫代磷酸酯

其他名称　灭蚜蝉

CAS 登录号　2595-54-2

CIPAC 编码　224

理化性状　浅棕色至淡黄色油（原药，浅黄色至棕色油）。b. p. 144℃/0.02mmHg，v. p. 室温可忽略不计，相对密度 1.222(20℃)。溶解度：水中＜1g/L（室温）、脂肪烃＜50g/kg（室温），室温下与醇类、酯类、酮类、芳香族和氯化烃类相混溶。稳定性：pH 小于 3 水解。

1. 灭蚜磷原药（mecarbam technical）

FAO 规格 224/TC/ts/-(1983)(已撤销)

（1）组成和外观

本品应由灭蚜磷和相关生产性杂质组成，为浅黄色至棕色油状液体，无可见的外来物和添加的改性剂。

（2）技术指标

灭蚜磷含量/（g/kg）	≥920（允许波动范围为±20g/kg）
N-甲基-N-氯乙酰氨基甲酸乙酯	≤测得的灭蚜磷含量的 2.0%
N-甲基氨基甲酸乙酯	≤测得的灭蚜磷含量的 2.0%
3-甲基噁唑烷-2,4-二酮	≤测得的灭蚜磷含量的 1.0%
O,O,S-三乙基硫代磷酸酯	≤测得的灭蚜磷含量的 1.0%
O,O,O-三乙基硫代磷酸酯	≤测得的灭蚜磷含量的 1.0%
水分/（g/kg）	≤1.2

热贮稳定性：本品应贮存在阴凉、干燥处，长期贮存后，使用前应对本品进行再分析，各项标准应符合标准要求。

（3）有效成分分析方法可向 FAO 作物保护部索取。

2. 灭蚜磷可湿性粉剂 (mecarbam wettable powder)

FAO 规格 224/WP/ts(1983)

(1) 组成和外观

本品应由符合 FAO 标准的灭蚜磷原药、填料和助剂组成，应为均匀的细粉末，无可见的外来物和硬块。

(2) 技术指标

灭蚜磷含量 (g/kg)：

标明含量	允许波动范围
≤400	标明含量的 ±5%
>400	标明含量的 ±20%
N-甲基-N-氯乙酰氨基甲酸乙酯	≤测得的灭蚜磷含量的 2.2%
N-甲基氨基甲酸乙酯	≤测得的灭蚜磷含量的 2%
3-甲基噁唑烷-2,4-二酮	≤测得的灭蚜磷含量的 1.1%
O,O,S-三乙基硫代磷酸酯	≤测得的灭蚜磷含量的 1.3%
O,O,O-三乙基硫代磷酸酯	≤测得的灭蚜磷含量的 1.0%
水分/(g/kg)	≤1.0
湿筛 (未通过 75μm 筛)/(g/kg)	≤20
悬浮率/%	收到的产品≥50；热贮后的产品≥50
持久起泡性 (1min 后)/mL	≤25
润湿性/min	≤1

热贮稳定性 [(54±2)℃下贮存 14d 后]：有效成分含量应不低于贮前测得平均含量的 90%，N-甲基-N-氯乙酰氨基甲酸乙酯、湿筛、悬浮率、润湿性仍应符合上述标准要求。

(3) 有效成分分析方法可参照原药。

3. 灭蚜磷乳油 (mecarbam emulsifiable concentrate)

FAO 规格 224/EC/tS(1983)

(1) 组成和外观

本品应由符合 FAO 标准的灭蚜磷原药和助剂溶解在适宜的溶剂中制成，应为稳定的均相液体，无可见的悬浮物和沉淀。

(2) 技术指标

灭蚜磷含量 [g/L(20℃) 或 g/kg]：

标明含量	允许波动范围
≤400	标明含量的 ±5%
>400	±20
N-甲基-N-氯乙酰氨基甲酸乙酯	≤测得的灭蚜磷含量的 2.2%
N-甲基氨基甲酸乙酯	≤测得的灭蚜磷含量的 2%
3-甲基噁唑烷-2,4-二酮	≤测得的灭蚜磷含量的 1.1%
O,O,S-三乙基硫代磷酸酯	≤测得的灭蚜磷含量的 1.3%
O,O,O-三乙基硫代磷酸酯	≤测得的灭蚜磷含量的 1.1%
水分/(g/kg)	≤2.5

闪点（闭杯法）   ≥标明闪点，并对测定方法加以说明

乳液稳定性和再乳化：本产品经热贮后，在30℃下用CIPAC规定的标准水稀释（标准水A或标准水C），该乳液应符合下表要求。

稀释后时间/h	稳定性要求
0	完全乳化
0.5	乳膏≤1mL
2	乳膏≤3mL,浮油≤0.3mL
24	再乳化完全
24.5	乳膏≤2mL,浮油≤0.5mL

低温稳定性［(0±1)℃下贮存7d］：每升乳液中析出液体的体积应小于3mL。

热贮稳定性［(54±2)℃下贮存14d］：有效成分含量、杂质、乳液稳定性和再乳化仍应符合标准要求。

(3) 有效成分分析方法可参照原药。

灭蝇胺（cyromazine）

$$H_2N-\underset{\underset{NH_2}{|}}{\overset{N}{\underset{N}{\bigcirc}}}-NH-\triangle$$

$C_6H_{10}N_6$，166.2

化学名称 N-环丙基-1,3,5-三嗪-2,4,6-三胺

CAS 登录号   66215-27-8

CIPAC 编码   420

理化性状   无色晶体。m. p. 224.9℃，v. p. 4.48×10^{-4}mPa(OECD 104)，$K_{ow}\lg P=-0.069$(pH7.0)(OECD 107)，亨利常数 5.8×10^{-9}Pa·m^3/mol，相对密度1.35(20℃)。溶解度（g/kg，20℃）：水中13g/L(pH7.1，25℃)(OECD 105)，甲醇17、异丙醇2.5、丙酮1.4、正辛醇1.5、二氯甲烷0.21、甲苯0.011、正己烷＜0.001。稳定性：150℃以下稳定，对于在高达70℃的水解28d稳定。pK$_a$5.22，弱碱。

1. 灭蝇胺原药（cyromazine technical material）

FAO规格 420/TC(2010.3)

(1) 组成和外观

本品由灭蝇胺及相关生产性杂质组成，外观为白色至米色粉末，无可见的外来物和添加改性剂。

(2) 技术指标

灭蝇胺含量/(g/kg)   ≥950

(3) 有效成分分析方法——高效液相色谱法

① 方法提要   灭蝇胺用反相高效液相色谱紫外检测器（230nm）进行检测，外标法定量。

② 分析条件   色谱柱：250mm×4.0mm(i. d.) 不锈钢柱，内填 Nucleosil C$_{18}$ 10μm，Macherey-Nagel 或等效的分离性物质。

流动相梯度（时间）/min	洗脱液 A/%	洗脱液 B/%
0	40	60
5	40	60
6	95	5
12	40	60
20	40	60

洗脱液 A：甲醇；洗脱液 B：水缓冲液 1%（体积分数），稀释 10mL，pH7～10；流速：1.5mL/min；检测波长：230nm；柱温：室温；进样体积：10μL；保留时间：2.6min。

2. 灭蝇胺可溶液剂（cyromazine soluble concentrate）

FAO 规格 420/SL(2010.3)

(1) 组成和外观

本品应由符合 FAO 标准 420/TC(2010.3) 的灭蝇胺原药和必要的助剂制成。外观为澄清至乳白色的液体，无可见悬浮物和沉淀，使用时用水溶解形成有效成分的真溶液。

(2) 技术指标

灭蝇胺含量［g/kg 或 g/L 在（20±2）℃下］：

标明含量	允许波动范围
＞25 且≤100	标明含量的±10%

溶液稳定性：在 54℃的稳定性测试后，用 CIPAC 规定的标准水 D 稀释，在（30±2）℃下静置 18h，至多有痕量沉淀和可见固体颗粒。产生的可见沉淀或颗粒能通过 45μm 测试筛。

持久起泡性（1min）/mL　　　　　　　≤30

低温稳定性［(0±2)℃下贮存 7d］：产生的固体或液体分离物体积不得超过 0.3mL。

热贮稳定性［(54±2)℃下贮存 14d］：有效成分含量应不低于贮前测得平均含量的 95%。

(3) 有效成分分析方法可参照原药。

3. 灭蝇胺可溶粉剂（cyromazine water soluble powder）

FAO 规格 420/SP(2010.3)

(1) 组成和外观

本品应由符合 FAO 标准 420/TC（2010.3）的灭蝇胺原药乳液和必要的助剂制成。外观为无可见外来物和硬块的粉末，使用时用水溶解形成有效成分的真溶液。但可能含有不溶的惰性成分。

(2) 技术指标

灭蝇胺含量(g/kg)：

标明含量	允许波动范围
＞100 且≤250	标明含量的±6%
＞500	±25g/kg

湿润性/min	≤1(不搅动)
溶解程度和溶液稳定性[（30±2）℃下,CIPAC 标	5min 后≤0.5
准水 D 溶解后,保留在 75μm 试验筛上]/%	18h 后≤0.5
持久起泡性(1min 后)/mL	≤50

热贮稳定性［(54±2)℃下贮存 14d］：有效成分含量应不低于贮前测得平均含量的 95%。润湿性，溶解程度和溶液稳定性能仍应符合上述标准要求。

(3) 有效成分分析方法可参照原药。

羟哌酯 （ icaridin ）

$$C_{12}H_{23}NO_3, 229.3$$

化学名称　1-哌啶羧酸 2-(2-羟基乙基)-1-甲基丙酯

CAS 登录号　119515-38-7

CIPAC 编码　740

理化性状　v. p. 3.4×10^{-2} Pa（20℃）、5.9×10^{-2} Pa（25℃）。b. p. 296℃（蒸气压曲线外推法）。$K_{ow} \lg P = 2.11$(20℃，无缓冲溶液)，$K_{ow} \lg P = 2.23$(20℃，pH4～9)。溶解度（g/L，20℃）：水中 8.6，8.2(pH4～9)。稳定性：在 pH5，7，9 下 7d(50℃) 和 30d(25℃) 观察无水解。光解，不吸收紫外线和可见光波长。

羟哌酯原药（icaridin technical material）

WHO 规格 TC/740(2004 年 10 月)

(1) 组成和外观

本产品由埃卡瑞丁和相关生产性杂质组成，外观为无色液体，基本无味，无可见的外来物和添加改性剂。

(2) 技术指标

羟哌酯含量/(g/kg)　　　　　　　　≥970

(3) 有效成分分析方法——气相色谱法（见 CIPAC K，740/TC/M/3，p.64，2003）

① 方法提要　羟哌酯经毛细管气相色谱仪氢火焰离子化检测器检测，内标法定量。

② 分析条件　气相色谱仪：带有氢火焰离子化检测器和分流/不分流自动进样器；石英色谱柱：30m×0.25mm(i. d.)，液膜厚度 $0.25\mu m$，涂料 95/5% 二甲基聚硅烷基/二苯基聚硅烷基（如 DB-5）；进样模式：分流；分流流速：40mL/min；汽化温度：240℃；载气（氦气）流速：15mL/min(100kPa)；进样体积：$1\mu L$；检测器温度：330℃；柱温：150℃ 保持 2min，10℃/min 升温，330℃ 保持 3min；氢气：30mL/min；空气：300mL/min；氮气（补偿气）：25mL/min；保留时间：羟哌酯约 4.5min，邻苯二甲酸二甲酯约 3min。

氰戊菊酯 （ fenvalerate ）

$$C_{25}H_{22}ClNO_3, 419.9$$

化学名称　（RS）-α-氰基-3-苯氧基苄基（RS）-2-（4-氯苯基）-3-甲基丁酸酯

其他名称 杀灭菊酯

CAS 登录号 51630-58-1

CIPAC 编码 334

理化性状 原药为黄色或棕色黏稠液体，在室温下有时部分结晶。m.p.39.5～53.7℃（纯品），b.p. 蒸馏时分解，v.p.1.92×10^{-2} mPa（20℃），K_{ow} lg$P$＝5.01，ρ＝1.175g/cm^3（25℃）。溶解度（g/L，20℃）：水＜0.01mg/L（25℃），正己烷53，二甲苯≥200，甲醇84。稳定性：对热和潮湿稳定，在酸性介质中相对稳定，在碱性介质中快速水解。f.p.230℃。

1. 氰戊菊酯原药 （fenvalerate technical）

FAO 规格 334/TC/S(1991)

(1) 组成和外观

本品应由氰戊菊酯和相关的生产杂质组成，应为黄色至棕色液体或固体，无可见的外来物和添加的改性剂。

(2) 技术指标

氰戊菊酯含量/(g/kg)	≥930(允许波动范围±20g/kg)
水分/(g/kg)	≤2
酸度/碱度：	
酸度(以 H$_2$SO$_4$ 计)/(g/kg)	≤1
碱度(以 NaOH 计)/(g/kg)	≤1

(3) 有效成分分析方法——气相色谱法

① 方法提要　试样用 4-甲基戊-2-酮溶解，以邻苯二甲酸二苯酯为内标物，使用 Apiezon L/Chromosorb W-HP 进行分离，用带有氢火焰离子化检测器的气相色谱仪对试样中的氰戊菊酯进行测定。

② 分析条件　气相色谱仪，带有氢火焰离子化检测器；色谱柱：1m×3mm 玻璃柱，内填 2% ApiezonL/Chromosorb W-HP(125～150μm)；柱温：245℃；汽化温度：250℃；检测器温度：250℃；载气（氮气）流速：50mL/min；进样体积：2μL；保留时间：邻苯二甲酸二苯酯约 2.8min，(αR,2S)+(αS,2R) 约 8min,(αR,2R)+(αS,2S) 约 9.5min。

2. 氰戊菊酯乳油 （fenvalerate emulsifiable concentrate）

FAO 规格 334/EC/S(1991)

(1) 组成和外观

本品应由符合标准的氰戊菊酯原药和助剂溶解在适宜的溶剂中制成，应为稳定的均相液体，无可见的悬浮物和沉淀。

(2) 技术指标

氰戊菊酯含量[g/kg 或 g/L(20℃)]：

标明含量	允许波动范围
≤100	标明含量的±10%
＞100 且≤250	标明含量的±6%
＞250	标明含量的±5%
水分/(g/kg)	≤2

酸度/碱度：

    酸度（以 H_2SO_4 计）/（g/kg） $\leqslant 1$

    碱度（以 NaOH 计）/（g/kg） $\leqslant 1$

闪点（闭杯法） $\geqslant$标明的闪点，并对测定方法加以说明

乳液稳定性和再乳化：取经过热贮稳定性试验的产品，在 30℃ 下用 CIPAC 规定的标准水（标准水 A 或标准水 C）稀释，该乳液应符合下表要求。

稀释后时间/h	稳定性指标
0	初始乳化完全
0.5	乳膏≤2mL
2	乳膏≤4mL，浮油≤0.5mL
24	再乳化完全
24.5	乳膏≤2mL，浮油≤0.5mL

低温稳定性 [（0±1）℃下贮存 7d]：每升乳液析出液体的体积应小于 0.3mL。

热贮稳定性 [（54±2）℃下贮存 14d]：有效成分含量、酸碱度仍应符合上述标准要求。

（3）有效成分分析方法可参照原药。

驱蚊酯（ethyl butylacety laminopropionate）

$C_{11}H_{21}NO_3$，215.3

化学名称   3-（N-正丁基-N-乙酰基）-氨基丙酸乙酯

其他名称 IR3535

CAS 登录号   52304-36-6

CIPAC 编码   667

理化性状   外观为无色或微黄色液体。m.p.20℃，b.p.300℃，密度 0.998g/cm³（25℃），v.p.0.15Pa（20℃）。溶解性（g/L）：水 70±3，丙酮＞1000，甲醇 865，乙腈＞1000，二氯甲烷＞1000，正庚烷＞1000。

驱蚊酯原药（ethyl butylacetylaminopropionate technical material）

WHO 规格 667/TC（2006 年 2 月）

（1）组成和外观

本产品由驱蚊酯和相关生产性杂质组成，外观为无色或淡黄色基本无味液体，无可见的外来物和添加改性剂。

（2）技术指标

驱蚊酯含量/（g/kg） $\geqslant 980$

pH 范围(5%水溶液)　　　　　　　　　　　　　　　4.0～6.0

(3) 有效成分分析方法——气相色谱法（见 CIPAC M，667/TC/M/3，p.77）

① 方法提要　驱蚊酯样品经气相色谱氢火焰离子化检测器检验，内标法定量。

② 分析条件　气相色谱仪：带有氢火焰离子化检测器和分流/不分流自动进样器；熔融石英毛细管色谱柱：25m×0.32mm（i.d.），液膜厚度 1.2μm，涂料 CP-Sil 5 CB；进样模式：分流；分流比：50∶1；汽化温度：300℃；载气（氮气）流速：1.1mL/min；进样体积：5μL；检测器温度：310℃；柱温：起始温度120℃，10℃/min升温，升温至260℃；氢气：40mL/min；氮气（补偿气）：45mL/min；保留时间：驱蚊酯 10.4min，十三酸甲酯 10.9min。

炔丙菊酯（prallethrin）

$C_{19}H_{24}O_3$，300.4

化学名称　（RS）-2-甲基-4-氧代-3-丙-2-炔基环戊-2-烯基　（1RS）-顺式-反式-2,2-二甲基-3-(2-甲基丙-1-烯基) 环丙烷羧酸酯

CAS 登录号　23031-36-9

CIPAC 编码　743

理化性状　黄色到黄褐色液体。b.p.313.5℃ （760mmHg），v.p. ＜0.013mPa（23.1℃），$K_{ow}\lg P=4.49$（25℃），亨利常数＜4.8×10^{-4}Pa·m³/mol，密度 1.03g/cm³（20℃）。溶解性：水中 8mg/L（25℃），己烷、甲醇、二甲苯＞500g/kg（20～25℃）。稳定性：在一般贮存条件下，至少可以稳定贮存 2 年。f.p.133℃ （马顿闭口杯测试法）。

炔丙菊酯原药（prallethrin technical material）

WHO 规格 743/TC（2004 年 11 月）

(1) 组成和外观

本产品由炔丙菊酯和相关生产性杂质组成，外观为黄棕色或棕色油状，基本无味，除稳定剂（BHT，10～20g/kg）外，无可见的外来物和添加改性剂。

(2) 技术指标

炔丙菊酯含量/（g/kg）　　　　　　　　≥900

trans-异构体含量　　　　　　　　　　（75%～85%）X，X 为测得的炔丙菊酯含量

1R-异构体（酸结构）含量　　　　　　　≥95%X，X 为测得的炔丙菊酯含量

S-异构体（醇结构）含量　　　　　　　　≥92%X，X 为测得的炔丙菊酯含量

(3) 有效成分分析方法——高效液相色谱法（见 CIPAC 742/TC/M/—）

① 炔丙菊酯总酯含量测定方法

a. 方法提要　试样用三氯甲烷溶解，以邻苯二甲酸二丁酯为内标，用 HP-5 毛细管柱和

FID 检测器，对试样中的炔丙菊酯进行气相色谱分离和测定。

　　b. 试剂　标样：炔丙菊酯，已知质量分数，99.0%；内标物：邻苯二甲酸二丁酯，不含干扰分析的杂质；溶剂：三氯甲烷。

　　c. 仪器　气相色谱仪：具有氢火焰离子化检测器（FID）；色谱数据处理机或色谱化学工作站；色谱柱：HP-5 30m×0.32mm(i. d.)×0.25μm 膜厚。

　　d. 操作条件　温度（℃）：柱室 210，汽化室 250，检测室 250；气体流速（mL/min）：载气（N_2）1.0，氢气 30，空气 300；进样量：1.0μL；试样浓度：有效成分 0.5mg/mL，内标 0.5mg/mL。

　　e. 峰保留时间　炔丙菊酯约 7.2min，邻苯二甲酸二丁酯约 4.9min。

　　② 菊酸部分的测定

　　a. 试剂　正己烷、乙酸、甲醇、氢氧化钾、盐酸、硫酸钠、水；1:1 稀盐酸；1mol/L 氢氧化钾甲醇溶液。

　　b. 仪器　液相色谱仪：Waters-Alliance 2695-2996；色谱柱：CHIRAL OA-2200 不锈钢柱，250mm×4.6mm，5μm。

　　c. 试验条件　流动相：正己烷-乙酸（1000:1）；流速：1.0mL/min；柱温：常温；检测波长：230nm；样品溶液浓度：5mg/mL；进样量：5.0μL。

　　d. 测定步骤　样品溶液的配制：称取试样约 0.15mg（精确至 0.0002g）于 100mL 圆底烧瓶中，加入 5mL 甲醇溶解，加入 1mol/L 氢氧化钾甲醇溶液 20mL，在水浴上回流 30min 后冷却，将反应物全部转移到分液漏斗中。用 30mL 正己烷分三次振荡洗涤，合并正己烷层，供做炔丙醇酮部分异构体比例的测定之用（试样溶液 A）。

　　水层用稀盐酸盐酸 10mL 酸化，再用 10mL 流动相萃取炔丙菊酯菊酸的部分。用 5g 无水硫酸钠干燥流动相层后，过滤，得试样溶液 B 进行色谱分析。

　　e. 峰保留时间　1R-反式异构体约 30min、1S-反式异构体约 32min、1R-顺式异构体约 33min、1S-顺式异构体约 35min。

　　f. 计算　用面积归一法计算反式异构体或 1R 异构体的比例。注意，顺式体与反式体的单位质量的响应值是不同的，顺式体面积需乘以系数 0.82（参照 CIPAC 方法）。

　　③ 醇部分的测定

　　a. 仪器　液相色谱仪：Waters-Alliance 2695-2996；色谱柱：Sumichiral OA-4700 不锈钢柱，250mm×4.6mm，5μm。

　　b. 试验条件　流动相：正己烷-乙醇（1000:20）；流速：1.0mL/min；柱温：常温；检测波长：230nm；样品溶液浓度：5mg/mL；进样量：5.0μL。

　　c. 测定步骤　按②d. 的操作步骤得到的试样溶液 A 加入无水硫酸钠 5g 进行干燥，然后过滤。取 5μL 注入色谱仪进行测定。

　　d. 峰保留时间　S-异构体约 30min、R-异构体约 32min。

噻虫胺（clothianidin）

$C_6H_8ClN_5O_2S$，249.7

化学名称 (E)-1-(2-氯-1,3-噻唑-5-基甲基)-3-甲基-2-硝基胍

CAS 登录号 205510 - 53 - 8

CIPAC 编码 738

理化性状 无色、无味粉末。m. p. 176.8℃，v. p. 3.8×10^{-8} mPa（20℃）、1.3×10^{-7} mPa（25℃），K_{ow}lg$P=0.7$（25℃），$\rho=1.61$g/cm^3（20℃）。溶解度（g/L，25℃）：水 0.304（pH4）、0.340（pH10）（20℃），庚烷＜0.00104，二甲苯 0.0128，二氯甲烷 1.32，甲醇 6.26，辛醇 0.938，丙酮 15.2，乙酸乙酯 2.03。稳定性：在 pH5 和 pH7 的 50℃水中稳定，水解 DT$_{50}$ 1401d（pH9，20℃），水中光解 DT$_{50}$ 3.3h（pH7，25℃）。pK_a11.09（20℃）。

1. 噻虫胺原药（clothianidin technical material）

FAO 规格 738/TC(2010)

(1) 组成和外观

本品由噻虫胺和相关生产性杂质组成，外观为白色至浅黄色晶体粉末，无可见的外来物和添加改性剂。

(2) 技术指标

噻虫胺含量/(g/kg) ≥960（测定结果的平均含量应不低于最小的标明含量）

(3) 有效成分分析方法——液相色谱法

① 方法提要 噻虫胺用乙腈溶解，使用反相液相色谱法和紫外检测器（269nm）对噻虫胺含量进行分离和测定，外标法定量。

② 分析条件 色谱柱：150mm×4.6mm(i. d.)[Zorbax Eclipse XDB-C$_{18}$(5μm)]；流动相：乙腈-水-磷酸［150∶850∶1（体积比）］；流速：1mL/min；检测波长：269nm；温度：40℃；进样体积：5μL；保留时间：噻虫胺约 8min。

2. 噻虫胺悬浮剂（clothianidin aqueous suspension concentrate）

FAO 规格 738/SC(2010)

(1) 组成和外观

本品应由符合 FAO 标准 738/TC 的噻虫胺原药在水相中与适当助剂组成，其形态为白色至棕色黏稠液体并有微弱的特殊性气味，轻微搅动后应为均匀的悬浮液体，易于用水进一步稀释。

(2) 技术指标

噻虫胺含量[g/kg 或 g/L(20℃±2℃)]：

标明含量	允许波动范围
＞100 且≤250	标明含量的±6％
倾倒性(倾倒后残余物)/％	≤4
自发分散性[用 CIPAC 标准水 D, 在(30±2)℃下稀释,5min 后]/％	≥90
湿筛(未通过 75μm 筛)/％	≤0.5
悬浮率[(30±2)℃下,使用 CIPAC 标准水 D]/％	≥95

| 持久起泡性（1min）/mL | ≤50 |

低温稳定性［(0±2)℃下贮存 7d］：产品的悬浮率、湿筛分仍应符合上述标准要求。

热贮稳定性［(54±2)℃下贮存 14d］：有效成分含量应不低于贮存前测得平均含量的95％、倾倒性、自发分散性、悬浮率、湿筛分仍应符合上述标准要求。

（3）有效成分分析方法可参照原药。

3. 噻虫胺可溶粒剂（clothianidin water soluble granule）

FAO 规格 738/SG（2010）

（1）组成和外观

本品应由符合 FAO 标准 738/TC 的噻虫胺原药、填料和必要的助剂组成，应为带有微弱特殊气味的细微颗粒。外观均匀、无可见的外来物或硬块，易流动，无尘。有效成分易溶于水，不溶性填料和配方应不影响持久起泡性。

（2）技术指标

噻虫胺含量（g/kg）：

标明含量	允许波动范围
>100 且 ≤250	标明含量的 ±6％
溶解黏度和溶液稳定性［(30±2)℃时溶解于CIPAC 规定的标准水 D 后，过 75μm 筛后留在筛上的量］	5min 后 ≤2％；18h 后 ≤2％
持久起泡性（1min 后）/mL	≤40
粉尘	基本无尘
耐磨性	≥98％
流动性（20 次上下跌动后）	至少 98％能通过 5mm 筛

热贮稳定性［(54±2)℃下贮存 14d］：有效成分含量应不低于贮前测得平均含量的95％、含尘量、耐磨性、溶解程度和溶液稳定性仍应符合上述标准要求。

（3）有效成分分析方法可参照原药。

4. 噻虫胺粒剂（clothianidin granule）

FAO 规格 738/GR(2010)

（1）组成和外观

本品应为由符合 FAO 标准 738/TC 的噻虫胺原药、填料和必要的助剂组成的均匀混合物。外观为灰色或红色球状颗粒，伴有微弱的特殊性气味，干燥，无可见的外来物和硬块，易流动，基本无尘，可供施药器械使用。

（2）技术指标

噻虫胺含量(g/kg)：

标明含量	允许波动范围
≥25	标明含量的 ±25％
粒径分布	至少 950g/kg 的制剂应在 200～2000μm
粉尘	基本无尘
耐磨性	≥99％

热贮稳定性 [(54±2)℃下贮存 14d]：有效成分含量应不低于贮存前测得平均含量的 95％，粒径分布、粉尘、耐磨性仍应符合上述标准要求。

(3) 有效成分分析方法可参照原药。

噻虫啉 (thiacloprid)

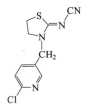

$C_{10}H_9ClN_4S$，252.7

化学名称 3-(6-氯-5-甲基吡啶)-1,3-噻唑烷-2-亚氰胺

CAS 登录号 111988-49-9

CIPAC 编码 631

理化性状 微黄色结晶粉末。m. p. 136℃，b. p. ＞270℃ （分解），v. p. $3×10^{-7}$ mPa (20℃)，$K_{ow}lgP = 0.74$ （不含缓冲剂的水中）、0.73(pH4)、0.73(pH7)、0.74(pH9)，$\rho = 1.46$g/cm³。溶解度(g/L，20℃)：水 0.185，正己烷＜0.1，二甲苯 0.30，正辛醇 1.4，正丙醇 3.0，丙酮 64，乙酸乙酯 9.4，聚乙二醇 42，乙腈 52，二甲基亚砜 150。稳定性：在 pH5～9 水中稳定 （25℃）。

1. 噻虫啉原药 (thiacloprid technical material)

FAO 规格 631/TC （2010.5）

(1) 组成和外观

本品应由噻虫啉和相关的生产性杂质组成，应为白色至浅棕色的均匀结晶粉末，无可见的外来物和添加的改性剂。

(2) 技术指标

噻虫啉含量/(g/kg)	≥975(测定结果的平均含量应不低于最小的标明含量)

(3) 有效成分分析方法——液相色谱法

① 方法提要　试样溶于乙腈-四氢呋喃-异丙醇 [2∶3∶5 （体积比）] 中，以乙腈-水 [35∶65 （体积比，pH=3）] 作流动相，在反相液相色谱柱 （C8） 上对试样中的噻虫啉进行分离，使用紫外检测器 （254nm） 对噻虫啉含量进行检测，内标法定量。

② 分析条件　色谱柱：125mm×4mm(i. d.)Superspher 100 RP-18 （颗粒直径 4μm）；流动相：洗提液 A （磷酸缓冲溶液，0.1％，质量分数），洗提液 B （乙腈）；梯度洗脱。

时间/min	洗提液 A/%	洗提液 B/%
0.0	70	30
4.0	70	30
7.0	10	90

8.0	10	90
9.0	70	30

流速：1.5mL/min；检测波长：225nm；温度：40℃；进样体积：4μL；保留时间：2.5～3min。

2. 噻虫啉悬浮剂 (thiacloprid aqueous suspension concentrate)

FAO 规格 631/SC(2010.5)

（1）组成和外观

本品应为由符合 FAO 631/TC(2010) 标准的噻虫啉的细小颗粒悬浮在水相中，与助剂制成的棕色带有芳香味的悬浮液，经轻微搅动为均匀的悬浮液体，易于进一步用水稀释。

（2）技术指标

噻虫啉含量[(20±2℃),g/kg 或 g/L]：

标明含量	允许波动范围
>100 且≤250	标明含量的±6%
>250 且≤500	标明含量的±5%

倾倒性(倾倒后残留物)/%　　　　　　　　　　≤3.0

自动分散性[(30±2)℃下,使用 CIPAC 标准水　　≥85
D,5min 后]/%

悬浮率[(30±2)℃下,使用 CIPAC 标准水 D]/%　　≥85

湿筛(通过 75μm 筛)/%　　　　　　　　　　≥99.8

持久起泡性(1min 后)/mL　　　　　　　　　　≤50

低温稳定性 [(0±2)℃下贮存 7d]：产品的悬浮率、湿筛仍应符合标准要求。

热贮稳定性 [(54±2)℃下贮存 14d]：有效成分含量应不低于贮前测得平均含量的 95%，倾倒性、自动分散性、悬浮率、湿筛仍应符合上述标准要求。

（3）有效成分分析方法可参照原药。

3. 噻虫啉水悬乳剂 (thiacloprid aqueous suspo-emulsion)

FAO 规格 631/SE(2010.5)

（1）组成和外观

本品应为由符合 631/TC(2010) 标准的噻虫啉原药与助剂在水相中制成的有浅棕色的乳状液，经轻微搅动为均匀的，易于进一步用水稀释。

（2）技术指标

噻虫啉含量[g/kg 或 g/L(20℃±2℃)]：

标明含量	允许波动范围
>100 且≤250	标明含量的±6%

倾倒性(倾倒后后残留物)/%　　　　　　　　　　≤5

湿筛(通过 75μm 筛)/%　　　　　　　　　　≥99.8

持久起泡性(1min 后)/mL　　　　　　　　　　≤30

乳液稳定性和再乳化：选经过热贮稳定性试验的产品，在(30±2)℃下用 CIPAC 规定的标准水（标准水 A 或标准水 D）稀释，该乳液应符合下表要求。

稀释后时间/h	稳定性要求
0	完全乳化
0.5	乳膏≤0.5mL
2	乳膏≤0mL,浮油≤0.05mL,沉淀物≤0.05mL
24	再乳化完全
24.5	乳膏≤0.5mL,浮油≤0.05mL,沉淀物≤0.05mL

低温稳定性［(0±2)℃下贮存 7d］：产品的乳液稳定性和再乳化、湿筛分仍应符合标准要求。

热贮稳定性［(54±2)℃下贮存 14d］：有效成分含量应不低于贮前测得平均含量的95％，倾倒性、湿筛、乳液稳定性和再乳化仍应符合标准要求。

（3）有效成分分析方法可参照原药。

4. 噻虫啉可分散油悬浮剂（thiacloprid oil-based suspension concentrate）

FAO 规格 631/OD(2010.5)

（1）组成和外观

本品为由符合 631/TC(2010) 标准的噻虫啉原药的细小颗粒悬浮在油相中，助剂制成的淡棕色悬浮液，经摇晃或搅动为均匀的悬浮液体。

（2）技术指标

噻虫啉含量［(20℃±2℃)g/kg 或 g/L］：

标明含量	允许波动范围
＞25 且≤100	标明含量的±10％
＞100 且≤250	标明含量的±6％

倾倒性(倾倒后残留物)/％   ≤5

湿筛(通过 75μm 筛)/％   ≥99.8

持久起泡性(1min 后)/mL   ≤20

分散稳定性：在 30℃下用 CIPAC 规定的标准水稀释（标准水 A 或标准水 D），该制剂应符合如下要求。

分散后时间/h	稳定性要求
0	完全乳化
0.5	乳膏≤0.5mL
2	乳膏≤0mL,浮油≤0.05mL,沉淀物≤0.05mL
24	再乳化完全
24.5	乳膏≤0.5mL,浮油≤0.05mL,沉淀物≤0.05mL

低温稳定性［(0±2)℃下贮存 7d］：产品的分散稳定性、筛分仍应符合标准要求。

热贮稳定性［(54±2)℃下贮存 14d］：有效成分含量应不低于贮前测得平均含量的 95％，倾倒性、分散稳定性、湿筛仍应符合上述标准要求。

（3）有效成分分析方法可参照原药。

5. 噻虫啉水分散粒剂（thiacloprid water dispesible granule）

FAO 规格 631/WG(2010.5)

（1）组成和外观

本品为由符合 631/TC（2010）标准的噻虫啉原药、填料和助剂组成的水分散粒剂，适于在水中崩解、分散后使用，应为干燥、易流动的颗粒，基本无粉尘，无可见的外来物和硬块。

（2）技术指标

噻虫啉含量[（20℃±2℃）g/kg 或 g/L]：

标明含量	允许波动范围
＞250 且≤500	标明含量的±5%

润湿性（不经搅动）/s	≤60
湿筛（通过 75μm 筛）/%	≥99
分散性（1min 后，经搅动）/%	≥90
悬浮率[（30±2）℃下，使用 CIPAC 标准水 D]/%	≥80
持久起泡性（1min 后）/mL	≤40
粉尘/mg	几乎无粉尘
流动性（试验筛上下跌落 20 次）/%	≥99 通过 5mm 试验筛
耐磨性/%	≥98

热贮稳定性 [（54±2）℃下贮存 14d]：有效成分含量应不低于贮前测得平均含量的95%，湿筛、悬浮率、分散性、粉尘、耐磨性仍应符合上述标准要求。

（3）有效成分分析方法可参照原药。

三氯杀螨醇（dicofol）

$C_{14}H_9Cl_5O$，370.5

化学名称 2,2,2-三氯-1,1-双（4-氯苯基）乙醇

CAS 登录号 115-32-2

CIPAC 编码 123

理化性状 纯品为无色固体（原药是棕色黏稠油状液体）。m.p.78.5～79.5℃，b.p.193℃（360mmHg，原药），v.p.0.053mPa（25℃，原药），$K_{ow}lgP=4.30$，亨利常数 $2.45×10^{-2}Pa·m^3/mol$，密度 1.45g/cm³（25℃）。溶解性（25℃，g/L）：水中 0.8 mg/L、丙酮、乙酸乙酯、甲苯 400，甲醇 36，己烷、异丙醇 30。稳定性：在≤80℃时稳定，对酸稳定，在碱性环境中不稳定，分解为 4,4′-二氯苯酮和氯仿。DT_{50} 85d（pH5）、64～99h（pH7）、26min（pH9），2,4′-异构体水解得更快；可被光降解为 4,4′-二氯苯酮。f.p193℃（开口式）。

1. 三氯杀螨醇原药（dicofol technical）

FAO 规格 123/TC/S/F（1992）（已撤销）

（1）组成和外观

本品应由三氯杀螨醇和其邻对位异构体与相关的生产性杂质组成，应为深色黏稠液体，无可见的外来物和添加的改性剂。

（2）技术指标

三氯杀螨醇及有效异构体（对对位异构体＋邻对位异构体）/（g/kg）	≥950，其中三氯杀螨醇含量≥异构体总量的84%，（允许波动范围为±25g/kg）
三氯杀螨醇含量/（g/kg）	≥800（允许波动范围为±25g/kg）
DDT及其相关杂质	≤测得的总有效成分的1g/kg
水分/（g/kg）	≤0.5
酸度（以 H_2SO_4 计）/（g/kg）	≤3

（3）有效成分分析方法——液相色谱法

① 方法提要　试样溶于甲醇中，以甲醇-水-乙酸作流动相，在反相色谱柱（C_8）上对三氯杀螨醇原药进行分离和测定，用紫外检测器（254nm）检测，外标法定量。

② 分析条件　液相色谱仪：带有紫外检测器，无脉冲恒流泵，自动进样器或定量进样管；色谱柱：150mm×4.6mm（i.d.）不锈钢柱，内装 Zorbax　C_8 柱，6μm；保护柱：50mm×4.6mm（i.d.），不锈钢柱，内装 LiChrosorb RP-18，10μm；流动相：甲醇-水-乙酸［75：25：0.2（体积比）］，标样：对，对位三氯杀螨醇标样（已知纯度），邻，对位三氯杀螨醇标样（已知纯度）；流速：2.0mL/min；检测波长：254nm；检测灵敏度：0.5AUFS；温度：30℃；进样体积：15μL。

系统性能检查：称取约50mg三氯杀螨醇，加入20mL甲醇，摇动使其溶解，注入液相色谱仪15μL，测定三氯杀螨醇和它的邻对位异构体以及 p，p'-DDE 和 o，p'-DDE 的分离因子。三氯杀螨醇和它的邻对位异构体的分离因子为1.62，DDE 异构体的分离因子为1.38。三氯杀螨醇对的分离因子1.55 和 DDE 对的分离因子1.25 应是系统正常性能的大致低限。

注：三氯杀螨醇原药很黏稠，在60℃加热使其液化。

2. 三氯杀螨醇可湿性粉剂（dicofol wettable powder）

FAO 规格 123/WP/S/F（1992）（已撤销）

（1）组成和外观

本品应由符合 FAO 标准的三氯杀螨醇原药、填料和助剂组成，应为细粉末，无可见的外来物和硬块。

（2）技术要求

三氯杀螨醇及有效异构体含量（g/kg）：

标明含量	允许波动范围
≤500	标明含量的±5%
>500	±25
DDT及其相关杂质	≤测得的总有效异构体含量的0.1%
酸度（以 H_2SO_4 计）/（g/kg）	≤3
湿筛（通过 75μm 筛）/%	≥98
悬浮率（使用 CIPAC 标准水 C，30min 后）/%	≥60
持久起泡性（1min 后）/mL	≤25

润湿性/min $\leqslant 1$

热贮稳定性〔(54 ± 2)℃下贮存 14d〕：有效成分含量不低于贮前测得平均含量的 97％，DDT 及其相关杂质、酸度、湿筛、悬浮率仍应符合上述标准要求。

（3）有效成分分析方法可参照原药。

3. 三氯杀螨醇乳油（dicofol emulsifiable concentrate）

FAO 规格 123/EC/S/F(1992)

（1）组成和外观

本品应由符合 FAO 标准的三氯杀螨醇原药和助剂溶解在适宜的溶剂中制成，应为稳定的均相液体，无可见的悬浮物和沉淀。

（2）技术指标

三氯杀螨醇和有效异构体含量[g/kg 或 g/L(20℃)]：

标明含量	允许波动范围
$\leqslant 500$	标明含量的 $\pm5\%$
>500	±25

DDT 及其相关杂质	$\leqslant$ 测得的总有效异构体含量的 0.1％
水分/（g/kg）	$\leqslant 5$
酸度（以 H_2SO_4 计）/（g/kg）	$\leqslant 2$
闪点（闭杯法）	$\geqslant$ 标明的闪点，并对测定方法加以说明

乳液稳定性和再乳化：本产品在 30℃下用 CIPAC 规定的标准水（标准水 A 或标准水 C）稀释，该乳液应符合下表要求。

稀释后时间/h	稳定性要求
0	完全乳化
0.5	乳膏≤2mL
2	乳膏≤2mL,浮油≤0.5mL
24	再乳化完全
24.5	乳膏≤2mL,浮油≤0.5mL

低温稳定性〔(0 ± 1)℃下贮存 7d〕：析出固体或液体的体积应小于 0.3mL。

热贮稳定性〔(54 ± 2)℃下贮存 14d〕：有效成分含量不低于贮前测得平均含量的 97％，DDT 及其相关杂质、酸度、乳液稳定性仍应符合上述标准要求。

（3）有效成分分析方法可参照原药。

杀铃脲（triflumuron）

$$CF_3O-\!\!\!\!\bigcirc\!\!\!\!-NHCONHCO-\!\!\!\!\bigcirc$$

$C_{15}H_{10}ClF_3N_2O_3$，358.7

化学名称 1-（4-三氟甲氧基苯基）-3-（2-氯苯甲酰基）脲

其他名称 杀虫脲

CAS 登录号　64628-44-0

CIPAC 编码　548

理化性状：无色无味粉末。m. p. 195℃，v. p. 4×10^{-5} mPa（20℃），$K_{ow} \lg P = 4.91$（20℃），$\rho = 1.445 g/cm^3$（20℃）。溶解度（g/L，20℃）：水 2.5×10^{-5}，二氯甲烷 20～50，异丙醇 1～2，甲苯 2～5，正己烷<0.1。稳定性：在中性及酸性条件下不水解，在碱性条件下水解，DT_{50} 960d（pH4）、580d（pH7）、11d（pH9）（22℃）。

1. 杀铃脲原药 （triflumuron technical）

FAO 规格 548/TC/S/F （2000）

(1) 组成和外观

本品应由杀铃脲和相关的生产性杂质组成，应为无色至近白色粉末，无可见的外来物和添加的改性剂。

(2) 技术指标

杀铃脲含量/(g/kg)	≥955（测定结果的含量应不低于最小的标明含量）
N,N'-双[4-(三氟甲氧基)苯基]脲/(g/kg)	≤1.0
水分/(g/kg)	≤1.0
酸碱度：	
酸度(以 H_2SO_4 计)/(g/kg)	≤1.0
碱度(以 NaOH 计)/(g/kg)	≤5.0

(3) 有效成分分析方法——液相色谱法

① 方法提要　在 C_8 反相柱上对试样进行分离，用紫外检测器进行检测，检测波长 250nm，使用外标定量。

② 分析条件　色谱柱：250mm×4.0mm(i. d.)，5.0μm LiChrosphere 100 RP-18 色谱柱；流动相：乙腈＋水＝63＋37(体积比)；流速：1.0mL/min；检测波长：250nm；柱温：室温或 40℃；进样体积：5μL；运行时间：15min；保留时间：约 8min。

2. 杀铃脲可湿性粉剂 （triflumuron wettable powder）

FAO 规格 548/WP/S/F （2000）

(1) 组成和外观

本品为由符合 FAO 标准的杀铃脲原药、填料和助剂组成，应为均匀的细粉末，无可见的外来物和硬块。

(2) 技术指标

杀铃脲含量(g/kg)：	
标明含量	允许波动范围
>250 且≤500	标明含量的±5%
N,N'-双-[4-(三氟甲氧基)苯基]脲	≤测得的杀铃脲含量的 0.1%
水分/(g/kg)	≤2.0
pH 范围	5.0～10.0

湿筛(通过 $75\mu m$ 筛)/%	≥98
悬浮率[(30±2)℃下,CIPAC 标准水 D]/%	≥75
润湿性(不经搅动)/s	≤60
持久起泡性[1min,(30±2)℃后]/mL	≤5

热贮稳定性 [(54±2)℃下贮存 14d]：有效成分含量应不低于贮前测得平均含量的 95％、pH 范围、湿筛、悬浮率、润湿性仍应符合上述标准要求。

(3) 有效成分分析方法可参照原药。

3. 杀铃脲悬浮剂 (triflumuron aqueous suspension concentrate)

FAO 规格 548/SC/S/F(2000)

(1) 组成和外观

本品为由符合 FAO 标准的杀铃脲原药的细小颗粒悬浮在水相中，与助剂制成的悬浮液，经轻微搅动为均匀的悬浮液体，易于进一步用水稀释。

(2) 技术指标

杀铃脲含量[g/kg 或 g/L(20℃)]：

标明含量	允许波动范围
＞250 且≤500	标明含量的±5％
＞500	±25

N,N'双[4-(三氟甲氧基)苯基]脲	≤测得的杀铃脲含量的 0.1％
20℃下含量/(g/mL)	若要求,则应标明
pH 范围	6.0～8.5
倾倒性(清洗后残余物)/%	≤0.5
自动分散性(30℃下,CIPAC 标准水 D,5min)/%	≥90
悬浮率(30℃下,使用 CIPAC 标准水 D)/%	≥95
湿筛(通过 $75\mu m$ 筛)/%	≥99.9
持久起泡性[1min 后,(30±2)℃下]/mL	≤20

低温稳定性 [(0±1)℃下贮存 7d]：产品的自动分散性、悬浮率、湿筛仍应符合标准要求。

热贮稳定性 [(54±2)℃下贮存 14d]：有效成分含量应不低于贮前测得平均含量的 98％，pH 范围、倾倒性、自动分散性、悬浮率、湿筛仍应符合上述标准要求。

(3) 有效成分分析方法可参照原药。

杀螺胺 (niclosamide)

$C_{13}H_8Cl_2N_2O_4$，327.1

化学名称　N-(2-氯-4-硝基苯基)-2-羟基-5-氯苯甲酰胺

其他名称 百螺杀，氯螺消，贝螺杀

CAS 登录号 50-65-7

CIPAC 编码 599

理化性状 几乎无色的晶体（原药为淡黄色至灰绿色粉末）。m. p. 230℃，v. p. 8 × 10^{-8} mPa（20℃），K_{ow} lg$P$ = 5.95（pH ≤ 4.0）、5.86（pH5.0）、5.63（pH5.7）、5.45（pH6.0）、4.48（pH7.0）、3.30（pH8.0）、2.48（pH9.3）。溶解度（mg/L，20℃）：水 0.005（pH4）、0.2（pH7）、40（pH9），可溶于常用的有机溶剂如乙醇、乙醚。稳定性：在 pH5～8.7 间稳定。pK_a5.6（FAO 规格）。

1. 杀螺胺原药（niclosamide technical material）

FAO 规格 599/TC（2002）

（1）组成和外观

本品应由杀螺胺和相关的生产性杂质组成，外观为淡黄色至灰绿色粉末，无可见的外来物和添加的改性剂。

（2）技术指标

杀螺胺含量/（g/kg）	≥960
水含量/（g/kg）	≤10

（3）有效成分分析方法——液相色谱法

① 方法提要 试样用甲醇溶液溶解，以甲醇-水-磷酸溶液［700∶300∶1（体积比）］为流动相，在反相色谱柱上对试样中的杀螺胺进行分离和测定，使用紫外检测器（236nm）检测，外标法定量。

② 分析条件 色谱柱：150mm × 3.9mm（i. d.），Water Symmetry C$_8$ 5μm，Inertsil RP-8 Nucleosil 100 C$_{18}$ 3μm 或 5μm 柱；流动相：甲醇-水-磷酸溶液［700∶300∶1（体积比）］＋1g 磷酸二氢钾；流速：1.0mL/min；检测波长：236nm；温度：40℃或室温；进样体积：5μL；运行时间：20min；保留时间：大约 12min。

2. 杀螺胺乙醇胺盐母药（niclosamide olamine technical concentrate）

FAO 规格 599.110/TK/（2002）

（1）组成和外观

本品应由符合 FAO 标准的杀螺胺原药以乙醇铵盐的形式和相关性杂质组成，外观为淡黄色至棕色粉末，无可见的外来物和和添加改性剂。

（2）技术指标

杀螺胺含量/（g/kg） ≥800（测定结果的平均含量应不超过标明含量±25g/kg）

（3）有效成分分析方法可参照原药。

3. 杀螺胺乳油（niclosamide emulsifiable concentrate）

FAO 规格 599/EC（2002）

（1）组成和外观

本品应由符合 FAO 标准的杀螺胺原药和必要的助剂溶解在适宜的溶剂中制成。外观应为稳定均相液体，无可见的悬浮物和沉淀，兑水稀释成乳状液使用。

（2）技术指标

杀螺胺含量[g/kg 或 g/L（20℃±2℃）]：

标明含量　　　　　　　　　　　　　　　　允许波动范围

＞100 且≤250　　　　　　　　　　　　　标明含量的±6%

持久起泡性（1min 后）/mL　　　　　　　　≤25

乳液稳定性和再乳化：在（30±2）℃下用 CIPAC 规定的标准水（标准水 A 或标准水 D）稀释，该乳液应符合下表要求。

稀释后时间/h	稳定性要求
0	初始乳化完全
0.5	乳膏≤0.5mL
2	乳膏≤0.5mL，浮油≤0.5mL
24	再乳化完全
24.5	乳膏≤0.5mL，浮油≤0.5mL

注：只有在 2h 后的检测有疑问时再进行 24h 以后的检测。

低温稳定性 [（0±2）℃下贮存 7d]：析出固体和/或液体的体积应小于等于 0.3mL。

热贮稳定性 [（54±2）℃下贮存 14d]：有效成分含量应不低于贮前测得平均含量的 95%，乳液稳定性和再乳化仍应符合上述标准要求。

（3）有效成分分析方法可参照原药。

4. 杀螺胺乙醇胺盐悬浮剂（niclosamide olamine aqueous suspension concentrate）

FAO 规格 599.110/SC（2002）

（1）组成和外观

本品应由符合 FAO 标准的杀螺胺乙醇胺盐母药和适宜的助剂在水相中制成的细小颗粒悬浮液。制剂轻摇后应为均相且更易溶于水。

（2）技术指标

杀螺胺含量 [g/kg 或 g/L（20℃±2℃）]：

标明含量　　　　　　　　　　　　　　　　允许波动范围

＞250 且≤500　　　　　　　　　　　　　标明含量的±5%

倾倒性（倾倒后残余物）/%　　　　　　　　≤5

自发分散性[（30±2）℃ 5min，使用 CIPAC 标准水 D]/%　≥杀螺胺含量的 95%

悬浮率[（30±2）℃ 30min，使用 CIPAC 标准水 D]　　≥杀螺胺含量的 97%

湿筛试验（留在 75μm 试验筛上）/%　　　　≤0.02%

持久起泡性（1min 后）/mL　　　　　　　　≤40

低温稳定性 [（0±2）℃下贮存 7d]：产品的悬浮率和湿筛试验仍应符合上述标准要求。

热贮稳定性 [（40±2）℃下贮存 8 周]：有效成分含量应不低于贮前测得平均含量的 98%，倾倒性、自发分散性、悬浮率和湿筛试验仍应符合上述标准要求。

（3）有效成分分析方法可参照原药。

5. 杀螺胺乙醇胺盐可湿性粉剂（niclosamide olamine wettable powder）

FAO 规格 599.110/WP（2002）

（1）组成和外观

本品应由符合 FAO 标准的杀螺胺乙醇胺盐母药、填料和其他必要的助剂组成的均匀混合物。外观为细小粉末，无可见的外来物和硬块。

(2) 技术指标

杀螺胺含量[g/kg 或 g/L(20℃±2℃)]：

标明含量	允许波动范围
＞250 且≤500	标明含量的±5%
＞500	±25g/kg

湿筛试验(留在 75μm 试验上)/%   ≤2

悬浮率[(30±2)℃ 30min,使用 CIPAC 标准水 D]   ≥杀螺胺含量的 60%

润湿性(不经搅动)/min   ≤1

持久起泡性(1min 后)/mL   ≤85

热贮稳定性 [(54±2)℃ 下贮存 14d]：有效成分含量应不低于贮前测得平均含量的 95%，湿筛试验、悬浮率、润湿性仍应符合上述标准要求。

(3) 有效成分分析方法可参照原药。

杀螟硫磷（fenitrothion）

$C_9H_{12}NO_5PS$，277.2

化学名称 O,O-二甲基-O-(4-硝基-3-甲基苯基) 硫代磷酸酯

其他名称   杀螟松，速灭松

CAS 登录号   122-14-5

CIPAC 编码   35

理化性状   黄褐色液体，具有轻微的特殊气味。m. p. 0.3℃，b. p. 140～145℃，v. p. 1.57mPa(20℃)，K_{ow} lg$P$ = 3.43(20℃)，ρ = 1.328g/cm³(25℃)。溶解度（g/L，20℃)：水 1.9×10⁻⁴，易溶于乙醇、酯、酮、芳香烃和氯化烷烃，正己烷 25，异丙醇 146。稳定性：在通常条件下相对稳定不易水解，DT₅₀108.8d(pH4)、84.3d(pH7)、75d(pH9) (22℃)。f. p. 157℃。

1. 杀螟硫磷原药 (fenitrothion technical material)

FAO 规格 35/TC (2010)

(1) 组成和外观

本产品由杀螟硫磷和相关生产性杂质组成，低于分解温度（沸点）时，外观为淡黄至棕黄色油状物，具有令人眩晕的特殊臭味，无可见的外来物和添加改性剂。

(2) 技术指标

杀螟硫磷含量/(g/kg)   ≥930

S-甲基杀螟硫磷含量/(g/kg)   ≤5

TMPP(tetramethyl pyrophosphorothioate)含量/(g/kg)   ≤3

(3) 有效成分分析方法——气相色谱法

① 方法提要　试样用三氯甲烷溶解，以萤蒽为内标物，用带有氢火焰离子化检测器的气相色谱仪对试样中的杀螟硫磷进行分离和测定。

② 分析条件　气相色谱仪：带有氢火焰离子化检测器，适合柱上进样；色谱柱：1.83m×2mm 玻璃柱，内填 3.0%聚苯醚，其聚合级 6，Chromosorb W-HP（75～150μm）载体；柱温：110℃；汽化温度：200℃；检测器温度：250℃；载气（氮气）流速：30mL/min；氢气流速：按检测器要求设定；空气流速：按检测器要求设定；保留时间：杀螟硫磷 16min，萤蒽 26min。

2. 杀螟硫磷可湿性粉剂 (fenitrothion wettable powder)

FAO 规格 35/WP(2010)

(1) 组成和外观

本品应为由符合 FAO 标准的杀螟硫磷原药、填料和必要的助剂组成的均匀混合物，外观为微细粉末，无可见外来物和硬块。

(2) 技术指标

杀螟硫磷含量(g/kg)：

标明含量	允许波动范围
＞250 且≤500	标明含量的±5%
S-甲基杀螟硫磷含量	≤杀螟硫磷含量的 2.5%
TMPP 含量	≤杀螟硫磷含量的 0.3%
水分/(g/kg)	≤30
pH 范围	4～7
湿筛试验(留在 75μm 筛上)/%	≤2
悬浮率[(30±2)℃ 30min 下,使用 CIPAC 标准水 D]	≥杀螟硫磷含量的 70%
持久起泡性(1min)/mL	≤30
润湿性(不经搅动)/min	≤1

热贮稳定性 [(54±2)℃下贮存 14d]：有效成分平均含量不应低于贮前测得平均含量的 90%，S-甲基杀螟硫磷含量、TMPP 含量、pH 范围、湿筛试验、悬浮率、润湿性仍应符合上述标准要求。

(3) 有效成分分析方法可参照原药。

3. 杀螟硫磷乳油 (fenitrothion emulsifiable concentrate)

FAO 规格 35/EC(2010)

(1) 组成和外观

本品应由符合 FAO 标准的杀螟硫磷原药和助剂溶解在适当溶剂中制成，应为稳定的均相液体，无可见的悬浮物及沉淀，以水稀释成乳液后使用。

(2) 技术指标

杀螟硫磷含量[g/kg 或 g/L(20℃±2℃)]：

标明含量	允许波动范围
＞250 且≤500	标明含量的±5%
＞500	±25

S-甲基杀螟硫磷含量	≤杀螟硫磷含量的2.5%
TMPP含量	≤杀螟硫磷含量的0.3%
水分/(g/kg)	≤2
pH范围	3~6
持久起泡性(1min后)/mL	≤50

乳液稳定性和再乳化:在(30±2)℃下用CIPAC规定的标准水(标准水A或标准水D)稀释,该乳液应符合下表要求。

稀释后时间/h	稳定性要求
0	初始乳化完全
0.5	乳膏≤0.5mL
2	乳膏≤1mL,浮油≤0.5mL
24	再乳化完全
24.5	乳膏≤0.5mL,浮油痕量

注:只有在2h后的检测有疑问时再进行24h以后的检测。

低温稳定性[(0±2)℃下贮存7d]:析出固体和/或液体的体积应小于等于0.3mL。

热贮稳定性[(54±2)℃下贮存14d]:有效成分平均含量不应低于贮前测得平均含量的95%,S-甲基杀螟硫磷含量、TMPP含量、pH范围、乳液稳定性和再乳化仍应符合上述标准要求。

(3) 有效成分分析方法可参照原药。

4. 杀螟硫磷超低容量液剂 (fenitrothion ultra low volume liquid)

FAO规格35/UL(2010)

(1) 组成和外观

本品应由符合FAO标准35/TC(2010)的杀螟硫磷原药和必要的助剂制成,外观应为亮棕色稳定均相液体,无可见的悬浮物和沉淀。

(2) 技术指标

杀螟硫磷含量[g/kg或g/L(20℃±2℃)]:

标明含量	允许波动范围
>250且≤500	标明含量的±5%
>500	±25g/kg或g/L
S-甲基杀螟硫磷含量	≤杀螟硫磷含量的2.0%
TMPP含量	≤杀螟硫磷含量的0.3%
水分/(g/kg)	≤2
pH范围	3~6

低温稳定性[(0±2)℃下贮存7d]:析出固体和/或液体的体积应小于等于0.3mL。

热贮稳定性[(54±2)℃下贮存14d]:有效成分平均含量不应低于贮前测得平均含量的95%,S-甲基杀螟硫磷含量、TMPP含量、pH范围仍应符合标准要求。

(3) 有效成分分析方法可参照原药。

5. 杀螟硫磷粉剂 (fenitrothion dustable powder)

FAO规格35/DP/S(1988)

（1）组成和外观

本品应由符合 FAO 标准的杀螟硫磷原药、载体和助剂组成，应为易流动的细粉末，无可见的外来物和硬块。

（2）技术指标

杀螟硫磷含量/（g/kg），测定时，所得含量与标明含量应一致。

S-甲基杀螟硫磷	≤测得的杀螟硫磷含量的 2.5%

酸度/碱度：

酸度（以 H_2SO_4 计）/（g/kg）	≤1
碱度（以 NaOH 计）/（g/kg）	≤3
筛分（干筛，留在 75μm 筛上）/%	≤5
流动数，若要求	≤10

留在 75μm 试验筛上的杀螟硫磷的量应不超过测定样品量的 $(0.015X)$%；X 是测得的杀螟硫磷含量（g/kg）；

例如：测得杀螟硫磷含量为 50g/kg，而试验所用样品为 20g，则留在试验筛上杀螟硫磷的量应不超过

$$\frac{0.015 \times 50 \times 20}{100} = 0.15(g)$$

热贮稳定性 [（54±2）℃下贮存 14d]：有效成分含量应不低于贮前测得含量的 85%、S-甲基杀螟硫磷不大于贮前杀螟硫磷含量的 5%，酸碱度、筛分仍应符合上述标准要求。

（3）有效成分分析方法可参照原药。

6. 杀螟硫磷溶液（fenitrothion solution）

FAO 规格 35/OL/S（1988）

（1）组成和外观

本品应由符合 FAO 标准的杀螟硫磷原药和助剂组成的溶液，无可见的悬浮物和沉淀。

（2）技术指标

杀螟硫磷含量[g/kg 或 g/L（20℃）]：

标明含量	允许波动范围
≤200	标明含量的 ±10%
>200	标明含量的 ±20%
S-甲基杀螟硫磷	≤ 测得的杀螟硫磷含量的 2.0%
水分/（g/kg）	≤2

酸度或碱度：

酸度（以 H_2SO_4 计）/（g/kg）	≤3
碱度（以 NaOH 计）/（g/kg）	≤0.5
闪点（闭杯法）	≥标明的闪点，并对测定方法加以说明

与有机烃油的混溶性：若要求，本品应易于与有机烃油混溶。

低温稳定性 ［在 （0±1）℃下贮存 7d］：析出固体或液体的体积应小于 0.3mL。

热贮稳定性 ［在 （54±2）℃下贮存 14d］：有效成分含量应不低于贮前测得平均含量的 95%，S-甲基杀螟硫磷不大于贮前杀螟硫磷含量的 3.0%，酸碱度仍应符合标准要求。

（3） 有效成分分析方法可参照原药。

杀线威（oxamyl）

$$\underset{O}{\overset{CH_3-NH}{C}}-O-N=\underset{CON(CH_3)_2}{\overset{SCH_3}{C}}$$

$$C_7H_{13}N_3O_3S, \ 219.3$$

化学名称 O-甲基氨基甲酰基-1-二甲氨基甲酰-1-甲硫基甲醛肟

其他名称 N/A

CAS 登录号 23135-22-0

CIPAC 编码 342

理化性状 无色晶体，大蒜气味。m. p. 100～102℃，在 108～110℃以二态的形式变化熔化，b. p. 在蒸馏下分解，v. p. 0.051mPa（25℃），$K_{ow} \lg P = -0.44$（pH5），亨利常数 $3.9×10^{-8}$Pa·m³/mol，相对密度 0.97（25℃）。溶解度（g/kg，25℃）：水中 280g/L，甲醇 1440、乙醇 330、丙酮 670、甲苯 10。稳定性：固体和制剂稳定，水溶液中缓慢分解。$DT_{50} > 31d$（pH5）、8d（pH7）、3h（pH9）。暴露在氧气中，阳光下加速分解。

1. 杀线威母药（oxamyl technical concentrate）

FAO 规格 342/TK（2008.4）

（1） 组成和外观

本品应由杀线威和相关的生产性杂质组成，应为无色至黄色透明液体，除稀释剂外无可见的外来物和添加的改性剂。

（2） 技术指标

杀线威含量［g/kg 或 g/L，（20±2）℃］：

标明含量	允许波动范围
>100 且≤250	标明含量的±6%
>250 且≤500	标明含量的±5%
N-亚硝胺含量/（mg/kg）	<0.1

注：在 342/2007 评估报告中未对杀线威产品中的生产性相关杂质作出定义。但若在生产过程中产生 N-亚硝胺，且在杀线威中浓度≥0.1mg/kg，则被指定为相关杂质并有限量规定。

（3） 有效成分分析方法——高效液相色谱法 （内标法）

① 方法提要　试样溶于 pH2.7 的水溶液中，以乙腈-水 ［10：90（体积比），磷酸调 pH＝2.7］ 作流动相，在反相色谱柱 （Zorbax® RX-C₈） 上对试样中的杀线威进行分离，使用紫外检测器 （240nm），内标物 （乙酰苯胺），内标溶液为 10mg/mL，溶剂为甲醇。对杀线威含量进行检测，内标法定量。

② 分析条件：色谱柱：Zorbax® RX-C$_8$，150mm×4.6mm(i.d.)，5μm；流动相：乙腈-水［10：90(体积比)］，用磷酸调 pH＝2.7；流速：2mL/min；柱温：40.0℃；进样体积：5μL；检测波长：240nm(带宽 4nm)；参照波长：300nm(带宽 50nm)；运行时间：10min；保留时间：杀线威约 4min；乙酰苯胺约 7min。

（4）有效成分分析方法二——高效液相色谱法（外标法）

① 方法提要　试样溶于 pH2.7 的水溶液中，以乙腈-水［10：90（体积比），磷酸调 pH＝2.7］作流动相，在反相色谱柱上对试样中的杀线威进行分离，使用紫外检测器（240nm）对杀线威含量进行检测，外标法定量。

② 分析条件　色谱柱：Zorbax® RX-C$_8$，150mm×4.6mm(i.d.)，5μm；流动相：乙腈-水［10：90（体积比）］，用磷酸调 pH＝2.7；流速：2mL/min；柱温：40.0℃；进样体积：5μL；检测波长：240nm(带宽 4nm)；参照波长：300nm(带宽 50nm)；运行时间：10min；保留时间：杀线威约 4min。

2. 杀线威颗粒剂（oxamyl granule）

FAO 规格 342/GR（2008 年 4 月）

（1）组成和外观

本品为由符合 FAO 标准 342/TK（2008 年 4 月）的杀线威母药和适宜的载体及助剂制成，应干燥、易流动、无可见的外来物和硬块，基本无粉尘，易于机器施药。

（2）技术指标

杀线威含量(g/kg)：

标明含量	允许波动范围
＞25 且≤100	标明含量的±10％

N-亚硝胺含量/(mg/kg)　　　　　　　　　　　＜0.1

注：在 342/2007 评估报告中未对生产性杀线威产品中的相关杂质作出定义。但若在生产过程中产生 N-亚硝胺，且在杀线威中浓度≥0.1mg/kg，则被指定为相关杂质并有限量规定。

振实堆积密度/(g/mL)	0.74～0.84
粒度范围(250～850μm)/(g/kg)	≥950
粉尘(重量法收集粉尘)/mg	≤18,基本无粉尘
耐磨性/％	≥99

热贮稳定性［(54±2)℃下贮存 14d］：有效成分含量应不低于贮前平均含量的 95％，粒度范围、粉尘、耐磨性仍应符合上述标准要求。

（3）有效成分分析方法一

试样制备：试样研磨成均匀粉末后溶于甲醇，其他参照母药。

（4）有效成分分析方法二

试样制备：试样研磨成均匀粉末后溶于 pH2.7 水及甲醇混合溶液，其他参照母药。

3. 杀线威可溶液剂（oxamyl soluble concentrate）

FAO 规格 342/SL(2008.4)

（1）组成和外观

本品为由符合 FAO 标准 342/TK（2008＊）的杀线威母药和助剂溶解在适宜的溶剂中制成的可溶液剂，包含填充剂及绿色或蓝色染料，应为清澈液体，无可见的悬浮物和沉淀，在水中形成有效成分的真溶液。

(2) 技术指标

杀线威含量[g/kg 或 g/L(20℃±2℃)]:

标明含量	允许波动范围
>25 且≤100	标明含量的±10%
>100 且≤250	标明含量的±6%
>250 且≤500	标明含量的±5%

N-亚硝胺含量/(mg/kg)	<0.1
pH 范围	3.0~6.0
持久起泡性(1min 后)/mL	≤20

注:在 342/2007 评估报告中未对杀线威产品中的生产性相关杂质作出定义。但若在生产过程中产生 N-亚硝胺,且在杀线威中浓度≥0.1mg/kg,则被指定为相关杂质并有限量规定。

溶液稳定性:本品 [(54±2)℃下贮存 14d 后] 用 CIPAC 标准水 D 稀释,于 (30±2)℃下静置 18h 后,应为均匀、澄清溶液,任何可见的沉淀或颗粒均能通过 45μm 试验筛。

低温稳定性 [(0±2)℃下贮存 7d]:析出固体或液体的体积应小于 0.3mL。

热贮稳定性 [(54±2)℃下贮存 14d]:有效成分含量应不低于贮前测得平均含量的 95%,pH 范围仍应符合标准要求。

(3) 有效成分分析方法可参照母药分析方法一和方法二。

杀幼虫油 (larvicidal oil)

1. 不含杀虫剂的杀幼虫油 (larvicidal oil without insecticide)

WHO 规格/SIF/23. R1(1999 年 12 月 10 日修订)

(1) 组成和外观

本品是由矿物油组成的均一易流动的液体,无污物、水和可见的外来物,为改善物理性能,可加入添加剂,但在正常使用浓度下,对鱼、家畜、人类和植物应无毒。

(2) 技术指标

相对密度(30℃/30℃)	≤0.940
蒸馏(200℃馏出比例)/(mL/L)	≤50
闪点/℃	>65
动力学黏度/(m²/s)	≤1×10⁻⁵
扩展压(N/m):	
1 级	≥4.6×10⁻²
2 级	≥2.5×10⁻²
3 级	≥1.8×10⁻²
膜稳定性/h	≥2
水和油层中可溶物/(mL/L)	≤25

对蚊子幼虫的毒性：

斑须按蚊,25℃下死亡率/%	≥90
埃及伊蚊,25℃下死亡率/%	≥75

2. 含杀虫剂的杀幼虫油（larvicidal oil with added insecticide）

WHO 规格/SIF/24.R1(1999 年 12 月 10 日修订)

（1）组成和外观

本品是一种含有具体杀虫剂的矿物油溶液，外观为均一液体，无污物、水和可见的外来物，为改善物理性能，可加入添加剂，但在正常使用浓度下，对鱼、家畜、人类和植物应无毒。

（2）技术指标

相对密度(30℃/30℃)	≤0.940
蒸馏(200℃馏出比例)/(mL/L)	≤50
闪点/℃	>65
动力学黏度/(m^2/s)	≤1×10^{-5}
扩展压(N/m)：	
1 级	≥4.6×10^{-2}
2 级	≥2.5×10^{-2}
3 级	≥1.8×10^{-2}
膜稳定性/h	≥2
水和油层中可溶物/(mL/L)	≤25
对蚊子幼虫的毒性：	
斑须按蚊,25℃下死亡率/%	≥100
埃及伊蚊,25℃下死亡率/%	≥100
杀虫剂含量允许波动范围	表明含量的±5%

生物苄呋菊酯 （ bioresmethrin ）

$C_{22}H_{26}O_3$，338.4

化学名称 5-苄基-3-呋喃甲基 （1R,3R)-2,2-二甲基-3-(2-甲基丙-1-烯基) 环丙烷羧酸酯

CAS 登录号 28434-01-7

CIPAC 编码 222

理化性状 原药是黄色到褐色的黏性液体，静置时会部分凝固。m.p.32℃，b.p.>

180℃会分解，v. p. 18.6mPa(25℃)，$K_{ow} \lg P > 4.7$，密度 $1.050 g/cm^3$(20℃)。溶解性：水中<0.3mg/L(25℃)，可溶于乙醇、丙酮、三氯甲烷、二氯甲烷、乙酸乙酯、甲苯和己烷，乙二醇<10g/L。稳定性：180℃以上会分解，紫外线照射会分解，在碱性环境中易分解，对氧化剂敏感。旋光度 $[\alpha]_D^{20} -5° \sim -9°$（100g/L 乙醇）。f. p. 92℃。

1. 生物苄呋菊酯原药（bioresmethrin technical）

FAO 规格 222/TC/ts/—(1983)

(1) 组成和外观

本产品由生物苄呋菊酯和相关生产性杂质组成。静置时，外观为部分凝固的黄色至红褐色黏稠液体，无可见的外来物和添加改性剂。

(2) 技术指标

生物苄呋菊酯含量/(g/kg)	≥930(允许波动范围为±20g/kg)
比旋光度$[\alpha]_D^{20}$(5％乙醇溶液)	$-5° \sim -8°$

容器：必要时，容器应内衬合适的材料或对内表面进行处理，以防止容器被腐蚀和药液的变质。容器规格应符合相应国家和国际的运输及安全规定。

(3) 有效成分分析方法

有效成分分析方法见 FAO 植物生产及保护司，植物保护办公室方法。

2. 生物苄呋菊酯＋增效醚溶液（bioresmethrin＋piperonyl butoxide solution）

FAO 规格 222＋33/SL/tc/— （1983）

(1) 组成和外观

本品应为由符合 FAO 标准 222＋33/SL/tc/的生物苄呋菊酯原药、起协同作用的增效醚和必要的填料组成的溶液，无可见的悬浮物和沉淀。

(2) 技术指标

生物苄呋菊酯含量 20℃/(g/L 或 g/kg)	标明含量的±5％
增效醚含量 20℃/(g/kg)	标明含量的±5％
水分/(g/kg)	≤5
闪点	不低于国家和国际易燃材料处理和运输规定所规定的最小值
油剂混溶性	根据需要,样品与适当的油剂混溶
黏性(20℃)	应注明黏性范围及所用测定方法

低温稳定性（0℃下贮存 7d）：析出固体或液体的体积应小于等于 3mL/L。

热贮稳定性 [（54±2）℃下贮存 14d]：有效成分含量应符合标准要求。

容器：必要时，容器应内衬合适的材料或对内表面进行处理，以防止容器被腐蚀和药液的变质。容器规格应符合相应国家和国际的运输及安全规定。

药害：当作物不在使用说明指定之列时，购买者须咨询供药商该药物是否合适，该药须在法规允许的条件下使用。

植物湿润性：当依照指示使用时，稀释喷雾需完全湿润所指定植物叶面。

(3) 有效成分分析方法可参照原药。

3. 生物苄呋菊酯+增效醚乳油（bioresmethrin+piperonyl butoxide emulsifiable concentrate）

FAO 规格 222+33/EC/ts/—(1983)

（1）组成和外观

本品应由符合 FAO 标准 222+33/EC/ts/—的生物苄呋菊酯原药、起协同作用的增效醚、合适的溶剂和必要的助剂组成的乳油，无可见的悬浮物和沉淀。

（2）技术指标

生物苄呋菊酯含量/[g/L 或 g/kg(20℃)]	标明含量的±5%
增效醚含量/[g/L 或 g/kg(20℃)]	标明含量的±5%
水分/(g/kg)	≤5

乳液稳定性和再乳化：经过在 54℃ 下热贮稳定性试验后，如果产品溶于在 30℃ 下用 CIPAC 规定的标准水(CIPAC 标准 A 或 C)稀释，则该乳液应符合下表要求。

稀释后时间/h	稳定性要求
0	初始乳化完全
0.5	乳膏≤0.2mL
2	乳膏≤0.2mL,浮油≤0
24	再乳化完全
24.5	乳膏≤0.2mL 浮油≤0

闪点：不低于国家和国际易燃材料处理和运输规定所规定的最小值，应注明所用的测定程序，如 Abel 方法。

低温稳定性（0℃下贮存 7d）：析出固体或液体的体积应小于等于 3mL/L。

热贮稳定性［(54±2)℃下贮存 14d］：有效成分含量、乳液稳定性和再乳化、低温稳定性应符合上述标准要求。

容器：必要时，容器应内衬合适的材料或对内表面进行处理，以防止容器被腐蚀和药液的变质。容器规格应符合相应国家和国际的运输及安全规定。

（3）有效成分分析方法可参照原药。

生物烯丙菊酯 （ bioallethrin ）

$C_{19}H_{26}O_3$，302.4

化学名称　(RS)-3-烯丙基-2-甲基-4-氧代环戊-2-烯基 (1R)-反式-2,2-二甲基-3-（2-甲基丙-1-烯基）环丙烷羧酸酯

CAS 登录号　584-79-2

CIPAC 编码　203

理化性状 橙黄色黏性液体。m.p. 尚未被证实，在－40℃观察不到结晶，b.p165～170℃/0.15mmHg，v.p.43.9mPa(25℃)，K_{ow} lg$P$＝4.68，亨利常数 2.89Pa·m^3/mol（计算值），密度 1.012g/cm^3(20℃)。溶解度(20℃)：水中 4.6mg/L（25℃），完全溶解于丙酮、乙醇、二氯甲烷、乙酸乙酯、己烷、甲苯和二氯甲烷。稳定性：紫外线照射分解；DT_{50}1410.7d(水，pH5)、547.3d(水，pH7)、4.3d(水，pH9)。旋光度：$[\alpha]_D^{20}$－18.5°～－22.5°(50g/L 甲苯)。f.p.87℃。

生物烯丙菊酯原药（bioallethrin technical material）

WHO 规格 203/TC(2005 年 5 月)

(1) 组成和外观

本产品由生物烯丙菊酯和相关生产性杂质组成，外观为黄棕色油状，基本无味，无可见的外来物和添加改性剂。

(2) 技术指标

生物烯丙菊酯含量/(g/kg) ≥930(测定结果的平均含量应不低于最小的标明含量)

同分异构体组成：

trans-生物烯丙菊酯含量 ≥98.5%(测定结果的平均含量应不低于最小的标明含量)

1R-生物烯丙菊酯含量 ≥98%(测定结果的平均含量应不低于最小的标明含量)

S-生物烯丙菊酯含量 48%～52%(测定结果的平均含量应不低于最小的标明含量且不高于最大的表明含量)

(3) 有效成分分析方法——高效液相色谱法（CIPAC203/TC/M2/2）

① 方法提要 试样用流动相溶解，以正己烷-乙醇［1000∶1（体积比）］作流动相，在两根相同的串接的不锈钢手性柱上对试样进行分离，使用紫外检测器（230nm）对试样进行检测，外标法定量。

② 分析条件 流动相：正己烷-乙醇［1000∶1（体积比）］；色谱柱：两根相同的不锈钢手性柱串接，250mm×4mm(i.d.)，填料为 Sumichiral OA-2000I 的酰胺型填料，粒径为5μm；流速：1mL/min；柱温：室温；进样体积：2μL；检测波长：230nm；保留时间：顺式右旋烯丙菊酯约 42min，S,$1R$-反式生物烯丙菊酯约 47min，R,$1R$-反式生物烯丙菊酯约 52min。

Es-生物烯丙菊酯（esbiothrin）

$C_{19}H_{26}O_3$，302.4

化学名称 (S)-3-烯丙基-2-甲基-4-氧代环戊-2-烯基 (1R,3R)-反式-2,2-二甲基-3-(2-

甲基丙-1-烯基）环丙烷羧酸酯

    CAS 登录号   84030-86-4

    CIPAC 编码   203

    理化性状   生物烯丙菊酯是一种橙黄色黏稠液体，"D-反式"的是琥珀色的黏稠液体。m. p. 不适用，在 $-40℃$ 观察不结晶；b. p. 生物烯丙菊酯 $165\sim170℃/0.15\text{mmHg}$，v. p. 43.9mPa(25℃)，$K_{ow}\lg P=4.68(25℃)$，Henry 常数 2.89Pa·$m^3$/mol(计算值)，$\rho=1.012\text{g/cm}^3$(20℃)。溶解度(20℃)：水 4.6mg/L(25℃)，丙酮、乙醇、氯仿、乙酸乙酯、己烷、甲苯和二氯甲烷完全混溶。稳定性：在紫外线下降解，在水溶液中 DT_{50} 1410.7d(pH5)，547.3d(pH7)，4.3d(pH9)。比旋光度：$[\alpha]_D^{20}-18.5°\sim-22.5°$(50g/L 甲苯)；f. p. 87℃(pensky-martens)。

Es-生物烯丙菊酯原药（esbiothrin technical material）

WHO 规格 751/TC(2004 年 10 月)

（1）组成和外观

本产品由 Es-生物烯丙菊酯和相关生产性杂质组成，外观为黄色到棕色油状，基本无味，无可见的外来物和添加改性剂。

（2）技术指标

Es-生物烯丙菊酯含量/(g/kg)	≥930
trans-异构体含量	≥98.5%X，X 为测得的 Es-生物烯丙菊酯含量
1R-异构体(酸结构)含量	≥98%X，X 为测得的 Es-生物烯丙菊酯含量
S-异构体(醇结构)含量	75%～80%X，X 为测得的 Es-生物烯丙菊酯含量

（3）有效成分分析方法见 CIPAC L，751/TC/M/3，p. 75。

S-生物烯丙菊酯（S-bioallethrin）

$C_{19}H_{26}O_3$，302.4

    化学名称   （S）-3-烯丙基-2-甲基-4-氧代环戊-2-烯基（1R）-反式-2,2-二甲基-3-（2-甲基丙-1-烯基）环丙烷羧酸酯

    CAS 登录号   28434-00-6

    CIPAC 编码   750

    理化性状   橙黄色黏性液体。m. p. 暂无数据，在 $-40℃$ 未观察到结晶。b. p. $165\sim170℃$(0.15mmHg)（OMS 3046）、$163\sim170℃$(0.15 mmHg)（OMS 3045），v. p. 44mPa(25℃)，$K_{ow}\lg P=4.68$，亨利常数 1.0Pa·m^3/mol，密度 1.010g/cm^3(20℃)。溶解性：水中 4.6mg/L(20℃)，在乙醇、丙酮、二氯甲烷、二异丙醚、甲苯、正己烷、三氯甲烷、乙酸乙酯、甲醇、正辛醇和石油等溶剂中完全互溶(20℃)。稳定性：紫外线照射分解。旋光度：OMS 3046，$[\alpha]_D^{20}-47.5°\sim-55°$(50g/L 甲苯)；OMS 3045，$[\alpha]_D^{20}\geqslant-37°$(50g/L 甲

苯）。f. p. 113℃（开口测试法）。

1. *S*-生物烯丙菊酯原药（*S*-bioallethrin technical material）

WHO 规格 750/TC(2006 年 4 月)

（1）组成和外观

本品应由 *S*-生物烯丙菊酯原药及相关生产杂质组成，外观呈黄色到棕色油状物，基本无味，无外来物或添加的改性剂。

（2）技术指标

S-生物烯丙菊酯含量/(g/kg)	≥950（测定的平均含量不应小于最低值）
trans-异构体(酸部分)含量/%	≥98.0
1*R*-异构体(酸部分)含量/%	≥98.0
S-异构体(醇部分)含量/%	≥96.0

（3）有效成分分析方法——高效液相色谱法

有效成分分析方法具体可参见 750/TC/M/3，CIPAC Handbook L

2. *S*-生物烯丙菊酯＋氯菊酯＋增效醚水乳剂（*S*-bioallethrin＋permethrin＋ piperonyl butoxide oil-in-water emulsion）

WHO 规格 750＋331＋33/EW （2006 年 11 月）

（1）组成和外观

本品应由符合 WHO 标准 750/TC 的 *S*-生物烯丙菊酯原药、标准 WHO/SIT/28. R1 的氯菊酯及增效醚原药和必要的助剂组成，分布在水相中，缓慢搅动后，制剂均匀并可用水稀释。

（2）技术指标

S-生物烯丙菊酯含量 [g/kg 或 g/L，(20±2)℃]：

标明含量	允许波动范围
1.4	标明含量的±15%

trans-异构体(酸部分)含量/%	≥98.0
1*R*-异构体(酸部分)含量/%	≥98.0
S-异构体(醇部分)含量/%	≥96.0

氯菊酯含量[g/kg 或 g/L，(20±2)℃]：

标明含量	允许波动范围
103	标明含量的±6%

cis/trans([1*RS*,3*RS*]:[1*RS*,3*SR*])异构体比例	35:65～15:85

增效醚含量[g/kg 或 g/L，(20±2)℃]：

标明含量	允许波动范围
98	≥88

pH 范围(1%水溶液)	4.0～7.0
倾倒性(倾倒后残留量)/%	≤5
持久起泡性(1min 后)/mL	≤60

乳液稳定性和再乳化：在 (30±2)℃下用 CIPAC 规定的标准水稀释（标准水 A 或标准水 D），该乳液应符合下表要求。

稀释后时间/h	稳定性要求
0	初始乳化完全
0.5	乳膏≤2mL
2	乳膏≤2mL,无浮油
24	再乳化完全
24.5	乳膏≤2mL,无浮油

只有当 2h 试验结果有疑问时才需进行 24h 试验

低温稳定性 [(0±2)℃下贮存 7d]：缓慢搅动后，无可见析出颗粒或油状物。

热贮稳定性 [(54±2)℃下贮存 14d]：有效成分含量应不低于贮前测得平均含量的 95%，pH 范围、乳液稳定性和再乳化仍应符合上述标准要求。

(3) 有效成分分析方法可参照原药。

虱螨脲 (lufenuron)

$C_{17}H_8Cl_2F_8N_2O_3$，511.2

化学名称 (RS)-1-[2,5-二氯-4-(1,1,2,3,3,3-六氟丙氧基) 苯基]-3-(2,6-二氟苯甲酰基) 脲

CAS 登录号 103055-07-8

CIPAC 编码 704

理化性状 无色结晶。m.p. 168.7~169.4℃，v.p. <4×10⁻³ mPa（25℃），$K_{ow}\lg P=$ 5.12(25℃)，$\rho=1.66g/cm^3$（20℃）。溶解度（g/L，25℃）：水 4.8×10⁻⁵（pH7.7），丙酮 460，甲苯 66，正己烷 0.10，正辛醇 8.2，二氯甲烷 84，乙酸乙酯 330，甲醇 52。稳定性： pH5 和 pH7 稳定(25℃)，DT_{50}512d(pH9，25℃)。pK_a>8.0。

1. 虱螨脲原药 (lufenuron technical material)

FAO 规格 704/TC(2008)

(1) 组成和外观

本产品由虱螨脲和相关生产性杂质组成，外观为白色至浅黄粉末状，无可见的外来物和 添加剂。

(2) 技术指标

虱螨脲含量/(g/kg) ≥980

(3) 有效成分分析方法——液相色谱法

① 方法提要 试样溶于甲醇中，以磷酸缓冲液＋甲醇＋乙腈作流动相梯度洗脱，在反 相色谱柱（C_{18}）上对试样中的虱螨脲进行分离，使用紫外检测器（300nm）对虱螨脲含量 进行检测，外标法定量。

② 分析条件 色谱柱：250mm×4.6mm(i.d.)，Nucleosil C_{18}5μm 柱；流动相：磷酸

缓冲液（0.1％）-甲醇-乙腈。

梯度洗脱程序：

时间/min	乙腈/％	甲醇/％	磷酸缓冲液/％
0	50	10	40
25	75	10	15
26	85	10	5
30	85	10	5
31	50	10	40
39	50	10	40

流速：1.0mL/min；检测波长：300nm；温度：室温；进样体积：10μL；保留时间：约17.6min。

2. 虱螨脲乳油（lufenuron emulsifiable concentrate）

FAO 规格　704/EC(2008)

(1) 组成和外观

本品应由符合 FAO 标准的虱螨脲原药、填料和必要的助剂组成均匀混合物，外观为稳定的均相液体，无可见的悬浮物和沉淀。

(2) 技术指标

虱螨脲含量[g/kg 或 g/L(20±2)℃]：

标明含量	允许波动范围
＞25 且≤100	标明含量的±10％

持久起泡性(1min 后)/mL　　　　　　　　≤60

乳液稳定性和再乳化：在（30±2）℃下用 CIPAC 规定的标准水（标准水 A 或标准水 D）稀释，该乳液应符合下表要求。

稀释后时间/h	稳定性要求
0	初始乳化完全
0.5	乳膏≤1mL
2	乳膏≤2mL，浮油痕量
24	再乳化完全
24.5	乳膏≤1mL，浮油无

注：只有在 2h 后的检测有疑问时再进行 24h 以后的检测。

低温稳定性 [(0±2)℃下贮存 7d]：析出固体和/或液体的体积应小于等于 0.1mL。

热贮稳定性 [(54±2)℃下贮存 14d]：有效成分含量应不低于贮前测得平均含量的 95％，乳液稳定性和再乳化仍应符合上述标准要求。

(3) 有效成分分析方法可参照原药。

双硫磷（temephos）

$(CH_3O)_2P$（S）O—〈苯环〉—S—〈苯环〉—O—P（S）$(OCH_3)_2$

$C_{16}H_{20}O_6P_2S_3$，466.5

化学名称 4,4′-双（O,O-二甲基硫代磷酰氧基）苯硫醚

CAS 登录号 3383-96-8

CIPAC 编码 340

理化性状 纯品为无色晶体（原药为棕色黏性液体）。m. p. 30.0～30.5℃，b. p. 120～125℃分解，v. p. $8×10^{-3}$ mPa(25℃)，K_{ow} lg$P=4.91$，亨利常数 $1.24×10^{-1}$ Pa·m³/mol (25℃)，密度 1.32g/cm³（原药）。溶解性：水中 0.03mg/L(25℃)，能溶于常见的有机溶剂，如乙醚、芳香烃、氯化烃类，己烷9.6g/L。稳定性：被强酸强碱水解（pH5～7时最稳定），不能贮存在49℃以上。

1. 双硫磷原药（temephos technical material）

WHO 规格 340/TC(2008 年 9 月)

(1) 组成和外观

本产品由双硫磷和相关生产性杂质组成，外观为黄色到褐色黏稠液体，无可见的外来物和添加改性剂。

(2) 技术指标

双硫磷含量/(g/kg)	≥925(测定含量的平均值不应低于此限值)
temephos-oxon 含量/(g/kg)	≤3
iso-temephos 含量/(g/kg)	≤13

(3) 有效成分分析方法——高效液相色谱法（340/TC/M/3，CIPAC Handbook 1C，p. 2230，1985）

① 方法提要 将样品溶于乙酸乙酯中，以对硝基苯甲酸对硝基苯酯为内标，经正己烷稀释后，经 HPLC 分离，计算得出样品中双硫磷含量。

② 分析条件 色谱柱：300mm×3.9mm（i. d.），10μm 不锈钢柱；流动相：乙酸乙酯：正己烷（10：90）；流速：1.0mL/min；柱温：室温；进样体积：5μL；保留时间：双硫磷约11.5min，内标约9.6min。

2. 双硫磷颗粒剂（temephos granule）

WHO 规格 340/GR(2008 年 9 月)

(1) 组成和外观

本品应由符合 WHO 标准 TC/340 的双硫磷原药和必要的助剂组成均匀混合物，干燥，可流动，无尘，无可见的外来物或硬块。

(2) 技术指标

双硫磷含量(g/kg)：

标明含量	允许波动范围
10	标明含量的±25％
temephos-oxon 含量	≤0.3％×Xmg/kg,X 为测得的双硫磷含量
iso-temephos 含量	≤1.4％×Xmg/kg,X 为测得的双硫磷含量
松密度/(g/mL)	1.30～1.60
堆密度/(g/mL)	1.30～1.60
粒径分布(250～1250μm 粒径)/％	≥96
粉尘	基本无尘

热贮稳定性 [(54±2)℃下贮存 6 周]：有效成分含量应不低于贮前测得平均含量的 95％，粒径分布和粉尘仍应符合上述标准要求。

（3）有效成分分析方法可参照原药。

3. 双硫磷乳油（temephos emulsifiable concentrate）

WHO 规格 340/EC(2008 年 9 月)

（1）组成和外观

本品应由符合 WHO 标准 TC/340 的双硫磷原药溶解于合适的溶剂中，和必要的助剂组成均匀混合物。外观为稳定均匀液体，无可见悬浮颗粒及沉淀物，用水稀释后作为乳状液使用。

（2）技术指标

双硫磷含量[g/kg 或 g/L(20±2)℃]：

标明含量	允许波动范围
＞250 且≤500	声明含量的±5％

temephos-oxon 含量	≤0.3％×X mg/kg，X 为测得的双硫磷含量
iso-temephos 含量	≤1.4％×X mg/kg，X 为测得的双硫磷含量
水分/(g/kg)	≤2
持久起泡性(1min 后)/mL	≤60

乳液稳定性和再乳化：在(30±2)℃下用 CIPAC 规定的标准水稀释(标准水 A 或标准水 D)，该乳液应符合下表要求。

稀释后时间/h	稳定性要求
0	初始乳化完全
0.5	乳膏/沉淀物≤1mL
2	乳膏/沉淀物≤2mL，无浮油
24	再乳化完全
24.5	乳膏/沉淀物≤2mL，无浮油

注：只有当 2h 试验结果有疑问时才需进行 24h 试验。

低温稳定性 [(0±2)℃下贮存 7d]：无固体或液体析出。

热贮稳定性 [(54±2)℃下贮存 14d]：有效成分含量应不低于贮前测得平均含量的 95％，乳液稳定性和再乳化仍应符合上述标准要求。

（3）有效成分分析方法参照原药。

4. 用于防治蚋属昆虫的双硫磷乳油（temephos emulsifiable concentrate for simulium control）

WHO 规格/SIF/34.R3（1999 年 12 月 10 日修订）

（1）组成和外观

本品应由符合 WHO 标准的双硫磷原药和助剂溶解在适宜的溶剂中制成，为稳定的均相液体，无外来物和沉淀，在正常的使用浓度下，本品对鱼类、家畜、人类及植物应无毒。

（2）技术指标

双硫磷含量(g/kg)：

标明含量	允许波动范围
200	标明含量的±10％

所取全部样品的平均含量应不低于标明含量

密度（28℃）/（g/mL）	0.950～0.980
乳液形式（用 WHO 标准软水稀释），436nm 下的吸光度	≥2.0
乳液稳定性（用标准软水试验）/％	≥90.0
酸度（以 H_2SO_4 计）/（g/kg）	≤5
冷试验（0℃，1h）	应无固体物和（或）油状物析出
闪点/℃	≥38
持久起泡性（用 WHO 标准软水，1min 后）/mL	≤60

热贮稳定性 ［(54±2)℃下贮存 14d］：双硫磷含量、乳液形式、乳液稳定性、酸度仍应符合上述标准要求。

（3）有效成分分析方法可参照原药。

5. 双硫磷砂粒剂（temephos sand granule）

WHO 规格/SIF/40.R1(1999 年 12 月 10 日修订)

（1）组成和外观

本品应由符合 WHO 标准的双硫磷原药、石英砂和必要的助剂制成，为干燥、易流动的颗粒，基本无粉尘。

（2）技术指标

双硫磷含量(g/kg)：

标明含量	允许波动范围
10	标明含量的±25％

筛分(％)：

通过 1.25mm 筛	≥98
通过 250μm 筛	≤2
表观密度/（g/mL）	1.30～1.60

（3）有效成分分析方法可参照原药。

四氟苯菊酯（transfluthrin）

$C_{15}H_{12}Cl_2F_4O_2$，371.2

化学名称　(2,3,5,6)-四氟苄基 (1R,3S)-3-(2,2-二氯乙烯基)-2,2-二甲基环丙烷羧酸酯

CAS 登录号　118712-89-3

CIPAC 编码　741

理化性状 外观为无色晶体。m. p32℃，b. p.135℃（0.1mbar❶），v. p. 4.0×10^{-1} mPa（20℃），K_{ow} lg$P = 5.46$（20℃），亨利常数 2.60Pa·m³/mol；密度 1.5072g/cm³（23℃）。溶解性：水中 5.7×10^{-5} g/L（20℃），有机溶剂＞200g/L。稳定性：200℃下 5h 不分解，DT_{50}＞1 年（水，pH5，25℃）、＞1 年（水，pH7，25℃）、14 天（水，pH9，25℃）。旋光度 $[\alpha]_D^{29} +15.3°$（$c = 0.5$g/100mL，CHCl₃）。

四氟苯菊酯原药（transfluthrin TC）

WHO 规格 741/TC(2006 年 11 月)

(1) 组成和外观

本产品由四氟苯菊酯和相关生产性杂质组成，外观为白色或淡黄色结晶状粉末，无可见的外来物和添加改性剂。

(2) 技术指标

四氟苯菊酯含量/(g/kg)　　　　　　　≥965

(3) 有效成分分析方法——气相色谱法（白 741/TC/(M/)3，CIPAC Handbook K，p. 121，2003）

① 方法提要　用带有氢火焰离子化检测器气相色谱仪，使用内标法，对试样中的四氟苯菊酯进行测定。

② 分析条件　气相色谱仪，带有氢火焰离子化检测器、分流不分流进样口和自动进样器。色谱柱：quartz，30m×0.25mm(i. d.)；液膜厚度：0.25μm 壁涂二甲基聚硅氧烷（如 DB-1）。

柱温：

升温速率/(℃/min)	温度/℃	保持时间/min
	150	2
10	300	3
10	330	

汽化温度：240℃；检测器温度：330℃；载气流速（氦气）：1.5mL/min；氢气流速：30mL/min；空气流速：300mL/min；氦气流速（补偿气）：30mL/min；进样体积：1.0μL；分流比：45∶1；保留时间：四氟苯菊酯约 8.5min，邻苯二甲酸二戊酯约 10.0min。

四螨嗪（clofentezine）

C₁₄H₈Cl₂N₄，303.1

---

❶ 1bar＝10⁵Pa。

化学名称　3,6-双(2-氯苯基)-1,2,4,5-四嗪

CAS 登录号　74115-24-5

CIPAC 编码　418

理化性状　纯品为洋红色晶体。m.p.183.0℃，v.p.1.4×10^{-4}mPa（25℃），K_{ow}lg$P$＝4.1（25℃）。密度 1.52g/cm^3（20℃）。溶解性（g/L，25℃）：水中 2.5μg/L（pH5，22℃），二氯甲烷 37、丙酮 9.3、二甲苯 5、乙醇 0.5、乙酸乙酯 5.7。稳定性：有效成分和制剂产品对光、热和空气稳定；DT$_{50}$ 248h（水，pH5，22℃）、34h（水，pH7，22℃）、4h（水，pH9，22℃）；在自然光照下，水界面的光解作用＜7d。不易燃。

1. 四螨嗪原药（clofentezine technical material）

FAO 规格 418/TC(2007)

（1）组成和外观

本品由四螨嗪和相关的生产杂质组成，应为红紫色结晶粉末，无可见的外来物和添加的改性剂或稳定剂。

（2）技术指标

四螨嗪含量/(g/kg)	≥980（测定结果的平均含量应不低于标明含量）

（3）有效成分分析方法——液相色谱法

① 方法提要　试样用正磷酸的丙酮溶液溶解，以乙腈-水［650：350，（体积比）］为流动相，在 Spherisorb ODS-2 反相柱上对试样进行分离，用紫外检测器进行检测，内标法定量。

② 分析条件　色谱柱：250mm×4.6mm(i.d.) 不锈钢柱，内填 Spherisorb ODS-25μm填料或相当色谱柱；溶样溶剂：将 2g 正磷酸溶于 2L 丙酮中，混匀；流动相：乙腈-水［650：350（体积比）］，使用前脱气；内标溶液：称取 4.0g 邻苯二甲酸苄（基）丁（基）酯于 500mL 溶样溶剂中；流速：1.4mL/min；检测波长：235nm；进样体积：5μL；保留时间：四螨嗪约 6.3min，邻苯二甲酸苄（基）丁（基）酯约 7.8min。

2. 四螨嗪悬浮剂（clofentezine aqueous suspension concentrate）

FAO 规格 418/SC(2007)

（1）组成和外观

本品应由符合 FAO 标准的四螨嗪原药与适宜的助剂在水相中混合。经轻微搅动应为均相且用水稀释的制剂。

（2）技术指标

四螨嗪含量[g/kg 或 g/L(20±2)℃]：

标明含量	允许波动范围
＞100 且≤250	标明含量的±6%
＞250 且≤500	标明含量的±5%
pH 范围	6.0～7.5
倾倒性(倾倒后残余物)/%	≤2
自发分散性[(30±2)℃,5min 后使用 CIPAC 标准水 D]	≥四螨嗪含量的 85%
悬浮率[(30±2)℃,30min 后使用 CIPAC 标准水 D]	≥四螨嗪含量的 90%

| 湿筛试验（留在 75μm 筛上）/% | ≤0.1 |
| 持久起泡性（1min）/mL | ≤20 |

低温稳定性 ［(0±2)℃下贮存 7d］：产品的悬浮率和湿筛试验仍应符合上述标准要求。

热贮稳定性 ［(54±2)℃下贮存 14d］：有效成分含量应不低于贮存前测得平均含量的 98%，pH 范围，倾倒性、自发分散性、悬浮率、湿筛试验仍应符合上述标准要求。

(3) 有效成分分析方法可参照原药。

苏云金芽孢杆菌以色列亚种（*Bacillus thuringiensis israelensis*）

其他名称 敌宝，包杀敌，快来顺

CAS 登录号 68038-71-1

CIPAC 编码 770

理化性状 在发酵液中或喷雾干燥的浓缩物悬浮固体。密度：依赖于发酵原料和程序。溶解度：不溶于水和有机溶剂。稳定性：通过紫外线可损坏，干粉 40℃稳定，在水中保质期 0.5 年（40℃）、1.0 年（21～25℃）、>3 年（2～10℃）。在 pH4～7（20℃）稳定；在碱性环境 100%水解需 1h（pH11～12）。

1. 苏云金芽孢杆菌以色列亚种 AM65-52 水分散粒剂（*Bacillus thuringiensis israelensis*, strain AM65-52, water-dispersible granule）

WHO 规格 770/WG(2012)

(1) 组成和外观

本品应由符合 WHO 标准的苏云金芽孢杆菌以色列亚种原药、填料和必要的助剂组成均匀混合物，外观为白灰色小颗粒，目的是便于将本品溶解于水之后或直接喷洒于蚊子幼虫的栖息地（包括贮水容器）。本品应为干燥的粉末状，无可见的外来物或硬块。

(2) 技术指标

苏云金芽孢杆菌以色列亚种生物活性/(ITU/mg)(international toxic units/mg)	≥2700
水分/(g/kg)	≤50
金黄色葡萄球菌	未检出
沙门氏菌种	未检出
铜绿假单胞菌	未检出
大肠杆菌	≤制剂的 100CFU/g
pH 范围	5.6～6.0
湿筛（通过 75μm 筛）/%	≥97.8
分散率（30℃下，使用 CIPAC 标准水 D,5min 后）	≥活性成分含量的 90%
悬浮率（30℃下，使用 CIPAC 标准水 D,30min 后）	≥活性成分含量的 90%
持久起泡性	溶于水（CIPAC 标准水 D）立刻无可测得泡沫

润湿性(不经搅动)/s   ≤5

粉尘   几乎无尘

热贮稳定性 [(54±2)℃下贮存 14d]：有效成分含量应不低于贮前测得平均含量的 84%、pH、湿筛、分散性、悬浮率和粉尘度仍应符合上述标准要求。

2. 苏云金芽孢杆菌以色列亚种 AM65-52 颗粒剂 (*Bacillus thuringiensis israelensis*, strain AM65-52, granule)

WHO 规格 770/GR(2012)

(1) 组成和外观

本品应由符合 WHO 标准的苏云金芽孢杆菌以色列亚种原药、填料和必要的助剂组成均匀混合物，外观为粒径范围很窄的颗粒，目的是用于蚊子幼虫的栖息地。本品应为干燥，无可见的外来物或硬块，易流动，基本无尘的颗粒剂，可用于机器或手工施药。

(2) 技术指标

苏云金芽孢杆菌以色列亚种生物活性/(ITU/mg)(international toxic units/mg)	≥200
水分/(g/kg)	≤30
金黄色葡萄球菌	未检出
沙门氏菌种	未检出
铜绿假单胞菌	未检出
大肠杆菌	≤制剂的 100CFU/g
pH 范围	4.5～7.0
松密度/(g/mL)	0.6～0.7
堆密度/(g/mL)	0.7～0.8
粒径范围(841～2000μm)	≥900g/kg
湿筛(通过 75μm 筛)/%	≥97.8
粉尘	几乎无尘
耐磨性/%	≥97

热贮稳定性 [(54±2)℃下贮存 14d]：有效成分含量应不低于贮前测得平均含量的 70%、pH、粒径分布、粉尘度和耐磨性仍应符合上述标准要求。

速灭磷 (mevinphos)

$C_7H_{13}O_6P$, 224.1

化学名称 2-甲氧羰基-1-甲基-乙烯基二甲基磷酸酯

其他名称　磷君

CAS 登录号　26718-65-0

CIPAC 编码　45

理化性状　无色液体（原药，淡黄色液体）。m.p.（E）-异构体 21℃、（Z）-异构体 6.9℃，b.p. 99～103℃/0.3mmHg，v.p. 17mPa（20℃），$K_{ow}\lg P=0.127$，相对密度 1.24（20℃）、（E）-异构体 1.235、（Z）-异构体 1.245。溶解度：与水和大多数有机溶剂，如完全混溶醇类、酮类、芳族烃和氯化烃。微溶于脂族烃、石油醚、挥发油和二硫化碳。稳定性：环境温度下稳定，碱性水溶液中水解，$DT_{50}=120d$（pH6）、35d（pH7）、3d（pH9）、1.4h（pH11）。

1. 速灭磷原药（mevinphos technical）

FAO 规格 45/TC/ts/5（1980）

（1）组成和外观

本品应由速灭磷和相关的生产性杂质组成，应为淡黄色至橙色透明液体，无可见的外来物和添加的改性剂。

（2）技术指标

顺式速灭磷含量/%	≥60.0（允许波动范围为±2%）
水不溶物/%	≤0.1
二甲苯不溶物/%	≤0.1
颗粒物	目测无颗粒物存在

（3）有效成分分析方法——液相色谱法

① 方法提要　样品采用甲醇溶解，（E）-速灭磷和（Z）-速灭磷异构体采用反相高效液相色谱法进行分离和测定。外标法定量。

② 分析条件　色谱柱：250mm×4mm（i.d.）的 LiChrosorb RP-18 液相色谱柱；流动相：水-甲醇［40∶60（体积比）］；温度：室温；流速：1.0mL/min；检测波长：245nm；进样体积：20μL；保留时间：（E）-速灭磷和（Z）-速灭磷大约 1.5min。

2. 速灭磷乳油（mevinphos emulsifiable concentrate）

FAO 规格 45/EC/ts/6（1980）

（1）组成和外观

本品应由符合 FAO 标准的速灭磷原药和助剂溶解在适宜的溶剂中制成，应为稳定的均相液体，无可见的悬浮物和沉淀。

（2）技术指标

顺式速灭磷含量［%或 g/L（20℃）］：

标明含量	允许波动范围
≤500g/L 或 50%	标明含量的±8%
＞500g/L 或 50%	±40g/L 或±4%

水分/%	≤0.2
闪点（闭杯法）	≥标明的闪点，并对测定方法加以说明

乳液稳定性和再乳化：本产品经热贮后，在 30℃下用 CIPAC 规定的标准水稀释（标准水 A 或标准水 C），该乳液应符合下表要求。

稀释后时间/h	稳定性要求
0	初始乳化完全
0.5	乳膏≤3mL
2	乳膏≤4mL,浮油≤0.5mL
24	再乳化完全
24.5	乳膏≤4mL,浮油 ≤0.5mL

低温稳定性 [(0±1)℃下贮存 7d]：析出固体或液体的体积应小于 0.3%。

热贮稳定性 [(54±2)℃下贮存 14d]：有效成分含量应不低于贮前测得平均含量的 90%，乳液稳定性和再乳化、低温稳定性仍应符合上述标准要求。

(3) 有效成分分析方法可参照原药。

涕灭威（aldicarb）

$$C_7H_{14}N_2O_2S, \quad 190.3$$

化学名称 O-甲基氨基甲酰基-2-甲基-2-(甲硫基) 丙醛肟

其他名称 铁灭克

CAS 登录号 116-06-3

CIPAC 编码 215

理化性状 白色晶体，略带轻微的硫黄气味。m. p. 98～100℃（原药），v. p.（3.87± 0.28）mPa（24℃），$K_{ow}lgP=1.15$（25℃），$\rho=1.20g/cm^3$（20℃）。溶解度（g/kg，25℃）：水 4.93g/L（pH7，20℃）；可溶于大多数有机溶剂，丙酮 350、二氯甲烷 300、苯 150、二甲苯 50，几乎不溶于庚烷、矿物油。稳定性：在中性、酸性和弱碱性的溶液中稳定，遇强碱分解，100℃以上分解；能快速被氧化剂氧化成亚砜，进而能慢慢地被氧化为砜，在土壤和环境中也是同样。f. p. 不易燃。

1. 涕灭威原药（aldicarb technical）

FAO 规格 215/TC/(S)/—(1988)

(1) 组成和外观

本产品由涕灭威和相关生产性杂质组成，外观为白色晶体，无可见的外来物和添加改性剂。

(2) 技术指标

涕灭威含量/(g/kg)	≥920(允许波动范围±20g)
涕灭威肟含量/(g/kg)	≤4.0
异氰酸甲酯含量/(g/kg)	≤12.5
三甲胺含量/(g/kg)	≤12.5
涕灭威腈含量/(g/kg)	≤35.0
二甲脲＋三甲缩二脲含量/(g/kg)	≤50.0

水分含量/(g/kg)	≤2.5
pH(1%水悬浮液)	5~8

(3) 有效成分分析方法——红外光谱法

方法提要：样品用二氯甲烷溶解，以溶剂作参照，用红外光谱法测定涕灭威含量。

2. 涕灭威母药 (aldicarb technical concentrate)

FAO 临时规格　215/TK/(S)/—(1988)

(1) 组成和外观

本品应由涕灭威原药和相关生产性杂质组成的水溶液，外观为澄清或淡琥珀色，无可见的外来物或添加改性剂。

(2) 技术指标

涕灭威含量/(g/kg)	≥356(允许波动范围为±18g)
涕灭威肟含量/(g/kg)	≤1.0
异氰酸甲酯含量/(g/kg)	≤5.0
三甲胺含量/(g/kg)	≤5.0
涕灭威腈含量/(g/kg)	≤15.0
二甲脲＋三甲缩二脲含量/(g/kg)	≤20.0
水分含量/(g/kg)	≤1.0

(3) 有效成分分析方法可参照原药。

3. 涕灭威颗粒剂 (aldicarb granule)(适用于机器施药)

FAO 临时规格 215/GR/(S)/—(1988)

(1) 组成和外观

本品应由符合标准 215/TC/(S) 或 215/TK/(S) 的涕灭威原药或母药和适宜的载体及助剂制成，应为干燥、易流动的颗粒，无可见的外来物和硬块，基本无粉尘，易于机器施药。

(2) 技术指标

涕灭威含量(g/kg)：

标明含量	允许波动范围
≤25	标明含量的±20%
>25 且≤50	标明含量的±15%
>50 且≤100	标明含量的±10%
>100	标明含量的±6%

表观密度范围：应标明本产品未经堆积的表观密度范围。

粒度范围：应标明产品的粒度范围，粒度范围下限与上限的粒径比例应不超过 1：6，在粒度范围内的本品应≥85%。

热贮稳定性 [(54±2)℃下贮存 14d]：贮后产品应遵循涕灭威含量要求（或有效成分含量应不低于贮前测得平均含量的 95%），粒度范围、250μm 试验筛筛余物仍应符合标准要求。

(3) 有效成分分析方法可参照原药。

消螨通（dinobuton）

$C_{14}H_{18}N_2O_7$，326.3

化学名称　1-甲基乙基-2-(1-甲基丙基)-4,6-二硝基苯碳酸酯

CAS 登录号　973-21-7

CIPAC 编码　223

理化性状　淡黄色固体。m. p. $61\sim62℃$（原药 $58\sim60℃$），v. p. $<1mPa（20℃）$，$K_{ow}lgP=3.038$，$\rho=0.9g/cm^3（20℃）$。溶解度（20℃）：水 $0.1\times10^{-3}g/L$，溶于乙醇、脂肪族碳氢化合物和脂肪油，在芳烃和低脂肪族酮中溶解性较好。稳定性：在中性和酸性条件下稳定，碱性条件下水解，600℃下稳定。f. p. 无可燃性。

1. 消螨通原药（dinobuton technical）（已撤销）

FAO 规格 223/TC/S(1983)

(1) 组成和外观

本品应由消螨通和相关的生产性杂质组成，应为浅黄色至浅棕色结晶，无可见的外来物和添加的改性剂。

(2) 技术指标

消螨通含量（g/kg）	≥970（允许波动范围为±20g/kg）
游离地乐酚及其盐	≤消螨通含量的 0.5%
干燥减量/（g/kg）	≤5
氯化钾/（g/kg）	≤20
水分/（g/kg）	≤10

(3) 有效成分分析方法可向 FAO 作物保护部索取。

2. 消螨通可湿性粉剂（dinobuton wettable powder）

FAO 规格 223/WP/ts/—（1983）（已撤销）

(1) 组成和外观

本品应由符合 FAO 标准的消螨通原药、填料和助剂组成，应为均匀的细粉末，无可见的外来物和硬块。

(2) 技术指标

消螨通含量（g/kg）：

标明含量	允许波动范围
≤400	标明含量的±5%
>400	±20
游离地乐酚及其盐/（g/kg）	≤10

筛分(湿筛,留在 $75\mu m$ 筛上)/(g/kg)　　　　　　$\leqslant 20$

粒度($\leqslant 10\mu m$)/(g/kg)　　　　　　　　　　$\geqslant 950$

($10\sim 15\mu m$)　　　　　　　　　　　　　　$\leqslant$残余物的 $40g/kg$

悬浮率/%　　　　　　　　　　　　　　　　$\geqslant 75$　　(使用 CIPAC 标准水 A)

持久起泡性(1min 后)/mL　　　　　　　　　$\leqslant 25$

热贮稳定性 [(54±2)℃下贮存 14d]：有效成分含量，游离地乐酚及其盐、筛分、粒度、悬浮率、润湿性仍应符合上述标准要求。

(3) 有效成分分析方法可参照原药。

3. 消螨通乳油　(dinobuton emulsifiable concentrate)

FAO 规格 223/EC/ts/—(1983)

(1) 组成和外观

本品应由符合标准的消螨通原药和助剂溶解在适宜的溶剂中制成，应为稳定的均相液体，无可见的悬浮物和沉淀。

(2) 技术指标

消螨通含量[g/L(20℃)或 g/kg]：

标明含量　　　　　　　　　　　　允许波动范围

$\leqslant 400$　　　　　　　　　　　　　　标明含量的 ±5%

>400　　　　　　　　　　　　　　±20

游离地乐酚及其盐　　　　　　　　$\leqslant$测得的消螨通含量的 5%

水分/(g/kg)　　　　　　　　　　$\leqslant 5$

闪点(闭杯法)　　　　　　　　　　$\geqslant$标明的闪点,并对测定方法加以说明

乳液稳定性和再乳化：本产品经热贮后，在 30℃下用 CIPAC 规定的标准水稀释（标准水 A 或标准水 C），该乳液应符合下表要求。

稀释后时间/h	稳定性要求
0	完全乳化
0.5	乳膏无
2	乳膏无,浮油无
24	再乳化完全
24.5	浮油 $\leqslant$2mL

低温稳定性 [(0±1)℃下贮存 7d]：析出固体或液体的体积应小于 $3mL/L$。

热贮稳定性 [(54±2)℃下贮存 14d]：有效成分含量、游离地乐酚及其盐、乳液稳定性和再乳化、低温稳定性仍应符合上述准要求。

(3) 有效成分分析方法可参照原药。

辛硫磷 (phoxim)

$C_{12}H_{15}N_2O_3PS$, 298.3

化学名称 O,O-二乙基-O-［（α-氰基亚苄氨基）氧］硫代磷酸酯

其他名称 肟硫磷，腈肟磷，倍腈松

CAS 登录号 14816-18-3

CIPAC 编码 364

理化性状 黄色液体（原药为红褐色油状液体）。m. p. $< -23℃$，b. p. 蒸馏时分解，v. p. 0.18mPa（20℃），K_{ow} lg$P = 4.104$，$\rho = 1.18$g/cm^3（20℃）。溶解度（g/L，20℃）：水 0.0034，二甲苯、异丙醇、聚乙二醇、正辛烷、乙酸乙酯、二甲基亚砜、二氯甲烷、乙腈、丙酮> 250，正庚烷 136。稳定性：水解比较缓慢；DT$_{50}$ 26.7d（pH4）、7.2d（H7）、3.1d（pH9）（22℃）；在紫外线照下逐渐分解。

1. 辛硫磷原药（phoxim technical）

WHO 规格/SIT/29. R1(1999 年 12 月 10 日修订)

（1）组成和外观

本品应由辛硫磷和相关的生产性杂质组成，应为微红色至棕色液体，无可见的外来物和添加的改性剂（稳定剂除外）。

（2）技术指标

辛硫磷含量/（g/kg）	$\geqslant 820$ 测定结果的平均含量应不低于标明含量
酸度（以 H$_2$SO$_4$ 计）/（g/kg）	$\leqslant 1$
水分/（g/kg）	$\leqslant 1$

（3）有效成分分析方法——液相色谱法

① 方法提要 试样用四氢呋喃和正己烷溶解，以正己烷-四氢呋喃［94∶6（体积比）］作流动相，使用 25cm×4.6mm（i. d.）不锈钢柱，内填 LiChrosorb Si-60（5μm）（或相当的牌号）的色谱柱和紫外检测器（254nm）对试样中的辛硫磷进行高效液相色谱分离和测定，外标法定量。

② 分析条件 柱温：室温（波动范围不超过±2.5℃）；流速：2.0mL/min；检测波长：254nm；进样体积：5μL；保留时间：辛硫磷 4.8min。

2. 辛硫磷乳油（phoxim emulsifiable concentrate）

WHO 规格/SIF/51. R1（1999 年 12 月 10 日修订）

（1）组成和外观

本品应由符合 WHO 标准的辛硫磷原药和助剂溶解在适宜的溶剂中制成，为稳定的均相液体，无可见的悬浮物和沉淀。

（2）技术指标

辛硫磷含量（g/kg）：

标明含量	允许波动范围
> 250 且$\leqslant 500$	标明含量的±5％
> 500	±25

注:所取全部样品的平均含量应不低于标明含量。

水分/（g/kg）	$\leqslant 2$
酸度（以 H$_2$SO$_4$ 计）/（g/kg）	$\leqslant 5$

冷试验(0℃,1h)	应无固体物和(或)油状物析出
闪点	应符合所有国家和(或)国际的运输规定
乳液稳定性(分别用标准软水和标准硬水稀释 20 倍试验)	析出物应不大于 2mL
持久起泡性(用 WHO 标准软水,1min 后)/mL	≤60

热贮稳定性 [(54±2)℃下贮存 14d]：辛硫磷含量、酸度和乳液稳定性仍应符合上述标准要求

(3) 辛硫磷含量测定方法可参照原药。

溴硫磷（bromophos）

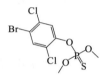

$C_8H_8BrCl_2O_3PS$，366.0

化学名称 4-溴-2,5-二氯苯基二甲基硫代磷酸酯

CAS 登录号 2104-96-3

CIPAC 编码 5

理化性状 黄色结晶。m. p. 53~54℃，b. p. 140~142℃/0.01mmHg，v. p. 17mPa (20℃)，亨利常数 8.89Pa·m³/mol(20℃，计算值)。溶解度：在水中 0.7(20℃)、40 (25℃)（mg/L），丙酮 1090、二氯甲烷 1120、二甲苯 900、甲醇 100(g/L，20℃)。稳定性：在 pH≤9 的溶液中稳定；碱性介质中水解。

1. 溴硫磷原药（bromophos technical）

FAO 临时规格 5/1/(S)/4

(1) 组成和外观

本产品由溴硫磷和相关生产性杂质组成，外观为浅色固体，无外来物和添加改性剂。

(2) 技术指标

溴硫磷含量(%)：

标明含量	允许波动范围
≥95	±2%

熔点	48℃
酸度(以 H_2SO_4 计)/%	≤0.3
水分	≤0.2%
丙酮不溶物	≤0.2%

容器：产品应按订单要求保存在合适、清洁、干燥的容器中，不受容器的影响或影响容

器，完全免于外部影响。

容器规格应符合相应国家和国际的运输及安全规定。

（3）有效成分分析方法——薄层色谱法

① 方法提要　用丙酮溶解，薄层色谱法分离杂质和目标物。用醋酸提取薄层硅胶中的目标物，然后经溴-溴酸盐氧化后，用硫代硫酸钠滴定检测剩余溴酸盐。

② 分析条件　250μL 的样品点样，将点好样的薄层板放入展开室中，展开剂为正己烷-丙酮（98:2）。展开结束后，将薄层板取出将溶剂完全蒸发。然后第二次放入层析缸中再次展开。重复上述操作，待薄层板溶剂蒸发掉后，均匀喷洒氯化钯，R_f 值 0.5～0.6 的最大面积区域中就是溴硫磷所在区域。将这块区域转移到 250mL 碘烧瓶中，加入 50mL 醋酸超声15min，加入 10.00mL 0.1mol/L 溴-溴酸盐溶液，避光静置 15min 摇动瓶身。加入 50mL 水和 5mL 50%碘化钾溶液，立即用 0.05mol/L 的硫代硫酸钠滴定，滴定终点的判断是溶液变成淡粉色。

2. 溴硫磷粉剂（bromophos dust）

FAO 临时规格 5/2/(S)/4

（1）组成和外观

本品应由混合均匀的溴硫磷原药、填料和必要的助剂组成均一混合物，溴硫磷为唯一活性成分。除非另有说明，本品外观为细微、易流动的乳色或灰色粉末，无可见的外来物。

溴硫磷原药应符合有关"溴硫磷"的规格要求 [5/1/(S)/4]。

（2）技术指标

溴硫磷含量：

标明含量	允许波动范围
≤2.5%	标明含量的±15%
>2.5%且≤10%	标明含量的±10%

酸度(以 H_2SO_4 计)/%	≤0.3
碱度(以 NaOH 计)/%	≤0.05
干筛(留在 75μm 上)/%	≤5,溴硫磷残留不超过(0.05X)%, X 为样品中溴硫磷的测得含量
流动数	≤15

热贮稳定性 [(34±1)℃下贮存 14d]：有效成分含量、pH 值、干筛仍应符合上述标准要求。

容器：产品应按要求保存在合适、清洁、干燥的容器中，不受容器的影响或影响容器，完全免于外部影响。

容器规格应符合相应国家和国际的运输及安全规定。

（3）有效成分分析方法可参照原药。

3. 溴硫磷可分散粉剂（bromophos dispersible powder）

FAO 临时规格 5/3/(S)/4

（1）组成和外观

本品应由作为唯一活性成分的溴硫磷原药、填料和必要的助剂组成均匀混合物，除非另有说明，本品外观为白色到乳色细粉，无可见的外来物。

制剂中溴硫磷原药应符合 5/1/(S)/4 中有关"溴硫磷"的规格要求。

（2）技术要求

溴硫磷含量：

标明含量	允许波动范围
＞10％且≤25％	标明含量的±6％
＞25％且≤50％	标明含量的±5％

酸度（以 H₂SO₄ 计）/％	≤0.3
碱度（以 NaOH 计）/％	≤0.05
湿筛（通过 75μm 筛）/％	≥98
悬浮率（热贮后）/％	≥50（使用 CIPAC 标准水 A,30min）
	≥50（使用 CIPAC 标准水 C,30min）
润湿性（无搅动）/min	≤2
持久起泡性（1min 后）/mL	≤25

热贮稳定性 ［(34±1)℃下贮存 14d］：产品活性成分含量、酸碱度、湿筛和润湿性仍应符合上述标准要求。

容器：本品应包装在合适、清洁、干燥的容器中。容器应使产品免于挤压、受潮、氧化、蒸发损失及容器材料的污染，确保在正常的运输和贮存过程中无降解。

产品应保证与潮气完全隔离，应在包装袋中内衬聚乙烯或通过其他方法提供相等或更好的保护。

容器应符合相关国家和国际的运输及安全相关规定。

（3）有效成分分析方法可参照原药。

4. 溴硫磷溶液（bromophos solution）

FAO 临时规格 5/4/(S)/3

（1）组成和外观

本品应由溴硫磷作为唯一活性成分，连同必要的助剂的溶液。无可见的悬浮物和沉淀。产品中所含溴硫磷应符合 ［5/1/(S)/4］关于"溴硫磷原药"的规格要求。

（2）技术指标

溴硫磷含量：

标明含量	允许波动范围
≤10％或 100g/L	标明含量的±10％
＞10％或 100g/L	标明含量的±5％

酸度（以 H₂SO₄ 计）/％	≤0.3
碱度（以 NaOH 计）/％	≤0.05
水分/％	≤0.5
闪点	≥标明的闪点，并对测定方法加以说明
与芳香烃的混溶性	如有需要，产品可以和芳香烃的油混溶
黏度	应注明产品在 20℃时的黏度范围及所用黏度测定方法

低温稳定性 （0℃下贮存 7d）：析出固体或液体的体积应小于等于 0.3mL。

热贮稳定性 ［(54±2)℃下贮存 14d］：产品有效成分含量、酸度和碱度仍应符合上述标准要求。

（3）有效成分分析方法可参照原药。

5. 溴硫磷乳油（bromophos emulsifiable concentrate）

FAO 临时规格 5/5/（S）/4

（1）组成和外观

本品应为由溴硫磷与适当溶剂和助剂制成的乳油，溴硫磷为唯一活性成分，无可见的悬浮物和沉淀。

本品中所含溴硫磷应符合 [5/1/（S）/4] 关于"溴硫磷原药"的规格要求。

（2）技术指标

溴硫磷含量：

标明含量	允许波动范围
≤25%或 250g/L	标明含量的±6%
>25%或 250g/L	标明含量的±5%

酸度(以 H_2SO_4 计)/%   ≤0.3

碱度(以 NaOH 计)/%   ≤0.05

水分/%   ≤0.5

闪点   ≥标明的闪点,并对测定方法加以说明

乳液稳定性和再乳化：热贮稳定性试验后，产品在 30℃ 下用 CIPAC 规定的标准水（标准水 A 或标准水 C）稀释，应符合下表要求。

稀释后时间/h	稳定性要求
0	初始乳化完全
0.5	乳膏≤2mL
2	乳膏≤2mL,浮油无
24	再乳化完全
24.5	乳膏≤4mL 浮油≤1mL

低温稳定性（在 0℃ 下贮存 7d）：析出固体或液体的体积应小于等于 0.3mL。

热贮稳定性 [（54±2）℃下贮存 14d]：产品有效成分含量、酸度和碱度、乳液稳定性和再乳化仍应符合上述标准要求。

（3）有效成分分析方法可参照原药。

溴氰菊酯（deltamethrin）

$C_{22}H_{19}Br_2NO_3$，505.2

化学名称 （S）-α-氰基-2-苯氧基苄基 （1R，3R）-3-(2，2-二溴乙烯基)-2，2-二甲基环丙烷羧酸酯

CAS 登录号 52918-63-5

CIPAC 编码 333

理化性状 无色晶体。m. p. 100～102℃，v. p. 1. 24×10^{-5} mPa(25℃)，$K_{ow}lgP=4.6$

$(25℃)$，$\rho = 0.55 g/cm^3$ $(25℃)$。溶解度$(g/L，20℃)$：水$< 0.2 \mu g/L (25℃)$，二氧杂环乙烷900，环己酮750，二氯甲烷700，丙酮500，苯450，二甲基亚砜450，二甲苯250，乙醇15，异丙醇6。稳定性：在空气中非常稳定，190℃以下稳定；在紫外线和日光照射下，会造成顺、反异构体相互转化、酯键断裂和溴原子丢失等现象发生；在酸性介质比碱性介质中稳定；DT_{50} 31d(pH8)、2.5d(pH9)，在pH5和pH7时稳定。

1. 溴氰菊酯原药（deltamethrin technical）

FAO规格333/TC（2005.5）

（1）组成和外观

本品应由溴氰菊酯和相关的生产杂质组成，外观为白色至乳白色晶体，无可见的外来物和添加的改性剂。

（2）技术指标

溴氰菊酯含量$/(g/kg)$ $\geqslant 985$

$(1R, 3R)$ -3- $(2,2\text{-dibromovinyl})$ -2,2-dimethylcyclopropane carboxoyl chloride，若该物质相对溴氰菊酯含量$\geqslant 1 g/kg$，则应被视为相关杂质。

（3）有效成分分析方法——液相色谱法

① 方法提要　试样用异辛烷-二噁烷（80∶20）溶解，在吸附硅胶柱上，以异辛烷-二噁烷［94∶6（体积比）］作流动相和紫外检测器（230nm）对溴氰菊酯进行高效液相色谱分离和测定，外标法定量。

② 分析条件　色谱柱：250mm×4.6mm(i.d.) 不锈钢柱，填充 Nucleosil 100-5-CN，检查色谱柱确实能将溴氰菊酯与它的立体异构体（αR, 1R-顺式）分离开；流动相：异辛烷-二噁烷［94∶6（体积比）］；流速：1.5mL/min；检测波长：230nm；进样体积：$20 \mu L$；保留时间：溴氰菊酯6～8min。

2. 溴氰菊酯粉剂　（deltamethrin dustable powder）

FAO规格333/DP（2005）

（1）组成和外观

本品应为由符合FAO标准333/TC（2005）的溴氰菊酯原药、填料和必要的助剂组成的均匀混合物，外观为细微、易流动的粉末，无可见的外来物和硬块。

（2）技术指标

溴氰菊酯含量(g/kg)：

标明含量	允许波动范围
$\leqslant 25$	标明含量的$\pm 25\%$

注：$(1R, 3R)$-3-$(2,2\text{-dibromovinyl})$-2,2-dimethylcyclopropane carboxoyl chloride，若该物质相对溴氰菊酯含量$\geqslant 1 g/kg$，则应被视为相关杂质。

pH范围	$4.5 \sim 7.5$
筛分(干筛,未通过$75 \mu m$试验筛)/%	$\leqslant 2$

热贮稳定性 ［$(54 \pm 2)℃$下贮存14d］：有效成分含量应不低于贮前测得平均含量的95.0%，pH范围、筛分仍应符合上述标准要求。

（3）有效成分分析方法可参照原药。

3. 溴氰菊酯可湿性粉剂 (deltamethrin wettable powder)

FAO 规格 333/WP(2006)

（1）组成和外观

本品应由符合 FAO 标准 333/TC（2005）的溴氰菊酯原药、填料和必要的助剂组成的均匀混合物。外观为细粉末，无可见的外来物和硬块。

（2）技术要求

溴氰菊酯含量(g/kg)：

标明含量	允许波动范围
≤25	标明含量的±25％
>25 且≤100	标明含量的±10％

注：(1R,3R)-3-(2,2-dibromovinyl)-2,2-dimethylcyclopropane carboxoyl chloride，若该物质相对溴氰菊酯含量≥1g/kg，则应被视为相关杂质。

pH 范围	4.5～7.5
湿筛（未通过 75μm 试验筛）/％	≤2
悬浮率（30℃下 30min，使用 CIPAC 标准水 D）/％	≥60
持久起泡性（1min 后）/mL	≤60
润湿性（无搅动）/min	≤2

热贮稳定性 [（54±2)℃下贮存 14d]：有效成分含量应不低于贮前测得平均含量的 95％，pH 范围、湿筛、悬浮率、润湿性仍应符合上述标准要求。

（3）有效成分分析方法可参照原药

4. 溴氰菊酯悬浮剂 (deltamethrin aqueous suspension concentrate)

FAO 规格 333/SC(2005)

（1）组成和外观

本品应由符合 FAO 标准 333/TC（2005）的溴氰菊酯原药颗粒在水相中与适当助剂组成的水悬浮剂，轻微摇动后可以混合均匀，易于进一步用水稀释。

（2）技术指标

溴氰菊酯含量(g/kg)：

标明含量	允许波动范围
≤25	标明含量的±15％
>25 且≤100	标明含量的±10％
>100 且≤250	标明含量的±6％
>250 且≤500	标明含量的±5％

注：(1R,3R)-3-(2,2-dibromovinyl)-2,2-dimethylcyclopropane carboxoyl chloride,若该物质相对溴氰菊酯含量≥1g/kg，则应被视为相关杂质。

pH 范围	4.5～7.5
倾倒性（倾倒后残留）/％	≤5
自发分散性[（30±2)℃下 5min，使用 CIPAC 标准水 D]/％	≥90

悬浮率[(30±2)℃下 30min,使用 CIPAC 标准水 D]/%   ≥90

湿筛(未通过 75μm 试验筛)/%   ≤2

持久起泡性(1min)/mL   ≤50

低温稳定性 [(0±2)℃下贮存 7d]:筛分、悬浮率仍应符合上述标准要求。

热贮稳定性 [(54±2)℃下贮存 14d]:有效成分含量应不低于贮前测得平均含量的 95.0%,pH 范围、倾倒性、自发分散性、悬浮率、湿筛仍应符合上述标准要求。

(3) 有效成分分析方法可参照原药。

5. 溴氰菊酯乳油 (deltamethrin emulsifiable concentrate)

FAO 规格 333/EC(2005)

(1) 组成和外观

本品应由符合 FAO 标准 333/TC(2005) 的溴氰菊酯原药与适当助剂溶解在适宜的溶剂中制成。外观为稳定的均相液体,无可见的悬浮物和沉淀,用水稀释形成乳液使用。

(2) 技术要求

溴氰菊酯含量[g/kg 或 g/L(20±2)℃下]:

标明含量	允许波动范围
≤25	标明含量的±15%
>25 且<100	标明含量的±10%
>100 且<250	标明含量的±6%

注:(1R,3R)-3-(2,2-dibromovinyl)-2,2-dimethylcyclopropane carboxoyl chloride,若该物质相对溴氰菊酯含量≥1g/kg,则应被视为相关杂质。

pH 范围   4.5~7.5

持久起泡性(1min)/mL   ≤50

乳液稳定性及再乳化:本品经热贮稳定性试验后,在 (30±2)℃下用 CIPAC 规定的标准水 (标准水 A 和标准水 D) 稀释,该乳液应符合下表要求。

稀释后时间/h	稳定性要求
0	完全乳化
0.5	无乳膏
2h	乳膏≤1mL,浮油无
24	再乳化完全
24.5	乳膏无,浮油无

注:24h 之后的测试只在对 2h 的测试结果产生疑问时才有必要。

低温稳定性 [(0±2)℃下贮存 7d]:析出固体或液体的体积应小于或等于 0.3mL

热贮稳定性 [(54±2)℃下贮存 14d]:有效成分含量应不低于贮前测得平均含量的 95%,pH 范围,乳液稳定性及再乳化仍应符合上述标准要求。

(3) 有效成分分析方法可参照原药。

6. 溴氰菊酯超低容量液剂 (deltamethrin ultra low volume liquid)

FAO 规格 333/UL(2006)

(1) 组成和外观

本品应由符合 FAO 标准 333/TC(2005.5) 的溴氰菊酯原药与适当助剂制成。外观应为均相液体，无可见悬浮物和沉淀。

（2）技术要求

溴氰菊酯含量[g/kg 或 g/L（20℃）]：

标明含量	允许波动范围
≤25	标明含量的±15%
>25 且≤100	标明含量的±10%

注：（1R,3R）-3-（2,2-dibromovinyl）-2,2-dimethylcyclopropane carboxoyl chloride，若该物质相对溴氢菊酯含量≥1 g/kg，则应被视为相关杂质。

pH 范围   4.5～7.5

低温稳定性 [（0±2）℃下贮存 7d]：无析出的固体或油状物。

热贮稳定性 [（54±2）℃下贮存 14d]：有效成分含量应不低于贮前测得平均含量的95%，pH 范围仍应符合上述标准要求。

（3）有效成分分析方法可参照原药。

7. 溴氰菊酯长效（纤维涂层）杀虫帐 [deltamethrin long-lasting (coated onto filaments) insecticidal net]

WHO 临时规格 333/LN/1（NET）（2010）

（1）组成和外观

本产品外观为完整的蚊帐（也许会有 70cm 的加长边缘），纤维上涂布符合 WHO 规格333/LN/1（NETTING），2010 的溴氰菊酯。外观应干净，无可见异物，损坏及制造缺陷，且适用于具长效活性的杀虫帐。

（2）技术指标

溴氰菊酯含量（g/kg）：

标明含量	应声明，允许波动范围为±25%
PermaNet2.0	1.8（75 丹尼尔纱）；1.4（100 丹尼尔纱）
PermaNet2.0Extra	2.8（75 丹尼尔纱）；2.1（100 丹尼尔纱）
Yorkool LN	1.8（75 丹尼尔纱）

破裂强度（平均值不应低于限值）： 应声明且不小于纤维的强度

75 丹尼尔纱	250kPa
100 丹尼尔纱	350kPa

针对 70cm 的加长边缘：

75 丹尼尔纱	320kPa
100 丹尼尔纱	420kPa

（3）有效成分分析方法可参照原药。

8. 溴氰菊酯（纤维涂层）杀虫帐 [deltamethrin long-lasting (coated onto filaments) insecticidal netting]

WHO 临时规格 333/LN/1（netting）（2009）

（1）组成和外观

本产品外观为网状，由 75 或 100 丹尼尔高密度多丝（不小于 32 条）聚酯纤维编织而成，纤维上经处理加入符合 WHO 规格 333/TC（2005）的溴氰菊酯，并添加有必要的添加剂。外观应干净，无可见异物，损坏及制造缺陷，且适用于具长效活性的杀虫帐。

（2）技术指标

溴氰菊酯含量	应声明,允许波动范围为±25％
溴氰菊酯保留指数:	
第一次清洗	≥0.85
第二/三次清洗	0.87～0.97
帐网格尺寸/(格/cm²)	平均值≥24;低值≥24
尺寸稳定性(每一维度上的尺寸变化率)/％	≤5
破裂强度(平均值不应低于限值):	应声明且不小于纤维的强度
75 丹尼尔纱	250kPa
100 丹尼尔纱	350kPa

（3）有效成分分析方法可参照原药。

溴氰菊酯＋增效醚（deltamethrin+ piperonyl butoxide）

1. 溴氰菊酯＋增效醚长效（混合入纤维）杀虫帐 [deltamethrin＋piperonyl butoxide long-lasting (incorporated into filaments) insecticidal netting]

WHO 临时规格 333＋33/LN(2010)

（1）组成和外观

本产品外观为网状,由 100 丹尼尔单丝聚乙烯纤维编织而成,与符合 WHO 规格 333/TC(2005) 的溴氰菊酯及符合 WHO 规格 33/TC(2010) 的增效醚及其他必需助剂混合而成。外观应干净,无可见异物,损坏及制造缺陷,且适用于具长效活性的杀虫帐。

（2）技术要求

有效成分溴氰菊酯含量/(g/kg)	4(允许波动范围为±25％)
溴氰菊酯保留指数(洗后)	0.90～1.00
有效成分增效醚含量/(g/kg)	25(允许波动范围为±25％)
增效醚保留指数(洗后)	0.85～0.99
帐网格尺寸/(格/cm²)平均值	≥21;低值≥20

（3）有效成分溴氰菊酯分析方法——液相色谱法

① 方法提要　试样溶于异辛烷-二氧六环中,用吸附性硅胶色谱柱在 254nm 下检测,外标法定量。

② 分析条件　色谱柱:150～180mm×4.6mm(i.d.),Si-605μm;流动相:异辛烷-二氧六环［95∶5(体积比)］;流速:1～1.6mL/min;检测波长:254nm;进样体积:20μL;保留时间:约 8.2min。

（4）（增效醚）分析方法已废除。

2. 溴氰菊酯（涂布于纤维）杀虫帐 [deltamethrin long-lasting (coated onto filaments) insecticidal net] 与溴氰菊酯＋增效醚长效（混合入聚乙烯）杀虫帐 [deltamethrin＋piperonyl butoxide long-lasting (in-corporated into polyethylene) insecticidal net] 合并规格

WHO 临时规格 333＋33/LN（NET）（2010）

（1）组成和外观

本产品外观为完整网状，顶面由 100 丹尼尔单丝聚乙烯纤维编织而成，与符合 WHO 规格 333＋33/LN（netting）（2010）的溴氰菊酯及增效醚（配合剂）及其他必需助剂混合而成。侧面由 75 或 100 丹尼尔多丝聚酯纤维编织成 70cm 加固层，按照 WHO 规格 333/LN/1（netting）（2010）混合溴氰菊酯原药及其他必须的助剂外观应干净，无可见异物，损坏及制造缺陷，且适用于具长效活性的杀虫帐。

（2）技术要求

破裂强度：对于由两种材质织品拼接而成的产品，边缘平均破裂强度不应低于接缝处两种织品中强度较弱的平均值；对于由同种材质织品拼接而成的产品，边缘平均破裂强度不应低于此材质宣称的强度值。

乙拌磷（disulfoton）

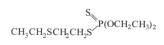

$C_8H_{19}O_2PS_3$，274.4

化学名称 O,O-二乙基-S-[2-（乙硫基）乙基]二硫代磷酸酯

其他名称 敌死通

CAS 登录号 298-04-4

CIPAC 编码 152

理化性状 无色油状，有特殊气味（原药，淡黄色油）。m.p.＜－25℃，b.p.128℃/1mmHg，v.p.7.2mPa(20℃)、13mPa(25℃)、22mPa(30℃)，$K_{ow} \lg P=3.95$，亨利常数 $7.9×10^{-2}$Pa·m³/mol（20℃，计算值），密度 1.144g/mL(20℃)。溶解度：在水中 25mg/L(20℃)、与正己烷、二氯甲烷、异丙醇及甲苯易互溶。稳定性：正常贮存条件下稳定，在酸性和中性介质中相对稳定，碱性介质中水解；DT_{50}（22℃）133d(pH4)、169d(pH7)、131d(pH9)，光解 DT_{50} 1～4d。f.p.133℃（原药）。

1. 乙拌磷原药（disulfoton technical）

FAO 规格 152/TC/S(1988)

（1）组成和外观

本品应由乙拌磷和相关的生产性杂质组成，为几乎无色、清澈液体，无可见的外来物和添加的改性剂。

（2）技术指标

乙拌磷含量/(g/kg)　　　　　　　　　　　　　　≥930（允许波动范围为±20g/kg）

水分/（g/kg）	≤3
酸度（以 H₂SO₄计）/（g/kg）	≤2
二甲苯不溶物/（g/kg）	≤1

水分/(g/kg)　　　　　　　　　　　　　　≤3
酸度(以 H_2SO_4计)/(g/kg)　　　　　　≤2
二甲苯不溶物/(g/kg)　　　　　　　　　　≤1

(3) 有效成分分析方法——气相色谱法

① 方法提要　　试样用丙酮溶解，以邻苯二甲酸二正丁酯为内标物，在 SE-30/Chromosorb W-HP 柱上进行分离，用带有氢火焰离子化检测器的气相色谱仪对试样中的乙拌磷进行分离和测定。

② 分析条件　　气相色谱仪：带有氢火焰离子化检测器，适合柱头进样；色谱柱：1.83m×2mm 玻璃柱，内填 10％SE-30/Chromosorb W-HP（150～200μm）载体；柱温：190℃；汽化温度：220℃；检测器温度：250℃；载气（氮气）流速：30mL/min；氢气流速：30mL/min；空气流速：300mL/min；进样体积：3μL；保留时间：乙拌磷 5.5min，内标物 9.2min。

2. 乙拌磷颗粒剂（disulfoton granule）（适用于机器施药）

FAO 规格 152/GR/S(1988)

(1) 组成和外观

本品应由符合 FAO 标准的乙拌磷原药和适宜的载体及助剂制成，应为干燥、易流动的颗粒，无可见的外来物和硬块，基本无粉尘，易于机器施药。

(2) 技术指标

乙拌磷含量(g/kg)：

标明含量	允许波动范围
≤25	标明含量的±20％
＞25 且≤100	标明含量的±10％
＞100	标明含量的±6％

堆积密度范围：应标明本产品堆积密度范围。

粒度范围：应标明产品的粒度范围，粒度范围下限与上限的粒径比例应不超过 1∶4，在粒度范围内的本品应≥85％

细度（留在 125μm 试验筛上）：≥990g/kg，且筛上的样品中乙拌磷含量应不低于测得的乙拌磷含量的 92％。

热贮稳定性［在（54±2）℃下贮存 14d］：有效成分含量应不低于贮前测得平均含量的 95％，粒度范围、细度仍应符合上述标准要求。

(3) 有效成分分析方法可参照原药。

乙硫磷（ethion）

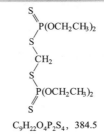

$C_9H_{22}O_4P_2S_4$，384.5

化学名称 O,O,O,O-四乙基-S,S'-亚甲基双（二硫代磷酸酯）

其他名称 益赛昂，易赛昂，乙赛昂，蚜螨立死

CAS 登录号 563-12-2

CIPAC 编码 102

理化性状 水白色到琥珀色液体。m. p. $-15\sim-12℃$，b. p. $164\sim165℃/0.3mmHg$，v. p. $0.20mPa$（25℃），$K_{ow}lgP=4.28$，亨利常数 $3.85\times10^{-2}Pa\cdot m^3/mol$（计算值），相对密度 1.22（20℃）（原药，$1.215\sim1.230$）。溶解度：水中 $2mg/kg$（25℃），与大多数有机溶剂相混溶，丙酮、甲醇、乙醇、二甲苯、煤油、矿物油。稳定性：在酸性碱性水溶液中水解；$DT_{50}390d$（pH9），在空气中缓慢氧化。f. p. 176℃（宾斯基-马丁闭口杯）。

1. 乙硫磷原药（ethion technical）

FAO 规格 102/TC/S/—(1983)

（1）组成和外观

本品应由乙硫磷和相关的生产性杂质组成，应为琥珀色液体，无可见的外来物和添加的改性剂。

（2）技术指标

乙硫磷含量/(g/kg)	≥950(允许波动范围为±20g/kg)
水分/(g/kg)	≤2
丙酮不溶物/(g/kg)	≤5
酸度(以 H_2SO_4 计)/(g/kg)	≤3

（3）有效成分分析方法——液相色谱法

① 方法提要　试样用甲醇或乙腈溶解，以甲醇-水或乙腈-水为流动相，在 Bonddapak C_{18}/Porasil 柱或 ODS Permaphase 柱上对试样进行分离，用紫外检测器进行检测，内标法定量。

② 分析条件　色谱柱：$300mm\times3.9mm$(i. d.) 不锈钢柱，填充 μBonddapak C_{18} 或 $500mm\times2.1mm$(i. d.)，填充 Dupont ODS Permaphase；流动相：甲醇-水 [90：10(体积比)]，已脱气，或乙腈-水 （40：60），已脱气；内标物：五氯硝基苯；流速：$1.0mL/min$；检测器灵敏度：0.2AUFS；检测波长：254nm；温度：室温；进样体积：$10\mu L$；保留时间：乙硫磷约 6min，五氯硝基苯约 7min。

注：柱条件和甲醇中水含量会改变保留时间。乙硫磷必须与内标峰完全分离。

2. 乙硫磷乳油　（ethion emulsifiable concentrate）

FAO 规格 102/EC/S/—(1983)

（1）组成和外观

本品应由符合 FAO 标准的乙硫磷原药和助剂溶解在适宜的溶剂中制成，应为稳定的均相液体，无可见的悬浮物和沉淀。

（2）技术指标

乙硫磷含量[g/L(20℃)或 g/kg]：

标明含量	允许波动范围
≤400	标明含量的±5%
>400	±20

水分/(g/kg)	≤2
酸度(以 H_2SO_4 计)/(g/kg)	≤3
闪点(闭杯法)	≥标明的闪点,并对测定方法加以说明

乳液稳定性和再乳化:本产品经热贮后,在30℃下用CIPAC规定的标准水稀释(标准水A或标准水C),该乳液应符合下表要求。

稀释后时间/h	稳定性要求
0	初始乳化完全
0.5	乳膏≤2mL
2	乳膏≤4mL
24	再乳化完全
24.5	乳膏≤4mL,浮油≤0.5mL

低温稳定性 (在 0℃下贮存 7d):析出固体或液体的体积应小于 3mL/L。

热贮稳定性 [在 (54±2)℃下贮存 14d]:有效成分含量、酸碱度、低温稳定性仍应符合上述标准要求。

(3) 有效成分分析方法可参照原药。

乙酰甲胺磷 (acephate)

$$CH_3S—\overset{\displaystyle O}{\underset{\displaystyle OCH_3}{P}}—NHCOCH_3$$

$C_4H_{10}NO_3PS$, 183.2

化学名称 *O*-甲基-*S*-甲基-*N*-乙酰基-硫代磷酰胺

CAS 登录号 30560-19-1

CIPAC 编码 338

理化性状 纯品为无色结晶,原药纯度>97%,为无色固体。m. p. 88~90℃ (原药 82~89℃),v. p. 0.226mPa(24℃),$K_{ow}lgP=-0.89$,$\rho=1.35g/cm^3$(20℃)。溶解度(g/L,20℃):水 790,丙酮 151,乙醇>100,乙酸乙酯 35,苯 16,正己烷 0.1。稳定性:水解 DT_{50} 50d(水 pH5~7,21℃),光解 DT_{50} 55h($\lambda=253.7$nm)。

1. 乙酰甲胺磷原药 (acephate technical)

FAO 规格 338/TC/S/P(1995)

(1) 组成和外观

本品应由乙酰甲胺磷和相关的生产性杂质组成,应为白色结晶粉末,带有强烈的硫醇气味,无可见的外来物和添加的改性剂。

(2) 技术指标

| 乙酰甲胺磷含量/(g/kg) | ≥990(允许波动范围为±10g/kg) |
| 甲胺磷/(g/kg) | ≤5.0 |

O,O,S-三甲基硫代磷酸酯(O,O,S-trim-ethyl phosphoro thioate)/(g/kg)	≤1.0
乙酰胺/(g/kg)	≤1.0
水分/(g/kg)	≤2
pH 范围	3.4～3.6
熔程/℃	88～90

（3）有效成分分析方法——气相色谱法

① 方法提要　试样用二氯甲烷溶解，以邻苯二甲酸二异丁酯为内标物，用带有氢火焰离子化检测器的气相色谱仪对试样中的乙酰甲胺磷进行分离和测定，峰高比定量。

② 分析条件　气相色谱仪，带有氢火焰离子化检测器；色谱柱：500mm×2mm 玻璃柱，内填 10%SP-2401（或相当的固定液）/75～150μm 惰性硅藻土载体；柱温：155℃；汽化温度：170℃；检测器温度：250℃；载气（氮气）流速：30mL/min；氢气流速：按检测器要求设定；空气流速：按检测器要求设定；保留时间：乙酰甲胺磷 2～4min（调整载气流速和柱温，使乙酰甲胺磷在 2～4min 内出峰）。

2. 乙酰甲胺磷可溶粉剂 （acephate water soluble powder）

FAO 规格 338/SP/S/P(1995)

（1）组成和外观

本品应由符合 FAO 标准的乙酰甲胺磷原药和助剂组成，应为均匀粉末，无可见的外来物和硬块，除可能含有不溶的添加成分外，本品在水中溶解后应形成有效成分的真溶液。

（2）技术指标

乙酰甲胺磷含量(g/kg)：

标明含量	允许波动范围
≤500	标明含量的±5%
>500	±25
甲胺磷	≤测得的乙酰甲胺磷含量的 0.5%
O,O,S-三甲基硫代磷酸酯	≤测得的乙酰甲胺磷含量的 0.1%
乙酰胺	≤测得的乙酰甲胺磷含量的 0.1%
水分/(g/kg)	≤20
水不溶物/(g/kg)	≤220
pH 范围	3.5～3.8
湿筛（通过 75μm 筛)/%	≥98
润湿性（无搅动)/min	≤1
溶解度和溶液稳定性/%	5min 后：带有少量粒子沉淀（<1.0mL）的非透明悬浮液，无大粒子存在；18h 后：4.5mL 细白颗粒沉淀；95.5mL 半透明悬浮液，含有非常细的悬浮粒子

热贮稳定性 ［(54±2)℃下贮存 14d］：有效成分含量应不低于贮前测得平均含量的97%，甲胺磷含量、pH、溶解度和溶液稳定性、润湿性仍应符合上述标准要求。

（3）有效成分分析方法可参照原药。

异柳磷（isofenphos）

$C_{15}H_{24}NO_4PS$，345.4

化学名称　O-乙基-O-2异丙氧基羰基苯基-N-异丙基硫代磷酰胺

其他名称　N/A

CAS 登录号　25311-71-1

CIPAC 编码　412

理化性状　无色油状（原药，有特殊气味）。v.p. 0.22mPa（20℃）、0.44mPa（25℃），$K_{ow}\lg P = 4.04$（21℃），亨利常数 $4.2×10^{-3}Pa·m^3/mol$（20℃），密度 1.131g/mL（20℃）。溶解度：在水中 18mg/L（20℃），在正己烷、二氯甲烷、异丙醇及甲苯中＞200g/L（20℃）。稳定性：水解的 DT_{50} 2.8 年（pH4）、＞1 年（pH7）、＞1 年（pH9）（22℃）。在实验室土壤表面光解极为迅速，在自然光下光解较慢。f.p. ＞115℃（原药）。

1. 异柳磷原药（isofenphos technical）

FAO 规格 412/TC/S/F(1992)

(1) 组成和外观

本品应由异柳磷和相关的生产性杂质组成，应为黄色至棕色液体，无可见的外来物和添加的改性剂。

(2) 技术指标

异柳磷含量/(g/kg)	≥900（允许波动范围为±25g/kg）
水分/(g/kg)	≤2.0
酸度（以 H_2SO_4 计）/(g/kg)	≤2.0

(3) 有效成分分析方法——气相色谱法

① 方法提要　试样用甲醇溶解，以邻苯二甲酸二异丁酯为内标物，用带有氢火焰离子化检测器的气相色谱仪对试样中的异柳磷进行分离和测定。

② 分析条件　气相色谱仪，带有氢火焰离子化检测器；色谱柱：0.5m×2mm 不锈钢柱或玻璃柱，内填 10%SP-2100（或相当的固定液）/Supelcoport（150～200μm）；柱温：190℃；汽化温度：250℃；检测器温度：250℃；载气（氦气或氮气）流速：20～30mL/min；其他气体流速：按检测器要求设定；进样体积：2μL；保留时间：异柳磷 3.5min，内标物 1.7min。

2. 异柳磷乳油（isofenphos emulsifiable concentrate）

FAO 规格 412/EC/S/F(1992)

(1) 组成和外观

本品应由符合 FAO 标准的异柳磷原药和助剂溶解在适宜的溶剂中制成，应为稳定的均相液体，无可见的悬浮物和沉淀。

（2）技术指标

异柳磷含量[g/L（20℃）或 g/kg]：

标明含量	允许波动范围
＞100 且≤250	标明含量的±6％
＞250 且≤500	标明含量的±5％
＞500	标明含量的±25g/L 或 g/kg

水分/（g/kg） ≤5.0

酸碱度：

酸度（以 H_2SO_4 计）/（g/kg） ≤5.0

碱度（以 NaOH 计）/（g/kg） ≤0.1

闪点（闭杯法） ≥标明闪点，并对测定方法加以说明

乳液稳定性和再乳化：本产品经热贮后，在 30℃下用 CIPAC 规定的标准水稀释（标准水 A 或标准水 C），该乳液应符合下表要求。

稀释后时间/h	稳定性要求
0	初始乳化完全
0.5	乳膏无
2	乳膏≤2mL，浮油无
24	再乳化完全
24.5	乳膏≤2mL，浮油无

低温稳定性 [（0±1）℃下贮存 7d]：析出固体或液体的体积应小于 0.3mL。

热贮稳定性 [（54±2）℃下贮存 14d]：有效成分含量应不低于贮前测得平均含量的 97％，酸碱度、乳液稳定性仍应符合上述标准要求。

（3）有效成分分析方法可参照原药。

3. 异柳磷颗粒剂（isofenphos granule）（适用于机器施药）

FAO 规格 412/GR/S/F（1992）

（1）组成和外观

本品应由符合 FAO 标准的异柳磷原药和适宜的载体及助剂制成，应为干燥、易流动的颗粒，无可见的外来物和硬块，基本无粉尘，易于机器施药。

（2）技术指标

异柳磷含量（g/kg）：

标明含量	允许波动范围
≤25	标明含量的±15％
＞25 且≤100	标明含量的±10％

堆积密度范围：应标明本产品堆积密度范围

粒度范围：应标明产品的粒度范围，粒度范围下限与上限的粒径比例应不超过 1：4，在粒度范围内的本品应≥85％

筛析（对粒度范围下限小于 300μm 的微小颗粒，通过 63μm 试验筛）≤10g/kg，且留在筛上的样品中异柳磷含量应不低于测得的异柳磷含量的 90％。

筛析（对于粒度范围下限接近或大于 300μm 的颗粒，留在 125μm 试验筛上）≥

980g/kg，且通过试验筛的样品中异柳磷含量应不低于测得的异柳磷含量的90％。

热贮稳定性［(54±2)℃下贮存 14d］：有效成分含量应不低于贮前测得平均含量的97％，粒度范围、筛析仍应符合上述标准要求。

(3) 有效成分分析方法可参照原药。

益棉磷（azinphos-ethyl）

$C_{12}H_{16}N_3O_3PS_2$，345.4

化学名称 O,O-二乙基-S-［(4-氧代-1,2,3-苯并三氮（杂）苯-3[4H]-基）甲基］二硫代磷酸酯

其他名称 乙基保棉磷

CAS 登录号 2642-71-9

CIPAC 编码 485

理化性状 无色针状晶体。m. p. 50℃，b. p. 147℃/1.3Pa，v. p. 0.32mPa（20℃），$K_{ow}\lg P=3.18$，$\rho=1.284g/cm^3$（20℃）。溶解度(g/L，20℃)：水 4～5×10^{-3}、正己烷 2～5、异丙醇 20～50、二氯甲烷＞1000、甲苯＞1000。稳定性：碱性条件下快速水解，酸性条件下相对稳定，DT_{50} 3h(pH4)、270d(pH7)、11d（pH9）（22℃）。

1. 益棉磷原药（azinphos-ethyltechnical）

FAO 规格 37. b/TC/S(1989)

(1) 组成和外观

本品应由益棉磷和相关的生产性杂质组成，应为浅棕色或黄色结晶体，无可见的外来物和添加的改性剂。

(2) 技术指标

益棉磷含量/(g/kg)	≥900(允许波动范围为±25g/kg)
丙酮不溶物/(g/kg)	≤5
水分/(g/kg)	≤2
酸度或碱度：	
酸度(以 H_2SO_4 计)/(g/kg)	≤3
碱度(以 NaOH 计)/(g/kg)	≤2

(3) 有效成分分析方法可参考保棉磷测定方法。

2. 益棉磷可湿性粉剂（azinphos-ethyl wettable powder）

FAO 规格 37. b/WP/S(1989)

(1) 组成和外观

本品应由符合 FAO 标准的益棉磷原药、填料和助剂组成，应为均匀的细粉末，无可见

的外来物和硬块。

（2）技术指标

益棉磷含量（g/kg）：

标明含量	允许波动范围
≤500	标明含量的±5%
>500	标明含量的±25

酸度或碱度：

酸度（以 H_2SO_4 计）/(g/kg)	≤5
碱度（以 NaOH 计）/(g/kg)	≤3
湿筛（通过 $75\mu m$ 筛）/%	≥98
悬浮率（使用 CIPAC 标准水 C）/%	≥60
持久起泡性（1min 后）/mL	≤25
润湿性（无搅动）/min	≤1.5

热贮稳定性［(54±2)℃下贮存 14d］：有效成分含量应不低于贮前测得含量的 95%，酸碱度、湿筛仍应符合上述标准要求。

（3）有效成分分析方法可参照原药。

3. 益棉磷乳油（azinphos-ethyl emulsifiable concentrate）

FAO 规格 37.b/EC/S(1989)

（1）组成和外观

本品应由符合 FAO 标准的益棉磷原药和助剂溶解在适宜的溶剂中制成，应为稳定的均相液体，无可见的悬浮物和沉淀。

（2）技术指标

益棉磷含量［g/kg 或 g/L(20℃)］：

标明含量	允许波动范围
≤500	标明含量的±5%
>500	标明含量的±25

水分/(g/kg)	≤2

酸度或碱度：

酸度（以 H_2SO_4 计）/(g/kg)	≤3
碱度（以 NaOH 计）/(g/kg)	≤2
闪点（闭杯法）	≥标明的闪点，并对测定方法加以说明

乳液稳定性和再乳化：本产品经热贮后，在 30℃下用 CIPAC 规定的标准水稀释（标准水 A 或标准水 C），该乳液应符合下表要求。

稀释后时间/h	稳定性要求
0	初始乳化完全
0.5	乳膏≤0.5mL
2.0	乳膏≤4mL，浮油≤0.5mL
24	再乳化完全
24.5	乳膏≤5mL，浮油≤0.5mL

低温稳定性［(0±1)℃下贮存 7d］：析出固体或液体的体积应小于 0.3mL。

热贮稳定性 ［(54±2)℃下贮存 14d］：有效成分含量、酸碱度仍应符合标准要求。

(3) 有效成分分析方法可参照原药。

印楝素 （ azadirachtin ）

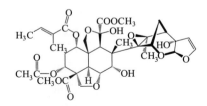

$C_{35}H_{44}O_{16}$，720.7

化学名称　二甲基（$3S$，$3aR$，$4S$，$5S$，$5aR$，$5a^1R$，$7aS$，$8R$，$10S$，$10aS$）-8-乙酰氧基-3，3a，4，5，5a，5a^1，7a，8，9，10-十氢-3，5-二羟基-4-｛（$1S$，$3S$，$7S$，$8R$，$9S$，$11R$）-7-羟基-9-甲基-2，4，10-三噁四环［6.3.1.0^{3,7}.0^{9,11}］十二-5-烯-11-基｝-4-甲基-10［（E）-2-甲基丁-2-烯酰氧基］-1H，7H-萘并［1,8a,8-bc；4,4a-c′］二呋喃-3,7a-二羧酸酯。

其他名称　印楝素 A

CAS 登录号　11141-17-6

CIPAC 编码　627

理化性状　黄绿色粉末，具有强烈的大蒜或硫黄的气味。m. p. 155～158℃，v. p. $3.6×10^{-6}$ mPa。溶解度：水 0.26g/L，易溶于乙醇、二乙醚、丙酮、氯仿，不溶于正己烷。稳定性：在暗处稳定，DT_{50} 50d（pH5，室温）在室温和 pH5 条件下半衰期为 50d，在高温、碱性和强酸性条件下快速分解。f. p. ＞60℃（泰格闭口杯法）。

1. 印楝素母药 （azadirachtin technical concentrate）

FAO 规格 627/TK(2006)

(1) 组成和外观

本品为由印楝素 A 和相关提取物组成，它们可能增加和/或稳定印楝素 A 的活性。应为棕色至黄色粉末，有大蒜气味，除稀释剂外，无可见的外来物和添加的改性剂。

(2) 技术指标

印楝素 A 含量(g/kg)：

标明含量	允许波动范围
＞250 且≤500	标明含量的±15%
aflatoxins(aflatoxins B1，B2，G1 和 G2 含量总和)	≤印楝素 A 测定含量的 $3.0×10^{-5}$% （300μg/kg）

2. 印楝素乳油 （azadirachtin emulsifiable concentrate）

FAO 规格 627/EC(2006 年 5 月)

(1) 组成和外观

本品应由符合 FAO 标准的印楝素原药和其他助剂溶解在适宜的溶剂中制成，应为稳定的均相液体，无可见的悬浮物和沉淀，在水中稀释成乳状液后使用。

（2）技术指标

印楝素 A 含量（g/kg）：

标明含量	允许波动范围
≤25	标明含量的 ±15%

pH 范围 5.0～7.0

aflatoxins（aflatoxins B1，B2，G1 和 G2 含量总和）≤印楝素 A 测定含量的 $3.0×10^{-5}$%（300μg/kg）

持久起泡性（1min 后）/mL 无

乳液稳定性和再乳化：产品在 30℃下用 CIPAC 规定的标准水（标准水 A 或标准水 D）稀释，该乳液应符合下表要求。

稀释后时间/h	稳定性要求
0	完全乳化
0.5	乳膏无
2	乳膏无，浮油无
24	再乳化完全
24.5	乳膏无，浮油无

低温稳定性 [（0±2）℃下贮存 7d]：析出的固体或液体应≤0.3mL。

热贮稳定性 [（54±2）℃下贮存 14d]：有效成分含量应不低于贮前测得平均含量的 75%，pH 范围、乳液稳定性仍应符合上述标准要求。

茚虫威（indoxacarb）

$C_{22}H_{17}ClF_3N_3O_7$，527.8

化学名称 7-氯-2,3,4a,5-四氢-2-［甲氧基羰基（4-三氟甲氧基苯基）氨基甲酰基］茚并［1,2-e］［1,3,4］噁二嗪-4a-羧酸甲酯

其他名称 安打，安美

CAS 登录号 173584-44-6

CIPAC 编码 612

理化性状 白色粉末。m.p.88.1℃，v.p.$2.5×10^{-5}$ mPa（25℃），$K_{ow}\lg P=4.65$，$\rho=1.44$g/cm^3（20℃）。溶解度（25℃）：水 0.20mg/L，正辛醇 14.5g/L，甲醇 103g/L，乙腈 139g/L，丙酮＞250g/kg。稳定性：水解 DT_{50} 1 年（pH5）、22d（pH7）、0.3h（pH9）（25℃）。

1. 茚虫威原药（indoxacarb technical material）

FAO 规格 612/TC（2009）

（1）组成和外观

本品应由茚虫威和相关的生产性杂质组成，外观为褐色至浅棕色非结晶固体，无可见的外来物和添加的改性剂。

（2）技术指标

茚虫威含量/（g/kg）　　　　　　　　　　　≥900

（3）有效成分分析方法——高效液相色谱法

① 方法提要　试样用流动相溶解，以正己烷和异丙醇为流动相，使用 Chiralcl OD-H 不锈钢柱和可变波长紫外检测器，对试样中的茚虫威进行正相高效液相色谱分离和测定，外标法定量。

② 试剂和溶液　正己烷：色谱纯；异丙醇：色谱纯；茚虫威标样：已知质量分数，≥99.0%。

③ 仪器　高效液相色谱仪：具有可变波长紫外检测器；色谱数据处理机或色谱工作站；色谱柱：250mm×4.6mm（i.d.）不锈钢柱，内装 Chiralcl OD-H、5μm 填充物。

④ 高效液相色谱操作条件　流动相：正己烷-异丙醇［70∶30（体积比）］；流量：1.0mL/min；柱温：25℃；检测波长：310nm；进样体积：10.0μL；试样溶液浓度：0.5mg/mL。

⑤ 保留时间　茚虫威约 12.6min（有效异构体），异构体约 10.8min。

2. 茚虫威母药（indoxacarb technical concentrate）

FAO 规格 612/TK（2009）

（1）组成和外观

本品应由茚虫威和相关的生产性杂质组成，外观为白色粉末固体，除稀释剂外无可见的外来物和添加的改性剂。

（2）技术指标

茚虫威含量/（g/kg）　　　　　　　　　　　≥467

（3）有效成分分析方法可参照原药。

3. 茚虫威乳油（indoxacarb emulsifiable concentrate）

FAO 规格 612/EC（2009）

（1）组成和外观

本品应由符合 FAO 标准的氟虫清原药和助剂溶解在适宜的溶剂中制成。应为稳定的均相液体，无可见的悬浮物和沉淀，应用时用水稀释后为乳状液。

（2）技术指标

茚虫威含量［g/kg 或 g/L（20±2）℃］：

标明含量	允许波动范围
＞100 且≤250	标明含量的±6%

乳液稳定性和再乳化：在（30±2）℃下用 CIPAC 规定的标准水（标准水 A 或标准水 D）稀释，该乳液应符合下表要求。

稀释后时间/h	稳定性要求
0	完全乳化
0.5	乳膏≤0mL
2	乳膏≤1mL,浮油≤0mL
24	再乳化完全
24.5	乳膏≤1mL,浮油≤0mL

注:在应用 MT36.1 或 36.3 时,只有在 2h 后的检测有疑问时再进行 24h 以后的检测。

持久起泡性（1min 后）/mL   ≤10

低温稳定性 [(0±2)℃下贮存 7d]:析出固体和/或液体的体积应小于等于 0.3mL。

热贮稳定性 [(54±2)℃下贮存 14d]:有效成分含量应不低于贮前测得平均含量的 95%,乳液稳定性和再乳化仍应符合上述标准要求。

(3) 有效成分分析方法可参照原药。

4. 茚虫威水分散颗粒剂（indoxacarb water dispersible granule）

FAO 规格 612/WG(2009)

(1) 组成和外观

本品应由符合 FAO 标准的茚虫威母药,载体和助剂组成的均相混合物。产品为粗糙的球形颗粒,粒径在 0.15～1.4mm 范围内,平均值 0.5～0.7mm,于水中崩解分散使用。制剂应干燥,流动自由,无粉尘,无可见的外来物和硬块。

(2) 技术指标

茚虫威含量(g/kg):

标明含量	允许波动范围
＞250 且≤500	标明含量的±5%

润湿性(不经搅动)/s   ≤60

湿筛试验(通过 75μm 试验筛)/%   ≤2

分散性(1min 摇动后)/%   ≥80

悬浮率[(30±2)℃ 30min,使用 CIPAC 标准水 D]   ≥茚虫威含量的 60%

持久起泡性(1min 后)/mL   ≤10

粉尘   几乎无尘

流动性(20 次上下跌落后通过 5mm 筛)/%   ≥茚虫威制剂的 99

耐磨性/%   ≥98

热贮稳定性 [(54±2)℃下贮存 14d]:有效成分含量应不低于贮前测得含量的 95%,湿筛试验、分散度、悬浮率、含尘量和耐磨性仍应符合上述标准要求。

(3) 有效成分分析方法可参照原药。

5. 茚虫威油悬浮剂（indoxacarb oil-based suspension concentrate）

FAO 规格 612/OD(2009)

(1) 组成和外观

本品应由符合 FAO 标准的茚虫威原药与适合的制剂在非水相中制得的具有淡香气味的白色至灰白色的稳定的悬浮液。样品摇晃或搅拌后仍为匀相。

(2) 技术指标

苗虫威含量[g/kg 或 g/L(20℃)]：

标明含量	允许波动范围
＞100 且≤250	标明含量的±6%

倾倒性(倾倒后残余物)/%	≤12
自发分散性[在使用(30±2)℃ 5min 使用 CIPAC 标准水 D]	≥活性成分的80%
悬浮率[(30±2)℃ 30min 下,使用 CIPAC 标准水 D]	≥活性成分的75%
湿筛试验(留在 75μm 试验筛)	≤苗虫威制剂的 1%
持久起泡性(1min 后)/mL	≤20

低温稳定性 [(0±2)℃下贮存 7d]：悬浮率和湿筛试验仍应符合上述标准要求。

热贮稳定性 [(54±2)℃下贮存 14d]：有效成分含量应不低于贮前测得平均含量的 95%，倾倒性、自发分散性、悬浮率和湿筛试验仍应符合上述标准要求。

(3) 有效成分分析方法可参照原药。

右旋苯醚菊酯 (*d*-phenothrin)

$C_{23}H_{26}O_3$，350.5

化学名称 (1R)-2,2-二甲基-3-(2-甲基-1-丙烯基) 环丙烷羧酸-3-苯氧基苄基酯

CAS 登录号 26046-85-5

CIPAC 编码 356

理化性状 外观为淡黄色至黄棕色透明液体，有轻微的特征性气味。b. p. ＞301℃ (760mmHg)，v. p. 1.9×10⁻² mPa （21.4℃），$K_{ow}\lg P = 6.8(20℃)$，亨利常数＞6.75× 10^{-1}Pa • m³/mol，密度 1.06g/cm³（20℃）。溶解性(g/mL，25℃)：水中＜9.7μg/L,甲醇 ＞5.0、己烷＞4.96。稳定性：在常规贮存条件下稳定，碱性条件下分解。f. p. 107℃ （pensky-martens 闭口法）。

右旋苯醚菊酯原药 (*d*-phenothrin technical material)

WHO 规格 356/TC(2004 年 10 月)

(1) 组成和外观

本产品由右旋苯醚菊酯和相关生产性杂质组成，外观为黄色或黄棕色油状，基本无味,

无可见的外来物和添加改性剂。

（2）技术指标

右旋苯醚菊酯含量/（g/kg）	≥930，平均含量不低于限值
trans-异构体含量（测量平均值）	75%～85%×X，X 为测得的右旋苯醚菊酯含量
1R-异构体含量（测量平均值）	≥95%×X，X 为测得的右旋苯醚菊酯含量

（3）有效成分分析方法——高效液相色谱法（见 CIPAC 356/TC/M/3）

① 方法提要　试样用正己烷溶解，以正己烷为流动相，使用 Sumichiral OA-2000 不锈钢柱和可变波长紫外检测器，对试样中的右旋苯醚菊酯进行正相高效液相色谱分离和测定，外标法定量。

② 试剂和溶液　正己烷：色谱纯；右旋苯醚菊酯标样：已知质量分数。

③ 仪器　高效液相色谱仪：具有可变波长紫外检测器；色谱数据处理机或色谱工作站；色谱柱：250mm×4mm（i.d.）不锈钢柱，内装 Sumichiral OA-2000 5μm 填充物，双柱串联。

④ 高效液相色谱操作条件　流动相：正己烷；流量：1.0mL/min；柱温：常温；检测波长：230nm；进样体积：5μL；试样溶液浓度：0.25mg/mL。

⑤ 保留时间　（1R）-顺式异构体约 45min、（1S）-顺式异构体约 48min、（1R）-反式异构体约 52min、（1S）-反式异构体约 55min。

注：归一法计算不同异构体比例时，顺式体响应值与反式体响应值不同，需乘以系数 0.93。

右旋反式烯丙菊酯（*d-trans*-allethrin）

$C_{19}H_{26}O_3$，302.4

化学名称　（R,S）-3-烯丙基-2-甲基-4-氧代环戊-2-烯基（1R,3R）-2,2-二甲基-3-（2-甲基丙-1-烯基）环丙烷羧酸酯

CAS 登录号　584-79-2

CIPAC 编码　203

理化性状　原药为淡黄色液体。b.p.281.5℃/760mmHg，v.p.0.16mPa（21℃），$K_{ow}lgP=4.96$（室温），$\rho=1.01g/cm^3$（20℃）。溶解度（20℃）：水中部分不溶，正己烷 0.655（g/mL），甲醇 72.0（mL/mL）。稳定性：紫外线照射下分解，碱性条件下水解。f.p.130℃（闭口杯）。

1. 右旋反式烯丙菊酯原药（*d-trans* allethrin technical）

FAO 规格 203/1/S/3（1979）

（1）组成和外观

本品应由右旋反式烯丙菊酯和相关的生产杂质组成，应为橙黄色黏稠油状液体，基本无

气味，无可见的外来物和添加的改性剂。

（2）技术指标

右旋反式烯丙菊酯含量/(g/kg)　　　　　　　　≥930(允许波动范围±20g/kg)

旋光度(5%甲苯中)$[\alpha]_D^{20}$　　　　　　　　　　　−17°～−22.5°

（3）有效成分分析方法

有效成分分析方法见生物烯丙菊酯（203/TC/M/　CIPAC H，p52）。

2. 右旋反式烯丙菊酯增效醚溶液（*d-trans* allethrin with piperonyl butoxide butoxide solution）

FAO 规格 203＋33/4/S/3(1979)

（1）组成和外观

本品为由符合 FAO 标准的右旋反式烯丙菊酯原药和增效醚原药与一些助剂制成的溶液，右旋反式烯丙菊酯为唯一的有效成分，增效醚为增效剂，无可见的悬浮物和沉淀。

（2）技术要求

右旋反式烯丙菊酯含量［g/kg 或 g/L（20℃）］　　应标明含量，允许波动范围为标明含量的±5%

增效醚含量［g/kg 或 g/L（20℃）］　　应标明含量，允许波动范围为标明含量的±5%

水分/(g/kg)　　　　　　　　　　　　　≤5

闪点(闭杯法)　　　　　　　　　　　　≥标明的闪点,并对测定方法加以说明

与烃油的互溶性：若要求，本品与适宜的烃油应互溶。

20℃下黏度：若要求，应标明本品的黏度范围，并说明使用的方法。

低温稳定性［(0±1)℃下贮存 7d］：析出固体或液体的体积应小于 0.3%。

热贮稳定性［(54±2)℃下贮存 14d］：有效成分含量、增效醚含量仍应符合标准要求。

（3）有效成分分析方法可参照原药。

3. 右旋反式烯丙菊酯增效醚溶液乳油（*d-trans* allethrin with piperonyl butoxide butoxide solutions emulsifiable concentrate）

FAO 规格 203＋33/5/S/3(1988)

（1）组成和外观

本品应由有效成分右旋反式烯丙菊酯，增效醚与适宜的溶剂和助剂组成，无可见的悬浮物和沉淀。右旋反式烯丙菊酯，增效醚应符合 FAO 标准。

（2）技术要求

右旋反式烯丙菊酯含量[g/kg 或 g/L（20℃）]　　应标明含量,允许波动范围为标明含量的±5%

增效醚含量[g/kg 或 g/L(20℃)]　　　　　　应标明含量,允许波动范围为标明含量的±5%

水分(g/kg)　　　　　　　　　　　　　≤5

闪点(闭杯法)　　　　　　　　　　　　≥标明的闪点,并对测定方法加以说明

乳液稳定性和再乳化：取经过热贮稳定性［(54±2)℃下贮存 14d］ 试验的产品，在30℃下用 CIPAC 规定的标准水稀释，该乳液应符合下表要求。

稀释后时间/h	稳定性要求
0	完全乳化
0.5	乳膏≤0.2mL
2	乳膏≤0.2mL,浮油无
24	再乳化完全
24.5	乳膏≤0.2mL,浮油无

低温稳定性 [（0±1）℃下贮存 7d]：析出固体或液体的体积应小于 0.3mL。

热贮稳定性 [(54±2)℃下贮存 14d]：有效成分含量、增效醚含量仍应符合上述标准要求。

（3）有效成分分析方法可参照原药。

右旋烯丙菊酯（ *d-*allethrin ）

$C_{19}H_{26}O_3$，302.4

化学名称　（R，S）-3-烯丙基-2-甲基-4-氧代-环戊-2-烯基-（$1R$）-顺，反二菊酸酯

CAS 登录号　584-79-2

CIPAC 编码　267

理化性状　原药，淡黄色液体，b. p. 281.5℃/760mmHg，v. p. 0.16mPa（21℃），$K_{ow}\lg P$＝4.96（室温），密度 1.01g/mL(20℃)。溶解度：几乎不溶于水，在正己烷 0.655g/mL，甲醇 72.0mL/mL（20℃）。稳定性：在紫外线下分解，碱性介质中水解。f. p. 130℃（闭口杯）。

右旋烯丙菊酯原药（d-allethrin technical material）

WHO 规格 742/TC（2002）

（1）组成和外观

本产品由右旋烯丙菊酯和相关生产性杂质组成，外观为黄棕色油状，基本无味，无可见的外来物和添加改性剂。

（2）技术指标

右旋烯丙菊酯含量/（g/kg）　　　　　　　≥900(测定结果的平均含量应不低于最小的标明含量)

同分异构体组成：

　　反式右旋烯丙菊酯（$trans$-体）含量　　　75%～85%（测定结果的平均含量应不低于最小的标明含量且不高于最大的表明含量）

　　1R-右旋烯丙菊酯（1R-体）含量　　　≥95%（测定结果的平均含量应不低于最小的标明含量）

杂质：

　　菊酸酐（chrysanthemic anhydride）含量/（g/kg）　　　≤10

(3) 有效成分分析方法——高效液相色谱法和气相色谱法（CIPAC 742/TC/M）

① 异构体比例测定方法

a. 方法提要　试样用流动相溶解，以正己烷-乙醇［1000∶1（体积比）］作流动相，在两根相同的串接的不锈钢手性柱上对试样进行分离，使用紫外检测器（230nm）对试样进行检测，外标法定量。

b. 分析条件　液相色谱条件。流动相：正己烷-乙醇［1000∶1（体积比）］；色谱柱：两根相同的不锈钢手性柱串接，250mm×4mm(i.d.)，填料为 Sumichiral OA-2000 I 的酰胺型填料，粒径为 5μm；流速：1mL/min；柱温：室温；进样体积：2μL；检测波长：230nm；保留时间：顺式右旋烯丙菊酯约 42min，S,1R-反式右旋烯丙菊酯约 46min，R,1S-反式右旋烯丙菊酯约 48min，R,1R-反式右旋烯丙菊酯约 50min，S,1S-反式右旋烯丙菊酯约 52min。

② 总酯含量测定方法——GLC 方法

a. 方法提要　试样用内标溶液溶解，以三联苯为内标物，用带有氢火焰离子化检测器的气相色谱仪对试样进行分离和测定。

b. 分析条件　气相色谱仪：带有氢火焰离子化检测器；色谱柱：30 m×0.25 mm (i.d.)，0.25μm 膜厚，涂布 DB-FFAP；柱温：240℃，汽化温度：250℃；检测器温度：250℃；载气（氦气）流速：50cm/s；分流比：100∶1；进样量：1μL；保留值：烯丙菊酯 4.5min，内标物 10.7min。

第二章

杀菌剂

百菌清（chlorothalonil）

$$C_8Cl_4N_2, \ 265.9$$

化学名称　四氯间苯二腈（2,4,5,6-四氯-1,3-苯二甲腈）

CAS 登录号　1897-45-6

CIPAC 编码　288

理化性状　无色无味晶体（原药稍有辛辣味道），m. p. 252.1℃，b. p. 350℃（760mmHg），v. p. 0.076mPa（25℃），相对密度 1.732（20℃）。水中溶解度（25℃）：0.81mg/L，其他溶剂（g/L）：丙酮 20.9，1,2-二氯乙烷 22.4，乙酸乙酯 13.8，正庚烷 0.2，甲醇 1.7，二甲苯 74.4。室温下对热稳定，水介质和晶体状态下对紫外线稳定，在酸性和中度碱性水溶液中稳定，pH＞9 时缓慢水解。

1. 百菌清原药（chlorothalonil technical）

FAO 规格 288/TC(2005)

(1) 组成和外观

本品应由百菌清和相关的生产性杂质组成，应为灰白色粉末，无可见的外来物和添加的改性剂。

(2) 技术指标

百菌清含量/(g/kg)	≥985(测定结果的平均含量应不低于标明含量)
六氯苯/(g/kg)	≤0.04
十氯代联苯/(g/kg)	≤0.03

(3) 有效成分分析方法——气相色谱法（CIPAC 手册 K 卷）

① 方法提要　试样用带有氢火焰离子化检测器的气相色谱仪对百菌清和六氯苯（HCB）进行分离和测定。

② 分析条件　气相色谱仪：带有氢火焰离子化检测器；色谱柱：30m×0.25mm（i. d.），填充 50% 苯基＋50% 甲基聚硅氧烷（膜厚 0.5μm）；进样体积：1μL；柱温：205℃，汽化温度：330℃；检测器温度：300℃；载气（氢气）流速：74cm/s；氮气（补偿气）流速：30mL/min；氢气流速：仪器推荐；空气流速：仪器推荐；相对保留值：百菌清 6.0min，HCB 3.4min，内标物（邻苯二甲酸二丁酯）7.0min。

2. 百菌清可湿性粉剂（chlorothalonil wettable powder）

FAO 规格 288/WP(2005)

(1) 组成和外观

本品应由符合 FAO 标准的百菌清原药、填料和助剂组成，应为细粉末，无可见的外来物和硬块。

（2）技术指标

百菌清含量（g/kg）：

标明含量	允许波动范围
＞250 且≤500	标明含量的±5％
＞500	±25
六氯苯	≤测得的百菌清含量的 0.004％
十氯代联苯	≤测得的百菌清含量的 0.003％
湿筛（通过 75μm 筛）/％	≥99.5
悬浮率［使用 CIPAC 标准水 D,（30±2）℃下 30min］/％	≥70
持久起泡性（1min 后）/mL	≤60
润湿性（无搅动）/min	≤1

热贮稳定性［在（54±2）℃下贮存 14d］：有效成分含量应不低于贮前测得平均含量的 97％，湿筛、悬浮率、润湿性仍应符合上述标准要求。

（3）有效成分分析方法可参照原药。

3. 百菌清悬浮剂（chlorothalonil aqueous suspension concentrate）

FAO 规格 288/SC(2005)

（1）组成和外观

本品应为由符合 FAO 标准的百菌清原药的细小颗粒悬浮在水相中与助剂制成的悬浮液，经轻微搅动为均匀的悬浮液体，易于进一步用水稀释。

（2）技术指标

百菌清含量[g/kg 或 g/L(20℃)]：

标明含量	允许波动范围
＞250 且≤500	标明含量的±5％
＞500	±25
六氯苯	≤测得的百菌清含量的 0.004％
十氯代联苯	≤测得的百菌清含量的 0.003％
倾倒性（倾倒残余物）/％	≤6.0
自动分散性（30℃下,使用 CIPAC 标准水 D,5min 后）/％	≥80
悬浮率（30℃下,使用 CIPAC 标准水 D,3min 后）/％	≥80
湿筛（通过 75μm 筛）/％	≥99.5
持久起泡性（1min 后）/mL	≤60

低温稳定性［(0±2)℃下贮存 7d］：产品的悬浮率、筛分仍应符合上述标准要求。

热贮稳定性［(54±2)℃下贮存 14d］：有效成分含量应不低于贮前测得平均含量的 97％，倾倒性、自动分散性、悬浮率、湿筛仍应符合上述标准要求。

（3）有效成分分析方法可参照原药。

4. 百菌清水分散粒剂（chlorothalonil water dispersible granule）

FAO 规格 288/WG(2005)

(1) 组成和外观

本品为由符合 FAO 标准的百菌清原药、填料和助剂，经造粒制成的近球形颗粒，适于在水中崩解、分散后使用，应干燥、易流动、基本无粉尘，无可见的外来物和硬块。

(2) 技术指标

百菌清含量(g/kg)：

标明含量	允许波动范围
>250 且≤500	标明含量的±5%
>500	±25
六氯苯	≤测得的百菌清含量的 0.004%
十氯代联苯	≤测得的百菌清含量的 0.003%
水分/(g/kg)	≤25
润湿性(无搅动)/min	≤1
湿筛(通过 75μm 筛)/%	≥99.5
分散性(经搅动,1min 后)/%	≥90
悬浮率(30℃下,使用 CIPAC 标准水 D,30min)/%	≥80
持久起泡性(1min 后)/mL	≤25
粉尘	基本无粉尘

流动性：用经热贮试验的样品，试验筛上下跌落 20 次后，通过 5mm 试验筛的样品应≥99%。

热贮稳定性〔(54±2)℃下贮存 14d〕：有效成分含量应不低于贮前测得平均含量的 97%，分散性、湿筛、悬浮率、粉尘仍应符合上述标准要求。

(3) 有效成分分析方法可参照原药。

苯菌灵 （benomyl）

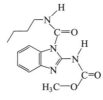

C₁₄H₁₈N₄O₃，290.3

化学名称 *N*-(1-正丁氨基甲酰基-2-苯并咪唑基) 氨基甲酸甲酯

CAS 登录号 17804-35-2

CIPAC 编码 206

理化性状 纯品为无色晶体，m. p. 140℃(分解)，v. p. <5.0×10⁻³mPa(25℃)。水中溶解度（mg/L，室温）：3.6(pH5)，2.9(pH7)，1.9(pH9)；其他溶剂中溶解度（g/kg，25℃）：氯仿 94、DMF 53、丙酮 18、二甲苯 10、乙醇 4。水解稳定性（25℃）：DT₅₀ 3.5(pH5)，1.5(pH7)，<1h(pH9)；在部分溶剂中，分解生成多菌灵和异氰酸正丁酯；对光稳定；遇水或潮湿条件下分解。

1. 苯菌灵原药（benomyl technical）

FAO 规格 206/TC/S/F(1992)

（1）组成和外观

本品应由苯菌灵和相关的生产性杂质组成，应为白色细粉末，无可见的外来物和添加的改性剂。

（2）技术指标

苯菌灵含量/(g/kg)　　　　　　　　　　≥950(允许波动范围为±20g/kg)

水分/(g/kg)　　　　　　　　　　　　　≤3

2,3-二氨吩嗪　　　　　　　　　　　　 ≤测得的苯菌灵含量的 0.5mg/kg

2-氨-3-羟基吩嗪　　　　　　　　　　　≤测得的苯菌灵含量的 0.5mg/kg

（3）有效成分分析方法——高效液相色谱法

① 方法提要　用3％异氰酸正丁酯的乙腈溶液萃取试样中的苯菌灵，萃取物经过滤，以乙腈-2％乙酸溶液［80：20(体积比)］作流动相，在反相色谱柱（C_{18}）上对苯菌灵进行分离，使用紫外检测器对苯菌灵含量进行测定，外标法定量。

② 分析条件　色谱柱：C_{18}，$10\mu m$ 柱；流动相：乙腈-2％乙酸溶液［80：20（体积比）］；检测波长：290nm 或 280nm；温度：室温；进样体积：$10\mu L$；保留时间：苯菌灵4～6min。异氰酸正丁酯是一种严重的催泪剂。

2. 苯菌灵可湿性粉剂（benomyl wettable powder）

FAO 规格 206/WP/S/F(1992)

苯菌灵可湿性粉剂的包装容器不应贮存在高于 50℃和阳光直射的环境中。

（1）组成和外观

本品应由符合 FAO 标准的苯菌灵原药、填料和助剂组成，应为细粉末，无可见的外来物和硬块。

（2）技术指标

苯菌灵含量(g/kg)：

　　　　标明含量　　　　　　　　　　　允许波动范围

　　　　≤500　　　　　　　　　　　　　标明含量的±5％

　　　　>500　　　　　　　　　　　　　±25

2,3-二氨吩嗪　　　　　　　　　　　　 ≤测得的苯菌灵含量的 0.5mg/kg

2-氨-3-羟基吩嗪　　　　　　　　　　　≤测得的苯菌灵含量的 0.5mg/kg

pH 范围　　　　　　　　　　　　　　　5.0～8.0

湿筛(通过 $75\mu m$ 筛)/％　　　　　　　≥99.5

悬浮率(使用 CIPAC 标准水 C,30℃ 30min)/％　　≥50

持久起泡性(1min 后)/mL　　　　　　　 ≤25

润湿性(无搅动)/min　　　　　　　　　 ≤1

热贮稳定性［(54±2)℃下贮存 21d］：有效成分含量应不低于贮前测得平均含量的97％，pH、湿筛、悬浮率仍应符合上述标准要求。

（3）有效成分分析方法可参照原药。

3. 苯菌灵水分散粒剂（benomyl water dispersible granule）

FAO 规格 206/WG/S/F(1992)

苯菌灵水分散粒剂的包装容器不应贮存在高于 50℃ 和阳光直射的环境中。

（1）组成和外观

本品为由符合 FAO 标准的苯菌灵原药、填料和助剂组成的水分散粒剂，适于在水中崩解、分散后使用，应干燥、易流动，无可见的外来物和硬块。

（2）技术指标

苯菌灵含量(g/kg)：

标明含量	允许波动范围
≤500	标明含量的 ±5%
>500	标明含量的 ±25

2,3-二氨吩嗪	≤测得的苯菌灵含量的 0.5mg/kg
2-氨-3-羟基吩嗪	≤测得的苯菌灵含量的 0.5mg/kg
pH 范围	5.0～8.0
润湿性(无搅动)/s	≤10
湿筛(通过 75μm 筛)/%	≥99.5
悬浮率(25℃下,30min 后,使用 CIPAC 标准水 C)/%	≥50
持久起泡性(1min 后)/mL	≤25
粉尘(收集的粉尘)/mg	≤12

流动性：试验筛上下跌落 20 次后，通过 5mm 试验筛的样品应为 100%。

热贮稳定性 [(54±2)℃下贮存 21d]：有效成分含量应不低于贮前测得平均含量的 97%，pH、湿筛、悬浮率、粉尘仍应符合上述标准要求，若需要，则润湿性、持久起泡性、流动性也应符合要求。

（3）有效成分分析方法可参照原药。

丙环唑（propiconazole）

$C_{15}H_{17}Cl_2N_3O_2$, 342.2

化学名称 1-[2-(2,4-二氯苯基)-4-丙基-1,3-二氧戊环-α-甲基]-1-氢-1,2,4-三唑

CAS 登录号 60207-90-1

CIPAC 编码 408

理化性状 工业品为黄色、无嗅、黏稠液体；b. p. 99.9℃(0.32Pa)，120℃(1.9Pa)，>250℃(101kPa)；v. p. 2.7×10^{-2} mPa(20℃)，5.6×10^{-2} mPa(25℃)；密度 1.29(20℃)，$K_{ow}\lg P=3.72$(pH6.6，25℃)。溶解度：水 100mg/L(20℃)；正己烷 47g/L，与乙醇、丙

酮、甲苯和正辛醇充分混溶（25℃）。稳定性：320℃以下稳定，无明显水解。pK_a＝1.09，弱碱。

1. 丙环唑原药（propiconazole technical）

FAO 规格 408/TC/S/F(1993)

（1）组成和外观

本品应由丙环唑和相关的生产性杂质组成，应为均匀黄色黏稠液体，无可见的外来物和添加的改性剂，在某些贮存条件下可能会出现结晶。

（2）技术指标

丙环唑含量/(g/kg)   ≥880，允许波动范围为±20g/kg

（3）有效成分分析方法——气相色谱法

① 方法提要　试样用甲基异丁基酮溶解，以邻苯二甲酸二-(2-乙基己基)酯为内标物，用带有氢火焰离子化检测器的气相色谱仪对丙环唑进行分离和测定。

② 分析条件　气相色谱仪：带有氢火焰离子化检测器和自动进样器；

色谱柱：2m×2.0mm(i.d.)，填充 3% OV-1/Supelcoport 150～170μm；柱温：200℃保持 25min，然后升至250℃保持 5min；汽化温度：240℃；检测器温度：300℃；载气（氦气）流速：35mL/min；氢气流速：50mL/min；空气流速：300mL/min；保留时间：丙环唑约 8.5min 和 8.9min（非对映异构体），内标物约 18.0min。

2. 丙环唑可湿性粉剂（propiconazole wettable powder）

FAO 规格 408/WP/S/F(1993)

（1）组成和外观

本品应由符合 FAO 标准的丙环唑原药、填料和助剂组成，应为细粉末，无可见的外来物和硬块。

（2）技术指标

丙环唑含量(g/kg)：

标明含量	允许波动范围
≤250	标明含量的±6%
＞250 且≤500	标明含量的±5%
pH 范围	4～10
湿筛(通过 75μm 筛)/%	≥98
悬浮率(30℃下使用 CIPAC 标准水 C,30min 后)/%	≥60
持久起泡性(1min 后)/mL	≤60
润湿性(无搅动)/min	≤1

热贮稳定性 [(54±2)℃下贮存 14d]：有效成分含量应不低于贮前测得平均含量的97%，pH、湿筛、悬浮率仍应符合上述标准要求。

（3）有效成分分析方法可参照原药。

3. 丙环唑乳油　（propiconazole emulsifiable concentrate）

FAO 规格 408/EC/S/F(1993)

(1) 组成和外观

本品应由符合 FAO 标准的丙环唑原药和助剂溶解在适宜的溶剂中制成，应为稳定的均相液体，无可见的悬浮物和沉淀。

(2) 技术指标

丙环唑含量[g/kg 或 g/L(20℃)]：

标明含量	允许波动范围
≤250	标明含量的±6%
>250 且≤500	标明含量的±5%

pH 范围 　　　　　　　　　　　　　　4～10

闪点(闭杯法) 　　　　　　　　　　　≥标明的闪点,并对测定方法加以说明

乳液稳定性和再乳化：本产品在 30℃下用 CIPAC 规定的标准水（标准水 A 或标准水 C 稀释），该乳液应符合下表要求。

稀释后时间/h	稳定性要求
0	初始乳化完全
0.5	乳化程度不低于 70%
2	乳化程度不低于 50%
24	再乳化完全
24.5	乳化程度不低于 50%

低温稳定性［(0±1)℃下贮存 7d］：无固体或液体析出。

热贮稳定性［(54±2)℃下贮存 14d］：有效成分平均含量不应低于贮前测得平均含量的 97%，pH 仍应符合上述标准要求。

(3) 有效成分分析方法可参照原药。

4. 丙环唑水分散粒剂（propiconazole water dispersible granule）

FAO 规格 408/WG/S/F(1993)

(1) 组成和外观

本品应由符合 FAO 标准的丙环唑原药、填料和助剂组成，应为干燥、易流动，在水中崩解、分散后使用的颗粒，无可见的外来物和硬块。

(2) 技术指标

丙环唑含量(g/kg)：

标明含量	允许波动范围
>100 且≤250	标明含量的±6%
>250 且≤500	标明含量的±5%

pH 范围 　　　　　　　　　　　　　　　　　4～10

润湿性(无搅动)/min 　　　　　　　　　　　≤1

湿筛(通过 75μm 筛)/% 　　　　　　　　　≥98

悬浮率(使用 CIPAC 标准水 C,30℃下 30min)/% 　　≥60

分散性/% 　　　　　　　　　　　　　　　　≥75

持久起泡性(1min 后)/mL 　　　　　　　　　≤50

粉尘（收集的粉尘）/mg $\leqslant 12$

流动性：试验筛上下跌落 5 次后，通过 5mm 试验筛的样品应为 100%。

热贮稳定性［(54 ± 2)℃下贮存 14d］：有效成分含量应不低于贮前测得平均含量的 97%，pH、湿筛、悬浮率、分散性仍应符合上述标准要求。

（3）有效成分分析方法可参照原药。

代森锰（maneb）

$C_4H_6MnN_2S_4$，265.3

化学名称 1,2-亚乙基双二硫代氨基甲酸锰

其他名称 MEB

CAS 登录号 12427-38-2

CIPAC 编码 61

理化性状 黄色晶状固体，m. p. 192～204℃（分解），相对密度 1.92，基本不溶于水和大多有机溶剂，溶于螯合剂中形成络合物。对光稳定，长时间暴露于空气中或潮湿环境中分解。

1. 代森锰原药（maneb technical）

FAO 规格 61/1/S/16（1979）

（1）组成和外观

本品由代森锰与相关的生产杂质组成，为米色或黄色粉末，无可见的外来物和添加的改性剂。

（2）技术要求

代森锰含量/%	≥86.0（使用下述化学法测定允许波动范围为标明含量的±3%）
锰含量	代森锰测得含量的 20.0%～22.5%
水分/%	≤1.5
锌含量	≤代森锰测得含量的 0.5%
燃点（自开始加热到点燃的时间应≥10min）/℃	≥135

（3）有效成分分析方法——化学法

方法提要：将代森锰溶于 EDTA 四钠溶液，用沸腾的硫酸分解成乙二胺硫酸盐和二硫化碳，后者通过硫酸镉涤气器以除去所有的硫化氢，然后导入盛有氢氧化钾甲醇溶液的吸收管组中，生成甲基黄原酸盐，后者用乙酸中和后，用标准碘溶液滴定。

2. 代森锰粉剂 (maneb dust)

FAO 规格 61/2/S/16(1979)

(1) 组成和外观

本品由符合 FAO 标准的代森锰原药、载体和必要的助剂组成，应为易流动的细粉末，无可见的外来物和硬块。

(2) 技术要求

代森锰含量/%	应声明(使用下述化学法测定允许波动范围为标明含量的±15%)
锰含量	代森锰测得含量的 20.0%～22.5%
水分/%	≤2.0
干筛(通过 75μm 试验筛)/%	≥98,(0.06×代森锰测得含量)
流动数	≤12
燃点(自开始加热到点燃的时间应≥10min)/℃	≥135

热贮稳定性［在(54±2)℃下贮存 14d］：代森锰含量、干筛仍应符合上述标准要求（除非代森锰允许的最小含量为贮前的 90%）。

(3) 有效成分分析方法可参照原药。

3. 代森锰可分散粉剂 (maneb dispersible powder)

FAO 规格 61/3/S/17(1979)

(1) 组成和外观

本品由符合 FAO 标准的代森锰原药、载体和必要的助剂组成均匀的混合物，应为易流动的细粉末，无可见的外来物和硬块。

(2) 技术要求

代森锰含量/%	应标明含量,(使用下述化学法测定允许波动范围为标明含量的±3%)
锰含量	代森锰测得含量的 20.0%～22.5%
水分/%	≤2.0
锌含量	≤代森锰测得含量的 0.5%
干筛(通过 75μm 试验筛)/%	≥98
悬浮率(%)：	
热贮前(CIPAC 标准水 A,30min)	≥60
热贮后(CIPAC 标准水 C,30min)	≥50
1%分散水溶液 pH	5.0～9.0
燃点(自开始加热到点燃的时间应≥10min)/℃	≥135
润湿性(无搅动)/min	≤1
持久起泡性(1min 后)/mL	≤60

热贮稳定性［在(54±2)℃下贮存 14d］：代森锰含量、干筛、悬浮率、燃点和润湿性仍应符合标准要求（除非代森锰允许的最小含量为贮前的 90%）。

(3) 有效成分分析方法可参照原药。

代森锰锌（mancozeb）

$$\left[\begin{array}{c} CH_2-NH-\overset{\displaystyle S}{\overset{\|}{C}}-S \\ | \\ CH_2-NH-\underset{\displaystyle S}{\underset{\|}{C}}-S \end{array}\right]_x \!\! Mn \cdot (Zn)_y$$

$(C_4H_6N_2S_4Mn)_x\cdot(Zn)_y \quad (x:y=1:0.091)$

化学名称　代森锰和锌离子的配位化合物

其他名称　大生，Manzeb

CAS 登录号　8018-01-7

CIPAC 编码　34

理化性状　外观为灰黄色粉末，为代森锰与代森锌的混合物，锰 20％，锌 2.55％，m. p. 172℃ 以上分解，相对密度 1.99(20℃)。水中溶解度 6.2mg/L(pH7.5，25℃)，不溶于大多数有机溶剂，在强螯合试剂的溶液中解聚，且不能恢复；常温、干燥贮存时稳定，加热和水蒸气存在时缓慢分解；水解(25℃)：DT_{50} 20h(pH5)、21h(pH7)、27h(pH9)，代森锰锌原药不稳定，不能分离，直接加工成制剂。

1. 代森锰锌原药（mancozeb technical）

FAO 规格 34/TC/ts/9(1980)

(1) 组成和外观

本品由代森锰锌与相关的生产杂质组成，为黄色粉末，无外来物，但可能含有稳定剂。

(2) 技术指标

代森锰锌含量/％	≥85.0,使用下述化学法测定时,允许波动范围为标明含量的 ±3％
锰含量	≥代森锰锌测得含量的 20％
锌含量	≥代森锰锌测得含量的 2.0％
水分/％	≤1.0

(3) 有效成分分析方法——化学法

方法提要：将代森锰锌溶于 EDTA 四钠溶液，用沸腾的硫酸分解成乙二胺硫酸盐和二硫化碳，后者通过硫酸镉涤气器以除去所含有的硫化氢，然后导入盛有氢氧化钾甲醇溶液的吸收管组中，生成甲基黄原酸盐，后者用乙酸中和后，用标准碘溶液滴定。

2. 代森锰锌粉剂（mancozeb dustable powder）

FAO 规格 34/DP/ts/9(1980)

(1) 组成和外观

本品由符合 FAO 标准的代森锰锌原药、载体和助剂组成，应为易流动的细粉末，无可见的外来物和硬块。

(2) 技术指标

代森锰锌含量/％	应标明含量,允许波动范围为标明含量的 −10％～15％
锰含量	≥代森锰锌测得含量的 20％

锌含量	≥代森锰锌测得含量的 2.5%
水分/%	≤2.0
干筛(通过 75μm 筛)/%	≥98
流动数,若要求	≤12

热贮稳定性［在(54±2)℃下贮存 14d］：代森锰锌含量应不低于标明含量的 90%，干筛仍应符合上述标准要求。

(3) 有效成分分析方法可参照原药。

3. 代森锰锌可湿性粉剂 (mancozeb wettable powder)

FAO 规格 34/WP/ts/9(1980)

(1) 组成和外观

本品由符合 FAO 标准的代森锰锌原药、载体和助剂组成，应为易流动的细粉末，无可见的外来物和硬块。

(2) 技术指标

代森锰锌含量/%	应标明含量,允许波动范围为标明含量的+5%～−2%
锰含量	≥代森锰锌测得含量的 20%
锌含量	≥代森锰锌测得含量的 2.5%
水分/%	≤2.0
湿筛(通过 75μm 筛)/%	≥98
悬浮率(贮前使用 CIPAC 标准水 A,热贮后使用标准水 C,30min)/%	≥50
1%水悬浮液的 pH 范围	5.0～9.0
润湿性(无搅动)/min	≤1
持久起泡性(1min 后)/mL	≤25

热贮稳定性［(54±2)℃下贮存 14d］：代森锰锌含量应不低于标明含量的 90%，湿筛、悬浮率、pH 范围、润湿性仍应符合上述标准要求。

(3) 有效成分分析方法可参照原药。

代森锌 (zineb)

$(C_4H_6N_2S_4Zn)_x$, 275.8

化学名称 1,2-亚乙基双二硫代氨基甲酸锌

其他名称 亚乙基双(二硫代氨基甲酸锌)

CAS 登录号 12122-67-7

理化性质 浅黄色粉末，157℃分解但不熔化，v.p.<0.01mPa(20℃)。水中溶解度

10mg/L（室温），不溶于普通有机溶剂，在嘧啶中微溶，溶于部分螯合试剂中。闪点：90℃；自燃温度：149℃；长时间贮存时，对光、热和潮湿不稳定。

1. 代森锌原药（zineb technical）

FAO 规格 25/1/S/18(1979)

（1）组成和外观

本品由代森锌与相关的生产杂质组成，为白色或乳白色粉末，无可见的外来物和添加的改性剂。

（2）技术指标

代森锌含量/%	≥86.0，使用下述化学法测定时，允许波动范围用标明含量的上下限表示
锌含量	代森锌测得含量的 23.3%～26.0%
砷含量/(mg/kg)	≤250
水分/%	≤1.5
锰含量	≤代森锌测得含量的 0.50%

（3）有效成分分析方法——化学法

方法提要：将代森锌溶于 EDTA 四钠溶液，用沸腾的硫酸分解成乙二胺硫酸盐和二硫化碳，后者通过硫酸镉涤气器以除去所含有的硫化氢，然后导入盛有氢氧化钾甲醇溶液的吸收管组中，生成甲基黄原酸盐，后者用乙酸中和后，用标准碘溶液滴定。

2. 代森锌粉剂（zineb dust）

FAO 规格 25/2/S/18(1979)

（1）组成和外观

本品由符合 FAO 标准的代森锌原药、载体和助剂组成，应为易流动的细粉末，无可见的外来物和硬块。

（2）技术指标

代森锌含量/%	应标明含量，允许波动范围为标明含量的±10%
锌含量	代森锌测得含量的 23.3%～26.0%
砷含量	≤2.5X＋20mg/kg，X(%)为代森锌标明含量
水分/%	≤2.0
干筛(通过 75μm 筛)/%	≥98 留在试验筛上残留物的量，以代森锌表示，且应不超过测定所用样品量的(0.06X)%；X(%)为测得的代森锌的标明含量
流动数	≤12

热贮稳定性［在(54±2)℃下贮存 14d］：代森锌含量应不低于贮前含量的 90%，干筛仍应符合上述标准要求。

（3）有效成分分析方法可参照原药。

3. 代森锌可分散性粉剂（zineb dispersible powder）

FAO 规格 25/3/S/19(1979)

（1）组成和外观

本品由符合 FAO 标准的代森锌原药、载体和助剂组成，应为易流动的细粉末，无可见的外来物和硬块。

(2) 技术指标

| 代森锌含量/％ | 应标明含量,使用下述化学法测定时,允许波动范围用标明含量的上下限表明 |

锌含量   代森锌测得含量的 23.3％～26.0％
砷含量 $\leqslant 2.5X\,\mathrm{mg/kg}$，$X$（％）为代森锌标明含量
水分/％ $\leqslant 2.0$
锰含量 $\leqslant$代森锌测得含量的 $0.50％$
湿筛（通过 $75\mu\mathrm{m}$ 筛）/％ $\geqslant 98$
悬浮率（％）：
  热贮前 $\geqslant 70$（CIPAC 标准水 A）
  热贮后 $\geqslant 60$（CIPAC 标准水 C）
1％水悬浮液的 pH 范围   5.0～9.0
润湿性（无搅动）/min $\leqslant 1$
持久起泡性（1min 后）/mL $\leqslant 25$

热贮稳定性 ［在(54 ± 2)℃下贮存 14d］：代森锌含量应不低于贮前含量的 90％，湿筛、悬浮率、润湿性仍应符合上述标准要求。

(3) 有效成分分析方法可参照原药。

敌菌丹（captafol）

$C_{10}H_9Cl_4NO_2S$，349.1

化学名称 N-(1,1,2,2-四氯乙硫基)-4-环己烯-1,2-二甲酰亚胺

CAS 登录号   2425-06-1

CIPAC 编码   185

理化性状   无色到淡黄色固体（原药为浅棕色，有特殊气味的粉末）。m. p. 160～161℃，v. p. 室温下可忽略，$K_{ow}\lg P = 3.8$，$\rho = 1.75\mathrm{g/cm^3}$（25℃）。溶解度（g/L，20℃）：水 1.4×10^{-3}，微溶于大部分有机溶剂，异丙醇 13、苯 25、甲苯 17、二甲苯 100、丙酮 43、甲基乙基酮 44、DMSO 170。稳定性：在水乳液或水悬浮液中缓慢水解，在酸性或者碱性介质中快速水解，在熔点处缓慢分解。

1. 敌菌丹原药（captafol technical）

FAO 临时规格 185/TC/ts(1983)

(1) 组成和外观

本品由敌菌丹和相关生产性杂质组成，外观为灰白色粉末，无可见的外来物和添加改性剂。

(2) 技术指标

敌菌丹含量/(g/kg)   允许波动范围为

≥970	±20g/kg
水分/(g/kg)	≤5
pH 范围	5.0～7.0

2. 敌菌丹粉剂（captafol dustable powder）

FAO 临时规格 185/DP/ts(1983)

（1）组成和外观

本品应由符合 FAO 临时规格 185/DP/ts(1983) 的敌菌丹原药作为活性成分，与填料和必要的助剂组成的均匀混合物。外观为细微的易流动的粉末，无可见的外来物和硬块。

（2）技术指标

有效成分含量(g/kg)：

标明含量	允许波动范围为标明含量的±10%
水分/(g/kg)	≤5
pH 范围	5.0～9.0
干筛(未通过 75μm 试验筛)	≤20g/kg,实验筛中的残留物应以敌菌丹计,且不超过(0.06X)g/kg,X 为敌菌丹的标明含量
流动数	≤12

热贮稳定性 [(54±2)℃下贮存 14d]：有效成分含量、pH、干筛、流动数等指标仍应符合上述标准要求。

3. 敌菌丹可湿性粉剂（captafol wettable powder）

FAO 临时规格 185/WP/ts(1983)

（1）组成和外观

本品应由符合 FAO 临时规格 185/DP/ts(1983) 的敌菌丹原药作为活性成分，与填料和必要的助剂组成均匀混合物，外观为细微粉末，无可见的外来物和硬块。

（2）技术指标

有效成分含量(g/kg)：

标明含量	允许波动范围
≤400	标明含量的±5%
>400	标明含量的±20g
水分/(g/kg)	≤20
pH 范围	5.0～9.0
湿筛(未通过 75μm 试验筛)	≤20g/kg
悬浮性(热贮前)	≥敌菌丹标明含量的 50%(30min 后,使用 CIPAC 标准水 A)
热贮稳定性试验后	≥敌菌丹标明含量的 50%(30min 后,使用 CIPAC 标准水 C)

| 润湿性(无搅动)/min | ≤1 |
| 持久起泡性(1min 后)/mL | ≤15 |

热贮稳定性 [(54±2)℃下贮存 14d]：有效成分含量、pH、湿筛、悬浮性、润湿性仍应符合上述标准要求。

(3) 有效成分分析方法可参照原药。

敌菌灵（anilazine）

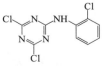

$C_9H_5Cl_3N_4$，275.5

化学名称　2,4-二氯-6-(2-氯代苯氨基) 均三氮苯

其他名称　防霉灵，代灵

CAS 登录号　101-05-3

CIPAC 编码　294

理化性状　无色到黄褐色固体。m.p.159℃，v.p.8.2×10⁻⁴ mPa(20℃)，$K_{ow} \lg P = 3.02(20℃)$，$\rho = 1.8 g/cm^3(20℃)$。溶解度（g/L）：水 8.0×10⁻³(20℃)，丙酮 100、氯苯 60、甲苯 50、二甲苯 40(30℃)，二氯甲烷 90、异丙醇 8、正己烷 1.7(20℃)。稳定性：中性和弱酸性条件下稳定，热碱性条件下水解，DT_{50} 730h(pH4)、790h(pH7)、22h(pH9)(22℃)。

1. 敌菌灵原药（anilazine technical）

FAO 规格 294/TC/S/F(1991)

(1) 组成和外观

本品应由敌菌灵和相关的生产性杂质组成，应为无色至乳白色结晶，无可见的外来物和添加的改性剂。

(2) 技术指标

敌菌灵含量/(g/kg)	≥950(允许波动范围为±20g/kg)
水分/(g/kg)	≤3
酸度(以 H_2SO_4 计)/(g/kg)	≤5

(3) 有效成分分析方法——高效液相色谱法

① 方法提要　试样用乙腈溶解，以苯辛酮为内标物，用乙腈-水作流动相，在反相色谱柱上对试样中的敌菌灵进行分离，使用紫外检测器（250nm）对敌菌灵含量进行测定。

② 分析条件　色谱柱：不锈钢，250mm×4.6mm(i.d.)，填充 C_{18} 键合硅胶，10μm，可保证将 6-氯-N,N-二（2-氯苯基)-1,3,5-三嗪-2-胺 [双(2-氯苯基) 化合物] 与敌菌灵分开；流动相：乙腈-水 [80：20(体积比)]，过滤并脱气；流速：1.7mL/min；检测波长：250nm；温度：室温；进样体积：20μL；保留时间：敌菌灵 2.5min，双（2-氯苯基）化合物 4.0min，苯辛酮 6.6min。

2. 敌菌灵可湿性粉剂（anilazine wettable powder）

FAO 规格 294/WP/S/F(1991)

（1）组成和外观

本品应由符合 FAO 标准的敌菌灵原药、填料和助剂组成，应为细粉末，无可见的外来物和硬块。

（2）技术指标

敌菌灵含量(g/kg)：

标明含量	允许波动范围
≤250	标明含量的±6％
>250 且≤500	标明含量的±5％
>500	±25

水分/(g/kg)	≤20
pH	6.0～9.5
湿筛(留在 75μm 筛上)/％	≤2
悬浮率(使用 CIPAC 标准水 C)/％	≥50
持久起泡性(1min 后)/mL	≤10
润湿性/min	≤3

热贮稳定性［(54±2)℃下贮存 14d］：有效成分含量应不低于贮前测得平均含量的 97％，pH、湿筛、悬浮率仍应符合上述标准要求。

（3）有效成分分析方法可参照原药。

3. 敌菌灵悬浮剂（anilazine aqueous suspension concentrate）

FAO 规格 294/SC/S/F(1991)

（不能用碳酸钙含量超过 5mg/L 的硬水稀释）

（1）组成和外观

本品应为由符合 FAO 标准的敌菌灵原药的细小颗粒悬浮在水相中与助剂制成的悬浮液，经轻微搅动为均匀的悬浮液体，易于进一步用水稀释。

（2）技术指标

敌菌灵含量[g/kg 或 g/L(20℃)]：

标明含量	允许波动范围
≤500	标明含量的±6％
>500	±25

20℃下每毫升质量/(g/mL)	若要求,则应标明 20℃下每毫升质量
pH 范围	≤7.5
倾倒性(清洗后残留物)/％	≤0.5
自动分散性(25℃下,使用 CIPAC 标准水 D,30min 后)/％	≥80
湿筛(通过 45μm 筛)/％	≥99.5
悬浮率(25℃下,使用 CIPAC 标准水 D)/％	≥80
持久起泡性(1min 后)/mL	≤40

低温稳定性［(0±1)℃下贮存7d］：产品的自动分散性、悬浮率、湿筛仍应符合标准要求。

热贮稳定性［(54±2)℃下贮存14d］：有效成分含量应不低于贮前测得平均含量的97%，pH、倾倒性、自动分散性、悬浮率、湿筛仍应符合标准要求。

（3）有效成分分析方法可参照原药。

多果定（dodine）

$$C_{15}H_{33}N_3O_2，287.4$$

化学名称　十二烷基乙酸胍

其他名称　爱波定，多果定醋酸盐

CAS 登录号　2439-10-3

CIPAC 编码　101

理化性状　无色固体。m.p.136℃，v.p.<$1×10^{-2}$mPa(20℃)，$K_{ow}lgP=1.65$。溶解度（g/L，25℃）：水0.63，易溶于无机酸，溶于热水和醇类；1,4-丁二酸、正丁醇、环己醇、甲基吡咯烷酮、正丙醇、甲基糠醛>250，不溶于多数有机溶剂。稳定性：在中性、弱酸和弱碱中稳定，强碱中会释放自由基。

1. 多果定原药（dodine technical）

FAO 规格 101/TC/S(1989)

（1）组成和外观

本品应由多果定和相关的生产性杂质组成，应为白色或近白色结晶粉末，无可见的外来物和添加的改性剂。

（2）技术要求

多果定含量/(g/kg)	≥970(允许波动范围为±20g/kg)
水分/(g/kg)	≤10

（3）有效成分分析方法——化学法

① 方法提要　试样溶于乙酸中，用标准高氯酸滴定。

② 分析条件　间胺黄指示液，0.2%：溶解0.200g于100mL甲醇中。

高氯酸标准滴定溶液：0.05mol/L。

③ 操作步骤　称取约0.600g（精确至0.1mg）原药试样，置于250mL锥形瓶中，加10mL冰乙酸，然后加90mL乙酸酐，将放入搅拌子的锥形瓶置于磁力搅拌器上，搅拌至试样溶解，加间胺黄指示液8滴，用高氯酸标准滴定溶液滴定至出现明显深红色为终点。同时作试剂空白测定。

2. 多果定可湿性粉剂（dodine wettable powder）

FAO 规格 101/WP/S(1989)

（1）组成和外观

本品应由符合 FAO 标准的多果定原药、填料和助剂组成，应为细粉末，无可见的外来物和硬块。

（2）技术要求

多果定含量（g/kg）：

标明含量	允许波动范围
≤500	标明含量的±5%
>500	±25
水悬浮液的 pH	5～9
湿筛（留在 75μm 筛）/%	≤2

悬浮率：

热贮前/%	≥70（使用 CIPAC 标准水 A）
热贮后/%	≥50（使用 CIPAC 标准水 C）
持久起泡性（1min 后）/mL	≤25
润湿性（无搅动）/min	≤1

热贮稳定性 $[(54\pm2)℃$下贮存 14d]：有效成分含量、pH、湿筛仍应符合上述标准要求。

（3）有效成分分析方法可参照原药。

多菌灵（carbendazim）

$C_9H_9N_3O_2$，191.2

化学名称　N-苯并咪唑-2-基氨基甲酸甲酯

CAS 登录号　10605-21-7

CIPAC 编码　263

理化性状　本品为结晶粉末，m. p. 302～307℃（分解），v. p. 0.09mPa（20℃）、0.15mPa（25℃）、1.3mPa（50℃），$K_{ow}\lg P = 1.38$（pH5）、1.51（pH7）、1.49（pH9），相对密度 1.45（20℃）。溶解度（g/L，24℃）：水 29mg/L（pH4）、8mg/L（pH7）、7mg/L（pH8）（24℃）；DMF 5，丙酮 0.3，乙醇 0.3，氯仿 0.1，乙酸乙酯 0.135，二氯甲烷 0.068，苯 0.036，环己烷<0.01，乙醚<0.01，正己烷 0.0005。稳定性：熔点时分解；50℃以下稳定 2 年，20000 lx 条件下稳定 7d，在碱性溶液中缓慢分解（22℃）；$DT_{50}>350d$（pH5 和 pH7），124d（pH9）。在酸性介质中形成水溶性盐。

1. 多菌灵原药（carbendazim technical）

FAO 规格 263/TC/S/（1991）

（1）组成和外观

本品应由多菌灵和相关的生产性杂质组成，应为白色固体，无可见的外来物和添加的改性剂。

（2）技术指标

多菌灵含量/(g/kg)   ≥980   （允许波动范围为±20g/kg）

2,3-二氨基吩嗪   ≤测得多菌灵含量的 3mg/kg

2-氨基-3-羟基吩嗪   ≤测得多菌灵含量的 5mg/kg

（3）有效成分分析方法

① 方法一：液相色谱法

a. 方法提要　试样溶于二噁烷-硫酸中，以甲醇-水-硫酸的混合物作流动相，在反相色谱柱（C_{18}）上对多菌灵进行分离和测定。

b. 分析条件　色谱柱：300mm×3mm(i.d.)，Partisil $10\mu m$ ODS 柱；流动相：35%（体积分数）的甲醇水溶液，加硫酸 0.5%（体积分数）；流速：1.5mL/min；检测波长：282nm；温度：室温；进样体积：$20\mu L$。

② 方法二：紫外分光光度法

方法提要　试样溶于盐酸水溶液中，在 220～350nm 测定该溶液的紫外吸收，依据283nm 处吸收值计算多菌灵含量。

2. 多菌灵可湿性粉剂（carbendazim wettable powder）

FAO 规格 263/WP/S(1991)

（1）组成和外观

本品应由符合 FAO 标准的多菌灵原药、填料和助剂组成，应为细粉末，无可见的外来物和硬块。

（2）技术指标

多菌灵含量(g/kg)：

标明含量	允许波动范围
≤500	标明含量的±5%
>500	±25

2,3-二氨基吩嗪   ≤测得多菌灵含量的 3mg/kg

2-氨基-3-羟基吩嗪   ≤测得多菌灵含量的 5mg/kg

水分散液的 pH 范围   0.5～8.5

湿筛(通过 $75\mu m$ 筛)/%   ≥99

悬浮率(使用 CIPAC 标准水 C)/%   ≥60

持久起泡性(1min 后)/mL   ≤25

润湿性(无搅动)/min   ≤2

热贮稳定性 [(54±2)℃下贮存 14d]：有效成分含量、pH、湿筛、悬浮率仍应符合标准要求。

（3）有效成分分析方法可参照原药。

3. 多菌灵水分散性粒剂（carbendazim water dispersible granule）

FAO 规格 263/WG/S(1991)

（1）组成和外观

本品为由符合 FAO 标准的多菌灵原药、填料和助剂组成的水分散性粒剂，适于在水中崩解、分散后使用，无可见的外来物和硬块。

（2）技术指标

多菌灵含量（g/kg）：

标明含量	允许波动范围
≤500	标明含量的±5%
>500	±25
2,3-二氨基吩嗪	≤测得多菌灵含量的 3mg/kg
2-氨基-3-羟基吩嗪	≤测得多菌灵含量的 5mg/kg
水分散液的 pH 范围	0.5～8.5
湿筛（通过 75μm 筛）/%	≥99.5
悬浮率（使用 CIPAC 标准水 C）/%	≥60
持久起泡性（1min 后）/mL	≤25
润湿性（无搅动）/min	≤2
粉尘（收集的粉尘）/mg	≤12

流动性：试验筛上下跌落 20 次后，通过 5mm 试验筛的样品应为 100%。

热贮稳定性［(54±2)℃下贮存 14d］：有效成分含量、pH、湿筛、悬浮率和粉尘仍应符合上述标准要求。

（3）有效成分分析方法可参照原药。

噁霜灵（oxadixyl）

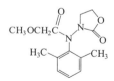

$C_{14}H_{18}N_2O_4$，278.3

化学名称　N-(2-氧代-1,3-噁唑烷-3-基)-2-甲氧基乙酰基-2′,6′-二甲基苯胺

其他名称　噁酰胺,杀毒矾

CAS 登录号　77732-09-3

CIPAC 编码　397

理化性状　本品为无色无味晶体，m. p. 104～105℃，v. p. 3.3×10⁻³ mPa(20℃)，$K_{ow}lgP$＝0.65～0.8(22～24℃)，堆密度 0.5kg/L(20℃)。溶解度（g/kg，25℃）：水 3.4g/kg，丙酮 344、二甲亚砜 390、甲醇 112、乙醇 50、二甲苯 17、二乙醚 6。稳定性：通常情况下稳定，70℃下贮存 2～4 周稳定，室温下 20×10⁻⁶ 的有效成分的溶液在 pH5、pH7 和 pH9 的缓冲溶液中稳定。

1. 噁霜灵原药（oxadixyl technical）

FAO 规格 397/TC/S/F(1997)

（1）组成和外观

本品应由噁霜灵和相关的生产性杂质组成，应为浅米色至棕色结晶粉末，无可见的外来物和添加的改性剂。

（2）技术指标

噁霜灵含量/(g/kg)　　　　　　　　　　≥960（允许波动范围为±25g/kg）

（3）有效成分分析方法——高效液相色谱法

① 方法提要　试样用乙腈溶解，以二苯酮为内标物，用乙腈-水作流动相，在反相色谱柱上对试样中的甲基硫菌灵进行分离，使用紫外检测器检测。

② 分析条件　色谱柱：不锈钢，250mm×4.6mm(i.d.)，填充物 LiChrosorb RP-Select B 5μm；流动相：乙腈-水 [60：40（体积比）]，过滤并脱气；流速：1.5mL/min；检测波长：267nm；温度：35℃；进样体积：10μL；保留时间：噁霜灵 4.8min，二苯酮 20.6min；运行时间：24min。

2. 噁霜灵可湿性粉剂（oxadixyl wettable powder）

FAO 规格 397/WP/S/F(1997)

（1）组成和外观

本品应由符合 FAO 标准的噁霜灵原药、填料和助剂组成，应为细粉末，无可见的外来物和硬块。

（2）技术指标

噁霜灵含量(g/kg)：

标明含量	允许波动范围
>25 且≤100	标明含量的±10％
>100 且≤250	标明含量的±6％
>250 且≤500	标明含量的±5％
pH	5.0～10.0
湿筛(未通过 75μm 筛)/％	≤1
悬浮率[(30±2)℃下 30min,使用 CIPAC 标准水 D]/％	≥60
持久起泡性(1min 后)/mL	≤25
润湿性(无搅动)/min	≤1

热贮稳定性 [(54±2)℃下贮存 14d]：有效成分含量应不低于贮前测得平均含量的97％，pH、湿筛、悬浮率、润湿性仍应符合上述标准要求。

（3）有效成分分析方法可参照原药。

3. 噁霜灵悬浮剂（oxadixyl aqueous suspension concentrate）

FAO 规格 397/SC/S/F(1997)

（1）组成和外观

本品为由符合 FAO 标准的噁霜灵原药的细小颗粒悬浮在水相中与助剂制成的悬浮液，经轻微搅动是均匀的悬浮液体，易于进一步用水稀释。

（2）技术指标

噁霜灵含量[g/kg 或 g/L(20℃)]：

标明含量	允许波动范围
>25 且≤100	标明含量的±10％
>100 且≤250	标明含量的±6％

>250 且≤500	标明含量的±5%
20℃下质量浓度/(g/mL)	若要求,则应标明
pH 范围	5.0～10.0
倾倒性(洗涤后无挥发性的残留物)/%	≤0.01
自动分散性[(30±2)℃下,使用 CIPAC 标准水 D,5min 后]/%	≥90
湿筛(通过 75μm 筛)/%	≥99
悬浮率[(30±2)℃下 30min,使用 CIPAC 标准水 C]/%	≥70
持久起泡性(1min 后)/mL	≤25

低温稳定性 [(0±1)℃下贮存 7d]:产品的自动分散性、悬浮率、湿筛仍应符合标准要求。

热贮稳定性 [(54±2)℃下贮存 14d]:有效成分含量应不低于贮前测得平均含量的97%,pH、倾倒性、自动分散性、悬浮率、湿筛仍应符合上述标准要求。

(3)有效成分分析方法可参照原药。

4. 噁霜灵水分散粒剂 (oxadixyl water dispersible granule)

FAO 规格 397/WG/S/F(1997)

(1)组成和外观

本品应由符合 FAO 标准的噁霜灵原药、填料和助剂组成,应为干燥、易流动,在水中崩解、分散后使用的颗粒,无可见的外来物和硬块。

(2)技术指标

噁霜灵含量(g/kg):

标明含量	允许波动范围
>25 且≤100	标明含量的±10%
>100 且≤250	标明含量的±6%
>250 且≤500	标明含量的±5%
pH 范围	5.0～10.0
湿筛(过 75μm 筛)/%	≥98
悬浮率[(30±2)℃下 30min,使用 CIPAC 标准水 D]/%	≥60
分散性[使用 CIPAC 标准水 D,(30±2)℃下搅动 60s]/%	≥70
持久起泡性(1min 后)/mL	≤50
润湿性/min	≤1
粉尘/mg	≤30(≤25,光学法测定)

流动性:(54±2)℃,25g/cm² 压力下贮存 14d 后,即刻或试验筛上下跌落 5 次后,通过 5mm 试验筛的样品应为 100%。

热贮稳定性 [(54±2)℃下贮存 14d]:有效成分含量应不低于贮前测得平均含量的97%,pH、湿筛、悬浮率、分散性、润湿性、粉尘、流动性仍应符合上述标准要求。

(3)有效成分分析方法可参照原药。

5. 噁霜灵种子处理可分散粉剂 (oxadixyl water dispersible powders for slurryseed treatment)

FAO 规格 397/WS/S/F(1997)

（1）组成和外观

本品应由符合 FAO 标准的噁霜灵原药、填料和助剂（包括染料）组成，应为细粉末，无可见的外来物和硬块。

（2）技术指标

噁霜灵含量（g/kg）：

标明含量	允许波动范围
>25 且≤100	标明含量的±10%
>100 且≤250	标明含量的±6%
>250 且≤500	标明含量的±5%
pH	5.0～10.0
湿筛（未通过 75μm 筛）/%	≤2
持久起泡性（1min 后）/mL	≤25
润湿性（无搅动）/min	≤1

热贮稳定性 [（54±2）℃下贮存 14d]：有效成分含量应不低于贮前测得平均含量的 97%，pH、湿筛、润湿性仍应符合上述标准要求。

（3）有效成分分析方法可参照原药。

6. 噁霜灵悬浮种衣剂（oxadixyl suspension concentrates for seed treatment）

FAO 规格 397/FS/S/F（1997）

（1）组成和外观

本品应为由符合 FAO 标准的噁霜灵原药的细小颗粒悬浮在水相中，与助剂（包括染料）制成的悬浮液，经轻微搅动是均匀的悬浮液体，易于进一步用水稀释。

（2）技术指标

噁霜灵含量[g/kg 或 g/L（20℃）]：

标明含量	允许波动范围
>25 且≤100	标明含量的±10%
>100 且≤250	标明含量的±6%
>250 且≤500	标明含量的±5%
20℃下质量浓度/（g/mL）	若要求,则应标明
pH 范围	5.0～10.0
倾倒性（洗涤后无挥发性的残留物）/%	≤0.01
湿筛（通过 75μm 筛）/%	≥98
持久起泡性（1min 后）/mL	≤25
闪点（视需要）	≥标明的闪点,并对测定方法加以说明

低温稳定性 [（0±1）℃下贮存 7d]：产品的筛分仍应符合上述标准要求。

热贮稳定性 [（54±2）℃下贮存 14d]：有效成分含量应不低于贮前测得平均含量的 97%，pH、倾倒性、湿筛仍应符合标准上述要求。

（3）有效成分分析方法可参照原药。

氟硅唑（flusilazole）

$C_{16}H_{15}F_2N_3Si$, 315.4

化学名称 双（4-氟苯基)-($1H$,1,2,4-三唑-1-基甲基）甲硅烷

其他名称 克菌星

CAS 登录号 85509-19-9

CIPAC 编码 435

理化性状 本品为白色无味晶体，m. p. 53～55℃，v. p. 3.9×10^{-2} mPa(25℃)，$K_{ow}\lg P=$ 3.74(pH7，25℃)，相对密度 1.30，pK_a2.5。溶解度（mg/L，20℃）：水 45(pH7.8)、54 (pH7.2)、900(pH1.1)，易溶于多种有机溶剂（＞2kg/L)。稳定性：常规条件下热贮稳定性 2 年以上，对日光稳定，在 310℃ 以下稳定。

1. 氟硅唑原药（flusilazole technical material)

FAO 规格 435/TC(2008)

(1) 组成和外观

本品应由氟硅唑和相关的生产性杂质组成，应为无味白色结晶固体，无可见的外来物和添加的改性剂。

(2) 技术指标

氟硅唑含量/(g/kg)　　　　　　　　　　　　　　≥925

(3) 有效成分分析方法——气相色谱法

① 方法提要　试样用乙腈溶解，以二苯酮为内标物，用带有氢火焰离子化检测器的气相色谱仪对氟硅唑原药进行分离和测定。

② 分析条件　色谱柱：10m×0.53mm(i. d.)，液膜厚度 2.0μm，壁涂 50% 苯基甲基硅氧烷 HP-17（或相当的固定液）；检测器：FID；柱温：150～265℃，15℃/min 升温，在 265℃ 下保持 4min；汽化温度：250℃；检测器温度：300℃；载气（氮气）流速：20mL/ min；氢气流速：50mL/min；空气流速：300mL/min；进样体积：1μL；保留时间：氟硅唑约 6min，二苯酮约 3min。

2. 氟硅唑乳油（flusilazole emulsifiable concentrate)

FAO 规格 435/EC(2008)

(1) 组成和外观

本品应由符合 FAO 标准的氟硅唑原药和助剂溶解在适宜的溶剂中制成，应为稳定的均相液体，无可见的悬浮物和沉淀，应用时用水稀释后呈乳状液。

(2) 技术指标

氟硅唑含量[g/kg 或 g/L(20±2)℃]：

标明含量　　　　　　　　　　　允许波动范围

>250 且≤500　　　　　　　　　　　标明含量的±5%

持久起泡性(1min 后)/mL　　　　　　≤10

乳液稳定性和再乳化：在(30±2)℃下用 CIPAC 规定的标准水（标准水 A 或标准水 D）稀释，该乳液应符合下表要求。

稀释后时间/h	稳定性要求
0	初始乳化完全
0.5	乳膏≤0
2	乳膏≤0,浮油≤0
24	再乳化完全
24.5	乳膏≤2mL,浮油≤0

注：在应用 MT36.3 时，只有在 2h 后的检测有疑问时再进行 24h 以后的检测。

低温稳定性〔(0±2)℃下贮存 7d〕：析出固体和/或液体的体积应小于等于 0.3mL。

热贮稳定性〔(54±2)℃下贮存 14d〕：有效成分含量应不低于贮前测得平均含量的95%，乳液稳定性和再乳化仍应符合上述标准要求。

(3) 有效成分分析方法可参照原药。

3. 氟硅唑水乳剂（flusilazole emulsion, oil in water）

FAO 规格 435/EW(2008)

(1) 组成和外观

本品应为由符合 FAO 标准的氟硅唑原药与适宜的助剂在水相中形成的白至灰白色乳状液。轻摇后应为适宜用水稀释的均匀液体。

(2) 技术指标

氟硅唑含量[g/kg 或 g/L,(20±2)℃]：

标明含量　　　　　　　　　　　允许波动范围

>25 且≤100　　　　　　　　　标明含量的±10%

>100 且≤250　　　　　　　　　标明含量的±6%

倾倒性(残余物)/%　　　　　　　　≤3.5

持久起泡性(1min 后)/mL　　　　　　≤10

乳液稳定性和再乳化：在(30±2)℃下用 CIPAC 规定的标准水（标准水 A 和标准水 D）稀释，该乳液应符合下表要求。

稀释后时间/h	稳定性要求
0	初始乳化完全
0.5	乳膏≤0
2	乳膏≤0,浮油≤0
24	再乳化完全
24.5	乳膏≤2mL,浮油≤0

注：在应用 MT36.3 时,只有在 2h 后的检测有疑问时再进行 24h 以后的检测。

低温稳定性〔(0±2)℃下贮存 7d〕：轻轻搅动后无可见颗粒或油状物。

热贮稳定性〔(54±2)℃下贮存 14d〕：有效成分含量应不低于贮前测得平均含量的95%，乳液稳定性和再乳化仍应符合上述标准要求。

(3) 有效成分分析方法可参照原药。

4. 氟硅唑水分散粒剂（flusilazole water dispersible granule）

FAO 规格 435/WG/S/F(1997)

(1) 组成和外观

本品为由符合 FAO 标准的氟硅唑原药或原药浓剂、填料和助剂组成的水分散粒剂，适于在水中崩解、分散后使用，干燥、易流动，无可见的外来物和硬块。

(2) 技术指标

氟硅唑含量(g/kg)：

标明含量	允许波动范围
>100 且 250	标明含量的 ±6%
>250 且 500	标明含量的 ±5%
>500	±25
pH 范围	6~11
湿筛(通过 75μm 筛)/%	≥98
悬浮率(使用 CIPAC 标准水 D)/%	≥70
分散性(使用 CIPAC 标准水 D,搅动 60s 后)/%	≥70
持久起泡性(1min 后)/mL	≤25
润湿性/s	≤10
粉尘(收集的粉尘)/mg	≤12

流动性：试验筛上下跌落 20 次后，通过 5mm 试验筛的样品应为 100%。

热贮稳定性 [(54±2)℃下贮存 14d]：有效成分含量应不低于贮前测得平均含量的 97%，pH、分散性仍应符合上述标准要求。

(3) 有效成分分析方法可参照原药。

福美双（thiram）

$$C_6H_{12}N_2S_4，240.4$$

化学名称 双（N,N-二甲基甲硫酰）二硫化物

其他名称 秋兰姆、赛欧散、阿脱生

CAS 登录号 137-26-8

CIPAC 编码 24

理化性状 本品为灰白色粉末，m. p. 144~146℃，v. p. 2×10^{-2} mPa(25℃)，相对密度 1.36(20℃)。溶解度 (g/L, 20℃)：水中 0.0165，正己烷 0.093，二甲苯 8.3，甲醇 1.91，二氯乙烷 164，丙酮 21.0，乙酸乙酯 8.53。稳定性：在中性和碱性水溶液中快速分解；DT_{50} 68.5d(pH5)，3.5d(pH7) ≤1d(pH9)(25℃)。

1. 福美双原药（thiram technical）

FAO 规格 24/1/S/18(1979)

（1）组成和外观

本品由福美双与相关的生产杂质组成，为白色至乳白色粉末，无可见的外来物和添加的改性剂。

（2）技术指标

福美双含量/%	≥96.0，使用二硫化碳方法测定含量时，允许波动范围用标明含量的上下限表示
水不溶物/%	≤0.7
水分/%	≤1.5

（3）有效成分分析方法——高效液相色谱法

① 方法提要　试样用含对羟基苯甲酸丙酯作内标物的二氯甲烷溶解，以己烷-异丙醇作流动相，在硅胶柱上对福美双进行分离，使用紫外检测器，在250nm处测定紫外吸收，以峰高或峰面积计算福美双含量。

② 分析条件　色谱柱：250mm×4.6mm（i.d.），Partisil 10μm ODS柱；流动相：己烷-异丙醇[95∶5（体积比）]；流速：1.5mL/min；检测波长：250nm；温度：室温；进样体积：20μL；保留时间：对羟基苯甲酸丙酯3.5min，福美双5.0min。

注：由于溶剂效应使得福美双峰不对称。

2. 福美双粉剂 （thiram dust）

FAO规格 24/2/S/16(1979)

（1）组成和外观

本品由符合FAO标准的福美双原药、载体和助剂组成，应为易流动的细粉末，无可见的外来物和硬块。

（2）技术指标

福美双含量/%	应标明含量,使用二硫化碳方法测定含量时,允许波动范围为标明含量的±15%
水分/%	≤2.0
干筛（通过75μm筛）/%	≥98 留在试验筛上福美双的量应不超过测定所用样品量的(0.06X)%；X(%)是标明的福美双含量
流动数	≤12

热贮稳定性 [(54±2)℃下贮存14d]：福美双含量、干筛仍应符合上述标准要求。

（3）有效成分分析方法可参照原药。

3. 福美双可分散性粉剂 （thiram dispersible powder）

FAO规格 24/3/S/16(1979)

（1）组成和外观

本品为由符合FAO标准的福美双原药、填料和助剂组成的水分散性粒剂，适于在水中崩解、分散后使用，应干燥、易流动，无可见的外来物和硬块。

（2）技术指标

福美双含量（g/kg）：	
标明含量	允许波动范围为标明含量的±3%
水分/%	≤2.0
湿筛（通过75μm筛）/%	≥98

悬浮率(%)：

热贮前	≥75(使用 CIPAC 标准水 A)
热贮后	≥65(使用 CIPAC 标准水 C)
1%水分散液的 pH 范围	5.0～9.0
润湿性(无搅动)/min	≤1
持久起泡性(1min 后)/mL	≤25

热贮稳定性 [(54±2)℃下贮存 14d]：有效成分含量、湿筛、悬浮率和润湿性仍应符合上述标准要求。

(3) 有效成分分析方法可参照原药。

4. 福美双水分散性粒剂 (thiram water-dispersible granule)

FAO 规格 24/WG/S(1990)

(1) 组成和外观

本品为由符合 FAO 标准的福美双原药、填料和助剂组成的水分散性粒剂，适于在水中崩解、分散后使用，应干燥、易流动，无可见的外来物和硬块。

(2) 技术指标

福美双含量(g/kg)：

标明含量	允许波动范围
≤500	标明含量的±5%
>500	±25
水分/(g/kg)	≤25
水分散液的 pH 范围	5～9
湿筛(通过 75μm 筛)/%	≥99.5
悬浮率(CIPAC 标准水 C,30min)/%	≥75
持久起泡性(1min 后)/mL	≤10
润湿性(无搅动)/min	≤2
粉尘(收集的粉尘)/mg	≤30

流动性：试验筛上下跌落 20 次后，通过 5mm 试验筛的样品应≥99%。

热贮稳定性 [(54±2)℃下贮存 14d]：有效成分含量、pH、湿筛、悬浮率、粉尘和流动性仍应符合上述标准要求。

(3) 有效成分分析方法可参照原药。

福美铁 (ferbam)

$C_9H_{18}FeN_3S_6$, 416.5

化学名称 二甲基二硫代氨基甲酸铁盐

CAS 登录号　14484-64-1

CIPAC 编码　57

理化性状　黑色粉末。m. p. 大于 180℃分解，v. p. 可忽略（20℃），$K_{ow} \lg P = -1.6$，$\rho = 0.6 kg/L$（堆积密度）。溶解度（20℃）：水 0.13g/L（室温），溶于高介电常数的有机溶剂，如氯仿、吡啶、乙腈和丙酮。稳定性：密闭容器中保存稳定，暴露于潮湿和炎热环境中，或者长期贮存会分解。

1. 福美铁原药（ferbam technical）

FAO 规格 57/1/(S)/6(1979)

(1) 组成和外观

本品由福美铁与相关的生产杂质组成，为黑色粉末，无可见的外来物和添加的改性剂。

(2) 技术指标

福美铁含量/%	≥85，允许波动范围为标明含量的±3%
总铁含量	福美铁测得含量的 13.4%～15.5%
福美双含量	≤标明含量，且检测含量不超过标明含量的 105%
亚铁含量	≤总铁含量的 10%
三氯甲烷不溶物/%	≤1.0
水分/%	≤1.5

(3) 有效成分分析方法——化学法

方法提要：将福美铁溶于 EDTA 四钠溶液，用沸腾的硫酸分解成乙二胺硫酸盐和二硫化碳，后者通过硫酸镉涤气器以除去所含有的硫化氢，然后导入盛有氢氧化钾甲醇溶液的吸收管组中，生成甲基黄原酸盐，后者用乙酸中和后，用标准碘溶液滴定。

2. 福美铁粉剂（ferbam dust）

FAO 规格 57/2/(S)/7(1979)

(1) 组成和外观

本品由符合 FAO 标准的福美铁原药、载体和助剂组成，应为易流动的细粉末，无可见的外来物和硬块。

(2) 技术指标

福美铁含量/%	应标明含量，允许波动范围为标明含量的±15%
总铁含量	福美铁测得含量的 13.4%～15.5%
福美双含量	≤福美铁标明含量的 105%
亚铁含量	≤总铁含量的 10%
水分/%	≤2.0
干筛（通过 75μm 筛）/%	≥98 留在试验筛上福美铁的量应不超过测定所用样品量的（0.06X）%；X（%）是测得的福美铁含量
流动数	≤12

热贮稳定性［(54±2)℃下贮存 14d］：福美铁含量，干筛仍应符合上述标准要求。

(3) 有效成分分析方法可参照原药。

3. 福美铁可分散性粉剂（ferbam dispersible powder）

FAO 规格 57/3/(S)/8(1979)

（1）组成和外观

本品由符合 FAO 标准的福美铁原药、载体和助剂组成，应为易流动的细粉末，无可见的外来物和硬块。

（2）技术指标

福美铁含量/%	应标明含量,允许波动范围为标明含量的±3%
总铁含量	福美铁测得含量的 13.4%～15.5%
福美双含量	≤福美铁标明含量的 105%
亚铁含量	≤总铁含量的 10%
水分/%	≤2.0
湿筛（通过 75μm 筛）/%	≥98
（通过 150μm 筛）/%	≥99.8
悬浮率（%）：	
热贮前	≥70（使用 CIPAC 标准水 A）
热贮后	≥60（使用 CIPAC 标准水 C）
1%水悬浮液的 pH 范围	5.0～9.0
润湿性（无搅动）/min	≤1
持久起泡性（1min 后）/mL	≤25

热贮稳定性 [（54±2）℃下贮存 14d]：福美铁含量，湿筛、悬浮率、润湿性仍应符合上述标准要求。

（3）有效成分分析方法可参照原药。

福美锌（ziram）

$C_6H_{12}N_2S_4Zn$，305.8

化学名称　*N*,*N*-二甲基二硫代氨基甲酸锌

其他名称　Milbam，Zerlate

CAS 登录号　137-30-4

CIPAC 编码　31

理化性状　灰白色粉末，m.p.246℃，相对密度 1.66（25℃）。溶解度（g/L，20℃）：水 0.97～18.3mg/L，丙酮 2.3，甲醇 0.11，甲苯 2.33，正己烷 0.07。稳定性：酸性环境中快速分解；水解 DT_{50}＜1h（pH5），18h（pH7）。

1. 福美锌原药（ziram technical）

FAO 规格 31/1/S/16（1979）

（1）组成和外观

本品由福美锌与相关的生产杂质组成，为白色至乳白色粉末，无可见的外来物和添加的改性剂。

(2) 技术指标

福美锌含量/%	≥95.0,使用二硫化碳方法测定含量时,允许波动范围为标明含量的±3%
锌含量	福美锌测得含量的21.0%~22.5%
砷含量/(mg/kg)	≤250
水分/%	≤1.5

(3) 有效成分分析方法——化学法

方法提要:将福美锌溶于 EDTA 四钠溶液,用沸腾的硫酸分解成乙二胺硫酸盐和二硫化碳,后者通过硫酸镉涤气器以除去所含有的硫化氢,然后导入盛有氢氧化钾甲醇溶液的吸收管组中,生成甲基黄原酸盐,后者用乙酸中和后,用标准碘溶液滴定。

2. 福美锌粉剂 (ziram dust)

FAO 规格 31/2/S/18(1979)

(1) 组成和外观

本品由符合 FAO 标准的福美锌原药、载体和助剂组成,应为易流动的细粉末,无可见的外来物和硬块。

(2) 技术指标

福美锌含量/%	应标明含量,使用二硫化碳方法测定含量时,允许波动范围为标明含量的±10%
锌含量	福美锌测得含量的21.0%~22.5%
砷含量	≤$2.5X+20$mg/kg,X(%)为福美锌标明含量
水分/%	≤2.0
干筛(通过 75μm 筛)/%	≥98 留在试验筛上福美锌的量应不超过测定样品量的($0.06X$)%;X(%)为福美锌的标明含量
流动数	≤12

热贮稳定性 [(54±2)℃下贮存14d]:福美锌含量应不低于贮前含量的95%,干筛仍应符合上述标准要求。

(3) 有效成分分析方法可参照原药。

3. 福美锌可分散性粉剂 (ziram dispersible powder)

FAO 规格 31/3/S/18(1979)

(1) 组成和外观

本品由符合 FAO 标准的福美锌原药、载体和助剂组成,应为易流动的细粉末,无可见的外来物和硬块。

(2) 技术指标

福美锌含量/%	应标明含量,允许波动范围为标明含量的±3%
锌含量	福美锌测得含量的21.0%~22.5%
砷含量/(mg/kg)	≤$2.5X$,X(%)为福美锌标明含量
水分/%	≤2.0
湿筛(通过 75μm 筛)/%	≥98
悬浮率(%):	
热贮前	≥70(使用 CIPAC 标准水 A)
热贮后	≥60(使用 CIPAC 标准水 C)

1%水悬浮液的 pH 范围	5.0～9.0
润湿性（无搅动）/min	≤1
持久起泡性（1min 后）/mL	≤25

热贮稳定性［(54±2)℃下贮存 14d］：福美锌含量应不低于贮前含量的 95％，筛分、悬浮率、润湿性仍应符合上述标准要求。

（3）有效成分分析方法可参照原药。

4. 福美锌水分散性粒剂（ziram water-dispersible granule）

FAO 规格 31/WG/S(1990)

（1）组成和外观

本品为由符合 FAO 标准的福美锌原药、填料和助剂组成的水分散性粒剂，适于在水中崩解、分散后使用，无可见的外来物和硬块。

（2）技术指标

福美锌含量(g/kg)：

标明含量	允许波动范围
≤500	标明含量的±5％
>500	±25

锌含量	应为福美锌含量的 21％～22.5％
砷含量/(mg/kg)	≤0.25X＋20,X(％)为测得福美锌含量
水分/(g/kg)	≤25
水分散液的 pH 范围(1％分散液)	5～9
湿筛（通过 75μm 筛）/％	≥99.5
悬浮率(CIPAC 标准水 C,30min)/％	≥75
持久起泡性(1min 后)/mL	≤10
润湿性（无搅动）/min	≤2
粉尘（收集的粉尘）/mg	≤30

流动性：试验筛上下跌落 20 次后，通过 5mm 试验筛的样品应≥99％。

热贮稳定性［(54±2)℃下贮存 14d］：有效成分含量、pH、湿筛、悬浮率、粉尘和流动性仍应符合标准要求。

（3）有效成分分析方法可参照原药。

腐霉利（procymidone）

$C_{13}H_{11}Cl_2NO_2$, 284.1

化学名称 N-(3,5-二氯苯基)-1,2-二甲基环丙烷-1,2-二甲酰基亚胺

其他名称 二甲菌核利，腐霉灵

CAS 登录号 32809-16-8

CIPAC 编码 383

理化性状 纯品为无色结晶（工业品呈浅棕色固体），m. p. 166～166.5℃（工业品164～166℃），v. p. 18mPa（25℃）、10.5mPa（20℃），$K_{ow}\lg P = 3.14$(26℃)，相对密度 1.452

（25℃）。溶解度（g/L，25℃）：水 4.5mg/L（25℃）；微溶于醇类；丙酮 180，二甲苯 43，氯仿 210，DMF 230，甲醇 16。稳定性：正常贮存条件下稳定，对光、热和潮湿稳定。

1. 腐霉利原药（procymidone technical material）

FAO 规格 383/TC（2001）

（1）组成和外观

本品应由腐霉利和相关的生产性杂质组成，应为浅黄（灰）色至浅棕色颗粒或粉末，无可见的外来物和添加的改性剂。

（2）技术指标

腐霉利含量/（g/kg）　　　　≥985（测定结果的平均含量应不低于最小的标明含量）

（3）有效成分分析方法——气相色谱法。

① 方法提要　试样用带有氢火焰离子化检测器的气相色谱仪对进行分离和测定，癸二酸二丁酯作为内标。

② 分析条件　气相色谱仪：带有氢火焰离子化检测器；色谱柱：30m×0.25mm（i. d.），1.0μm，填充二甲基聚硅氧烷（DB-1 或等效柱）；进样体积：1μL；分流流速：约 100mL/min；柱温：240℃（如有必要，设定一个短的升温程序以使制剂成分流出）；汽化温度：250℃；检测器温度：300℃；载气（氮气）流速：35cm/s；保留时间：腐霉利 9.7min，癸二酸二丁酯 11.0min。

2. 腐霉利可湿性粉剂（procymidone wettable powder）

FAO 规格 383/WP（2001）

（1）组成和外观

本品为由符合 FAO 标准的腐霉利原药、填料和助剂组成，应为细粉末，无可见的外来物和硬块。

（2）技术指标

腐霉利含量（g/kg）：

标明含量	允许波动范围
＞100 且≤250	标明含量的±6％
＞250 且≤500	标明含量的±5％
＞500	±25
pH 范围	4～8
湿筛（通过 75μm 筛）/％	≥98
悬浮率（30℃下 30min,使用 CIPAC 标准水 D）/％	≥60
润湿性（不经搅动）/s	≤60
持久起泡性（1min 后）/mL	≤60

热贮稳定性 [（54±2）℃下贮存 14d]：有效成分含量应不低于贮前测得平均含量的 97％、pH 范围、湿筛、悬浮率、润湿性仍应符合上述标准要求。

（3）有效成分分析方法可参照原药。

3. 腐霉利水分散粒剂（procymidone water dispersible granule）

FAO 规格 383/WG（2001）

（1）组成和外观

本品为由符合 FAO 标准的腐霉利原药、载体和助剂制成的颗粒，适于在水中崩解、分散后使用，应为干燥、易流动的颗粒，基本无粉尘，无可见的外来物和硬块。

（2）技术指标

腐霉利含量（g/kg）：

标明含量	允许波动范围
＞100 且≤250	标明含量的±6％
＞250 且≤500	标明含量的±5％
＞500	±25

pH 范围	5～9
湿筛（通过 75μm 筛）/％	≥98
分散性（1min 后,经搅动）/％	≥70
悬浮率[（30±2）℃下 30min,使用 CIPAC 标准水 D]/％	≥70
润湿性（不经搅动）/s	≤60
持久起泡性（1min 后）/mL	≤60
粉尘/mg	基本无粉尘

流动性：试验筛上下跌落 20 次后，通过 5mm 试验筛的样品应为 100％。

热贮稳定性［（54±2）℃下贮存 14d］：有效成分含量应不低于贮前测得平均含量的 97％、pH 范围、湿筛、悬浮率、分散性、粉尘仍应符合上述标准要求。

（3）有效成分分析方法可参照原药。

4. 腐霉利悬浮剂（procymidone aqueous suspension concentrate）

FAO 规格 383/SC（2001）

（1）组成和外观

本品应为由符合 FAO 标准的腐霉利原药的细小颗粒悬浮在水相中，与助剂制成的悬浮液，经轻微搅动为均匀的悬浮液体，易于进一步用水稀释。

（2）技术指标

腐霉利含量[g/kg 或 g/L（20℃）]：

标明含量	允许波动范围
＞100 且≤250	标明含量的±6％
＞250 且≤500	标明含量的±5％
＞500	±25

20℃下质量浓度/（g/mL）	若要求,则应标明范围
pH 范围	6～9
倾倒性（倾倒后残余物）/％	≤8
自动分散性[（30±2）℃下,使用 CIPAC 标准水 D,5min 后]/％	≥70
湿筛（通过 75μm 筛）/％	≥99.5
悬浮率（30℃下 30min,使用 CIPAC 标准水 D）/％	≥70
持久起泡性（1min 后）/mL	≤60

低温稳定性［（0±2）℃下贮存 7d］：产品的悬浮率、湿筛仍应符合标准要求。

热贮稳定性［（54±2）℃下贮存 14d］：有效成分含量应不低于贮前测得平均含量的 97％，pH 值范围、倾倒性、自动分散性、悬浮率、湿筛仍应符合标准要求。

（3）有效成分分析方法可参照原药。

甲基硫菌灵 (thiophanate-methyl)

$$\text{NHCSNHCOOCH}_3$$
$$\text{NHCSNHCOOCH}_3$$

$C_{12}H_{14}N_2O_4S_2$, 342.4

化学名称　4,4'-(1,2-亚苯基) 双 (3-硫代脲基甲酸甲酯)

其他名称　甲基托布津

CAS 登录号　23564-05-8

CIPAC 编码　262

理化性状　本品为无色晶体，m. p. 172℃（分解），v. p. 0.0095mPa(25℃)，$K_{ow}\lg P =$ 1.50（水中，20℃）。溶解度（g/kg，23℃）：0.0224（pH4）、0.0221（pH5）、0.0207 (pH6)、0.0185(pH7)、0.0168(pH7.5)；其他溶剂，丙酮58.1，环己酮43，甲醇29.2，氯仿26.2，乙腈24.2，乙酸乙酯11.9。稳定性：室温下在中性水溶液中稳定；对空气和阳光稳定；室温下在酸性溶液中非常稳定，碱性溶液中则不稳定；$DT_{50} = 24.5h$(pH9，22℃)，50℃以下制剂产品稳定期≥2年。$pK_a = 7.28$。

1. 甲基硫菌灵原药 (thiophanate-methyl technical)

FAO 规格 262/TC/S/F(1993)

(1) 组成和外观

本品应由甲基硫菌灵和相关的生产性杂质组成，为浅褐色粉末，无可见的外来物和添加的改性剂。

(2) 技术指标

甲基硫菌灵含量/(g/kg)	≥950(允许波动范围为±20g/kg)
2,3-二氨吩嗪	≤测得的甲基硫菌灵含量的 0.5mg/kg
2-氨基-3-羟基吩嗪	≤测得的甲基硫菌灵含量的 0.5mg/kg
酸度或碱度：	
酸度(以 H_2SO_4 计)/(g/kg)	≤0.1
碱度(以 NaOH 计)/(g/kg)	≤0.1

(3) 有效成分分析方法——高效液相色谱法

① 方法提要　试样用甲醇溶解，以 4-羟基苯甲酸丙酯为内标物，用乙腈-甲醇-水作流动相，在反相色谱柱上对甲基硫菌灵进行分离，使用紫外检测器（269nm）对甲基硫菌灵含量进行测定。

② 分析条件　色谱柱：不锈钢，250mm×4.6mm(i. d.)，填充 LiChrosorb RP-8 10μm 或 Zorbax BP C_8，7～8μm，理论塔板数至少为5000；流动相：乙腈-甲醇-水 [250：250：500（体积比）]，过滤并脱气；流速：1.0mL/min；检测波长：269nm；温度：40℃；进样体积：20μL；保留时间：甲基硫菌灵 6.7min，4-羟基苯甲酸丙酯 10.4min。

2. 甲基硫菌灵可湿性粉剂 (thiophanate-methyl wettable powder)

FAO 规格 262/WP/S/F(1993)

(1) 组成和外观

本品应由符合 FAO 标准的甲基硫菌灵原药、填料和助剂组成，应为细粉末，无可见的外来物和硬块。

（2）技术指标

甲基硫菌灵含量（g/kg）：

标明含量	允许波动范围
≤500	标明含量的±5％
>500	±25
2,3-二氨吩嗪	≤测得的甲基硫菌灵含量的 0.5mg/kg
2-氨基-3-羟基吩嗪	≤测得的甲基硫菌灵含量的 0.5mg/kg
pH 范围	4.0～7.0
湿筛（留在 75μm 筛）/％	≤2
悬浮率（25℃下 30min，使用 CIPAC 标准水 C）/％	≥60
持久起泡性（1min 后）/mL	≤25
润湿性（无搅动）/min	≤1

热贮稳定性〔(54±2)℃下贮存 14d〕：有效成分含量应不低于贮前测得平均含量的97％，pH、湿筛、悬浮率仍应符合上述标准要求。

（3）有效成分分析方法可参照原药。

3. 甲基硫菌灵悬浮剂（thiophanate-methyl aqueous suspension concentrate）

FAO 规格 262/SC/S/P(1993)

（1）组成和外观

本品应为由符合 FAO 标准的甲基硫菌灵原药的细小颗粒悬浮在水相中与助剂制成的悬浮液，经轻微搅动为均匀的悬浮液体，易于进一步用水稀释。

（2）技术指标

甲基硫菌灵含量[g/kg 或 g/L(20℃)]：

标明含量	允许波动范围
≤500	标明含量的±5％
>500	±25
2,3-二氨吩嗪	≤测得的甲基硫菌灵含量的 0.5mg/kg
2-氨基-3-羟基吩嗪	≤测得的甲基硫菌灵含量的 0.5mg/kg
20℃下每毫升质量/(g/mL)	若指标，则应标明
pH 范围	6.0～9.0
倾倒性（残余物）/％	≤2.5
（清洗后残留物）/％	≤0.5
自动分散性（25℃下，使用 CIPAC 标准水 C,5min 后）/％	≥80
湿筛（通过 75μm 筛）/％	≥98
悬浮率（25℃下 30min,使用 CIPAC 标准水 C）/％	≥80
持久起泡性（1min 后）/mL	≤40

低温稳定性〔(0±1)℃下贮存 7d〕：产品的自动分散性、悬浮率、湿筛仍应符合上述标

准要求。

热贮稳定性 [(54±2)℃下贮存 14d]：有效成分含量应不低于贮前测得平均含量的 97％，pH、倾倒性、自动分散性、悬浮率、湿筛仍应符合上述标准要求。

(3) 有效成分分析方法可参照原药。

甲霜灵（metalaxyl）

$C_{15}H_{21}NO_4$，279.3

化学名称 *N*-(2-甲氧基乙酰基)-*N*-(2,6-二甲基苯基)-DL-*α*-氨基丙酸甲酯

其他名称 瑞毒霉，立达霉，灭达乐，雷多米尔

CAS 登录号 57837-19-1

CIPAC 编码 365

理化性状 本品为白色粉末，m.p.63.5～72.3℃，相对密度1.20（20℃），v.p.0.75mPa(25℃)，$K_{ow}\lg P=1.75$(25℃)。溶解度：水8.4g/L(22℃)，乙醇400g/L(25℃)，甲苯340g/L(25℃)，正己烷11g/L(25℃)，正辛醇68g/L(25℃)。稳定性：300℃以下稳定；室温下在中性或酸性介质中稳定；水解DT_{50}（计算值）（20℃）>200d(pH1)，115d(pH9)，12d(pH10)。

1. 甲霜灵原药 (metalaxyl technical)

FAO 规格 365/TC/S/F(1992)

(1) 组成和外观

本品应由甲霜灵和相关的生产性杂质组成，应为棕色粉末或熔化后的固化物，或为棕色片状或球状固体，无可见的外来物和添加的改性剂。

(2) 技术指标

甲霜灵含量/(g/kg)	≥950(允许波动范围为±20g/kg)
2,6-二甲基苯胺/(g/kg)	≤1

(3) 有效成分分析方法——气相色谱法

① 方法提要　试样用丙酮溶解，以硬脂酸甲酯为内标物，用带有氢火焰离子化检测器的气相色谱仪对试样中的甲霜灵进行分离和测定。

② 分析条件　气相色谱仪：带有氢火焰离子化检测器；色谱柱：1.8m×2mm(i.d.)，填充 10% OV-101/Chromosorb W-HP，150～170μm；柱温：205℃；汽化温度：225℃；检测器温度：260℃；载气（氮气）流速：35mL/min；氢气、空气流速：按仪器要求设定；进样体积：1μL；保留时间：甲霜灵4.5min，硬脂酸甲酯9.5min。

2. 甲霜灵可湿性粉剂 (metalaxyl wettable powder)

FAO 规格 365/WP/S/F(1992)

（1）组成和外观

本品应由符合 FAO 标准的甲霜灵原药、填料和助剂组成，应为细粉末，无可见的外来物和硬块。

（2）技术指标

甲霜灵含量（g/kg）：

标明含量	允许波动范围
≤250	标明含量的±6%
>250 且≤500	标明含量的±5%

2,6-二甲基苯胺	≤测得的甲霜灵含量的 0.1%
pH	5～10
湿筛（留在 75μm 筛上）/%	≤2
悬浮率（30℃下 30min，使用 CIPAC 标准水 C）/%	≥60
持久起泡性（1min 后）/mL	≤25
润湿性（无搅动）/min	≤1

热贮稳定性 [（54±2）℃下贮存 14d]：有效成分含量应不低于贮前测得平均含量的 97%，pH、湿筛、悬浮率仍应符合上述标准要求。

（3）有效成分分析方法可参照原药。

3. 甲霜灵乳油（metalaxyl emulsifiable concentrate）

FAO 规格 365/EC/S/F(1992)

（1）组成和外观

本品应由符合 FAO 标准的甲霜灵原药和其他助剂溶解在适宜的溶剂中制成，应为稳定的均相液体，无可见的悬浮物和沉淀。

（2）技术指标

甲霜灵含量[g/kg 或 g/L(20℃)]：

标明含量	允许波动范围
≤250	标明含量的±6%
>250 且≤500	标明含量的±5%

2,6-二甲基苯胺	≤测得的甲霜灵含量的 0.1%
pH 范围	5～9
闪点（闭杯法）	≥标明的闪点，并对测定方法加以说明

乳液稳定性和再乳化：本产品在 30℃下用 CIPAC 规定的标准水（标准水 A 或标准水 C）稀释，该乳液应符合下表要求：

稀释后时间/h	稳定性要求
0	初始乳化完全
0.5	乳化程度不低于 75%
2	乳化程度不低于 60%
24	再乳化完全
24.5	乳化程度不低于 75%

低温稳定性 [（0±1）℃下贮存 7d]：无固体或液体析出。

热贮稳定性［（54±2）℃下贮存 14d］：有效成分平均含量不应低于贮前测得平均含量的97％、pH、乳液稳定性仍应符合上述标准要求。

（3）有效成分分析方法可参照原药。

4. 甲霜灵颗粒剂（metalaxyl granule）

FAO 规格 365/GR/S/F(1992)
（适用于机器施药）

（1）组成和外观

本品应由符合 FAO 标准的甲霜灵原药和适宜的载体及其他助剂制成，应为干燥、易流动的颗粒，无可见的外来物和硬块，基本无粉尘，易于机器施药。

（2）技术指标

甲霜灵含量（g/kg）：

标明含量	允许波动范围
≤25	标明含量的±15％
＞25 且≤100	标明含量的±10％
＞100	标明含量的±6％
2,6-二甲基苯胺	≤测得的甲霜灵含量的 0.1％
pH 范围（如必要）	5～10

堆积密度范围：在适当的情况下，应标明本产品堆积密度范围。当要求时，密度应≥0.5g/mL。

粒度范围：应标明产品的粒度范围，粒度范围下限与上限的粒径比例应不超过 1：4，在粒度范围内的本品应≥85％。

125μm 试验筛筛余物（留在 125μm 试验筛上），≥970g/kg，且留在筛上的样品中甲霜灵含量应不低于测得含量的 92％。

热贮稳定性［（54±2）℃下贮存 14d］：有效成分含量不应低于贮前测得平均含量的95％、pH、粒度范围、125μm 试验筛筛余物仍应符合上述标准要求。

（3）有效成分分析方法可参照原药。

5. 甲霜灵种子处理液剂（metalaxyl solutions for seed treatment）

FAO 规格 365/LS/S/F(1992)

（1）组成和外观

本品应由符合 FAO 标准的甲霜灵原药和其他助剂（包括染色剂）组成的溶液，无可见的悬浮物和沉淀。

（2）技术指标

甲霜灵含量[g/kg 或 g/L(20℃)]：

标明含量	允许波动范围
≤250	标明含量的±6％
＞250 且≤500	标明含量的±5％
2,6-二甲基苯胺	≤测得的甲霜灵含量的 0.1％
pH 范围	5～10
闪点（闭杯法）	≥标明的闪点，并对测定方法加以说明
与水的混溶性	本品应能以任何比例与水混溶

低温稳定性［(0±1)℃下贮存 7d］：无固体或液体析出。

热贮稳定性［(54±2)℃下贮存 14d］：有效成分含量应不低于贮前测得平均含量的97％，与水的混合性应符合上述标准要求。

(3) 有效成分分析方法可参照原药。

6. 甲霜灵种子处理可分散粉剂 (metalaxyl water dispersible power for slurryseed treatment)

FAO 规格 356/WS/S/F(1992)

(1) 组成和外观

本品应由符合标准的甲霜灵原药、填料和助剂组成，应为细粉末，无可见的外来物和硬块。

(2) 技术指标

甲霜灵含量［g/kg 或 g/L(20℃)］：

标明含量	允许波动范围
≤250	标明含量的±6％
>250 且≤500	标明含量的±5％
2,6-二甲基苯胺	≤测得的甲霜灵含量的 0.1％
pH 范围(如必要)	5～10
水分/(g/kg)	≤20
湿筛(通过 75μm 筛)/％	≥98
持久起泡性(1min 后)/mL	≤25
润湿性(经搅动)/min	≤1

热贮稳定性［(54±2)℃下贮存 14d］：有效成分含量应不低于贮前测得平均含量的97％，湿筛仍应符合上述标准要求。

(3) 有效成分分析方法可参照原药。

碱式碳酸铜 (cupric carbonate basic)

$$Cu_2(OH)_2CO_3$$
$$CH_2Cu_2O_5, \quad 221.1$$

化学名称 碱式碳酸铜

其他名称 碳酸铜、盐基性碳酸铜

CAS 登录号 12069-69-1

理化性状 孔雀绿色细小无定形粉末。m.p.200℃，$\rho = 3.85 g/mL$。溶解度：水 $1.462 \times 10^{-5} g/L$ (20℃)，不溶于冷水和醇，溶于氰化物、氨水、铵盐和碱金属碳酸盐水溶液中。稳定性：常温常压下稳定。

碱式碳酸铜原药 (cupric carbonate basic technical)

FAO 规格 44.2ca/TC/S(1989)

(1) 组成和外观

本品为由有效成分碱式碳酸铜［$Cu(OH)_2CuCO_3$］和相关的生产杂质组成，为绿色无定形粉末，无可见的外来物和添加的改性剂。

（2）技术要求

总铜含量/（g/kg）	≥550，允许波动范围为±10g/kg）
水可溶性铜含量	≤20Xmg/kg，X为测得的铜含量
砷含量	≤0.1Xmg/kg，X为测得的铜含量
铅含量	≤0.5Xmg/kg，X为测得的铜含量
镉含量	≤0.1Xmg/kg，X为测得的铜含量

（3）有效成分分析方法见 CIPAC 1 卷。

克菌丹（captan）

$C_9H_8Cl_3NO_2S$，300.6

化学名称　N-三氯甲硫基-1,2,3,6-四氢苯邻二甲酰亚胺

CAS 登录号　133-06-2

CIPAC 编码　40

理化性状　本品为无色晶体（工业品可呈无色至米色不规则固体，带刺激性气味）。m. p. 178℃（工业品为175~178℃），v. p. <1.3mPa(25℃)，$K_{ow}lgP=2.8$(25℃)，相对密度1.74(26℃)。溶解度（g/kg，26℃）：水 3.3mg/L(25℃)；二甲苯 20，氯仿 70，丙酮21，环己酮23，二噁烷47，苯21，甲苯6.9，异丙醇1.7，乙醇2.9，乙醚2.5；不溶于石油。稳定性：在中性条件下缓慢水解，在碱性条件下快速水解；$DT_{50}=32.4$h(pH5)，8.3h(pH7)，<2min(pH10)（20℃）；热贮稳定性DT_{50}>4 年（80℃），14.2d(120℃)。

1. 克菌丹原药（captan technical）

FAO 规格 40/TC/S(1990)

（1）组成和外观

本品应由克菌丹和相关的生产性杂质组成，应为近白色至黄褐色粉末，无可见的外来物和添加的改性剂。

（2）技术指标

克菌丹含量/（g/kg）	≥910（允许波动范围为±30g/kg）
全氯甲硫醇(perchlormethyl mercaptan)/（g/kg）	≤10
干燥减量/（g/kg）	≤15
pH 范围（1%水分散液）	7.0~8.5

（3）有效成分分析方法

① 方法一：液相色谱法

a. 方法提要　试样溶于二氯甲烷中，以二氯甲烷作流动相，在硅胶柱上对克菌丹进行分离，以邻苯二甲酸二乙酯作内标物，使用紫外检测器（254nm）对克菌丹含量进行测定。

b. 分析条件　液相色谱仪：能产生超过 6.8MPa 压力；色谱柱：250mm × 4.6mm（i.d.），Partisil $10\mu m$ 或相当的色谱柱；内标物：邻苯二甲酸二乙酯；流动相：二氯甲烷；流速：2.5mL/min；检测波长：254nm；检测器灵敏度：0.16AUFS；温度：室温；进样体积：$20\mu L$；保留时间：克菌丹 4～6min，邻苯二甲酸二乙酯约 8min。

② 方法二：气相色谱法

a. 方法提要　试样用二噁烷溶解，以狄氏剂为内标物，用带有氢火焰离子化检测器的气相色谱仪对试样中的克菌丹进行分离和测定。

b. 分析条件　气相色谱仪：带有氢火焰离子化检测器；色谱柱：1.5m×6mm（外径），填充 3% XE-60/Chromosorb G；内标溶液：5.0g 狄氏剂溶于 500mL 二噁烷中；柱温：220℃；汽化温度：250℃；检测器温度：250℃；载气（氮气或氦气）流速：30mL/min；氢气流速：50mL/min；空气流速：300mL/min；保留时间：调整柱温、载气流速、进样体积和记录仪衰减，以便在 10min 内，使克菌丹和狄氏剂完全分离。

2. 克菌丹可湿性粉剂（captan wettable powder）

FAO 规格 40/WP/S(1990)

（1）组成和外观

本品应由符合 FAO 标准的克菌丹原药、填料和助剂组成，应为细粉末，无可见的外来物和硬块。

（2）技术指标

克菌丹含量(g/kg)：

标明含量	允许波动范围
≤400	标明含量的±5%
>400	±20

全氯甲硫醇	≤测得的克菌丹含量的 1%
1%水分散液的 pH	≥6.5
湿筛(通过 $75\mu m$ 筛)/%	≥98
悬浮率(CIPAC 标准水 C,30min)/%	≥60
持久起泡性(1min 后)/mL	≤25
润湿性(无搅动)/min	≤1

热贮稳定性[(54±2)℃下贮存 14d]:有效成分含量、全氯甲硫醇、pH、湿筛、悬浮率、润湿性仍应符合上述标准要求。

（3）有效成分分析方法可参照原药。

3. 克菌丹粉剂（captan dustable powder）

FAO 规格 40/DP/S(1990)

（1）组成和外观

本品应由符合 FAO 标准的克菌丹原药、载体和助剂组成，应为易流动的细粉末，无可见的外来物和硬块。

（2）技术指标

克菌丹含量/%	应标明含量,允许波动范围为标明含量的±10%

全氯甲硫醇	≤测得的克菌丹含量的 1%
1%水分散液的 pH	≥6.5
流动数,若要求	≤12
干筛(未通过 75μm 筛)/%	≤5(0.005X)%,X(g/kg)为测定的克菌丹含量

$$\frac{0.005 \times 50 \times 20}{100} g$$

热贮稳定性 [(54±2)℃下贮存 14d]:有效成分含量、全氯甲硫醇、1%水分散液的 pH、干筛仍应符合上述标准要求。

(3) 有效成分分析方法可参照原药。

联苯三唑醇 （ bitertanol ）

$C_{20}H_{23}N_3O_2$，337.4

化学名称 1-(联苯-4-基氧)-1-(1H-1,2,4-三唑-1-基)-3,3-二甲基丁-2-醇

其他名称 双苯三唑醇，百科灵

CAS 登录号 55179-31-2

CIPAC 编码 386

组成 对映体 A [(1R,2S)+(1S,2R)]:对映体 B [(1R,2R)+(1S,2S)]=8:2

理化性状 本品为无色粉末（原药为白色至茶色晶体，略微有味），m. p. 138.6℃(A)、147.1℃(B)、118℃ （A 和 B 的低共溶混合物），v. p. 2.2×10^{-7} mPa(A)、2.5×10^{-6} mPa(B)(20℃)，$K_{ow}lgP$ = 4.04(A)、4.15(B)（20℃），相对密度 1.16(20℃)。水中溶解度 （mg/L，20℃，不受 pH 影响）:2.7(A)，1.1(B)，3.8(A 和 B 的低共溶混合物)；其他溶剂中溶解度（A+B，g/L，20℃）:二氯甲烷>250，异丙醇 67，二甲苯 18，正辛醇 53。稳定性:酸性、碱性及中性介质中稳定，DT$_{50}$>1 年 （25℃，pH4、pH7 和 pH9）。

1. 联苯三唑醇原药 (bitertanol technical)

FAO 规格 386/TC/S/F(1998)

(1) 组成和外观

本品应由联苯三唑醇和相关的生产性杂质组成，应为白色至灰色或黄色颗粒粉末，无可见的外来物和添加的改性剂。

(2) 技术指标

联苯三唑醇含量/(g/kg)	≥925,允许波动范围为±25g/kg
水分/(g/kg)	≤5.0
丙酮不溶物/(g/kg)	≤5.0
酸度或碱度:	

酸度（以 H_2SO_4 计）/（g/kg）　　　　　　　　　≤1.0

碱度（以 NaOH 计）/（g/kg）　　　　　　　　　≤1.0

异构体比例：联苯三唑醇是非对映异构体（$RS+SR$）和（$RR+SS$）混合物，异构体的比例是

$RS+SR$ 占 70%～85%（气相色谱方法中保留时间短的色谱峰）

$RR+SS$ 占 15%～30%（气相色谱方法中保留时间长的色谱峰）

（3）有效成分分析方法——毛细管气相色谱法

① 方法提要　试样用二甲基乙酰胺溶解，以邻苯二甲酸二-(2-乙基己基) 酯为内标物，使用 SE-54 毛细管色谱柱和氢火焰离子化检测器对联苯三唑醇进行分离和测定。

② 分析条件　气相色谱仪，带有氢火焰离子化检测器、分流不分流进样口和自动进样器；

色谱柱：25m×0.32mm(i.d.) 毛细管柱，壁涂 SE-54，液膜厚度 0.5μm；进样模式：分流；分流比：1：60；进样体积：1μL；柱温：270℃；汽化温度：280℃；检测器温度：300℃；载气（氮气）流速：1.5mL/min；氢气流速：30mL/min；空气流速：300mL/min；保留时间：非对映异构体 A（$RS+SR$）约 7.9min，非对映异构体 B（$RR+SS$）约 8.1min，邻苯二甲酸二（2-乙基己基）酯 5.7min。

2. 联苯三唑醇可湿性粉剂 (bitertanol wettable powder)

FAO 规格 386/WP/S/F(1998)

（1）组成和外观

本品应由符合 FAO 标准的联苯三唑醇原药、填料和助剂组成，应为细粉末，无可见的外来物和硬块。

（2）技术指标

联苯三唑醇含量（g/kg）：

标明含量	允许波动范围
＞100 且≤250	标明含量的±6%
＞250 且≤500	标明含量的±5%

pH　　　　　　　　　　　　　　　　　　　　　5.0～9.0

湿筛（未通过 75μm 筛）/%　　　　　　　　　　≤2

悬浮率（30℃下 30min，使用 CIPAC 标准水 D）/%　　≥90

持久起泡性（1min 后）/mL　　　　　　　　　　≤10

润湿性（无搅动）/min　　　　　　　　　　　　≤3

热贮稳定性 [（54±2）℃下贮存 14d]：有效成分含量应不低于贮前测得平均含量的 97%，pH、湿筛、悬浮率、润湿性仍应符合上述标准要求。

（3）有效成分分析方法可参照原药。

3. 联苯三唑醇可分散液剂 (bitertanol dispersible concentrate)

FAO 规格 386/DC/S/F(1998)

（1）组成和外观

本品为由符合 FAO 标准的联苯三唑醇原药和其他助剂溶解在适宜的溶剂中制成，应为稳定的均匀液体，无可见的悬浮物和沉淀。

（2）技术指标

联苯三唑醇含量[g/kg 或 g/L(20℃)]：

标明含量	允许波动范围
＞100 且≤250	标明含量的±6%
＞250 且≤500	标明含量的±5%

水分/(g/kg)　　　　　　　　　　　　　　　　≤5.0

酸度或碱度：

酸度(以 H₂SO₄ 计)/(g/kg)　　　　　　　　≤5.0

碱度(以 NaOH 计)/(g/kg)　　　　　　　　≤1.0

分散稳定性：在(30±2)℃下用 CIPAC 标准水 A 或 D 稀释后，应符合以下要求。

稀释后时间/h	稳定性要求
0	完全乳化
1	沉淀,≤0.5mL

闪点（闭杯法）　　　　　　　　　　　≥标明的闪点，并对测定方法加以说明

低温稳定性 [(0±2)℃下贮存 7d]：析出固体或液体的体积应小于 0.3mL。

热贮稳定性 [(54±2)℃下贮存 14d]：有效成分含量应不低于贮前测得平均含量的 97%，分散稳定性、闪点仍应符合上述标准要求。

（3）有效成分分析方法可参照原药。

4. 苯三唑醇悬浮剂（bitertanol aqueous suspension concentrate）

FAO 规格 386/SC/S/F(1998)

（1）组成和外观

本品应为由符合 FAO 标准的联苯三唑醇原药的细小颗粒悬浮在水相中与助剂制成的悬浮液，经轻微搅动是均匀的悬浮液体，易于进一步用水稀释。

（2）技术指标

联苯三唑醇含量[g/kg 或 g/L(20℃)]：

标明含量	允许波动范围
＞250 且≤500	标明含量的±5%
＞500	±25

pH 范围　　　　　　　　　　　　　　　　　　　7.0～11.0

倾倒性(清洗后残留物)/%　　　　　　　　　　≤0.5

自动分散性(30℃下,使用 CIPAC 标准水 D,5min 后)/%　　　≥90

湿筛(通过 75μm 筛)/%　　　　　　　　　　≥99

悬浮率(30℃下 30min,使用 CIPAC 标准水 D)/%　　　≥90

持久起泡性(1min 后)/mL　　　　　　　　　≤25

低温稳定性 [(0±2)℃下贮存 7d]：产品的自动分散性、悬浮率、持久起泡性仍应符合标准要求。

热贮稳定性 [(54±2)℃下贮存 14d]：有效成分含量应不低于贮前测得平均含量的 97%、倾倒性、自动分散性、悬浮率、湿筛、持久起泡性仍应符合上述标准要求。

（3）有效成分分析方法可参照原药。

硫黄 (sulphur)

S, 32.1

化学名称 sulfur

CAS 登录号 7704-34-9

CIPAC 编码 18

理化性状 本品为黄色粉末，存在不同的同素异形体，m. p. 114.5℃，b. p. 444.6℃，v. p. 9.8×10^{-2}mPa(20℃)，K_{ow}lg$P$＝5.68(pH7)，相对密度 2.07（斜方体）。溶解度：水 0.063g/cm^3(pH7，20℃)；晶体型可溶于二硫化碳，无定形体不易溶于二硫化碳；微溶于醚或石油醚，易溶于热的苯或丙酮中。稳定性：斜方硫常温下稳定，但加热至 94～119℃ 时会转化为其他形态，光照下纯的有效成分 DT$_{50}$＝3.21h(80000lx，25℃)。

1. 硫黄粉剂 (sulphur dust)

FAO 规格 18/2/S/4(1973)

(1) 组成和外观

本品应由硫黄、载体和必要的助剂组成，为易流动的细粉末，无可见的外来物和硬块。

(2) 技术要求

硫含量/%	应标明硫含量，允许波动范围为标明含量的±2.5%
砷含量/μg/g	≤5.0X，X 为标明的硫含量
干筛（未通过 53μm 筛）/%	≤2

热贮稳定性［在(54±2)℃下贮存 14d］：硫含量和干筛仍应符合上述标准要求。

(3) 有效成分分析方法——化学法

方法提要：硫黄与亚硫酸钠一起加热回流，产生硫代硫酸钠，硫代硫酸钠用碘标准溶液滴定。

2. 硫黄可分散性粉剂 (sulphur dispersible powder)

FAO 规格 18/3/S/5(1973)

(1) 组成和外观

本品应由硫黄原药、填料和必要的助剂组成，应为细粉末，无可见的外来物和硬块。

(2) 技术要求

硫黄含量/%	≥70(允许波动范围为标明含量的±2.5%)
砷含量/(μg/g)	≤5.1X，X 为标明的硫含量
湿筛(未通过 75μm 筛)/%	≤0.05
粒径分布(%)：	
≤6μm	≥40
≤2μm	≥9
悬浮率(热贮前使用 CIPAC 标准水 A,热贮后使用 CIPAC 标准水 C,30min)/%	≥80

| 持久起泡性(1min 后)/mL | ≤25 |
| 润湿性(无搅动)/min | ≤1 |

热贮稳定性〔(54±2)℃下贮存 14d〕：有效成分含量、湿筛、粒径分布、润湿性仍应符合上述标准要求。

(3) 有效成分分析方法可参照原药。

3. 硫黄水分散液 (sulphur aqueous dispersion)

FAO 规格 18/7/S/5(1973)

(1) 组成和外观

本品应为硫黄和必要的助剂制成的水分散液。

(2) 技术要求

硫黄含量/%	≥40(允许波动范围为标明含量的±5%)
砷含量/(μg/g)	≤5.0X,X 为标明的硫含量
湿筛(未通过 75μm 筛)/%	≤0.05
粒径分布(%)：	
≤6μm	≥90
≤2μm	≥55
悬浮率(热贮前使用 CIPAC 标准水 A,热贮 后使用 CIPAC 标准水 C,30min)/%	≥80

热贮稳定性〔(54±2)℃下贮存 14d〕：有效成分含量、湿筛、粒径分布仍应符合上述标准要求。

(3) 有效成分分析方法可参照原药。

硫酸铜 (cupric sulfate)

$$CuSO_4 \cdot 5H_2O$$
$$H_{10}CuO_9S, \ 249.68$$

化学名称 硫酸铜

其他名称 blue vitriol, copper vitriol, blue stone

CAS 登录号 7758-99-8, 7758-98-7 (无水硫酸铜)

理化性状 m. p. 147℃(脱水), b. p. 653℃(分解), v.p. 不挥发, 相对密度 2.286 (15.6℃)。水中溶解度 (g/kg):148(0℃), 230.5(25℃), 335(50℃), 736(100℃); 甲醇 156g/L(18℃)。基本不溶于大多数有机溶剂中, 溶于甘油中呈鲜绿色, 空气中缓慢风化。经加热, 晶体在 30℃时失去 2 分子水, 在 110℃失去更多分子水, 250℃失去所有水分子为无水硫酸铜, 在水溶液中可以和碱反应生成氧化铜, 和氨及胺类化合物反应生成有色复合物, 能和多种有机酸反应生成微溶性盐。

硫酸铜原药 (cupric sulfate technical)

FAO 规格 44.2s/TC/S(1989)

(1) 组成和外观

本品由硫酸铜的五水合物和相关的生产杂质组成, 为蓝色结晶固体。

（2）技术要求

总铜含量/(g/kg)	≥250，允许波动范围为±2.5g/kg
砷含量	≤0.1X mg/kg，X 为测得的铜含量
铅含量	≤0.5X mg/kg，X 为测得的铜含量
镉含量	≤0.1X mg/kg，X 为测得的铜含量

（3）有效成分分析方法——容量分析法（摘自 GB437—2009）

方法提要：试样用水溶解，在微酸性条件下，加入适量的碘化钾与二价铜作用，析出等当量碘，以淀粉为指示剂，用硫代硫酸钠标准滴定溶液滴定析出的碘。从消耗硫代硫酸钠标准滴定溶液的体积，计算试样中硫酸铜含量。

咪鲜胺（prochloraz）

$C_{15}H_{16}Cl_3N_3O_2$，376.7

化学名称　N-丙基-N-[2-(2,4,6-三氯苯氧基）乙基]-1H-咪唑-1-甲酰胺

CAS 登录号　67747-09-5

CIPAC 编码　407

理化性状　本品为无味、白色结晶粉末，m. p. 46.3～50.3℃（纯度＞99%），沸点：未沸腾即分解。v. p. ＝ 1.5×10^{-1} mPa（25℃）、9.0×10^{-2} mPa（20℃）。$K_{ow} \lg P = 3.53$（pH6.7，25℃）。相对密度 1.42(20℃)。溶解度（25℃）：水 34.4mg/L；易溶于大多数有机溶剂，如甲苯、二氯甲烷、二甲亚砜、丙酮、乙酸乙酯、甲醇和异丙醇＞600g/L，正己烷 7.5g/L。稳定性：水中 30d 内无降解（pH5～7，22℃）；强酸或强碱中分解；日光或长时间高温（200℃）加热分解。$pK_a = 3.8$，闪点 160℃（闭杯）。

1. 咪鲜胺原药（prochloraz technical）

FAO 规格 407/TC(2009.4)

（1）组成和外观

本品由咪鲜胺和相关的生产杂质组成，应为褐色蜡状固体，无可见的外来物和添加的改性剂。

（2）技术指标

| 咪鲜胺含量/(g/kg) | ≥970，（不低于标明的最低含量） |

注：当 2,3,7,8-TCDD 的含量≥0.1μg/kg（咪鲜胺）时，就会被设定成为相关杂质，并需要限定其含量。

（3）有效成分分析方法——高效液相色谱法

① 方法提要　对咪鲜胺采用反相高效液相色谱法——紫外检测器（240nm）检测，外标法定量。

② 分析条件　液相色谱仪，带有紫外检测器；色谱柱：250mm×4mm(i. d.)，填料 5μm Lichrosphere 100，RP-18。

流动相组成：

时间/min	乙腈/%	乙酸铵溶液/%
0~12	55	45
13~18	95	5
19~25	55	45

柱温：40℃；流速：1.5mL/min；检测波长：240nm；进样体积：10μL；保留时间：咪鲜胺约8min。

2. 咪鲜胺乳油（prochloraz emulsifiable concentrate）

FAO 规格 407/EC(2009.4)

(1) 组成和外观

本品应由符合 FAO 标准的咪鲜胺原药和助剂溶解在适宜的溶剂中制成，应为稳定的均相液体，无可见的悬浮物和沉淀。

(2) 技术指标

咪鲜胺含量 [g/kg 或 g/L(20℃±2℃)]：

标明含量	允许波动范围
>250 且≤500	标明含量的±5%

注：当 2,3,7,8-TCDD 的含量≥0.1μg/kg（咪鲜胺）时，就会被设定成为相关杂质，并需要限定其含量。

酸度（以 H_2SO_4 计)/(g/kg) ≤1

持久起泡性（1min 后)/mL ≤25

乳液稳定性和再乳化性：本产品在(30±2)℃下用 CIPAC 规定的标准水（标准水 A 或标准水 D）稀释，该乳液应符合下表要求。

稀释后时间/h	稳定性要求
0	初始乳化完全
0.5	乳膏无
2	乳膏≤2mL,浮油≤0.2mL
24	再乳化完全
24.5	乳膏≤2mL,浮油≤0.2mL

低温稳定性 [(0±2)℃下贮存 7d]：析出固体或液体的体积应不大于 0.3mL。

热贮稳定性 [(54±2)℃下贮存 14d]：有效成分含量应不低于贮前测得的平均含量的 95%，酸度、乳液稳定性和再乳化仍应符合上述标准要求。

(3) 有效成分分析方法可参照原药。

嘧菌环胺（cyprodinil）

$C_{14}H_{15}N_3$, 225.3

化学名称 N-(-4-甲基-6-环丙基嘧啶-2-基）苯胺

CAS 登录号 121552-61-2

CIPAC 编码 511

理化性状 纯品为米色粉末，有轻微气味，m. p. 75.9℃，相对密度 1.21(20℃)，v. p. (25℃)＝5.1×10^{-4}Pa（结晶体 A）、4.7×10^{-4}Pa（结晶体 B），K_{ow} lg$P$＝3.9(pH5)、4.0(pH7)、4.0(pH9)(25℃)。溶解度（g/L，25℃）：水 0.02(pH5)、0.013(pH7)、0.015(pH9)；乙醇 160，丙酮 610，甲苯 440，正己烷 26，正辛醇 140。稳定性：水解稳定，DT$_{50}$≫1 年（pH＝4～9，25℃）；水中光解 DT$_{50}$＝21d(蒸馏水)，13d(pH7.3)。离解常数 pK_a＝4.44，弱碱。

1. 嘧菌环胺原药（cyprodinil technical）

FAO 规格 511/TC(2009)

(1) 组成和外观

本产品由嘧菌环胺和相关生产性杂质组成，外观为白色到黄色的片状物，无可见的外来物和添加改性剂。

(2) 技术指标

有效成分含量/(g/kg)   ≥990

(3) 有效成分分析方法见 CIPAC 手册 N 卷

2. 嘧菌环胺乳油（cyprodinil emulsifiable concentrate）

FAO（或 WHO）规格 511/EC(2009.5)

(1) 组成和外观

本品应由符合 FAO（或 WHO）标准 511/TC(2009) 的嘧菌环胺原药和必要的助剂溶解在适当的溶剂中制成。外观为清晰至轻度浑浊的稳定均匀液体，无可见悬浮物和沉淀。用水稀释成乳液后使用。

(2) 技术指标

嘧菌环胺含量[g/kg 或 g/L(20±2)℃]：

       标明含量   允许波动范围

       ＞250 且≤500   标明含量的±5%

持久起泡性(1min 后)/mL   ≤60

乳液稳定性及再乳化：在(30±2)℃下用 CIPAC 规定的标准水（标准水 A 或标准水 D）稀释，该制剂应符合下表要求。

稀释后时间/h	稳定性要求
0	初始乳化完全
0.5	乳膏≤0.5mL
2	乳膏≤0.5mL；浮油微量
24	再乳化完全
24.5	乳膏≤2mL；浮油微量

低温稳定性 [(0±2)℃下贮存 7d]：析出固体和/或液体的体积应小于等于 0.3mL。

热贮稳定性 [(54±2)℃下贮存 14d]：有效成分含量应不低于贮前测得平均含量的

95％，乳液稳定性和再乳化性能仍应符合上述标准要求。

(3) 有效成分分析方法可参照原药。

3. 嘧菌环胺水分散粒剂（cyprodinil water dispersible granule）

FAO 规格 511/WG(2009.5)

(1) 组成和外观

本品应为由符合 FAO/WHO 标准 511/WG(2009) 的嘧菌环胺原药、填料和必要的助剂制成的均匀混合物，外观为直径 0.4～1.2mm，长 2～8mm 的圆柱形颗粒，在水中解体分散后使用。本品应干燥易流动，基本无粉尘，无可见的外来物和硬块。

(2) 技术指标

嘧菌环胺含量(g/kg)：

标明含量	允许波动范围
＞250 且≤500	标明含量的±5％
＞500	±25g/kg

润湿性（完全润湿）/s	≤30
湿筛（未通过 75μm 筛）/％	≤0.2
分散性（1min 后，经搅动）/％	≥60
悬浮率[(30±2)℃下 30min，使用 CIPAC 标准水 D]/％	≥60
持久起泡性（1min 后）/mL	≤30
粉尘	基本无尘
耐磨性	≥85％

流动性：试验筛上下跌落 20 次后，通过 5mm 试验筛的样品应为 100％。

热贮稳定性［(54±2)℃下贮存 14d］：有效成分含量应不低于贮前测得平均含量的 95％，湿筛、分散性、悬浮率、粉尘、耐磨性仍应符合上述标准要求。

(3) 有效成分分析方法可参照原药。

嘧菌酯（azoxystrobin）

$C_{22}H_{17}N_3O_5$，403.4

化学名称 (E)-[2-[6-(2-氰基苯氧基) 嘧啶-4-基氧]苯基]-3-甲氧基丙烯酸甲酯

其他名称 Amistar，阿米西达，安灭达

CAS 登录号 131860-33-8

CIPAC 编码 571

理化性状 本品为白色固体，熔点 116℃（原药 114～116℃），沸点 345℃（分解），蒸气压 $1.1×10^{-7}$ mPa(20℃)，$K_{ow} lgP = 2.5$(20℃)，相对密度 1.34(20℃)。溶解度（g/L，20℃）：水 6mg/L(20℃)；己烷 0.057，正辛醇 1.4，甲醇 20，甲苯 55，丙酮 86，乙酸乙酯 130，乙腈

340，二氯甲烷 400。稳定性：水溶液光解半衰期 2 年；室温下，在 pH5～7 时不发生水解。

1. 嘧菌酯原药（azoxystrobin technical material）

FAO 规格 571/TC(2009)

（1）组成和外观

本产品由嘧菌酯和相关生产性杂质组成。外观为灰白色至浅棕色或浅黄色粉末，无可见的外来物和添加改性剂。

（2）技术指标

嘧菌酯含量/(g/kg)　　　　　　　　　　　　　　　　　　≥965

（3）有效成分分析方法——气相色谱法

① 方法提要　试样用含有内标物的丙酮溶解，用气相色谱仪对试样中的嘧菌酯进行分离和测定。

② 分析条件　色谱柱：25m×0.32mm 石英玻璃柱，涂覆 0.12μm CP-Sil 13C 固定相（交联 14% 苯基 86% 二甲基聚硅氧烷）；进样体积：1μL；分流比：50∶1；检测器：火焰离子化检测器；温度：进样口 275℃，检测器 325℃。

程序升温：温度 240℃，保持 0min，升温速率 3℃/min；温度 270℃，保持 0min，升温速率 30℃/min；温度 320℃，保持 5min。

注：为了防止嘧菌酯转变成 Z-异构体，嘧菌酯需在低于 270℃ 时被洗脱。

气体流速：氢气（载气）流速 75cm/s 或氦气流速 75cm/s；氢气流速 30mL/min；空气流速 400mL/min；氮气（补充气）至 30mL/min。

保留时间：内标物 6.8～7.2min，嘧菌酯 8.1～8.5min。

2. 嘧菌酯水分散粒剂（azoxystrobin water dispersible granule）

FAO 规格 571/WG(2009)

（1）组成和外观

本品应由符合 FAO 标准的嘧菌酯原药、载体和必要的助剂组成的均匀混合物。外观为圆柱形颗粒（直径为 0.6～1mm，长度为 2～8mm），在水中崩解、分散后使用。制剂应干燥、流动自由，基本无尘，无可见的外来物和硬块。

（2）技术指标

嘧菌酯含量(g/kg)：

标明含量	允许波动范围
>250 且≤500	标明含量的±5%

润湿性(经搅动)/s　　　　　　　　　　　　　　　　　≤30

湿筛(未通过 75μm 筛)/%　　　　　　　　　　　　　≤0.5

自发分散性(经搅动,1min)/%　　　　　　　　　　　≥70

悬浮率[(30±2)℃,使用 CIPAC 标准水 D,30min]/%　≥60

持久起泡性(1min 后)/mL　　　　　　　　　　　　　≤60

粉尘　　　　　　　　　　　　　　　　　　　　　　基本无尘

耐磨性/%　　　　　　　　　　　　　　　　　　　　≥90

流动性:试验筛上下跌落 20 次后,通过 5mm 试验筛的样品不小于 99%。

热贮稳定性[(54±2)℃下贮存 14d]:有效成分含量应不低于贮存前测得平均含量的

95％、湿筛、分散性、悬浮率、粉尘和耐磨性仍应符合上述标准要求。

(3) 有效成分分析方法可参照原药。

3. 嘧菌酯悬浮剂（azoxystrobin aqueous suspension concentrate）

FAO 规格 571/SC(2009)

(1) 组成和外观

本品应由符合 FAO 标准的嘧菌酯原药与适宜的助剂在水相中形成的细微颗粒悬浮剂。经摇后应为均匀且适宜用水进一步稀释的制剂。

(2) 技术指标

嘧菌酯含量 [g/kg 或 g/L，（20±2）℃]：

标明含量	允许波动范围
>100 且≤250	标明含量的±6%

pH 范围	6～8
倾倒性（残余物）/%	≤8
自发分散性 [（30±2）℃，5min 使用 CIPAC 标准水 D]	≥80%
悬浮率 [（30±2）℃，30min，使用 CIPAC 标准水 D]	≥90%
湿筛（未通过 75μm 筛）/%	≤0.1
持久起泡性（1min）/mL	≤20

低温稳定性 [（0±2）℃下贮存 7d]：产品的悬浮率和湿筛仍应符合上述标准要求。

热贮稳定性 [（54±2）℃下贮存 14d]：有效成分含量应不低于贮存前测得平均含量的95％，pH 范围，倾倒性、自发分散性、悬浮率、湿筛仍应符合上述标准要求。

(3) 有效成分分析方法可参照原药。

灭菌丹（folpet）

C$_9$H$_4$Cl$_3$NO$_2$S，296.6

化学名称　N-三氯甲硫基邻苯二甲酰亚胺

CAS 登录号　133-07-3

CIPAC 编码　75

理化性状　无色晶体（原药为黄色粉末）。m. p. 178～179，v. p. 2.1×10^{-2} mPa（25℃），K_{ow}lg$P$=3.11，ρ=1.72g/cm^3（20℃）。溶解度（g/L，25℃）：水 0.8×10^{-3}（室温），四氯化碳 6、甲苯 26、乙醇 3。稳定性：干燥条件下稳定存在，在室温下潮湿环境中缓慢水解，强碱或高温下快速水解。f. p. 无可燃性（EECA10）。

1. 灭菌丹原药（folpet technical）

FAO 规格 75/TC/S(1988)

（1）组成和外观

本品应由灭菌丹和相关的生产性杂质组成，应为近白色至褐色粉末，无可见的外来物和添加的改性剂。

（2）技术指标

灭菌丹含量/(g/kg)	≥880(允许波动范围为±20g/kg)
水分/(g/kg)	≤20
1%水分散液 pH	7.0～10.0

（3）有效成分分析方法——液相色谱法

① 方法提要　试样溶于二氯甲烷中，以二氯甲烷作流动相，在硅胶柱上对灭菌丹进行分离，以邻苯二甲酸二丁酯作内标物，使用紫外检测器（254nm）对灭菌丹含量进行定量。

② 分析条件　液相色谱仪：带有紫外检测器；色谱柱：300mm×4mm(i.d.)，填充10μm 直径的硅胶颗粒（Waters Associates Inc，或相当的色谱柱）；内标溶液：0.5g 邻苯二甲酸二丁酯溶于 200mL 二氯甲烷中；流动相：二氯甲烷；流速：2.0mL/min；检测波长：254nm；检测器灵敏度：0.16AUFS；温度：室温；进样体积：20μL；保留时间：灭菌丹约4min，邻苯二甲酸二丁酯约7min。

2. 灭菌丹粉剂（folpet dustable powder）

FAO 规格 75/DP/S(1988)

（1）组成和外观

本品应由符合 FAO 标准的灭菌丹原药、载体和助剂组成，应为易流动的细粉末，无可见的外来物和硬块。

（2）技术指标

灭菌丹含量(g/kg)：

标明含量	允许波动范围
≤100	标明含量的±10%
>100 且≤250	标明含量的±6%
>250	标明含量的±5%

水分/(g/kg)	≤50
1%水分散液 pH	7.0～10.0
流动数,若要求	≤12
干筛(未通过 75μm 筛)/%	≤2

留在试验筛上灭菌丹的量应不超过测定样品量的 $(0.006X)$%；X(g/kg) 为测得的灭菌丹含量。

例如：测得灭菌丹含量为 50g/kg，而试验所用样品为 20g，则留在试验筛上灭菌丹的量应不超过 0.060g。

$$\frac{0.006\times50\times20}{100}g$$

热贮稳定性［(54±2)℃下贮存 14d］：有效成分含量、1%水分散液的 pH、干筛、流动数仍应符合上述标准要求。

（3）有效成分分析方法可参照原药。

3. 灭菌丹可湿性粉剂 (folpet wettable powder)

FAO 规格 75/WP/S(1988)

(1) 组成和外观

本品应由符合 FAO 标准的灭菌丹原药、填料和助剂组成，应为细粉末，无可见的外来物和硬块。

(2) 技术指标

灭菌丹含量(g/kg)：

标明含量	允许波动范围
≤400	标明含量的±5%
>400	±20g

水分/(g/kg)	≤50
1%水分散液 pH	7.0~10.0
湿筛(未通过 75μm 筛)/%	≤2
悬浮率(CIPAC 标准水 C,30min)/%	≥50
持久起泡性(1min 后)/mL	≤25
润湿性(无搅动)/min	≤1

热贮稳定性 [(54±2)℃下贮存 14d]：有效成分含量、pH、湿筛仍应符合上述标准要求。

(3) 有效成分分析方法可参照原药。

氢氧化铜 (copper hydroxide)

$$Cu(OH)_2$$
$$H_2CuO_2, \ 97.6$$

化学名称 氢氧化铜

CAS 登录号 20427-59-2

理化性状 蓝色粉末，在熔解前分解，相对密度 3.717(20℃)。水中溶解度 $5.06×10^{-4}g/L(pH6.5, \ 20℃)$；其他溶剂中溶解度 (μg/L) 正庚烷 7010，对二甲苯 15.7，1,2-二氯乙烷 61.0，异丙醇 1640，丙酮 5000，乙酸乙酯 2570。大于 50℃脱水，140℃分解。

1. 氢氧化铜原药 (copper hydroxide technical)

FAO 规格 44/TC/S/F(1998)

(1) 组成和外观

本品应由氢氧化铜和相关的生产性杂质组成，应为浅蓝色粉末，除稳定剂外，无可见的外来物和添加的改性剂。

(2) 技术要求

总铜含量/(g/kg)	≥573(允许波动范围为±25g/kg)
砷含量	≤0.1X mg/kg,X 为测得的铜含量
铅含量	≤0.5X mg/kg,X 为测得的铜含量

镉含量 $\leqslant 0.1X\,mg/kg$，X 为测得的铜含量

（3）有效成分分析方法

① 方法一：电解法

a. 方法提要   游离和结合的铜被转化成硫酸盐，电解法测定。

b. 分析条件   带磁力搅拌的电解仪。

② 方法二：容量分析法

方法提要：用硫酸和硝酸消化形成的铜离子与碘化钾反应生成碘化亚铜和碘，后者用硫代硫酸钠滴定。

2. 氢氧化铜可湿性粉剂（copper hydroxide wettable powder）

FAO 规格 44/WP/S/F(1998)

（1）组成和外观

本品应由符合 FAO 标准的氢氧化铜原药、填料和必要的助剂组成，应为细粉末，无可见的外来物和硬块。

（2）技术要求

总铜含量(g/kg)：

标明含量	允许波动范围
>250 且$\leqslant 500$	标明含量的±5%
>500	±25

砷含量	$\leqslant 0.1X\,mg/kg$，X 为测得的铜含量
铅含量	$\leqslant 0.5X\,mg/kg$，X 为测得的铜含量
镉含量	$\leqslant 0.1X\,mg/kg$，X 为测得的铜含量
pH 范围	7.0～10.5
湿筛(未通过 $75\mu m$ 筛)	$\leqslant$测得总铜含量的 2%
悬浮率[(30±2)℃下 30min,使用 CIPAC 标准水 D]/%	$\geqslant 60$
持久起泡性(1min 后)/mL	$\leqslant 10$
润湿性(无搅动)/min	$\leqslant 1$

热贮稳定性［(54±2)℃下贮存 14d］：有效成分含量、pH、湿筛、悬浮率仍应符合上述标准要求。

（3）有效成分分析方法可参照原药。

3. 氢氧化铜水分散粒剂（copper hydroxide water dispersible granule）

FAO 规格 44/WG/S/F(1998)

（1）组成和外观

本品应由符合 FAO 标准的氢氧化铜原药、填料和必要的助剂组成，应为干燥、易流动，在水中崩解、分散后使用的颗粒，无可见的外来物和硬块。

（2）技术要求

总铜含量(g/kg)：

标明含量	允许波动范围

>250 且≤500	标明含量的±5%
>500	±25
砷含量	≤0.1X mg/kg,X 为测得的铜含量
铅含量	≤0.5X mg/kg,X 为测得的铜含量
镉含量	≤0.1X mg/kg,X 为测得的铜含量
pH 范围	7.0~10.5
湿筛(未通过 75μm 筛)	≤测得的总铜含量的 2%
悬浮率[(30±2)℃下 30min,使用 CIPAC 标准水 D]/%	≥60
分散性/%	≥80
持久起泡性(1min 后)/mL	≤60
粉尘(收集的粉尘)/mg	≤30

流动性（试验筛上下跌落 20 次后）：热贮后样品通过 4.76mm 试验筛的样品应为 100%。

热贮稳定性 [(54±2)℃下贮存 14d]：有效成分含量、pH、湿筛、悬浮率、分散性、流动性仍应符合标准要求。

(3) 有效成分分析方法可参照原药。

4. 氢氧化铜悬浮剂（copper hydroxide suspension concentrate）

FAO 规格 44/SC/S/F(1998)

(1) 组成和外观

本品应为由符合 FAO 标准的氢氧化铜原药的细小颗粒悬浮在水相中，与必要的助剂制成的蓝色悬浮液，经轻微搅动为均匀的悬浮液体，易于进一步用水稀释。

(2) 技术要求

总铜含量[g/kg 或 g/L(20℃)]：

标明含量	允许波动范围
>100 且≤250	标明含量的±6%
>250 且≤500	标明含量的±5%
砷含量	≤0.1×X mg/kg,X 为测得的铜含量
铅含量	≤0.5×X mg/kg,X 为测得的铜含量
镉含量	≤0.1×X mg/kg,X 为测得的铜含量
pH 范围	7.0~10.5
倾倒性(%)：	
倾倒残余物	≤5
清洗后残余物	≤0.6
湿筛(未通过 75μm 筛)	≤测得的总铜含量的 1%
悬浮率(30℃下 30min,使用 CIPAC 标准水 D)/%	≥60
持久起泡性(1min 后)/mL	≤60

热贮稳定性 [(54±2)℃下贮存 14d]：有效成分含量、pH 范围、倾倒性、悬浮率、湿

筛仍应符合上述标准要求。

（3）有效成分分析方法可参照原药。

三苯基醋酸锡（fentin acetate）

$C_{20}H_{18}O_2Sn$，409.07

化学名称　三苯基乙酸锡

其他名称　毒菌锡，三苯羟基锡

CAS 登录号　900-95-8

CIPAC 编码　490

理化性状　无色晶体，m. p. 121~123℃，$K_{ow}\lg P = 3.54$，相对密度 1.54（20℃）。溶解度（g/L，20℃）：水 9mg/L（pH5），乙醇 22，乙酸乙酯 82，亚己烷 5，二氯甲烷 460，甲苯 89。干燥条件下稳定。遇水转变成氢氧化锡。酸、碱性条件下不稳定（22℃）。太阳光下被空气中的氧分解。闪点 185±5℃（开杯）。

1. 三苯基醋酸锡原药（fentin acetate technical）

FAO 规格 103A. 2a/TC/S(1989)

（1）组成和外观

本品应由三苯基醋酸锡和相关的生产性杂质组成，应为近白色粉末，无可见的外来物和添加的改性剂。

（2）技术指标

三苯基醋酸锡含量/（g/kg）	≥940，允许波动范围为±20g/kg
真空干燥减量/（g/kg）	≤10
无机锡/（g/kg）	≤5
熔程	118~122℃

（3）有效成分分析方法——液相色谱法

① **方法提要**　试样中的三苯基醋酸锡用含有 1,4-二溴苯的内标溶液萃取，三苯基醋酸锡被转化成三苯基氯化锡，用反相离子对色谱测定其含量，紫外检测器检测。

② **分析条件**　色谱柱：125mm×4mm(i. d.)，Superspher 100 RP18 柱；流动相：于 1L 容量瓶中加入 300mL 水、0.30g 氯化钠、0.060g 四甲基溴化铵，溶解，用盐酸溶液调 pH＝2.5，加 700mL 乙腈，混匀，使用前脱气；流速：1.0mL/min；检测波长：220nm；温度：室温；进样体积：10μL；运行时间：15min；保留时间：二氯二苯基锡 1.7min，三苯基氯化锡 2.5min，1,4-二溴苯 4.4min，四苯基锡 18.2min。

2. 三苯基醋酸锡可湿性粉剂（fentin acetate wettable powder）

FAO 规格 103A. 2a/WP/S(1989)

(1) 组成和外观

本品应由符合 FAO 标准的三苯基醋酸锡原药、填料和助剂组成，应为细粉末，无可见的外来物和硬块。

(2) 技术指标

三苯基醋酸锡含量(g/kg)：

标明含量	允许波动范围
≤400	标明含量的－10％～＋25％
＞400	－40～＋100

真空干燥减量/(g/kg)	≤30
湿筛(未通过 44μm 筛)/(g/kg)	≤20
悬浮率/%	
热贮前	≥60 （使用 CIPAC 标准水 C）
热贮后	≥50 （使用 CIPAC 标准水 C）
持久起泡性(1min 后)/mL	≤25
润湿性(经搅动)/min	≤2

热贮稳定性 [(54±2)℃下贮存 14d]：有效成分含量应不低于贮前测得平均含量的 90％、湿筛仍应符合上述标准要求。

(3) 有效成分分析方法可参照原药。

3. 三苯基醋酸锡＋代森锰可湿性粉剂 (fentin acetate ＋maneb wettable powder)

FAO 规格 103A.2a＋61/WP/S(1989)

(1) 组成和外观

本品应由符合 FAO 标准的三苯基醋酸锡和代森锰原药、填料和助剂组成，应为细粉末，无可见的外来物和硬块。

(2) 技术指标

三苯基醋酸锡含量/%	应标明含量,允许波动范围为标明含量的±5％

代森锰含量(g/kg)：

标明含量	允许波动范围
≤200	标明含量±15％
＞200	标明含量±10％

锰含量	测得代森锰含量的 20.7％～22.5％
无机锡	≤测得三苯基醋酸锡含量的 0.5％
真空干燥减量/(g/kg)	≤20
湿筛(未通过 75μm 筛)/(g/kg)	≤20
悬浮率(CIPAC 标准水 C,30min)/%	≥60
持久起泡性(1min 后)/mL	≤25
润湿性(无搅动)/min	≤2

热贮稳定性 [(40±2)℃下贮存 28d]：两种有效成分含量应不低于贮前测得平均含量的 90％、无机锡、真空干燥减量和湿筛仍应符合上述标准要求。

(3) 有效成分分析方法可参照原药。

三苯基氢氧化锡 （ fentin hydroxide ）

$C_{18}H_{16}OSn$, 367.0

化学名称 三苯基氢氧化锡

其他名称 毒菌锡，三苯羟基锡

CAS 登录号 76-87-9

CIPAC 编码 490

理化性状 无色晶体，m. p. 123℃，v. p. 3.8×10^{-6}mPa(20℃)，$K_{ow}lgP=3.54$，相对密度 1.54(20℃)。溶解度（g/L，20℃）：水中 1mg/L(pH7，20℃)（随着 pH 降低，溶解度增加），乙醇 132，异丙醇 48，丙酮 46，聚乙二醇 41。室温下黑暗中稳定，加热到 45℃ 以上脱水，太阳光下缓慢分解，紫外线下分解迅速。闪点 174℃ （开杯）。

1. 三苯基氢氧化锡原药 (fentin hydroxide technical)

FAO 规格 103A. 2h/TC/S(1989)

(1) 组成和外观

本品应由三苯基氢氧化锡和相关的生产性杂质组成，应为近白色粉末，无可见的外来物和添加的改性剂。

(2) 技术指标

三苯基氢氧化锡含量/(g/kg)	≥960(允许波动范围为±20g/kg)
真空干燥减量/(g/kg)	≤10
无机锡/(g/kg)	≤5
熔点	118～122℃

(3) 有效成分分析方法——液相色谱法

同三苯基醋酸锡测定方法，仅在计算公式中用三苯基氢氧化锡分子量代替三苯基醋酸锡分子量。

2. 三苯基氢氧化锡可湿性粉剂 (fentin hydroxide wettable powder)

FAO 规格 103A. 2h/WP/S(1989)

(1) 组成和外观

本品应由符合 FAO 标准的三苯基氢氧化锡原药、填料和助剂组成，应为细粉末，无可见的外来物和硬块。

(2) 技术指标

三苯基氢氧化锡含量(g/kg)：

标明含量	允许波动范围
≤400	标明含量的−10%～+25%
>400	−40～+100
真空干燥减量/(g/kg)	≤30

湿筛(未通过 44μm 筛)/(g/kg)	≤20
悬浮率(CIPAC 标准水 C,30min)/%	≥60
持久起泡性(1min 后)/mL	≤25
润湿性(经搅动)/min	≤2

热贮稳定性 [(54±2)℃下贮存 14d]：有效成分含量应不低于贮前测得平均含量的90%、湿筛仍应符合上述标准要求。

(3) 有效成分分析方法可参照原药。

3. 三苯基氢氧化锡＋代森锰可湿性粉剂（fentin hydroxide＋maneb wettable powder）

FAO 规格 103A. 2h＋61/WP/S(1989)

(1) 组成和外观

本品应由符合 FAO 标准的三苯基氢氧化锡和代森锰原药、填料和助剂组成，应为细粉末，无可见的外来物和硬块。

(2) 技术指标

三苯基氢氧化锡含量/%	应标明含量,允许波动范围为标明含量的±5%
代森锰含量(g/kg)：	
标明含量	允许波动范围
≤200	标明含量的±15%
>200	标明含量的±10%
锰含量	测得代森锰含量的 20.7%～22.5%
无机锡	≤测得三苯基氢氧化锡含量的 0.5%
真空干燥减量/(g/kg)	≤20
湿筛(未通过 75μm 筛)/(g/kg)	≤20
悬浮率(CIPAC 标准水 C,30min)/%	≥60
持久起泡性(1min 后)/mL	≤25
润湿性(无搅动)/min	≤2

热贮稳定性 [(40±2)℃下贮存 28d]：两种有效成分含量应不低于贮前测得平均含量的90%、无机锡、真空干燥减量和湿筛仍应符合上述标准要求。

(3) 有效成分分析方法可参照原药。

三乙膦酸铝（fosetyl-aluminium）

$$(CH_3CH_2O-\overset{\overset{\displaystyle O}{\|}}{\underset{\underset{\displaystyle H}{|}}{P}}-O)_3Al$$

$C_6H_{18}AlO_9P_3$, 354.1

化学名称 三（乙基膦酸）铝

其他名称 疫霉灵，疫霜灵，乙膦铝，藻菌磷

CAS 登录号 39148-24-8

CIPAC 编码 384.013

理化性状 无色粉末（原药为白色到淡黄色粉末）。m.p. 215℃，$K_{ow}\lg P = -2.1 \sim -2.7$ (23℃)，$\rho = 1.529\text{g/cm}^3$ (99.1%，20℃)、1.54 (97.6，20℃)。溶解度 (mg/L，20℃)：水 111.3g/L(pH6)，甲醇 870、丙酮 6、乙酸乙酯 <1。稳定性：强酸强碱条件下水解，DT_{50} 5d (pH3)、13.4d(pH13)，276℃以上分解；光解；DT_{50} 23d（白天）。$pK_a = 4.7$(20℃)。

1. 三乙膦酸铝原药（fosetyl-aluminium technical material）

FAO 规格 384.013/TC(2013)

(1) 组成和外观

本产品由三乙膦酸铝和相关生产性杂质组成，外观为白色结晶状粉末，无可见的外来物和添加改性剂。

(2) 技术指标

有效成分含量/(g/kg)	≥960（等价于三乙膦酸含量≥895，测定结果的平均含量应不低于标明含量的最低值）
水分	≤7g/kg
pH	3.0～6.0

(3) 有效成分分析方法——离子色谱法

① 方法提要 试样溶于缓冲溶液中，用离子色谱仪检测，外标法定量。

② 分析条件 柱温：室温；流速：0.8mL/min；抑制：电化学抑制模式或化学抑制模式（用 25mmol/L 硫酸在 4mL/min 时作为抑制剂）；进样量：10μL；运行时间：20min；保留时间：三乙膦酸 7～8min。

2. 三乙膦酸铝可湿性粉剂（fosetyl-aluminium wettable powder）

FAO 规格 384.013/WP(2013)

(1) 组成和外观

本品应由符合 FAO 标准 384.013/TC 的三乙膦酸原药、填料和必要的助剂组成均匀混合物，外观为精细粉末，无可见的异物和硬块。

(2) 技术指标

有效成分含量 (g/kg)：

标明含量	允许波动范围
>250 且≤500	标明含量的±5%
>500 时	±25

水含量/(g/kg)	≤15
pH 范围	3.0～5.0
湿筛（未通过 75μm 筛)/%	≤1.0
悬浮率 [30min，CIPAC 标准水 D，(30±2)℃]/%	≥70
持久起泡性（1min 后)/mL	≤50
润湿性（不经搅动)/min	≤2

热贮稳定性 [(54±2)℃下贮存 14d]：有效成分含量应不低于贮前测得平均含量的 97%、pH、湿筛、悬浮率和润湿性仍应符合上述标准要求。

(3) 有效成分分析方法可参照原药。

3. 三乙膦酸铝水分散粒剂（fosetyl-aluminium water dispersible granule）

FAO 规格 384.013/WG(2013)

（1）组成和外观

本品应由符合 FAO 标准 384.013/TC 的三乙膦酸原药、填料和必要的助剂组成均匀混合物，作为在水中分散或崩解的颗粒剂使用。外观为干燥能自由流动基本无粉尘，无可见的异物和硬块。

（2）技术指标

有效成分含量(g/kg)：

标明含量	允许波动范围
>250 且≤500	标明含量的±5％
>500 时	±25
水含量/(g/kg)	≤10
pH 范围	3.0~5.0
润湿性(不经搅动)/min	≤1
湿筛(未通过 75μm 筛)/％	≤1.0
分散性(搅拌 1min 后)/％	≥80
悬浮率[(30±2)℃,30min,使用 CIPAC 标准水 D]/％	≥70
持久起泡性(1min 后)/mL	≤50
粉尘	基本无尘
流动性	试验筛上下跌落 20 次后，样品 100％通过 5mm 试验筛的样品
耐磨性/％	≥98

热贮稳定性 [(54±2)℃下贮存 14d]：有效成分含量应不低于贮前测得平均含量的 95％、pH、湿筛、分散性、悬浮率、粉尘及耐磨性仍应符合上述标准要求。

（3）有效成分分析方法可参照原药。

三唑醇（triadimenol）

$C_{14}H_{18}ClN_3O_2$, 295.8

化学名称　1-(4-氯苯氧基)-1-(1H-1,2,4 三唑-1 基)-3,3-二甲基-丁-2-醇

其他名称　羟诱宁

CAS 登录号　55219-65-3，89482-17-7(非对映异构体 A)，82200-72-4(非对映异构体 B)

理化性状　无色无味晶体，m. p.（A）138.2℃、（B）133.5℃、（混合体 A＋B）110℃（原药 103～120℃），v. p.（A）6×10^{-4} mPa，（B）4×10^{-4} mPa（20℃），$K_{ow} \lg P$（A）＝3.08，$K_{ow} \lg P$（B）＝3.28（25℃），相对密度（A）1.237、（B）1.299（22℃）。水中溶解度（A）56mg/L，（B）27mg/L；其他溶剂中溶解度（g/L，20℃）：异丙醇 140，己烷 0.45，正庚烷 0.45，二甲苯 18，甲苯 20～50。稳定性：水解稳定 DT_{50}（20℃）＞1 年（pH4，pH7 和 pH9）。

1. 三唑醇原药（triadimenol technical material）

FAO 规格 398/TC（2011）

（1）组成和外观

本产品由三唑醇和相关生产性杂质组成，外观为白色至灰白色或者淡黄色细粒粉末，无可见的外来物和添加改性剂。

（2）技术要求

有效成分含量/（g/kg）　　≥970（测定结果的平均含量应不低于标明含量的最低值）

同分异构体比率　　　　$RS＋SR$，78%～88%；$RR＋SS$，12%～22%

（3）有效成分分析方法

① 方法提要　试样溶于或者用甲苯提取，DEHP 作内标，毛细管气相色谱冷柱头进样法。

② 分析条件　升温程序：100℃ 保持 2min，以 10℃/min 升到 280℃；进样温度：冷柱头进样；检测器温度：280℃；氦气：5mL/min；氮气：30mL/min；空气和氢气：生产商推荐；保留时间：三唑醇约 18min，DEHP 约 23min。

2. 三唑醇可湿性粉剂（triadimenol wettable powder）

FAO 规格 398/WP（2011）

（1）组成和外观

本品应由符合 FAO 标准 398/TC 的三唑醇原药、填料和必要的助剂组成均匀混合物，外观为精细粉末，无可见的异物和硬块。

（2）技术要求

有效成分含量（g/kg）：

标明含量	允许波动范围
≤25	标明含量的±25%
25～100	标明含量的±10%
100～250	标明含量的±6%

湿筛（未通过 75μm 筛）%　　　　　≤2.0

悬浮率［在（30±2）℃，静置 30min 后］/%　　≥60

持久起泡性（1min 后）/mL　　　　　≤20

润湿性（不经搅动）　　　　　　　2min 内完全润湿

热贮稳定性［（54±2）℃下贮存 14d］：有效成分含量应不低于贮前测得平均含量的 95%、湿筛、悬浮率和润湿性仍应符合上述标准要求。

（3）有效成分分析方法可参照原药。

3. 三唑醇水分散粒剂（triadimenol water dispersible granule）

FAO 规格 398/WG（2011）

（1）组成和外观

本品应由符合 FAO 标准 398/TC 的三唑醇原药、填料和必要的助剂组成均匀混合物，外观为浅至深米色不规则的粒剂在水中分散或崩解后使用。干燥能自由流动基本无粉尘，无可见的异物和硬块。

（2）技术要求

有效成分含量（g/kg）：

标明含量	允许波动范围
25～100	标明含量的±10％

润湿性（不经搅动）/min	≤1
湿筛（未通过 75μm 筛）/％	≤1.0
分散性（搅拌 1min 后）/％	≥70
悬浮率[（30±2）℃,30min,CIPAC 标准水 D]/％	≥60
持久起泡性（1min 后）/mL	≤20
粉尘	基本无粉尘
流动性	试验筛上下跌落 20 次后,通过 5mm 试验筛的样品应≥98％
耐磨性/％	≥98

热贮稳定性 [（54±2）℃下贮存 14d]：有效成分含量应不低于贮前测得平均含量的 95％、湿筛、分散性、悬浮率、粉尘及耐磨性仍应符合上述标准要求。

（3）有效成分分析方法可参照原药。

4. 三唑醇悬浮剂（triadimenol suspension concentrate）

FAO 规格 398/SC（2011）

（1）组成和外观

本品应由符合 FAO 标准 398/TC 的三唑醇原药、填料和必要的助剂组成均匀混合物，外观轻轻振荡后制剂均一化且适于用水进一步稀释。

（2）技术要求

有效成分含量[g/L,（20±2）℃]：

标明含量	允许波动范围
250～500	标明含量的±5％

倾倒性（残留量）/％	≤4
自发分散性[（30±2）℃,5min,CIPAC 标准水 D]/％	≥7
悬浮率[（30±2）℃,30min,CIPAC 标准水 D]/％	≥85
湿筛（未通过在 75μm 筛）/％	≤0.2
持久起泡性（1min 后）/mL	≤40

热贮稳定性 [（0±2）℃下贮存 7d]：湿筛与悬浮率仍应符合上述标准要求。（54±2）℃下贮存 14d,有效成分含量应不低于贮前测得平均含量的 95％、倾倒性、自发分散性、湿筛、悬浮率仍应符合上述标准要求。

5. 三唑醇种子处理悬浮剂（triadimenol suspension concentrate for seed treatment）

FAO 规格 398/FS(2011)

（1）组成和外观

本品应由符合 FAO 标准 398/TC 的三唑醇原药、填料和必要的助剂组成均匀混合物，在水相中可与其他适当助剂共存（包括有颜色的物质），轻轻震荡和搅动，制剂可匀质化并可进一步用水稀释。除稳定剂外，无可见的外来物和添加改性剂。

（2）技术要求

在 20℃时，有效成分含量 [g/kg 或 g/L，（20±2）℃]：

标明含量	允许波动范围
>25 且≤100	标明含量的±10%
>100 且≤250	标明含量的±6%
>250 且≤500	标明含量的±5%

倾倒性（残留量）/%	≤4
湿筛（未通过在 75μm 筛）/%	≤0.5
持久起泡性（30%水溶液，1min）/mL	≤40（仅针对稀释后使用样品）
悬浮率（30%水溶液）/%	85（仅针对稀释后使用样品）

热贮稳定性 [30%水溶液，（30±2）℃，30min，CIPAC 标准水 D]：（0±2）℃下贮存 7d，湿筛仍应符合上述标准要求；在（54±2）℃下贮存 14d，有效成分含量应不低于贮前测得平均含量的 95%、倾倒性、湿筛、悬浮率仍应符合上述标准要求。

（3）有效成分分析方法可参照原药。

6. 三唑醇乳油（triadimenol emulsifiable concentrate）

FAO 规格 398/EC(2011)

（1）组成和外观

本品应由符合 FAO 标准 398/TC 的三唑醇原药、填料和必要的助剂组成均匀混合物，外观为稳定的匀质化液体，水中稀释后可作为乳液使用。除稳定剂外，无可见的外来物和添加改性剂。

（2）技术要求

有效成分含量 [g/kg 或 g/L，（20±2）℃]：

标明含量	允许波动范围
>25 且≤100	标明含量的±10%

持久起泡性（1min 后）/mL	≤50

乳液稳定性与再乳化：（30±2）℃，CIPAC 标准水 A 或 D 稀释时，应符合下表要求。

稀释后时间	稳定性要求
0h	完全乳化
0.5h	乳膏≤1mL
2h	乳膏≤1mL，浮油≤0.1mL
24h	再乳化完全
24.5h	乳膏≤1mL
	浮油≤0.1mL

注：在使用方法 MT36.3 时，仅当对 2h 的实验结果疑义时，需进行 24h 试验。

热贮稳定性：（0±2）℃下贮存 7d，固体或液体分层体积≤0.3mL；在（54±2）℃下贮存 14d，有效成分含量应不低于贮前测得平均含量的 95%，乳液稳定性及再乳化性仍应符合上述标准要求。

(3) 有效成分分析方法可参照原药。

7. 三唑醇可分散液剂（triadimenol dispersible concentrate）

FAO 规格 398/DC(2011)

(1) 组成和外观

本品应由符合 FAO 标准 398/TC 的三唑醇原药，溶解在适宜的溶剂中，和其他必要的助剂组成的均匀混合物，外观为稳定的匀质化液体，无可见的悬浮物和沉淀，用水稀释后成分散液使用。

(2) 技术要求

有效成分含量 [g/kg 或 g/L，(20±2)℃]：

标明含量	允许波动范围
≥100 且小于 250	标明含量的 ±6%

分散稳定性 [(30±2)℃，CIPAC 标准水 A 或 D]：

分散后时间	稳定性要求
1h	乳膏或油滴≤0.25mL
	沉淀物≤0.5mL

湿筛（未通过 75μm 筛，注明的稀释度）/%	≤1

持久起泡性（mL）：

10s 后	≤60
1min 后	≤50

热贮稳定性：在 (0±2)℃下贮存 7d，固体或液体分层体积≤0.3mL；在 (54±2)℃下贮存 14d，有效成分含量应不低于贮前测得平均含量的 95%，分散稳定性仍应符合上述标准要求。

(3) 有效成分分析方法可参照原药。

三唑酮（triadimefon）

$C_{14}H_{16}ClN_3O_2$，293.8

化学名称　1-(4-氯苯氧基)-1-(1H-1,2,4-三唑-1-基)-3,3-二甲基丁-2-酮

其他名称　百菌酮

CAS 登录号　43121-43-3

CIPAC 编码　352

理化性状　本品为无色晶体，有轻微的特征气味。m. p. 82.3℃，v. p. 0.02mPa(20℃)、0.06mPa(25℃)，相对密度 1.283(21.5℃)，$K_{ow} \lg P = 3.11$。溶解度（g/L，20℃）：水

64mg/L，除脂肪烃类以外，适量地溶于多数有机溶剂；二氯甲烷、甲苯＞200，异丙醇99，己烷6.3。稳定性：水解稳定，DT_{50}(25℃)＞30d(pH5，pH7，pH9)。

1. 三唑酮原药（triadimefon technical）

FAO 规格 352/TC(2011)

（1）组成和外观

本品应由三唑酮和相关的生产性杂质组成，应为白色至浅灰色或浅黄色细粉末，无可见的外来物和添加的改性剂。

（2）技术指标

三唑酮含量/（g/kg）　　　　　　　　　　　　≥960（含量高于限量的最低值）

（3）有效成分分析方法——液相色谱法

① 方法提要　试样溶于乙腈-水中，以乙腈-水［49∶51（体积比）］作流动相，在反相色谱柱（ODS）上对试样中的三唑酮进行分离，使用紫外检测器（276nm）检测，外标法定量。

② 分析条件　色谱柱：125mm×4mm(i.d.)，Spherisorb 5μm ODS 柱；流动相：乙腈-水［49∶51（体积比）］，使用前脱气；流速：2mL/min；检测波长：276nm；温度：室温；进样体积：30μL；保留时间：三唑酮约 2.7min。

2. 三唑酮乳油（triadimefon emulsifiable concentrate）

FAO 规格 352/EC(2011)

（1）组成和外观

本品应由符合 FAO 标准的三唑酮原药和助剂溶解在适宜的溶剂中制成，应为稳定的均相澄清液体，呈浅栗色到棕色，无可见的悬浮物和沉淀，用水稀释后使用。

（2）技术指标

三唑酮含量［g/kg 或 g/L(20℃)］：

标明含量	允许波动范围
≥25 且≤100	标明含量的±10%
≥100 且≤250	标明含量的±6%
＞250 且≤500	标明含量的±5%

持久起泡性（1min 后）/%　　　　　　　　≤50mL

乳液稳定性和再乳化：本产品在 30℃下用 CIPAC 规定的标准水（标准水 A 或标准水 D）稀释，该乳液应符合下表要求。

稀释后时间/h	稳定性要求
0	初始乳化完全
0.5	乳膏≤1mL
2	乳膏≤2mL，浮油 0.1mL
24	再乳化完全
24.5	乳膏≤1mL，浮油≤0.1mL

注：在使用方法 MT36.3 时，仅当对 2h 的试验结果有疑义时，需进行 24h 试验。

低温稳定性［(0±2)℃下贮存 7d］：析出固体或液体的体积应小于 0.3mL。

热贮稳定性［(54±2)℃下贮存 14d］：有效成分平均含量不应低于贮前测得平均含量的 95%、乳液稳定性和再乳化性仍应符合上述标准要求。

（3）有效成分分析方法可参照原药。

3. 三唑酮颗粒剂 (triadimefon granule)

FAO 规格 352/GR(2011)

(1) 组成和外观

本品应由符合 FAO 标准的三唑酮原药、载体和其他必要的助剂组成，外观应为干燥易流动粉末，无可见的外来物或硬块，易流动，基本无尘且用于机械应用。

(2) 技术指标

三唑酮含量（g/kg）：

标明含量	允许波动范围
≤25	标明含量的 ±25%

粒径分布（250～2000μm）/(g/kg)	≥975
粉尘	基本无尘
耐磨性/%	≥98

热贮稳定性［(54±2)℃下贮存14d］：有效成分平均含量不应低于贮前测得平均含量的95%、粒径分布、粉尘和耐磨性仍应符合上述标准要求。

(3) 有效成分分析方法可参照原药。

4. 三唑酮水分散粒剂 (triadimefon water dispersible granule)

FAO 规格 352/WG(2011)

(1) 组成和外观

本品应由符合 FAO 标准的三唑酮原药、载填料和其他必要的助剂组成，外观为米色到浅棕色干燥易流动颗粒状且适用于在水中崩解或分散，基本无尘，无可见的外来物或硬块。

(2) 技术指标

三唑酮含量（g/kg）：

标明含量	允许波动范围
>250 且 ≤500	标明含量的 ±5%

润湿性（无搅动）/min	≤1
湿筛（未通过75μm筛）/%	≤2
悬浮率（30℃，CIPAC标准水D，30min）/%	≥70
持久起泡性（1min）/%	≤20
粉尘	基本无尘
流动性（20次上下抛落，通过5mm筛）/%	≥98
耐磨性/%	≥98
分散性（搅拌1min）/%	≥70

热贮稳定性［(54±2)℃下贮存14d］：有效成分平均含量不应低于贮前测得平均含量的95%、湿筛、分散性、悬浮率、粉尘和耐磨性仍应符合上述标准要求。

(3) 有效成分分析方法可参照原药。

5. 三唑酮可湿性粉剂 (triadimefon wettable powder)

FAO 规格 352/WP(2011)

(1) 组成和外观

本品应由符合 FAO 标准的三唑酮原药、填料和其他必要的助剂组成，外观应为白色到米色精细粉末，无可见的外来物或硬块。

(2) 技术指标

三唑酮含量（g/kg）：

标明含量	允许波动范围
＞25 且≤100	标明含量的±10％
＞100 且≤500	标明含量的±6％
＞250 且≤500	标明含量的±5％

湿筛（未通过 75μm 筛）/％	≤2
悬浮率（30min，CIPAC 标准水 D，25℃）/％	≥60
持久起泡性（1min）/mL	≤10
润湿性（无搅动完全润湿）/min	≤2

热贮稳定性 [（54±2）℃下贮存 14d]：有效成分平均含量不应低于贮前测得平均含量的 95％、润湿性、湿筛和悬浮率仍应符合上述标准要求。

(3) 有效成分分析方法可参照原药。

石硫合剂（lime sulfur）

$$CaS_x$$

化学名称 石硫合剂

CAS 登录号 1344-81-6

CIPAC 编码 17

理化性状 深橙色液体，难闻的气味，相对密度＞1.28(15.6℃)，溶于水，遇二氧化碳、酸、可溶性金属盐类分解，形成不溶性的硫化物、硫、硫化氢和金属硫化物分解。

石硫合剂液体浓剂（lime sulfur liquid concentrate）

FAO 规格 17/13/S2/2(1973)

(1) 组成和外观

本品应由硫黄、石灰和水煮沸制成，为橙红色溶液。

(2) 技术要求

多聚硫化钙/％	29～32
硫代硫酸钙/％	≤2.5
相对密度（60 ℉/60 ℉[1]）	1.270～1.295

霜霉威（propamocarb）

$$\underset{CH_3}{\overset{CH_3}{>}}N(CH_2)_3NHCO_2(CH_2)_2CH_3$$

$$C_9H_{20}N_2O_2，188.3$$

---

[1] 1 ℉ = $\dfrac{5}{9}$K。

化学名称　*N*-[3-(二甲基氨基) 丙基] 氨基甲酸丙酯

CAS 登录号　24579-73-5

CIPAC 编码　399

理化性状　v. p. 730mPa(25℃)，$K_{ow}\lg P = 0.84(20℃)$，相对密度 0.963(20℃)。水中溶解度：＞900g/L(pH7.0，20℃)；其他溶剂中溶解度 (g/L，20℃)：正己烷＞883，甲醇＞933，二氯甲烷＞937，甲苯＞852，丙酮＞921，乙酸乙酯＞856。pK_a 9.5，强碱。

1. 霜霉威盐酸盐母药 (propamocarb hydrochloride technical concentrate)

FAO 规格 399.601/TK(2013)

(1) 组成和外观

本品应由霜霉威盐酸盐和相关的生产性杂质组成，外观为无色至黄色澄清黏稠液体，无可见的外来物和添加的改性剂。

(2) 技术指标

霜霉威盐酸盐含量/(g/kg)	≥690 且＜740 (或表示为不含水产品≥920)
pH (不稀释)	2.0～4.0

(3) 有效成分分析方法——液相色谱法

① 方法提要　将样品溶解在甲醇中，使用硅胶柱在液相色谱上进行分离。使用外标法对霜霉威盐酸盐含量进行测定。

② 分析条件　色谱柱：250mm×4.6mm(i. d.) 不锈钢柱，填充 LiChrosorb Si 100，10μm；流动相：甲醇-水-氨水 [800：192：8 (体积比)]；柱温：室温；流速：1.0mL/min；检测波长：210nm；进样体积：10μL；容量因子：霜霉威盐酸盐 4.17；纸速：0.5cm/min。

2. 霜霉威盐酸盐可溶性液剂 (propamocarb hydrochloride soluble concentrate)

FAO 规格 399.601/SL(2013)

(1) 组成和外观

本品应为由符合 FAO 标准的霜霉威盐酸盐母药与其他必要的助剂溶解在合适的溶剂中，形成透明或澄清液体，无可见的悬浮物或沉淀，易于进一步用水稀释为活性成分的真溶液。

(2) 技术指标

霜霉威盐酸盐含量 [g/kg 或 g/L，(20±2)℃]：

标明含量	允许波动范围
＞500	标明含量的±25g/kg 或 g/L

溶液稳定性 [(30±2)℃ 下，使用 CIPAC 标准水 D，24h 后] /%　溶液澄清，无分层或析出

持久起泡性 (1min 后)/mL　≤10

低温稳定性 [(0±2)℃下贮存 7d]：析出固体或液体分层体积不超过 0.3mL。

热贮稳定性 [(54±2)℃下贮存 14d]：有效成分含量应不低于贮前测得平均含量的 95%，溶液稳定性仍应符合上述标准要求。

(3) 有效成分分析方法可参照原药。

霜脲氰（cymoxanil）

$$C_7H_{10}N_4O_3,\ 198.2$$

化学名称　1-(2-氰基-2-甲氧基亚氨基乙酰基)-3-乙基脲

CAS 登录号　57966-95-7

CIPAC 编码　419

理化性状　本品为无色、无味晶体（工业品可呈桃色），m.p.160～161℃（工业品 159～160℃），v.p.0.15mPa(20℃)，$K_{ow}\lg P = 0.59(pH5)$、$0.67(pH7)$，相对密度 1.32(25℃)。溶解度（g/L，20℃）：水 890mg/kg(pH5)；正己烷 0.037，甲苯 5.29，乙腈 57，乙酸乙酯 28，正辛醇 1.43，甲醇 22.9，丙酮 62.4，二氯甲烷 133.0。稳定性：水解 $DT_{50} = 148d(pH5)$，34h(pH7)，31min(pH9)；水溶液中光解 $DT_{50} = 1.8d(pH5)$。$pK_a = 9.7$（分解）。

1. 霜脲氰原药（cymoxanil Technical）

FAO 规格 419/TC(2006 年 3 月)

(1) 组成和外观

本品为由霜脲氰和相关的生产杂质组成，为桃红色晶状固体，无可见的外来物和添加的改性剂。

(2) 技术指标

霜脲氰含量/(g/kg)　　　　　　　　≥970（测定结果的平均含量应不低于标明含量）

(3) 有效成分分析方法——液相色谱法

① 方法提要　试样用高效液相色谱仪检测，在反相（C₈）柱上对霜脲氰进行分离，流动相为乙腈-水 [25∶75（体积比）]，pH=2.8，在 254nm 下用紫外检测器检测。内标校准，试样活性成分由标准曲线法定量。

② 分析条件　液相色谱仪，紫外检测器；色谱柱：250mm×4.6mm(i.d.)，Zorbax XDB-C₈柱；内标物：苯乙酮；流动相：乙腈-磷酸水溶液 (pH=2.8)[25∶75（体积比）]；流速：1.5mL/min；检测波长：254nm；柱温：室温；进样体积：5μL；保留时间：霜脲氰约 8min，苯乙酮约 12min。

2. 霜脲氰可湿性粉剂（cymoxanil wettable powder）

FAO 规格 419/WP(2006 年 3 月)

(1) 组成和外观

本品为由符合 FAO 标准的霜脲氰原药、填料和助剂组成，应为均匀的细粉末，无可见的外来物和硬块。

(2) 技术指标

霜脲氰含量（g/kg）：

标明含量　　　　　　　　　　　　　　　　　　允许波动范围

>500	±25

湿筛（通过 75μm 筛）/% ≥98

悬浮率 [(30±2)℃下，使用 CIPAC 标准水 D，30min]/% ≥70

润湿性（不经搅动）/s ≤60

持久起泡性（1min 后）/mL ≤60

热贮稳定性 [(54±2)℃下贮存 14d]：有效成分含量应不低于贮前测得平均含量的 97%，湿筛、悬浮率、润湿性仍应符合上述标准要求。

(3) 有效成分分析方法可参照原药。

3. 霜脲氰水分散粒剂（cymoxanil water dispersible granule）

FAO 规格 419/WG(2006 年 3 月)

(1) 组成和外观

本品为由符合 FAO 标准的霜脲氰原药、填料和助剂组成的水分散粒剂，适于在水中崩解、分散后使用，应为干燥、易流动的颗粒，基本无粉尘，无可见的外来物和硬块。

(2) 技术指标

霜脲氰含量（g/kg）：

标明含量	允许波动范围
>250 且≤500	标明含量的±5%
>500	±25

润湿性（不经搅动）/s ≤10

湿筛（通过 75μm 筛）/% ≥98

悬浮率 [(30±2)℃，使用 CIPAC 标准水 D，30min]/% ≥70

分散性（1min 后，经搅拌）/% ≥75

持久起泡性（1min 后）/mL ≤60

粉尘 几乎无粉尘

流动性：试验筛上下跌落 20 次后，通过 5mm 试验筛的样品应≥99%。

热贮稳定性 [(54±2)℃下贮存 14d]：有效成分含量应不低于贮前测得平均含量的 97%，湿筛、悬浮率、分散性、粉尘仍应符合上述标准要求。

(3) 有效成分分析方法可参照原药。

碳酸铵铜（copper ammonium carbonate）

碳酸铵铜水剂（copper ammonium carbonate aqueous solution）

FAO 规格 44.4 NH$_4$ca/SL/S(1989)

(1) 组成和外观

本品为由有效成分碳酸铵铜与必要的助剂加工制成的碳酸铵铜水溶液，无可见的悬浮物和沉淀。

(2) 技术要求

总铜含量 [g/L(20℃下）或 g/kg] 应标明含量，允许波动范围为标明含量的+5%

砷含量 ≤0.1X mg/kg，X 为测得的铜含量

铅含量	$\leqslant 0.5X \, mg/kg$，X 为测得的铜含量
镉含量	$\leqslant 0.1X \, mg/kg$，X 为测得的铜含量
水不溶物/(g/L)	$\leqslant 3$

低温稳定性 [(0 ± 1)℃下贮存 7d]：除水不溶物外无析出的其他物质。

（3）有效成分分析方法见 CIPAC 1。

王铜（copper oxychloride）

$$3Cu(OH)_2 \cdot CuCl_2$$
$$Cl_2Cu_4H_6O_6，427.1$$

化学名称　氯化氧铜

其他名称　碱式氯化铜，氧氯化铜

CAS 登录号　1332-40-7

理化性状　m. p. 240℃分解，相对密度 3.64（20℃）。水中溶解度：1.19×10^{-3} g/L（pH6.6）；其他溶剂中溶解度（mg/L）：甲苯<11，二氯甲烷<10，正己烷<9.8，乙酸乙酯<11，甲醇<8.2，丙酮<8.4。稳定性：加热的碱性介质中分解，形成氧化铜。

1. 王铜原药（copper oxychloride technical）

（碱式氯化铜）

FAO 规格 44.2 Oxch/TC/S(1989)

（1）组成和外观

本品由王铜 [$3Cu(OH)_2 \cdot CuCl_2$] 和相关的生产杂质组成，为绿色或蓝绿色粉末，无可见的外来物和添加的改性剂。

（2）技术要求

总铜含量/(g/kg)	$\geqslant 550$（允许波动范围为± 5.5g/kg）
水中可溶性铜含量	$\leqslant 10X \, mg/kg$，X 为测得的铜含量
砷含量	$\leqslant 0.1X \, mg/kg$，X 为测得的铜含量
铅含量	$\leqslant 0.5X \, mg/kg$，X 为测得的铜含量
镉含量	$\leqslant 0.1X \, mg/kg$，X 为测得的铜含量
干燥碱量/(g/kg)	$\leqslant 20$
湿筛（未通过 $45\mu m$ 试验筛）/%	$\leqslant 0.28$
悬浮率（30min 后，蒸馏水中）/%	$\geqslant 80$

（3）有效成分分析方法见 CIPAC 1。

2. 王铜粉剂（copper oxychloride dustable powder）

FAO 规格 44.2 Oxch/DP/S(1989)

（1）组成和外观

本品应由符合 FAO 标准的王铜原药、载体和必要的助剂组成，应为易流动的细粉末，无可见的外来物和硬块。

（2）技术要求

总铜含量/(g/kg)	应标明含量，允许波动范围为标明含量的$\pm 10\%$

水可溶性铜含量	$\leqslant 10X\,mg/kg$，X 为测得的铜含量
砷含量	$\leqslant 0.1X\,mg/kg$，X 为测得的铜含量
铅含量	$\leqslant 0.5X\,mg/kg$，X 为测得的铜含量
镉含量	$\leqslant 0.1X\,mg/kg$，X 为测得的铜含量
干筛（未通过 $45\mu m$ 筛）/%	$\leqslant 2$
流动数（若要求）	$\leqslant 12$

热贮稳定性 $[(54\pm2)℃$ 下贮存 14d]：干筛仍应符合上述标准要求。

（3）有效成分分析方法可参照原药。

3. 王铜可湿性粉剂（copper oxychloride wettable powder）

FAO 规格 44.2 Oxch/WP/S(1989)

（1）组成和外观

本品应由符合 FAO 标准的王铜原药、填料和必要的助剂组成，应为细粉末，无可见的外来物和硬块。

（2）技术要求

总铜含量/(g/kg)	应标明含量，允许波动范围为标明含量的 ±5%
水可溶性铜含量	$\leqslant 10X\,mg/kg$，X 为测得的铜含量
砷含量	$\leqslant 0.1X\,mg/kg$，X 为测得的铜含量
铅含量	$\leqslant 0.5X\,mg/kg$，X 为测得的铜含量
镉含量	$\leqslant 0.1X\,mg/kg$，X 为测得的铜含量
水分散液 pH 范围	$6.0\sim9.5$
湿筛（未通过 $45\mu m$ 筛）/%	$\leqslant 1$
悬浮率（使用 CIPAC 标准水 C，30min）/%	$\geqslant 80$
持久起泡性（1min 后）/mL	$\leqslant 10$
润湿性（无搅动）/min	$\leqslant 1$

热贮稳定性 [在（54 ± 2）℃下贮存 14d]：湿筛、悬浮率仍应符合上述标准要求。

（3）有效成分分析方法可参照原药。

戊唑醇（tebuconazole）

$C_{16}H_{22}ClN_3O$，307.8

化学名称　(RS)-1-(4-氯苯基)-3-(1H-1,2,4 三唑-1-基甲基)-4,4-二甲基戊-3-醇

其他名称　立克莠

CAS 登录号　107534-96-3

CIPAC 编码　494

理化性状 本品为无色晶体，m.p. 105℃，v.p. 1.7×10^{-3} mPa（20℃），密度 1.25g/mL（26℃）。溶解度（20℃）：水 36mg/L（pH5～9），二氯甲烷＞200g/L，正己烷＜0.1g/L，异丙醇 50～100g/L，甲苯 50～100g/L。稳定性：高温下稳定；纯水中光解和水解稳定；无菌条件水解 DT_{50}＞1 年（pH4～9，22℃）。

1. 戊唑醇原药（tebuconazole technical）

FAO 规格 494/TC/S/F（2000）

（1）组成和外观

本品为由戊唑醇和相关的生产杂质组成，应是无色至近白色粉末，无可见的外来物和添加的改性剂。

（2）技术指标

戊唑醇含量/（g/kg）	≥905（测定结果的平均含量应不低于标明含量）
水分/（g/kg）	≤5.0
酸碱度（g/kg）：	
酸度（以 H_2SO_4 计）	≤1.0
碱度（以 NaOH 计）	≤6.0

（3）有效成分分析方法——气相分析方法

① 方法提要　试样用丙酮溶解，以邻苯二甲酸二环己酯为内标物，在用带有氢火焰离子化检测器的气相色谱仪及毛细管气相色谱柱以分流模式对试样中的戊唑醇进行测定。

② 分析条件　气相色谱仪，带有氢火焰离子化检测器；色谱柱：5m×0.53mm（i.d.）玻璃柱；柱温：240℃；汽化室温度：300℃；分流比：10∶1；进样量：1μL；载气（氮气）流速：7mL/min；氢气流速：30mL/min；空气流速：240mL/min；保留时间：戊唑醇约 2.5min，内标物约 3.5min。

2. 戊唑醇可湿性粉剂（tebuconazole wettable powder）

FAO 规格 494/WP/S/F（2000）

（1）组成和外观

本品为由符合 FAO 标准的戊唑醇原药、填料和助剂组成，应为均匀的细粉末，无可见的外来物和硬块。

（2）技术指标

戊唑醇含量（g/kg）：

标明含量	允许波动范围
＞250 且≤500	标明含量的±5％
＞500	±25
pH 范围	7.0～9.5
湿筛（通过 75μm 筛）/％	≥98
悬浮率 [（30±2）℃，使用 CIPAC 标准水 D，30min]/％	≥60
润湿性（不经搅动）/s	≤60
持久起泡性（1min 后，30℃下）/mL	≤20

热贮稳定性 [（54±2）℃下贮存 14d]：有效成分平均含量不低于储存前 97％，pH 范围、湿筛、悬浮率、润湿性仍应符合上述标准要求。

（3）有效成分分析方法可参照原药。

3. 戊唑醇悬浮剂 (tebuconazole aqueous suspension concentrate)

FAO 规格 494/SC/S/F/(2000)

(1) 组成和外观

本品应为由符合 FAO 标准的戊唑醇原药的细小颗粒悬浮在水相中，与助剂制成的悬浮液，经轻微搅动为均匀的悬浮液体，易于进一步用水稀释。

(2) 技术指标

戊唑醇含量 [g/kg 或 g/L(20℃)]：

标明含量	允许波动范围
＞250 且≤500	标明含量的±5％
＞500	±25

20℃下质量浓度/(g/mL)	若要求，则应标明
pH 范围	8.0～10.0
倾倒性 (清洗后残余物)/％	≤0.5
自动分散性 [(30±2)℃，使用 CIPAC 标准水 D，5min 后]/％	≥60
悬浮率 [(30±2)℃，使用 CIPAC 标准水 D，30min 后]/％	≥90
湿筛 (通过 75μm 筛)/％	≥99
持久起泡量 [1min 后，(30±2)℃]/mL	≤40

低温稳定性 [(0±2)℃贮存 7d]：产品的自动分散性、悬浮率、湿筛仍应符合上述标准要求。

热贮稳定性 [(54±2)℃贮存 14d]：有效成分含量应不低于贮前测得平均含量的 97％，pH 范围、倾倒性、自动分散性、悬浮率、湿筛仍应符合上述标准要求。

(3) 有效成分分析方法可参照原药。

4. 戊唑醇水分散粒剂 (tebuconazole water dispersible granule)

FAO 规格 494/WG/S/F(2000)

(1) 组成和外观

本品为由符合 FAO 标准的戊唑醇原药、填料和助剂组成的水分散粒剂，适于在水中崩解、分散后使用，应为干燥、易流动的颗粒，基本无粉尘，无可见的外来物和硬块。

(2) 技术指标

戊唑醇含量 (g/kg)：

标明含量	允许波动范围
＞250 且≤500	标明含量的±5％
＞500	±25

水分/(g/kg)	≤25
pH 范围	6.0～9.0
润湿性 (不经搅动)/min	≤1
湿筛 (通过 75μm 筛)/％	≥99.0
悬浮率 [(30±2)℃，使用 CIPAC 标准水 D，30min]/％	≥60
持久起泡性 (1min 后，30℃)/mL	≤10
粉尘/mg	收集的粉尘≤30

流动性：试验筛上下跌落 20 次后，通过 5mm 试验筛的样品应≥95％。

热贮稳定性［(54±2)℃下贮存14d］：有效成分含量应不低于贮前测得平均含量的97％、pH范围、湿筛、悬浮率、流动性仍应符合上述标准要求。

(3) 有效成分分析方法可参照原药。

5. 戊唑醇水乳剂（tebuconazole emulsion, oil in water）

FAO规格494/EW/S/F(2000)

(1) 组成和外观

本品应为由符合FAO标准的戊唑醇原药与助剂在水相中制成的乳状液，经轻微搅动为均匀的，易于进一步用水稀释。

(2) 技术指标

戊唑醇含量［g/kg或g/L(20℃)］：

标明含量	允许波动范围
＞100且≤250	标明含量的±6％
＞250且≤500	标明含量的±5％

20℃下质量浓度/(g/mL)	若要求，则应标明
pH范围	6.0～9.0
倾倒性（清洗后残留物）/％	≤0.5
湿筛（通过75μm筛）/％	≥99.5
持久起泡性（1min后）/mL	≤25
闪点（闭杯法）（如需要）	≥标明的最低闪点，并对测定方法加以说明

乳液稳定性和再乳化：选经过热贮稳定性试验的产品，在（30±2)℃下用CIPAC规定的标准水（标准水A或标准水D）稀释，该乳液应符合下表要求。

稀释后时间/h	稳定性要求
0	初始乳化完全
0.5	乳膏无
2	乳膏≤1mL,浮油无
24	再乳化完全
24.5	乳膏无,浮油无

低温稳定性［(0±2)℃下贮存7d］：湿筛仍应符合上述标准要求，经轻微搅动，应无可见的油状物。

热贮稳定性［(54±2)℃下贮存14d］：有效成分含量应不低于贮前测得平均含量的97％，pH、倾倒性、湿筛仍应符合上述标准要求。

(3) 有效成分分析方法可参照原药。

氧化亚铜（cuprous oxide）

$$Cu_2O, 143.1$$

化学名称 氧化亚铜

CAS登录号 1317-39-1

理化性状 红棕色粉末。m.p.1235℃，b.p.1800℃，v.p.可忽略。溶解度：在水和有机溶剂中几乎不溶，溶于稀的无机酸、氨水及其盐中。稳定性：在潮湿的空气中，易氧化成氧化铜，转化成碳酸盐。

1. 氧化亚铜原药 （cuprous oxide technical）

FAO 规格 44.lox/TC/S(1989)

(1) 组成和外观

本品由氧化亚铜［Cu_2O］和相关的生产杂质组成，为橙色至红色粉末，无可见的外来物，除稳定剂外，无其他改性剂。

(2) 技术要求

总铜含量/(g/kg)	≥820，（允许波动范围为±20g/kg）
氧化亚铜含量/(g/kg)	≥800，（允许波动范围为±30g/kg）
金属铜含量	≤50X mg/kg，X 为测得的铜含量
化合态铜含量	≤100X mg/kg，X 为测得的铜含量
水可溶性铜含量	≤25X mg/kg，X 为测得的铜含量
砷含量	≤0.1X mg/kg，X 为测得的铜含量
铅含量	≤0.5X mg/kg，X 为测得的铜含量
镉含量	≤0.1X mg/kg，X 为测得的铜含量
真空干燥减量/(g/kg)	≤15

(3) 有效成分分析方法见 CIPAC 1。

2. 氧化亚铜粉剂 （cuprous oxide dustable powder）

FAO 规格 44.lox/DP/S(1989)

(1) 组成和外观

本品应由符合 FAO 标准的氧化亚铜原药、载体和必要的助剂组成，应为易流动的细粉末，无可见的外来物和硬块。

(2) 技术要求

总铜含量 （g/kg）：	
标明含量	允许波动范围
≤200	标明含量的±10%
>200	±20
氧化亚铜含量/(g/kg)	允许波动范围同上
金属铜含量	≤50X mg/kg，X 为测得的铜含量
二价铜含量	≤120X mg/kg，X 为测得的铜含量
水可溶性铜含量	≤25X mg/kg，X 为测得的铜含量
砷含量	≤0.1X mg/kg，X 为测得的铜含量
铅含量	≤0.5X mg/kg，X 为测得的铜含量
镉含量	≤0.1X mg/kg，X 为测得的铜含量
干筛 （未通过 45μm 筛)/%	≤2
流动数 （如需要）	≤12

热贮稳定性［在 (54±2)℃下贮存 14d］：干筛仍应符合上述标准要求。

(3) 有效成分分析方法可参照原药。

3. 氧化亚铜可湿性粉剂 (cuprous oxide wettable powder)

FAO 规格 44.1ox/WP/S(1989)

(1) 组成和外观

本品应由符合 FAO 标准的氧化亚铜原药、填料和必要的助剂组成，应为细粉末，无可见的外来物和硬块。

(2) 技术要求

总铜含量/(g/kg)	应标明含量，允许波动范围为标明含量的 $\pm 5\%$
氧化亚铜含量/(g/kg)	应标明含量，允许波动范围为标明含量的 $\pm 5\%$
金属铜含量	$\leqslant 50X \, mg/kg$，X 为测得的铜含量
二价铜含量	$\leqslant 120X \, mg/kg$，X 为测得的铜含量
水可溶性铜含量	$\leqslant 25X \, mg/kg$，X 为测得的铜含量
砷含量	$\leqslant 0.1X \, mg/kg$，X 为测得的铜含量
铅含量	$\leqslant 0.5X \, mg/kg$，X 为测得的铜含量
镉含量	$\leqslant 0.1X \, mg/kg$，X 为测得的铜含量
水分散液 pH 范围	$7.5 \sim 10.5$
湿筛（未通过 $45\mu m$ 筛）/%	$\leqslant 1$
悬浮率（使用 CIPAC 标准水 C，30min）/%	$\geqslant 80$
持久起泡性（1min 后）/mL	$\leqslant 10$
润湿性（无搅动）/min	$\leqslant 1$

热贮稳定性 [(54 ± 2)℃下贮存 14d]：湿筛、悬浮率仍应符合上述标准要求。

(3) 有效成分分析方法可参照原药。

异菌脲 (iprodione)

$C_{13}H_{13}Cl_2N_3O_3$，330.2

化学名称 3-(3,5-二氯苯基)-1-异丙基氨基甲酰基乙内酰脲

其他名称 异丙定，扑海因

CAS 登录号 36734-19-7

CIPAC 编码 278

理化性状 本品是白色、无臭、无吸湿性晶体或粉末。m.p. 134℃，v.p. 5×10^{-4} mPa (25℃)，$K_{ow}lgP = 3.0$(pH3 和 pH5)，相对密度 1.00(20℃)。20℃溶解度：水 13mg/L，正辛醇 10g/L，乙腈 168g/L，甲苯 150g/L，乙酸乙酯 225g/L，丙酮 342g/L，二氯甲烷 450g/L，正己烷 0.59g/L。稳定性：酸性介质中相对稳定，碱性介质中分解；$DT_{50} = 1\sim7d$ (pH7)，$<1h$(pH9)；水溶液在紫外线下降解，同等日光条件下相对稳定。

1. 异菌脲原药（iprodione technical）

FAO 规格 278/TC(2006)

（1）组成和外观

本产品由异菌脲和相关生产性杂质组成，外观为白色结晶粉末，无可见的外来物和添加改性剂。

（2）技术指标

异菌脲含量/(g/kg)	≥960
干燥失重/(g/kg)	≤10

（3）有效成分分析方法——液相色谱法

① 方法提要　试样溶于乙腈中，以缓冲溶液-甲醇-乙腈作流动相，在反相色谱柱（C_{18}）上对试样中的异菌脲进行分离和测定，紫外检测器检测，内标法定量。

② 分析条件　色谱柱：250mm×4.6mm(i.d.)，Nucleosil C_{18} 5μm 柱；内标物：苯基·乙基（甲）酮；缓冲溶液：将 3g 乙酸钠溶于 3L 水中，用乙酸调 pH 至 4.5；流动相：缓冲溶液-甲醇-乙腈〔450∶330∶220（体积比）〕；流速：1.5mL/min；检测波长：220nm；温度：40℃；进样体积：10μL；保留时间：内标物约 6.5min，异菌脲约 19min；运行时间：20min。

2. 异菌脲可湿性粉剂（iprodione wettable powder）

FAO 规格 278/WP(2006)

（1）组成和外观

本品应由符合 FAO 标准的异菌脲原药组成的均匀混合物。外观应为细粉末，无可见的外来物和硬块。

（2）技术指标

异菌脲含量（g/kg）：

标明含量	允许波动范围
＞100 且≤250	标明含量的±6%
＞250 且≤500	标明含量的±5%
＞500	±25g/kg

水分/(g/kg)	≤20
pH 范围	4～6
湿筛（未通过 75μm 筛）/%	≤1
悬浮率〔(30±2)℃ 30min 下，使用 CIPAC 标准水 D〕	≥70%
持久起泡性（1min 后）/mL	≤50
润湿性（不经搅动）/min	≤1

热贮稳定性〔(54±2)℃下贮存 14d〕：有效成分含量应不低于贮存测得平均含量的 97%，pH 范围、湿筛、悬浮率、润湿性仍应符合上述标准要求。

（3）有效成分分析方法可参照原药

3. 异菌脲水分散粒剂（iprodione water dispersible granule）

FAO 规格 278/WG(2006)

（1）组成和外观

本品应由符合 FAO 标准的异菌脲原药、填料和必要助剂组成均匀混合物的。在水中崩解分散使用时为颗粒状。制剂应干燥，可自由流动，基本无尘，无可见的外来物和硬块。

（2）技术指标

异菌脲含量（g/kg）：

标明含量	允许波动范围
>250 且 ≤500	标明含量的 ±5％
>500	标明含量的 25g/kg

水分/（g/kg）	≤8
pH 范围	8.9~9.9
润湿性（不经搅动）/min	≤1
湿筛（未通过 75μm 筛）/％	≤1
分散性（2min 搅拌后）/％	≥90
悬浮率［（30±2）℃ 30min 下，使用 CIPAC 标准水 D］/％	≥70
持久起泡性（1min 后）/mL	≤50
粉尘	基本无尘
流动性（试验筛上下跌落 20 次后，通过 5mm 试验筛的样品）/％	≥99

热贮稳定性［（54±2）℃ 下贮存 14d］：有效成分含量应不低于贮前测得平均含量的 97％，pH 范围、湿筛、分散性、悬浮率、粉尘、流动性仍应符合上述标准要求。

（3）有效成分分析方法可参照原药

4. 异菌脲悬浮剂（iprodione aqueous suspension concentrate）

FAO 规格 278/SC（2006）

（1）组成和外观

本品应由符合 FAO 标准的异菌脲原药与适宜的助剂在水相中制成的细小颗粒悬浮液。制剂轻微搅动后应为均相且易于进一步用水稀释。

（2）技术指标

异菌脲含量［g/kg 或 g/L，（20±2）℃］：

标明含量	允许波动范围
>100 且 ≤250	标明含量的 ±6％
>250 且 ≤500	标明含量的 ±5％

pH 范围	4.0~6.0
倾倒性（倾倒后残余物）/％	≤5
自发分散性［（30±2）℃ 5min，使用 CIPAC 标准水 D］	≥异菌脲含量的 90％
悬浮率［（30±2）℃ 30min，使用 CIPAC 标准水 D］	≥异菌脲含量的 70％
湿筛（未通过 75μm 筛）/％	≤1
持久起泡性（1min 后）/mL	≤25

低温稳定性［（0±2）℃ 下贮存 7d］：产品的自发分散性、悬浮率、湿筛仍应符合上述标准要求。

热贮稳定性［（54±2）℃ 下贮存 14d］：有效成分含量应不低于贮前测得平均含量的

97%，pH 范围、倾倒性、自发分散性、悬浮率、湿筛仍应符合上述标准要求。

(3) 有效成分分析方法可参照原药。

抑菌灵（dichlofluanid）

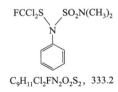

$C_9H_{11}Cl_2FN_2O_2S_2$，333.2

化学名称 N,N-二甲基-N-苯基-(N-氟二氯甲硫基)-磺酰胺

CAS 登录号 1085-98-9

CIPAC 编码 74

理化性状 无色晶体粉末。m. p. 106℃，v. p. 0.014mPa(20℃)，$K_{ow}\lg P = 3.7(21℃)$。溶解度（g/L，20℃）：水 1.3×10^{-3}，二氯甲烷＞200，甲苯 145，异丙醇 10.8，正己烷 2.6。稳定性：在碱性条件下分解，在多硫化物存在下 DT_{50}＞15d(pH4)、＞18h(pH7)、＜10min(pH9，22℃)，光照敏感。

1. 抑菌灵原药（dichlofluanid technical）

FAO 规格 74/TC/S(1988)

(1) 组成和外观

本品应由抑菌灵和相关的生产性杂质及稳定剂组成，应为无色乳白色结晶物，除稳定剂外，无可见的外来物和添加的改性剂。

(2) 技术指标

抑菌灵含量/(g/kg)	≥950，允许波动范围为±20g/kg
丙酮不溶物/(g/kg)	≤25
pH 范围	8.0～11.0

(3) 有效成分分析方法——高效液相色谱法

① 方法提要　试样用乙腈溶解，用乙腈-水作流动相，在反相色谱柱上对试样中的抑菌灵进行分离，使用紫外检测器（254nm）对抑菌灵含量进行测定。

② 分析条件　色谱柱：不锈钢，125mm×4.6mm(i. d.)，填充 Spheresorb ODS 键合硅胶，5μm；流动相：乙腈-水 ［48：52（体积比）］，过滤并脱气；流速：1.5mL/min；检测波长：254nm；温度：30℃；进样体积：10μL；保留时间：抑菌灵 6.9min。

2. 抑菌灵粉剂（dichlofluanid dustable powder）

FAO 规格 74/DP/S(1988)

(1) 组成和外观

本品应由符合 FAO 标准的抑菌灵原药、载体和助剂组成，应为易流动的细粉末，无可见的外来物和硬块。

(2) 技术指标

抑菌灵含量(g/kg)：

标明含量	允许波动范围
≤25	标明含量的±15％
>25	标明含量的±10％

酸度或碱度（g/kg）：

酸度（以 H_2SO_4 计）	≤3
碱度（以 NaOH 计）	≤2

干筛（未通过 $75\mu m$ 筛）/％　　≤5［留在试验筛上抑菌灵的量应不超过测定样品量的 $0.015X$ g/kg，X（g/kg）是测得的抑菌灵含量］

流动数，若要求　　≤12

热贮稳定性［$(54\pm2)℃$下贮存 14d］：有效成分含量应不低于贮前测得平均含量的 95％，酸碱度、干筛仍应符合上述标准要求。

（3）有效成分分析方法可参照原药。

3. 抑菌灵可湿性粉剂（dichlofluanid wettable powder）

FAO 规格 74/WP/S(1989)

（1）组成和外观

本品应由符合 FAO 标准的抑菌灵原药、填料和助剂组成，应为细粉末，无可见的外来物和硬块。

（2）技术指标

抑菌灵含量（g/kg）：

标明含量	允许波动范围
≤500	标明含量的±5％
>500	±25

湿筛（未通过 $75\mu m$ 筛）/％	≤2
悬浮率（30min，CIPAC 标准水 C）/％	≥50
持久起泡性（1min 后）/mL	≤25
润湿性（无搅动）/min	≤1.5

热贮稳定性［$(54\pm2)℃$下贮存 14d］：有效成分含量、湿筛仍应符合上述标准要求。

（3）有效成分分析方法可参照原药。

抑霉唑（imazalil）

$C_{14}H_{14}Cl_2N_2O$，297.2

化学名称　1-［2-(2,4-二氯苯基)-2-(2-丙烯氧基)乙基]-1H-咪唑

其他名称　戴寇唑，戴唑霉，万利得

CAS 登录号　35554-44-0

CIPAC 编码　335

理化性状　本品为浅黄色至棕色晶体，m. p. 52.7℃，b. p. ＞340℃，v. p. 0.158mPa（20℃），密度 1.348g/mL（26℃），$K_{ow}\lg P=3.82$（pH9.2 缓冲液）。溶解度（g/100mL）：水 0.0951（pH5），0.0224（pH7），0.0177（pH9）（EPA 方法）；水 2.6（pH4.6），0.29（pH5.4），0.021（pH8）（OECD105）；丙酮、二氯甲烷、乙醇、甲醇、异丙醇、二甲苯、甲苯、苯＞500g/L，己烷 19（20℃），也溶于庚烷和石油醚。稳定性：室温避光，稀酸、碱液中稳定，285℃以下稳定，通常贮存条件下对光稳定。闪点 192℃。

1. 抑霉唑（游离碱）原药 [imazalil (free base) technical material]

FAO 规格 335/TC(2001)

(1) 组成和外观

本品应由抑霉唑和相关的生产性杂质组成，应为浅黄色至棕色结晶物，无可见的外来物和添加的改性剂。

(2) 技术指标

抑霉唑含量/(g/kg)　　　　　　　　　≥950（测定含量的平均值不应低于限量最低值）

(3) 有效成分分析方法——气相色谱法

① 方法提要　试样用甲醇溶解，使用 OV-105 色谱柱和带有氢火焰离子化检测器的气相色谱仪对试样中的抑霉唑进行分离和测定，内标法定量。

② 分析条件　气相色谱仪，带有氢火焰离子化检测器；内标物：1-[2-(2,4-二氯苯基)庚基]-1H-咪唑硝酸酯；色谱柱：2.0m × 2mm 玻璃柱，内填 5% OV-105/Supelcoport（150～200μm）；柱温：240℃；汽化温度：280℃；检测器温度：280℃；载气（氮气）流速：30mL/min；氢气流速：25mL/min；空气流速：250mL/min；进样体积：1μL；保留时间：抑霉唑约 2.6min，内标物约 4.2min。

2. 抑霉唑硫酸盐原药（imazalil sulphate technical material）

FAO 规格 335.306/TC(2001)

(1) 组成和外观

本品应由抑霉唑硫酸盐和相关生产杂质组成，应为类白色到黄色粉末，无可见的外来物或添加改性剂。

(2) 技术指标

抑霉唑含量/(g/kg)　　　　　　　　　≥725（测定含量的平均值不应低于限量最低值）

水分含量/(g/kg)　　　　　　　　　　≤10

(3) 有效成分分析方法可见抑霉唑原药。

3. 抑霉唑可溶性液剂（imazalil soluble concentrate）

FAO 规格 335.306/SL(2001)

(1) 组成和外观

本品为由符合 FAO 标准 335.306/TC 的抑霉唑原药，以硫酸盐形式溶于适宜的溶剂中，和助剂组成，外观为澄清或乳白色液体，应无可见的悬浮物和沉淀，活性成分溶于水形成真溶液后使用。

（2）技术指标

抑霉唑含量［g/L(20℃)］：

标明含量	允许波动范围
≤25	标明含量的±15％
>25 且≤100	标明含量的±10％
>100 且≤250	标明含量的±6％
>250 且≤500	标明含量的±5％

持久起泡性（1min 后)/mL　　　　　　　　≤60

溶液稳定性：(54±2)℃下贮存 14d 后，用标准水 D 稀释并在（30±2)℃下静置 18h，应形成澄清或乳白色溶液，无痕量沉淀或可视固体颗粒存在且此部分全部通过 45μm 试验筛。

低温稳定性［(0±1)℃下贮存 7d］：如有需要应标明。

热贮稳定性［(54±2)℃下贮存 14d］：有效成分含量不应低于贮前平均含量的 95％。

（3）有效成分分析方法可参照原药。

4. 抑霉唑种子处理液剂（imazalil solution for seed treatment）

FAO 规格 335/LS(2001)

（1）组成和外观

本品为由符合 FAO 标准 335/TC 的抑霉唑原药以游离碱形式和必要的助剂包括着色剂溶于适当的溶剂中形成，外观为澄清或乳白色液体，应无可见的悬浮物和沉淀。

（2）技术指标

抑霉唑含量［g/L(20±2℃)］：

标明含量	允许波动范围
≤25	标明含量的±15％
>25 且≤100	标明含量的±10％
>100 且≤250	标明含量的±6％

低温稳定性［(0±2)℃下贮存 7d］：析出固体或液体体积不应超过 0.3mL。

热贮稳定性［(54±2)℃下贮存 14d］：有效成分含量不应低于贮前平均含量的 95％。

（3）有效成分分析方法可参照原药。

5. 抑霉唑乳油（imazalil emulsifiable concentrate）

FAO 规格 335/EC(2001)

（1）组成和外观

本品应由符合 FAO 标准 335/TC 的抑霉唑原药以游离碱形式和其他助剂溶解在适宜的溶剂中制成，应为稳定的均相液体，无可见的悬浮物和沉淀。

（2）技术指标

抑霉唑含量［g/L，(20±2)℃］：

标明含量	允许波动范围
>25 且≤100	标明含量的±10％
>100 且≤250	标明含量的±6％
>250 且≤500	标明含量的±5％

乳液稳定性和再乳化：经热贮试验的本产品在（30±2)℃下用 CIPAC 规定的标准水（标准水 A 或标准水 C）稀释，该乳液应符合下表要求。

稀释后时间/h	稳定性要求
0	初始乳化完全
0.5	无乳膏
2	底部乳膏＜1mL,无浮油
24	再乳化完全
24.5	无乳膏,无浮油

持久起泡性（1min后）/mL ≤60

低温稳定性 [(0±2)℃下贮存7d]：析出的固体或液体应不超过0.3mL。

热贮稳定性 [(54±2)℃下贮存14d]：有效成分含量不应低于贮前平均含量的95%，乳液稳定性和再乳化指标仍应符合上述标准要求。

(3) 有效成分分析方法可参照原药。

乙烯菌核利（vinclozolin）

$C_{12}H_9Cl_2NO_3$，286.1

化学名称　3-(3,5-二氯苯基)-5-甲基-5-乙烯基-1,3-噁唑烷-2,4-二酮

其他名称　农利灵，烯菌酮

CAS 登录号　50471-44-8

CIPAC 编码　280

理化性状　无色固体，带有轻微的芳香气味。m. p. 108℃（原药），b. p. 131℃/0.05mmHg，v. p. 0.13mPa（20℃），$K_{ow}\lg P=3$（pH7），$\rho=1.51g/cm^3$（20℃）。溶解度（g/L，20℃）：水 $2.6×10^{-3}$、甲醇15.4、丙酮334、乙酸乙酯233、正庚烷4.5、甲苯109、二氯甲烷475。稳定性：50℃以下稳定，酸性条件下可稳定存在24h；0.1mol/L氢氧化钠溶液中，3.8h水解率为50%。

1. 乙烯菌核利原药 (vinclozolin technical)

FAO 规格 280/TC/S/F(1993)

(1) 组成和外观

本品应由乙烯菌核利和相关的生产性杂质组成，应为无色固体，无可见的外来物和添加的改性剂。

(2) 技术指标

乙烯菌核利含量/(g/kg)	≥960，允许波动范围为±25g/kg
水分/(g/kg)	≤20
酸度或碱度：	
酸度（以 H_2SO_4 计）/(g/kg)	≤1
碱度	由于乙烯菌核利在碱性溶液中不稳定，因此该化合物的丙酮/水溶液 pH≤9

(3) 有效成分分析方法——气相色谱法

① 方法提要　试样用丙酮溶解，以荧蒽为内标物，使用 SE-30 色谱柱和带有氢火焰离子化检测器的气相色谱仪对乙烯菌核利进行分离和测定。

② 分析条件　气相色谱仪，带有氢火焰离子化检测器；色谱柱：0.5m×2mm 玻璃柱，内填 10% SE-30（或相当的固定液）/Chromosorb G AW-DMCS（200～250μm）；柱温：190℃；汽化温度：200℃；检测器温度：200℃；载气（氮气）流速：30mL/min；氢气流速：30mL/min；空气流速：250mL/min；保留时间：乙烯菌核利约 350s，荧蒽约 630s。

2. 乙烯菌核利可湿性粉剂 (vinclozolin wettable powder)

FAO 规格 280/WP/S/F(1993)

(1) 组成和外观

本品应由符合 FAO 标准的乙烯菌核利原药、填料和助剂组成，应为细粉末，无可见的外来物和硬块。

(2) 技术指标

乙烯菌核利含量（g/kg）：

标明含量	允许波动范围
＞100 且≤250	标明含量的±6%
＞250 且≤500	标明含量的±5%
＞500	±25

水分/（g/kg）	≤40
pH	4～9
湿筛（未通过 75μm 筛）/%	≤0.5
悬浮率（25℃下 30min，CIPAC 标准水 C）/%	≥65
持久起泡性（1min 后）/mL	≤40
润湿性（无搅动）/min	≤5

热贮稳定性 [(54±2)℃下贮存 14d]：有效成分含量应不低于贮前测得平均含量的 97%，pH、湿筛、悬浮率仍应符合上述标准要求。

(3) 有效成分分析方法可参照原药。

3. 乙烯菌核利粉剂 (vinclozolin dustable powder)

FAO 规格 280/DP/S/F(1993)

(1) 组成和外观

本品应由符合 FAO 标准的乙烯菌核利原药、载体和助剂组成，应为易流动的细粉末，无可见的外来物和硬块。

(2) 技术指标

乙烯菌核利含量（g/kg）：

标明含量	允许波动范围
≤100	标明含量的±10%

水分/（g/kg）	≤50
pH	4～9
干筛（未通过 75μm 筛）/%	≤10

留在试验筛上乙烯菌核利的量应不超过测定样品量的 $(0.010X)$g/kg，X(g/kg) 是测

得的乙烯菌核利含量

　　流动数，若要求 ≤12

　　热贮稳定性 [(54±2)℃下贮存14d]：有效成分含量应不低于贮前测得平均含量的97%，pH、干筛、流动数仍应符合上述标准要求。

　　(3) 有效成分分析方法可参照原药。

4. 乙烯菌核利水分散粒剂 (vinclozolin water dispersible granule)

FAO 规格 280/WG/S/F(1993)

(1) 组成和外观

本品应由符合FAO标准的乙烯菌核利原药、填料和助剂组成，应为干燥、易流动，在水中崩解、分散后使用的颗粒，无可见的外来物和硬块。

(2) 技术指标

乙烯菌核利含量 (g/kg)：

标明含量	允许波动范围
>250 且≤500	标明含量的±5%
>500	±25

水分/(g/kg) ≤40

pH 范围 5～8

湿筛 (通过 $75\mu m$ 筛)/% ≥99.8

悬浮率 (25℃下30min，CIPAC标准水C)/% ≥70

持久起泡性 (1min 后)/mL ≤10

润湿性 (无搅动)/s ≤40

粉尘 (收集的粉尘)/mg ≤12

流动性：试验筛上下跌落20次后，通过5mm试验筛的样品应≥99%。

热贮稳定性 [(54±2)℃下贮存14d]：有效成分含量应不低于贮前测得平均含量的97%，pH、湿筛、悬浮率、粉尘仍应符合上述标准要求。

(3) 有效成分分析方法可参照原药。

5. 乙烯菌核利悬浮剂 (vinclozolin aqueous suspension concentrate)

FAO 规格 280/SC/S/F(1993)

(1) 组成和外观

本品应为由符合FAO标准的乙烯菌核利原药的细小颗粒悬浮在水相中与助剂制成的悬浮液，经轻微搅动为均匀的悬浮液体，易于进一步用水稀释。

(2) 技术指标

乙烯菌核利含量 [g/kg 或 g/L(20℃)]：

标明含量	允许波动范围
≤250	标明含量的±6%
>250 且≤500	标明含量的±5%
>500	±25

20℃下质量浓度/(g/mL) 若要求，则应标明

pH 范围 5～9

倾倒性/%

残余物 ≤10.0

清洗后残留物 ≤1.5

自动分散性（25℃下，使用 CIPAC 标准水 C， ≥75
5min 后）/%

湿筛（通过 75μm 筛）/% ≥99.9

悬浮率（25℃下，使用 CIPAC 标准水 C）/% ≥75

持久起泡性（1min 后）/mL ≤10

低温稳定性［(0±1)℃下贮存 7d］：产品的自动分散性、悬浮率、湿筛仍应符合上述标准要求。

热贮稳定性［(54±2)℃下贮存 14d］：有效成分含量应不低于贮前测得平均含量的 97%，倾倒性、自动分散性、悬浮率、筛分仍应符合上述标准要求，如有需要，pH 也应符合标准要求。

(3) 有效成分分析方法可参照原药。

第三章

除草剂

氨氯吡啶酸（picloram）

$C_6H_3Cl_3N_2O_2$, 241.5

化学名称 4-氨基-3,5,6-三氯吡啶-2-酸

其他名称 毒莠定

CAS 登录号 1918-02-1

CIPAC 编码 174

理化性状 浅棕色固体，带氯气味，190℃分解（未到熔点），v. p. 8×10^{-11} mPa（23.6℃），$K_{ow} \lg P = 1.9$（20℃，0.1mol/L HCl），堆密度 0.895g/cm³（25℃）。溶解度（g/L，20℃）：水 0.56，己烷<0.004，甲苯 0.013，丙酮 1.82，甲醇 2.32。稳定性：酸或碱性条件下都非常稳定，但在热浓碱条件下会分解。25℃条件下不会水解。易于形成水溶性碱金属盐和铵盐，在水溶液中，经紫外线照射会分解。DT_{50} 2.6d（25℃）。pK_a 2.3（22℃）。

1. 氨氯吡啶酸原药（picloram technical）

FAO 规格 174/TK（2005.7）

(1) 组成和外观

本品由氨氯吡啶酸和相关的生产杂质组成，应为琥珀色至深棕色的潮湿块状物，无可见的外来物和添加的改性剂。

(2) 技术指标

氨氯吡啶酸含量（干燥）/(g/kg)　　　　　≥920

六氯代苯/(mg/kg)　　　　　≤0.005X（X 为测得的有效成分含量）

(3) 有效成分分析方法——高效液相色谱法

① 方法提要　试样溶于乙腈中，用带有 YMC ODS-AQ（C₁₈）反相色谱柱和紫外检测器（240nm）的高压液相色谱仪对试样中的氨氯吡啶酸进行测定，以内标法定量。

② 分析条件　色谱柱：150mm×4.6mm（i.d.），YMC ODS-AQ（C₁₈）；流动相：水-乙腈-乙酸［83∶15∶2（体积比）］；流速：1.5mL/min；检测波长：240nm；柱温：室温；进样体积：10μL；运行时间：25min；保留时间：毒莠定约6min，苯甲酰胺约3.5min。

2. 氨氯吡啶酸可溶性液剂（picloram soluble concentrate）

FAO 规格 174/SL（2005.7）

(1) 组成和外观

本品由符合 FAO 标准的氨氯吡啶酸原药以钾盐或三异丙醇胺盐的形式溶解在水中，添加助剂制成。应为透明或乳白色液体，无可见悬浮物和沉淀物，在水中形成有效成分的真溶液。

(2) 技术指标

氨氯吡啶酸含量[g/kg 或 g/L,(20±2)℃]：

标明含量	允许波动范围
＞25 且≤100	标明含量的±10％
＞100 且≤250	标明含量的±6％

六氯代苯/(mg/kg)   ≤0.005X（X 为测得的有效成分含量）

pH 范围（不稀释）   7.5～11.2

持久起泡性（1min 后）/mL   ≤60

稳定性：制剂在 54℃下经过稳定性测试后，用 CIPAC 标准水 D 稀释，在（30±2）℃下贮存 18h 后，仍呈透明或乳白色溶液，且无过多沉淀物和可见固体颗粒，产生的沉淀物或微粒能通过 45μm 标准筛。

热贮稳定性〔（54±2）℃下贮存 14d〕：有效成分含量应不低于贮前测得平均含量的 95％，pH 范围仍应符合上述标准要求。

（3）有效成分分析方法可参照原药。

百草枯二氯化物（paraquat dichloride）

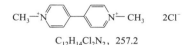

C$_{12}$H$_{14}$Cl$_2$N$_2$，257.2

化学名称　1,1$'$-二甲基-4,4$'$-联吡啶阳离子（百草枯）；1,1$'$-二甲基-4,4$'$-联吡啶阳离子二氯盐（百草枯二氯盐）

CAS 登录号　1910-42-5（百草枯）；4685-14-7（百草枯二氯盐）

CIPAC 编码　56（百草枯）；56.302（百草枯二氯盐）

理化性状　百草枯二氯盐：无色，吸湿性晶体。m.p. 约 340℃（分解），v.p. ＜1×10^{-2}mPa(25℃)。$K_{ow} \lg P = -4.5$(20℃)，$\rho = 1.5$g/cm^3（25℃）。溶解度：水约 620g/L（pH5～9，20℃），甲醇 143g/L(20℃)，几乎不溶于大多数有机溶剂。稳定性：约 340℃分解，在碱性、中性和酸性介质中水解稳定。在水溶液中光解稳定（pH7）。

百草枯：分子式 C$_{12}$H$_{14}$N$_2$，相对分子质量 186.3。

1. 百草枯二氯化物母药（paraquat dichloride technical concentrate）

FAO 规格 56.302/TK(2003)

（1）组成和外观

本品应由百草枯二氯化物和相关的生产杂质组成，为水溶液，无可见的外来物，含有有效的催吐剂、着色剂和嗅觉警戒试剂。

（2）技术指标

百草枯二氯化物含量/(g/L)	≥500〔（20±2）℃下，允许波动范围±25g/L〕
催吐药含量/(g/L)	≥0.8，本品 TK 中必须含有一定量的催吐药剂，并标明其含量
游离 4,4$'$-二联吡啶/(g/kg)	≤1.0
总三联吡啶/(g/kg)	≤0.001
pH 范围	2.0～6.0

(3) 有效成分分析方法——比色法（CIPAC E，p. 167）

① 方法提要　百草枯在连二亚硫酸钠碱性溶液中还原成蓝色的溶液，以永久的蓝色玻璃为参比，在 600nm 处测定该溶液的吸光度，用百草枯的标准品绘制校正曲线，即可计算出样品中百草枯阳离子的含量。

② 分析条件　分光光度计，配有 1cm 吸收池；检测波长：600nm。

2. 百草枯二氯化物可溶液剂（paraquat dichloride soluble concentrate）

FAO 规格 56.302/SL(2008)

(1) 组成和外观

本品为由符合 FAO 标准的百草枯二氯化物母药、必要的助剂和催吐剂组成的水溶液，含有着色剂、增稠剂和嗅觉警戒试剂。基本无悬浮物、不混溶溶剂和沉淀。

(2) 技术指标

百草枯二氯化物含量(g/kg)：

标明含量	允许波动范围
>25 且≤100	±10%
>100 且≤250	±6%
>250 且≤500	±5%

催吐剂含量/%	≥0.23(如 PP796)，本品 TK 中必须含有一定量的催吐剂，并标明其含量
游离 4,4′-二联吡啶/(g/kg)	≤1
总三联吡啶/(g/kg)	≤0.001
pH 范围	4.0～8.0
热贮后稀释液稳定性[使用 CIPAC 标准水 D，(30±2)℃，18h 后]	澄清或乳白色溶液，无痕量可视沉淀物或固体颗粒且可全部通过 45μm 测试筛
持久起泡性(1min 后)/mL	≤60

低温稳定性 [(0±2)℃下贮存 7d]：分层液体或固体体积不超过 0.3mL。

热贮稳定性 [(54±2)℃下贮存 14d]：有效成分含量应不低于贮前测得平均含量的 97%、pH 范围仍应符合上述标准要求。

3. 百草枯二氯化物可溶粒剂（paraquat dichloride soluble granule）

FAO 规格 56.302/SG(2008)

(1) 组成和外观

本品为由符合 FAO 标准的百草枯二氯化物母药、载体和催吐剂组成的水溶液，含有着色剂和嗅觉警戒试剂。均匀易流动，基本无悬浮物、无尘。不溶性载体及助剂不能对稀释液稳定性造成干扰。

(2) 技术指标

百草枯二氯化物含量(g/kg)：

标明含量	允许波动范围
>25 且≤100	±10%
>100 且≤250	±6%

催吐剂含量/%	≥0.23（如 PP796），本品中必须含有一定量的催吐剂，并标明其含量
游离 4,4′-二联吡啶/(g/kg)	≤1.0(1000mg/kg)
总三联吡啶/(g/kg)	≤0.001(1.0mg/kg)
pH 范围(1%质量浓度,悬浮液)	6.0～8.0

溶解程度和溶液稳定性[使用 CIPAC 标准水 D,(30±2)℃,残留在 75μm 测试筛上制剂含量]：

5min 后残留量	≤2%
18h 后残留量	≤2%
持久起泡性(1min 后)/mL	≤30
粉尘/mg	基本无粉尘,重量分析法收集粉尘量不超过 1mg(质量分数 0.0033%)
耐磨性/%	≥99.5

流动性：试验筛上下跌落 20 次后，通过 5mm 试验筛的样品为 98%。

热贮稳定性［(54±2)℃下贮存 14d］：有效成分含量应不低于贮前测得平均含量的 97%、pH 范围，溶解程度和溶液稳定性、粉尘度、流动性和耐磨性仍应符合上述标准要求。

苯胺灵（propham）

C₁₀H₁₃NO₂，179.2

化学名称 N-苯基氨基甲酸异丙酯

CAS 登录号 122-42-9

CIPAC 编码 63

理化性状 无色结晶，m. p. 87.0～87.6℃（工业品 86.5～87.5℃），b. p. 加热升华，v. p. 室温下缓慢升华，$\rho=1.09g/cm^3$(20℃)。溶解度（20℃）：水 0.25g/L，可溶于酯、乙醇、丙酮、苯、环己烷、二甲苯。稳定性：100℃以下稳定，对光不敏感。在酸性或碱性介质中缓慢水解。

苯胺灵原药（propham technical）

FAO 规格 63/1/S/2(1977)

(1) 组成和外观

本品应由苯胺灵和相关的生产性杂质组成，应为白色至棕色颗粒、片或结晶物，无可见的外来物和添加的改性剂。

(2) 技术指标

苯胺灵含量/%	≥95（允许波动范围：标明含量的±2%）
不挥发杂质/%	≤0.5
干燥减量（20℃，真空)/%	≤2.0
苯胺/%	≤0.1

(3) 有效成分分析方法——气相色谱法

① 方法提要　试样用丙酮溶解，以正十八烷为内标物，用带有氢火焰离子化检测器的气相色谱仪对试样中的苯胺灵进行分离和测定。

② 分析条件　气相色谱仪：带有氢火焰离子化检测器；色谱柱：$1m \times 2.7mm$ 玻璃柱，内填 4% OV-17/Chromosorb W-HP（$150 \sim 200 \mu m$）；柱温：$150℃$；汽化温度：$175℃$；检测器温度：$225℃$；载气（氮气）流速：$40mL/min$；氢气、空气流速：按检测器的要求设定；保留时间：苯胺灵 $2.7min$，正十八烷 $5.3min$。

苯磺隆（tribenuron-methyl）

$C_{15}H_{17}N_5O_6S$，395.4

化学名称　2-[4-甲氧基-6-甲基-1,3,5-三嗪-2-基(甲基)氨基甲酰胺基磺酰基]苯甲酸甲酯

CAS 登录号　101200-48-0

理化性状　白色粉末，有轻微的刺激性气味。m. p. $142℃$，v. p. 5.2×10^{-5} mPa（$25℃$）。$K_{ow} \lg P = 0.78$（pH7，$25℃$），$\rho = 1.46g/cm^3$（$20℃$）。溶解度（g/L，$20℃$）：水 0.05（pH5）、2.04（pH7）、18.3（pH9），丙酮 39.1、乙腈 46.4、乙酸乙酯 16.3、正庚烷 0.0208、甲醇 2.59。稳定性：在 $25℃$，pH5～9 时不会发生明显的光解；不易燃烧；在 $25℃$，水解 $DT_{50} < 1d$（pH5），$15.8d$（pH7），pH9 时稳定。

1. 苯磺隆原药（tribenuron-methyl technical material）

FAO 规格 546/TC（2011）

(1) 组成和外观

本品应由苯磺隆和相关的生产性杂质组成，应为类白色均匀结晶固体，无可见的外来物和添加的改性剂。

(2) 技术指标

苯磺隆含量/（g/kg）　　　　　　　≥950（测定结果的平均含量应不低于最小的标明含量）

(3) 有效成分分析方法——液相色谱法

① 方法提要　试样用氨水甲醇溶液溶解，以 pH2.0 的磷酸水溶液和乙腈为流动相，使用以 Nova-Pak C_{18} 为填料的不锈钢柱和紫外检测器（254nm），对试样中的苯磺隆进行反相高效液相色谱分离，外标法定量。

② 分析条件　色谱柱：$150mm \times 3.9mm$（i. d.）Nova-Pak C_{18} 不锈钢柱；流动相：乙腈-水 [45:55（体积比）]，其中水用磷酸调 pH 至 2.0；流速：$1mL/min$；检测波长：254nm；温度：室温（温差变化应不大于 $2℃$）；进样体积：$5\mu L$；保留时间：苯磺隆约 $4min$。

2. 苯磺隆水分散粒剂（tribenuron-methyl water dispersible granule）

FAO 规格 546/WG/（2011）

(1) 组成和外观

本品为由符合 FAO 标准的苯磺隆原药、填料和助剂组成的球形或圆柱形颗粒，适于在

水中崩解、分散后使用，应为干燥、易流动的颗粒，无可见的外来物和硬块。

（2）技术指标

苯磺隆含量（g/kg）:

标明含量	允许波动范围
＞500	±25

pH 范围	6.0～8.5
湿筛（通过 $75\mu m$ 筛）/%	≥98
分散性（1min 后，经搅动）/%	≥70
悬浮率（30min，使用 CIPAC 标准水 D）/%	≥70
润湿性（不经搅动）/s	≤10
持久起泡性（1min 后）/mL	≤60
粉尘	基本无粉尘
流动性（试验筛上下跌落 20 次后）	通过 5mm 试验筛的样品≥99%

热贮稳定性 [（35±2）℃下贮存 12 周]：有效成分平均含量应不低于贮前测得平均含量的 95%，pH 范围、湿筛、悬浮率、分散性、粉尘仍应符合上述标准要求。

（3）有效成分分析方法可参照原药。

苯嗪草酮（metamitron）

$C_{10}H_{10}N_4O$，202.2

化学名称 3-甲基-4-氨基-6-苯基-4,5-二氢-1,2,4-三嗪-5-酮

CAS 登录号 41394-05-2

CIPAC 编码 381

理化性状 无色无味晶体。m. p. 166.6℃，v. p. 8.6×10^{-4} mPa（20℃）、2×10^{-3} mPa（25℃）。$K_{ow}\lg P=0.83$，$\rho=1.35g/cm^3$（22.5℃）。溶解度（g/L，20℃）：水 1.7，二氯甲烷 30～50、环己酮 10～50、异丙醇 5.7、甲苯 2.8、正己烷＜0.1、甲醇 23、乙醇 1.1、三氯甲烷 29。稳定性：在酸性介质中非常稳定，在强碱中分解（pH＞10），DT_{50}（22℃）410d（pH4）、740h（pH7）、230h（pH9），在土壤表面光解很快，在水中光解非常快。

1. 苯嗪草酮原药（metamitron technical）

FAO 规格 381/TC/S/F(1992)

（1）组成和外观

本品应由苯嗪草酮和相关的生产杂质组成，应为白色至微黄色的细结晶粉末，无可见的外来物和添加的改性剂。

（2）技术指标

苯嗪草酮含量/（g/kg）	≥980（允许波动范围±20g/kg）
水分/（g/kg）	≤5.0
酸度（以 H_2SO_4 计）/（g/kg）	≤1.0
碱度（以 NaOH 计）/（g/kg）	≤0.5

(3) 有效成分分析方法——液相色谱法

① 方法提要 试样用甲醇溶解或萃取，使用 LiChrosorb RP-8 色谱柱，以甲醇-缓冲溶液 30∶70（体积比）作流动相和紫外检测器（254nm）对苯嗪草酮进行高效液相色谱分离和测定。

② 分析条件 色谱柱：125mm×4mm(i.d.) 不锈钢柱，填充 LiChrosorb RP-8，$7\mu m$，或其他可买到的商品柱，至少有 5000 理论塔板数和同等分离效能；缓冲溶液：将磷酸二氢钠（2g）溶解于 1L 水中，将溶液过滤；流动相：甲醇-缓冲溶液［30∶70（体积比）］，使用前脱气；流速：2.5mL/min；检测波长：254nm；柱温 50℃；进样体积：$20\mu L$；保留时间：苯嗪草酮约 3min。

2. 苯嗪草酮母药 (metamitron technical concentrate)

FAO 规格 381/TK/S/F(1992)

(1) 组成和外观

本品应由苯嗪草酮和相关的生产杂质组成，应为白色至黄色或灰色细粉末，除必要时添加稀释剂和稳定剂外，无可见的外来物和添加的改性剂。

(2) 技术指标

苯嗪草酮含量/(g/kg)	≥850（允许波动范围±25g/kg）
水分/(g/kg)	≤15
丙酮不溶物/(g/kg)	≤150
pH 范围	6.5～8.5
干筛（通过 $75\mu m$ 实验筛)/%	≥98［留在 $75\mu m$ 试验筛上苯嗪草酮的量应不超过实验用样品量的$(0.02X)$%，X 为测得的苯嗪草酮的含量］

(3) 有效成分分析方法可参照原药。

3. 苯嗪草酮可湿性粉剂 (metamitron wettable powder)

FAO 规格 381/WP/S/F(1992)

(1) 组成和外观

本品应由符合 FAO 标准的苯嗪草酮原药、填料和助剂组成，应为均匀的细粉末，无可见的外来物和硬块。

(2) 技术指标

苯嗪草酮含量（g/kg）：

标明含量	允许波动范围
250～500	标明含量的±5%
＞500	±25

pH 范围	6.5～8.5
湿筛（通过 $75\mu m$ 筛)/%	≥98
悬浮率（25℃下，使用 CIPAC 标准水 C，30min)/%	≥50
持久起泡性（1min 后)/mL	≤10
润湿性（无搅动)/min	≤3

热贮稳定性［(54±2)℃下贮存 14d 后］：有效成分平均含量应不低于贮前测得平均含量的 97%，pH、湿筛、悬浮率仍应符合上述标准要求。

(3) 有效成分分析方法可参照原药。

4. 苯嗪草酮水分散粒剂 (metamitron water dispersible granule)

FAO 规格 381/WG/S/F(1992)

(1) 组成和外观

本品应由符合 FAO 标准的苯嗪草酮原药、填料和助剂组成的水分散粒剂，适于在水中崩解、分散后使用，无可见的外来物和硬块。

(2) 技术指标

苯嗪草酮含量（g/kg）：

标明含量	允许波动范围
≥500	±25

水分/(g/kg)	≤20
pH 范围	6.5~8.5
湿筛（通过 75μm 筛）/%	≥98
悬浮率（25℃下 30min，使用 CIPAC 标准水 C）/%	≥60
持久起泡性（1min 后）/mL	≤10
润湿性（无搅动）/min	≤1
粉尘/mg	≤30

流动性：试验筛上下跌落 20 次后，通过 5mm 试验筛的样品应≥90％。

热贮稳定性［(54±2)℃下贮存 14d 后］：有效成分含量应不低于贮前测得平均含量的 97％，pH、湿筛、悬浮率、粉尘和流动性仍应符合上述标准要求。

(3) 有效成分分析方法可参照原药。

吡草胺 (metazachlor)

$C_{14}H_{16}ClN_3O$，277.8

化学名称　2-氯-N-(吡唑-1-基甲基)-乙酰-$2'$,$6'$-二甲苯胺

其他名称　吡唑草胺

CAS 登录号　67129-08-2

CIPAC 编码　411

理化性状　淡黄色结晶（工业品米黄色固体）；m.p. 随不同结晶溶剂而定，85℃（环己烷）、80℃（氯仿/正己烷）、76℃（二异丙醚）；v.p. 0.093mPa(20℃)；$K_{ow}lgP=2.13$(pH5, 22℃)。$\rho=1.31g/cm^3$(20℃)。溶解度（g/L，20℃）：水 0.43，丙酮＞1000，氯仿＞1000，乙酸乙酯 590，乙醇 200。稳定性：最高至 40℃条件下至少两年稳定。在 pH 为 5、7、9 (22℃) 时，对水解稳定。

1. 吡草胺原药 (metazachlor technical)

FAO 规格 411/TC(1999)

(1) 组成和外观

本品应由吡草胺和相关的生产性杂质组成，为米色固体，无可见的外来物和添加的改性剂。

(2) 技术指标

吡草胺含量/(g/kg)   ≥940（测定结果平均值应不低于最小标明含量）

(3) 有效成分分析方法——液相色谱法

① 方法提要   试样用流动相溶解，以甲醇-水为流动相，在反相色谱柱（RP-18）上对吡草胺进行分离，使用紫外检测器检测，外标法定量。

② 分析条件   色谱柱：250mm×4mm(i.d.) 不锈钢柱，内填 LiChrosorb RP-18 7μm 填料；流动相：甲醇-水 [3：2(体积比)]；流速：1.1mL/min；检测波长：263nm；温度：室温；进样体积：10μL；保留时间：吡草胺约 7min。

2. 吡草胺悬浮剂 (metazachlor aqueous suspension concentrate)

FAO 规格 411/SC(1999)

(1) 组成和外观

本品应为由符合 FAO 标准的吡草胺原药的细小颗粒悬浮在水相中，与助剂制成的悬浮液，经轻微搅动为均匀的悬浮液体，易于进一步用水稀释。

(2) 技术指标

吡草胺含量 [g/kg 或 g/L(20℃)]：

标明含量	允许波动范围
>100 且≤250	标明含量的±6%
>250 且≤500	标明含量的±5%
>500	±25g/L

(20±2)℃下质量浓度/(g/mL)   应标明

pH 范围   5.0～8.0

倾倒性/%   倾倒残余物≤9.0

自动分散性 [(30±2)℃下，使用 CIPAC 标准水 D，5min 后]/%   ≥75

湿筛（通过 75μm 筛)/(g/kg)   ≥99.0

悬浮率 [(30±2)℃下，使用 CIPAC 标准水 D，30min 后]/%   ≥75

持久起泡性（1min 后)/mL   ≤20

低温稳定性 [(0±2)℃下贮存 7d]：产品的悬浮率、湿筛仍应符合上述标准要求。

热贮稳定性 [(54±2)℃下贮存 14d]：有效成分含量不应低于贮前测得平均含量的 95%，pH、倾倒性、自动分散性、悬浮率、湿筛仍应符合上述标准要求。

(3) 有效成分分析方法可参照原药。

吡氟酰草胺（diflufenican）

$C_{19}H_{11}F_5N_2O_2$，394.3

化学名称　N-(2,4-二氟苯基)-2-(3-三氟甲基苯氧基)-3-吡啶酰苯胺

CAS 登录号　83164-33-4

CIPAC 编码　462

理化性状　白色晶状固体。m.p.159.5℃，v.p.4.25×10^{-3} mPa(25℃，饱和气体法)，$K_{ow}lgP=4.2$，$\rho=1.54g/cm^3$。溶解度（g/L，20℃）：水<0.05mg/L（25℃），易溶于大多数有机溶剂，如丙酮72.2、乙酸乙酯65.3、甲醇4.7、乙腈17.6、二氯甲烷114.0、正庚烷0.75、甲苯35.7、正辛醇1.9。稳定性：空气中低于熔点稳定，（22℃）pH 为 5、7、9 水溶液稳定，光解稳定。

1. 吡氟酰草胺原药（diflufenican technical）

FAO 规格 462/TC/S/F(1997)

（1）组成和外观

本品应由吡氟酰草胺和相关的生产性杂质组成，应为棕色潮湿结晶粉末，无可见的外来物和添加的改性剂。

（2）技术指标

吡氟酰草胺含量（以干基计)/(g/kg)	≥970
水分/(g/kg)	≤100
熔点	159～160℃，与等量的吡氟酰草胺纯品混合，熔点不应降低
pH 范围	5.0～7.0

（3）有效成分分析方法——液相色谱法

① 方法提要　试样溶于乙腈溶液中，以乙腈-水-甲醇作流动相，在反相色谱柱（ODS-2）上对吡氟酰草胺原药进行分离，使用紫外检测器（280nm）对吡氟酰草胺含量进行测定，内标法定量。

② 分析条件　色谱柱：250mm×4.6mm(i.d.)，Spherisorb ODS-2；流动相：乙腈-水-甲醇 ［600∶600∶800(体积比)](混合，脱气)；流速：2.0mL/min；检测波长：280nm；柱温：室温；进样体积：20μL；保留时间：吡氟酰草胺约 6min，萤蒽约 11.5min。

2. 吡氟酰草胺悬浮剂（diflufenican suspension concentrate）

FAO 规格 462/SC/S/F(1997)

（1）组成和外观

本品应为由符合 FAO 标准的吡氟酰草胺原药的细小颗粒悬浮在水相中，与助剂制成的悬浮液，经轻微搅动为均匀的悬浮液体，易于进一步用水稀释。

（2）技术指标

吡氟酰草胺含量 ［g/L(20℃)］：

标明含量	允许波动范围
≤100	标明含量的±10％
>100 且≤250	标明含量的±6％
>250 且≤500	标明含量的±5％
>500	±25
20℃时质量浓度/(g/mL)	应标明 20℃下每毫升质量

pH 范围	5.0～9.0
倾倒性/%	≤5（倾倒后残余物）
	≤0.25（清洗后残余物）
自动分散性 [(30±2)℃下，使用 CIPAC 标准水 D，5min 后]/%	≥80
湿筛（通过 75μm 筛）/%	≥99
悬浮率（30℃下 30min，使用 CIPAC 标准水 D）/%	≥70
持久起泡性（1min 后）/mL	≤15

低温稳定性 [(0±1)℃下贮存 7d]：产品的自动分散性、悬浮率、湿筛仍应符合上述标准要求。

热贮稳定性 [(54±2)℃下贮存 14d]：有效成分含量应不低于贮前测得平均含量的 95%，pH、倾倒性、自动分散性、悬浮率、湿筛仍应符合上述标准要求。

(3) 有效成分分析方法可参照原药。

吡唑解草酯（mefenpyr-diethyl）

$C_{16}H_{18}Cl_2N_2O_4$，373.2

化学名称 (R,S)-1-(2,4-二氯苯基)-5-甲基-2-吡唑啉-3,5-二羧酸二乙酯

CAS 登录号 135590-91-9

CIPAC 编码 651

理化性状 白色至浅米色晶体，m. p. 50～52℃，v. p. 6.3×10⁻³ mPa(20℃)、1.4×10⁻² mPa(25℃)，$K_{ow}lgP = 3.83$(pH6.3，21℃)。$\rho = 1.31g/cm^3$(20℃)。溶解度（g/L，20℃）：水 0.02(pH6.2)，丙酮＞500，甲苯、乙酸乙酯、甲醇三者＞400。稳定性：在酸性或碱性条件下都会水解。

1. 吡唑解草酯原药（mefenpyr-diethyl technical material）

FAO 规格 651.229/TC(2011)

(1) 组成和外观

本产品由吡唑解草酯和相关生产性杂质组成，外观为白色至米色结晶状粉末，无可见的外来物和添加改性剂。

(2) 技术指标

有效成分含量/(g/kg)	≥940
乙基-2-氯-2-(2,4-二氯-亚苯基肼)乙酸酯/(mg/kg)	如含量超过 1mg/kg，定义为相关杂质并给出限量

(3) 有效成分分析方法

见 CIPAC/4627/A。

2. 吡唑解草酯乳油 (mefenpyr-diethyl emulsifiable concentrate)

FAO 规格 651.229/EC(2011)

(1) 组成和外观

本品应由符合 FAO 标准 651.229/TC 的吡唑解草酯原药溶于适宜的溶剂中，和必要的助剂中组成的均匀混合物，外观为稳定均一的液体，无可见的悬浮物和沉淀物，用水稀释使用。

(2) 技术指标

有效成分含量 [g/kg 或 g/L(20℃)]：

标明含量	允许波动范围
≥25	标明含量的 ±15％
25～100	标明含量的 ±10％

持久起泡性（1min 后）/mL　　　　　　　　≤40

乳液稳定性与再乳化：(30±2)℃，CIPAC 标准水 A 或 D 稀释时，满足下表条件。

稀释后时间/h	稳定性要求
0	初始乳化完全
0.5	乳膏≤2mL,浮油痕量
2	浮油痕量
24	再乳化完全
24.5	乳膏≤2mL,浮油痕量

低温稳定性 [(0±2)℃下贮存 7d]：固体或液体分层体积≤0.3mL。

热贮稳定性 [(54±2)℃下贮存 14d]：有效成分含量应不低于贮前测得平均含的 95％，乳液稳定性及再乳化性应仍符合上述标准要求。

3. 吡唑解草酯水乳剂 (mefenpyr-diethyl emulsion, oil in water)

FAO 规格 651.229/EW(2011)

(1) 组成和外观

本品应由符合 FAO 标准 651.229/TC 的吡唑解草酯原药、在水相中和必要的助剂组成的乳状制剂，轻摇后应为适宜用水稀释的均匀液体。

(2) 技术指标

有效成分含量（g/kg）：

标明含量	允许波动范围
≥25	标明含量的 ±15％
25～100	标明含量的 ±10％

pH 范围　　　　　　　　　　　　　　　6.5～8.5

倾倒性　　　　　　　　　　　　残留量≤9％；清洗后残留≤0.5％

持久起泡性（1min 后）/mL　　　　　　　　≤60

乳液稳定性与再乳化：(30±2)℃，CIPAC 标准水 A 或 D 稀释时，满足下表条件。

稀释后时间/h	稳定性要求
0	初始乳化完全
0.5	乳膏≤2mL,浮油痕量
2	浮油痕量
24	再乳化完全
24.5	乳膏≤2mL,浮油痕量

热贮稳定性：在（0±2）℃下贮存 7d，轻轻摇动后无颗粒和油状物；在（54±2）℃下贮存 14d，有效成分含量应不低于贮前测得平均含量的 95%，pH、乳液稳定性及再乳化性仍应符合上述标准要求。

4. 吡唑解草酯水分散粒剂（mefenpyr-diethyl water dispersible granule）

FAO 规格 651.229/WG（2011）

（1）组成和外观

本品应由符合 FAO 标准 651.229/TC 的吡唑解草酯原药、填料和必要的助剂组成均匀混合物，外观为淡米色至棕色颗粒，在水中崩解和分散后使用。制剂干燥，可以自由流动，基本无尘，无可见杂质和硬块。

（2）技术指标

有效成分含量（g/kg）：	允许波动范围
标明含量	
25～100	标明含量的±10%
100～250	标明含量的±6%
润湿性（不搅动，完全润湿）/s	≤30
分散性（搅拌 1min 后）/%	≥90
悬浮率 [（30±2）℃，30min，CIPAC 标准水 D]/%	≥75
持久起泡性（1min 后）/mL	≤20
粉尘/mg	基本无尘
流动性	试验筛上下跌落 20 次后，通过 5mm 试验筛的样品应≥98%
耐磨性/%	≥98

热贮稳定性 [（54±2）℃下贮存 14d]：有效成分含量应不低于贮前测得平均含量的 95%，湿筛、悬浮率、分散性、耐磨性、粉尘应仍符合上述标准要求。

苄嘧磺隆（bensulfuron methyl）

$C_{16}H_{18}O_7N_4S$，410.4

化学名称 α-[[（4,6-二甲氧基嘧啶-α-基）氨基羰基氨基]磺酰基甲基]苯甲酸甲酯

CAS 登录号 83055-99-6

理化性状 白色无味固体。m.p.185～188℃（原药，179.4℃），v.p.2.8×10^{-9}mPa（25℃），K_{ow}lg$P$=2.18(pH5)、0.79(pH7)、-0.99(pH9)(25℃)(EPA 情况说明书)，ρ=1.49g/cm^3(20℃)。溶解度（g/L）：水 2.1mg/L(pH5)、67mg/L(pH7)、3100mg/L(pH9)（25℃）；丙酮 5.10、乙腈 3.75、二氯甲烷 18.4、乙酸乙酯 1.75、正庚烷 3.62×10^{-9}、二甲苯 0.229（20℃）。稳定性：弱碱性溶液条件下（pH8）最稳定，酸性条件下缓慢分解，DT$_{50}$(25℃) 6d(pH4)、稳定（pH7）、141d（pH9）。

1. 苄嘧磺隆原药（bensulfuron methyl technical material）

FAO 规格 502/TC(2002)

（1）组成和外观

本品应由苄嘧磺隆和相关的生产性杂质组成，应为白色至浅黄色均匀结晶固体，无可见的外来物和添加的改性剂。

（2）技术指标

苄嘧磺隆含量/(g/kg)　　　　　≥975（测定结果的平均含量应不低于最小的标明含量）

（3）有效成分分析方法——液相色谱法

① 方法提要　在 C_8 反相柱上对试样进行分离，用紫外检测器进行检测，检测波长 236nm，使用外标，标准曲线法定量。

② 分析条件　色谱柱：150mm×4.6mm(i. d.)，3.5μm Zorbax SB-C_8 色谱柱；流动相：乙腈-磷酸水（pH2.7）[45∶55（体积比）]；流速：1.0mL/min；检测波长：236nm；参比波长：406nm；柱温：40℃；进样体积：5μL；保留时间：约 6.6min。

2. 苄嘧磺隆可湿性粉剂（bensulfuron methyl wettable powder）

FAO 规格 502/WP(2002)

（1）组成和外观

本品为由符合 FAO 标准的苄嘧磺隆原药、填料和助剂组成，应为均匀的细粉末，无可见的外来物和硬块。

（2）技术指标

苄嘧磺隆含量（g/kg）：

标明含量	允许波动范围
＞100 且≤250	标明含量的±6％

湿筛（通过 75μm 筛）/％　　　　　　　　　　≥98

悬浮率 [(30±2)℃，使用 CIPAC 标准水 D，30min]/％　　　≥60

润湿性（不经搅动）/s　　　　　　　　　　　　≤60

持久起泡性（1min 后）/mL　　　　　　　　　　≤60

热贮稳定性 [(54±2)℃下贮存 14d]：有效成分含量应不低于贮前测得平均含量的 95％，湿筛、悬浮率、润湿性仍应符合上述标准要求。

（3）有效成分分析方法可参照原药

3. 苄嘧磺隆水分散粒剂（bensulfuron methyl water dispersible granule）

FAO 规格 502/WG(2002)

（1）组成和外观

本品为由符合 FAO 标准的苄嘧磺隆原药、填料和助剂组成的均匀混合物，适于在水中崩解、分散后使用，应为干燥、易流动的颗粒，基本无粉尘，无可见的外来物和硬块。

（2）技术指标

苄嘧磺隆含量（g/kg）：

标明含量	允许波动范围
＞500	±25

润湿性（不经搅动）/s　　　　　　　　　　　　≤10

湿筛（通过 75μm 筛）/%	≥98
分散性（1min 后，经搅动）/%	≥70
悬浮率［(30±2)℃下，使用 CIPAC 标准水 D，30min］/%	≥60（化学法定量）
持久起泡性（1min 后）/mL	≤60
粉尘/mg	基本无粉尘

流动性：试验筛上下跌落 20 次后，通过 5mm 试验筛的样品应≥99%。

热贮稳定性［(54±2)℃下贮存 14d］：有效成分含量应不低于贮前测得平均含量的 95%，湿筛、悬浮率、分散性、粉尘仍应符合上述标准要求。

(3) 有效成分分析方法可参照原药。

草甘膦（glyphosate）

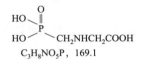

$$C_3H_8NO_5P, \quad 169.1$$

化学名称 N-(膦酸甲基) 甘氨酸

CAS 登录号 1071-83-6

CIPAC 编码 284

理化性状 白色、无味晶体。m.p.200℃（分解），v.p.31 × 10^{-2} mPa (25℃)。$K_{ow} \lg P < -3.2$ (pH2～5，20℃)，$\rho = 1.705$ g/cm³ (20℃)。溶解度：水 10.5g/L(pH1.9，20℃)，几乎不溶于一般的有机溶剂，如丙酮、乙醇和二甲苯，其碱金属和铵盐易溶于水。稳定性：草甘膦及其盐都不挥发，不会在缓冲溶液中光化学分解；在空气中稳定，不易燃；pH 为 3，6，9 水解稳定（5～35℃）。f.p. 不易燃。

1. 草甘膦原药（glyphosate acid technical）

FAO 规格 284/TC(2000/2001)

(1) 组成和外观

本品应由草甘膦（酸）和相关的生产性杂质组成，应为白色干燥粉末，无可见的外来物和添加的改性剂。

(2) 技术指标

草甘膦含量/(g/kg)	≥950
甲醛	≤测得的草甘膦含量的 1.3g/kg
N-亚硝基草甘膦/(mg/kg)	≤1
氢氧化钠溶液（1mol/L）不溶物/(g/kg)	≤0.2

(3) 有效成分分析方法——液相色谱法

方法提要　试样用缓冲溶液溶解，以磷酸盐缓冲溶液为流动相，在强阴离子交换树脂为填料的色谱柱上对试样进行分离，用紫外检测器（195nm）检测，外标法定量。

分析条件　色谱柱：250mm×4.6mm(i.d.) 不锈钢柱，内填强阴离子交换树脂 Partisil 10SAX 或相当的填料。

流动相：称取 0.8437g 磷酸二氢钾，溶于 960mL 水中，加入 40mL 甲醇，混匀；使用在 pH2.0 处校正过的 pH 计，用 85％磷酸调节溶液 pH 至 1.9。流动相使用前过滤并脱气。流速：2.3mL/min；检测器灵敏度：0.2AUFS；压力：约 8MPa；检测波长：195nm；温度：室温；进样体积：50μL；保留时间：草甘膦 2.5～4.0min。

2. 草甘膦母药 (glyphosate acid technical concentrate)

FAO 规格 284/TK(2000/2001)

(1) 组成和外观

本品应由草甘膦（酸）和相关的生产性杂质组成，应为白色或灰色湿饼，无可见的外来物和添加的改性剂。

(2) 技术指标

草甘膦含量（以干基计）/(g/kg)	≥950（允许波动范围为标明含量±20g/kg）
甲醛	≤测得的草甘膦含量的 1.3g/kg
N-亚硝基草甘膦/(mg/kg)	≤1
氢氧化钠溶液（1mol/L）不溶物（以干基计）/(g/kg)	≤0.2

干燥减量（取 10g 样品，在 105℃下干燥 3h）：应标明本品的干燥减量，测得的平均干燥减量应≤200g/kg

(3) 有效成分分析方法可参照原药。

3. 草甘膦异丙胺盐母药 (glyphosate isopropylamine salt technical concentrate)

FAO 规格 284/TK(2000)

(1) 组成和外观

本品应由符合 FAO 标准的草甘膦（酸）原药和相关的生产性杂质组成，以异丙胺盐形式存在，在水中形成溶液，除稀释剂外，无可见的外来物和添加的改性剂。

(2) 技术指标

草甘膦含量〔g/kg 或 g/L(20℃)〕：

标明含量	允许波动范围
＞250 且≤500	标明含量的±5%
＞500	±25
甲醛	≤测得的草甘膦酸含量的 1.3g/kg
N-亚硝基草甘膦/(mg/kg)	≤1
水不溶物（以干基计）/(g/kg)	≤0.1
pH 范围	4.5～6.8

(3) 有效成分分析方法可参照原药。

4. 草甘膦可溶性液剂 (glyphosate soluble concentrate)

FAO 规格 284/SL(2000)

(1) 组成和外观

本品由符合 FAO 标准的草甘膦以可溶性盐的形式和必要助剂溶于水组成，应为透明或半透明液体，无可见的悬浮物和沉淀，使用时形成草甘膦盐的真溶液。

(2) 技术指标

草甘膦酸的含量 [g/kg 或 g/L(20℃)]：

标明含量	允许波动范围
≤25	标明含量的 ±15％
>25 且≤100	标明含量的 ±10％
>100 且≤250	标明含量的 ±6％
>250 且≤500	标明含量的 ±5％
>500	±25

甲醛	≤测得的草甘膦酸含量的 1.3g/kg
N-亚硝基草甘膦/(mg/kg)	≤1
持久起泡性（1min 后)/mL	≤60

溶液稳定性 [(54±2)℃下贮存 14d 后]：用 CIPAC 标准水 D 稀释，(30±2)℃下，18h 后应为均匀、澄清溶液或半透明溶液，无痕量沉淀或所形成的颗粒可完全通过 45μm 筛。

低温稳定性 [(0±2)℃下贮存 7d]：析出固体或液体的体积应小于 0.3mL。

热贮稳定性 [(54±2)℃下贮存 14d]：有效成分含量不应低于贮前测得平均含量的 95％，甲醛、亚硝基草甘膦及溶液稳定性仍应符合上述标准要求。

(3) 有效成分分析方法可参照原药。

5. 草甘膦水溶性粒剂 (glyphosate water soluble granule)

FAO 规格 284/SG(2000)

(1) 组成和外观

本品由符合 FAO 标准的草甘膦原药（以可溶性盐的形式存在）、载体和助剂组成的颗粒，应为易流动的颗粒，无可见的外来物和硬块，基本无粉尘且溶于水，不溶于水的载体和助剂应不影响本品的持久起泡性能。

(2) 技术指标

草甘膦酸或盐的含量（g/kg)：

标明含量	允许波动范围
>100 且≤200	标明含量的 ±6％
>250 且≤500	标明含量的 ±5％
>500	±25

甲醛	≤测得的草甘膦酸含量的 1.3g/kg
N-亚硝基草甘膦/(mg/kg)	≤1

溶解度和溶液稳定性 [在 (30±2)℃下，用 CIPAC 标准水 D 稀释本品，未通过 75μm 筛的残余物]：

5min 后	≤2％
18h 后	≤0.05％
持久起泡性（1min 后)/mL	≤40
粉尘	≤15mg [0.05％（质量分数）] 或基本无尘

流动性：试验筛上下跌落 20 次后，留在 5mm 试验筛的样品应≤2％。

热贮稳定性 [(54±2)℃下贮存 14d]：有效成分含量应不低于贮前测得含量的 95％，甲醛含量、N-亚硝基草甘膦、溶解度和溶液稳定性、粉尘和流动性仍应符合上述标准要求。

(3) 有效成分分析方法可参照原药。

除草定（bromacil）

$$C_9H_{13}BrN_2O_2, \ 261.1$$

化学名称 5-溴-3-仲丁基-6-甲基脲嘧啶

CAS 登录号 314-40-9

CIPAC 编码 139

理化性状 白色至浅褐色晶状固体。m.p.158～159℃，v.p.$<4.1\times10^{-2}$mPa(25℃)。$K_{ow}\lg P = 1.88$(pH5)，$\rho = 1.59$g/cm³(23℃)。溶解度（g/100mL，20℃）：水（mg/L，25℃)807(pH5)、700(pH7)、1287(pH9)，正己烷 0.023、甲苯 3.0、乙腈 4.65、丙酮 11.4、二氯甲烷 12.0。稳定性：低于熔点热稳定，在水中稳定，在强酸性和高温条件下不稳定。

1. 除草定原药（bromacil technical）

FAO 规格 139/TC/S/F(1992)

(1) 组成和外观

本品应由除草定和相关的生产杂质组成，应为白色至黄褐色结晶固体，无可见的外来物和添加的改性剂。

(2) 技术指标

除草定含量/(g/kg)	≥950（允许波动范围为标明含量±25g/kg）
水分/(g/kg)	≤10

(3) 有效成分分析方法——电位滴定法

① 方法提要 试样溶于异丙醇、丙酮和吡啶的混合溶剂中，用 0.05mol/L 的四甲基氢氧化铵溶液进行电位滴定。

② 分析条件 混合溶剂：6 份异丙醇、3 份丙酮和 1 份吡啶，充分混匀；四甲基氢氧化铵溶液：0.05mol/L 异丙醇溶液；电位计：Metrohm E536 或相当设备，最好配有 20mL 滴定管；指示电极：玻璃电极；参比电极：银/氯化银电极。

2. 除草定可湿性粉剂（bromacil wettable powder）

FAO 规格 139/WP/S/F(1992)

(1) 组成和外观

本品应由符合 FAO 标准的除草定原药、填料和助剂组成，应为均匀的细粉末，无可见的外来物和硬块。

(2) 技术指标

除草定含量（g/kg）：

标明含量	允许波动范围
≤500	标明含量的±5％

| >500 | ±25 |

水分/(g/kg) ≤20

pH 范围 4.0~10.0

湿筛（通过 75μm 筛）/% ≥98

悬浮率（30℃下 30min，使用 CIPAC 标准水 C）/% ≥50

持久起泡性（1min 后）/mL ≤30

润湿性（无搅动，完全润湿）/min ≤1

热贮稳定性［(54±2)℃下贮存 14d 后］：有效成分含量应不低于贮前测得平均含量的 97%，pH、湿筛、悬浮率仍应符合上述标准要求。

（3）有效成分分析方法可参照原药。

3. 除草定水分散粒剂（bromacil water dispersible granule）

FAO 规格 139/WG/S/F(1992)

（1）组成和外观

本品为由符合 FAO 标准的除草定原药、填料和助剂组成的水分散粒剂，适于在水中崩解、分散后使用，无可见的外来物和硬块。

（2）技术指标

除草定含量（g/kg）:

标明含量	允许波动范围
≤500	标明含量的±5%
>500	±25

水分/(g/kg) ≤15

pH 范围 4.0~10.0

湿筛（通过 75μm 筛）/% ≥98

分散性/% ≥75

悬浮率（25℃下 30min，使用 CIPAC 标准水 C）/% ≥50

持久起泡性（1min 后）/mL ≤30

润湿性（无搅动）/s ≤10

粉尘/mg ≤12

流动性：试验筛上下跌落 20 次后，通过 5mm 实验筛的样品应为 100%。

热贮稳定性［(54±2)℃下贮存 14d 后］：有效成分含量应不低于贮前测得平均含量的 97%，湿筛、悬浮率、粉尘和流动性仍应符合上述标准要求。

（3）有效成分分析方法可参照原药。

4. 除草定溶液（bromacil solution）

FAO 规格 139/SL/S/F(1992)

（1）组成和外观

本品应由符合 FAO 标准的除草定原药和助剂组成，应无可见的悬浮物和沉淀。

（2）技术指标

除草定含量［g/kg 或 g/L(20℃)］:

标明含量	允许波动范围
≤100	标明含量的±8%

$$>100 \text{ 且} \leqslant 200 \qquad\qquad 标明含量的\pm 6\%$$
$$>200 \qquad\qquad\qquad 标明含量的\pm 5\%$$

pH 范围   9.0～12.0

闪点（闭杯法）/℃ $\geqslant 40$，如有需要

与水混溶性［（在 54 ± 2）℃下贮存 14d 后］：用 CIPAC 标准水 C 稀释，20℃下静置 18h 后，应为均匀、澄清溶液。

低温稳定性［(0 ± 1)℃下贮存 48h］：析出固体或液体的体积应小于 0.3mL。

热贮稳定性［(54 ± 2)℃下贮存 14d］：有效成分含量不应低于贮前测得平均含量的 97%，pH、与水混溶性仍应符合上述标准要求。

(3) 有效成分分析方法可参照原药。

2,4-滴（2,4-D）

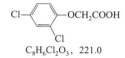

$$C_8H_6Cl_2O_3，\ 221.0$$

化学名称   2,4-二氯苯氧乙酸

CAS 登录号   94-75-7

CIPAC 编码   1

理化性状   纯品为无色粉末，具有轻微的酚的气味。m. p. 140.5℃，v. p. 1.86×10^{-2} mPa(25℃)，$K_{ow} \lg P = 2.58\sim2.83$(pH1)、$0.04\sim0.33$(pH5)、$-0.75$(pH7)，$\rho = 1.508g/cm^3$(20℃)。溶解度（g/kg，20℃）：水（mg/L，25℃）311(pH1)、20031(pH5)、23180(pH7)、34196(pH9)；水 18g/L(30℃)；乙醇 1250、乙醚 243、庚烷 1.1、甲苯 6.7、二甲苯 5.8；辛醇 120g/L(25℃)；不溶于石油。稳定性：2,4-D 是强酸，可以和碱金属和胺类生成水溶性盐，在硬水中能生成钙盐和镁盐沉淀，但加入适宜的助剂可以阻止这种现象的发生。光解 DT_{50} 7.5d（模拟日光）。

一、1983 规格

1. 2,4-滴原药（2,4-D technical）

FAO 规格 1/TC/(S)/—(1983)

(1) 组成和外观

本产品由 2,4-滴和相关生产性杂质组成，外观为白色到棕色晶体、颗粒、片状、粉末或块状，无味或有轻微味道。

(2) 技术指标

2,4-滴含量(以干基计)/(g/kg) $\geqslant 890$(允许波动范围为标准含量$\pm 25g$)

可提取酸含量(以干基计，以 $\leqslant 1.11X，X$ 为测得的 2,4-滴含量

2,4-滴表示)

水分含量：

干酸	≤15g/kg
湿酸	声明大概含量时适用,水分含量大于15g/kg
游离酚含量(以 2,4-二氯苯酚表示)	≤5Xg/kg,X 为测得的 2,4-滴含量
硫酸盐灰分/(g/kg)	≤10
三乙醇胺不溶物(残留在 105μm 筛)	≤1g/kg 筛过的溶液应是清澈或乳色的,只能有痕量沉淀

(3) 有效成分分析方法

① 方法一：液相色谱法

a. 方法提要　以 4-溴苯酚为内标物，在反相色谱柱上对 2,4-滴原药进行分离和测定，应保证 2,4-滴在 2,4-二氯苯酚和 2,6-二氯苯酚两个杂质之间流出并与所有已知杂质分离。

b. 分析条件　色谱柱：250mm×4.5mm(i. d.)，Partisil 10μm ODS 柱；流动相：乙腈-水[1∶4（体积比）]，用氢氧化钠（0.3mol/L）和磷酸调节 pH 至 2.95；流速：0.9～3.0 mL/min；检测波长：280nm；柱温：室温；进样体积：10μL；流速：0.2cm/min。

② 方法二：气相色谱法

a. 方法提要　试样用乙醚萃取，以重氮甲烷（或甲醇＋硫酸）将其转化为甲酯，在涂有阿皮松 L 的色谱柱上进行气相色谱分离，用火焰离子化检测器检测，内标法定量。

b. 分析条件　色谱柱：2000mm×4mm（i. d. ），玻璃或不锈钢柱，内填 5％阿皮松 L/Chromosorb W（AW DMCS），180～150μm；调节柱温（170～190℃）和载气流速，以十四酸为内标，使试样中杂质流出并与有效成分分离，且有效成分的保留时间合适。

2. 2,4-滴钠盐原药 (2,4-D sodium technical)

FAO 临时规格 1.1Na/TC/(S)/—(1983)

(1) 组成和外观

本产品由一水合 2,4-滴钠盐和相关生产性杂质组成，外观为白色到棕色晶体、粉末，无味或有轻微味道。

(2) 技术指标

2,4-滴含量(以干基计)/(g/kg)	≥810(允许波动范围为±25g)
可提取酸含量(以干基计,以 2,4-滴表示)	≤1.11X,X 为测得的 2,4-滴含量
水分含量/(g/kg)	≤90
游离酚含量(以 2,4-二氯苯酚表示)	≤5Xg/kg,X 为测得的 2,4-滴含量
水不溶物(残留在 250μm 筛)/(g/kg)	无
(残留在 150μm 筛)/(g/kg)	≤1

筛过的溶液应是清澈或半透明的，允许有痕量沉淀。

溶解速率：5min 内溶解，静置 18h 后，溶液基本无沉淀。

(3) 有效成分分析方法可参照原药。

3. 2,4-滴酯原药 (2,4-D technical ester)

FAO 临时规格 1.3/TC/(S)/—(1983)

(1) 组成和外观

本产品由 2,4-滴酯和相关生产性杂质组成，无可见水及悬浮物。

（2）技术指标

2,4-滴含量	≥理论提取酸含量的 890g/kg（允许波动范围为 ±50g）
可提取酸含量（以干基计）	≤1.11X，X 为测得的 2,4-滴含量
水分含量	未见水
游离酚含量（以 2,4-二氯苯酚计）	≤5Xg/kg，X 为测得 2,4-滴含量
游离酸（以 2,4-D 表示）	≤30Xg/kg，X 为测得可提取酸含量
悬浮固体/（g/kg）	≤1

（3）有效成分分析方法

样品溶于内标溶液后皂化，分析方法同 2,4-滴。

4. 2,4-滴钠盐可溶性粉剂 (2,4-D sodium salt water soluble powder)

FAO 规格 1.1Na/SP/(S)/—(1983)

（1）组成和外观

本品为由符合 FAO 标准的 2,4-滴钠盐制成的水溶性粉剂，喷雾使用。

（2）技术指标

2,4-滴含量 （以干基计）/（g/kg）	应标明含量，允许波动范围为标明含量的 ±5%
可提取酸含量 （以干基计）	≤1.11X，X 为测得的 2,4-滴含量
游离酚 （以 2,4-二氯苯酚计）	≤测得的 2,4-滴酸含量的 5g/kg

水不溶物：本品的水溶液应完全通过 250μm 试验筛，留在 150μm 试验筛上的水不溶物 ≤1g/kg，筛过的溶液应是清澈或半透明的，允许有痕量沉淀。

溶解速率：除不溶物外，（20±2）℃下，5min 后，本品应完全溶于 CIPAC 标准水 C 中，18h 后，有痕量沉淀。

热贮稳定性［(54±2)℃下贮存 14d］：有效成分含量、水不溶物、溶解速率仍应符合上述标准要求。

（3）有效成分分析方法可参照原药。

5. 2,4-滴盐水剂 (2,4-D salt aqueous solution)

FAO 临时规格 1.1/SL/(S)/—(1983)

（1）组成和外观

本品应由符合 FAO 标准的 2,4-滴原药加工成其盐的水溶液，无可见的悬浮物或沉淀。

（2）技术指标

2,4-滴含量（20℃下，g/L 或 g/kg）	允许波动范围为声明含量的 ±5%
可提取酸含量	≤1.11X，X 为测得的 2,4-滴含量
游离酚含量（以 2,4-二氯苯酚表示）	≤5Xg/kg，X 为测得的 2,4-滴含量
水不溶物 （g/kg）：	
残留在 250μm 筛	无
残留在 150μm 筛	≤1

稀释稳定性：本品用 CIPAC 标准水 C 稀释后，应形成澄清或乳白色溶液，即只允许存在痕量沉淀或可见固体颗粒。

贮存稳定性：

在 0℃下贮存 48h 后	应无分层

(54±2)℃下贮存 14d 后　　　　　产品 2,4-滴含量、水不溶物、稀释稳定性及在 0℃下贮存 48h 后稳定性应符合上述标准要求

容器：此容器应有衬里，如果需要，应选择防止内容物腐蚀或变质的合适材料或内表面，遵循相关国家及国际运输与安全规则。

(3) 有效成分分析方法可见原药。

6. 2,4-滴酯乳油 (2,4-D esters emulsifiable concentrate)

FAO 临时规格 1.3/EC/(S)/—(1983)

(1) 组成和外观

本品应由符合 FAO 标准的 2,4-滴酯原药形成的乳油，无可见的悬浮物或沉淀。

(2) 技术指标

2,4-滴含量(20℃下 g/L 或 g/kg)　　　允许波动范围为声明含量的 ±6%

可提取酸含量　　　　　　　　　　　≤1.11X，X 为测得的 2,4 滴含量

游离酚含量(以 2,4-二氯苯酚计)　　　≤5X

油不溶物(残留在 150μm 筛)/(g/L)　　≤1 外观为澄清或乳白色均匀溶液，筛过的溶液应是清澈或半透明的，允许有痕量沉淀

水分含量/(g/L)　　　　　　　　　　≤5g/kg

乳液稳定性和再乳化：在 30℃下用 CIPAC 规定的标准水稀释，该乳液应符合下表要求。

稀释后时间	稳定性要求
0h	初始乳化完全
0.5h	乳膏≤2mL
2.0h	乳膏≤4mL,无浮油
24h	再乳化完全
24.5h	乳膏≤4mL,浮油≤0.5mL

闪点：如需要规定闪点下限值，应对测试方法进行描述。

挥发性：应表明产品挥发性高或低。

低温稳定性 (0℃下贮存 7d 后)：析出固体或液体体积不超过 3mL/L；

热贮稳定性 [(54±2)℃下贮存 14d 后]：产品 2,4-滴含量、油不溶物，乳液稳定性和再乳化性、挥发性及在 0℃下贮存 48h 后稳定性应符合上述标准要求。

(3) 有效成分分析方法可参见原药。

二、1992 规格

1. 2,4-滴原药 (2,4-D technical)

FAO 规格 1/TC/S/F(1992)

(1) 组成和外观

本品应由 2,4-滴和相关的生产杂质组成，应为白色至棕色的晶体、颗粒、薄片、粉末或块状物，有轻微气味，无可见的外来物和添加的改性剂。

（2）技术指标

2,4-滴含量/（g/kg）	≥960（允许波动范围为±15g/kg）
水分/（g/kg）	≤15
游离酚（以 2,4-二氯苯酚计)/（g/kg）	≤3
硫酸盐灰/（g/kg）	≤5
三乙醇胺不溶物（留在 105μm 试验筛上的不溶物)/（g/kg）	≤1，筛过的溶液应是清澈或乳色的，只能有痕量沉淀

（3）有效成分分析方法

① 方法一：液相色谱法

a. 方法提要　以 4-溴苯酚为内标物，在反相色谱柱上对 2,4-滴原药进行分离和测定，应保证 2,4-滴在 2,4-二氯苯酚和 2,6-二氯苯酚两个杂质之间流出并与所有已知杂质分离。

b. 分析条件　色谱柱：250mm×4.5mm（i.d.），Partisil 10μm ODS 柱；流动相：乙腈-水［1∶4（体积比）］，用氢氧化钠（0.3mol/L）和磷酸调节 pH 至 2.95；流速：0.9～3.0mL/min；检测波长：280nm；柱温：室温；进样体积：10μL；流速：0.2cm/min。

② 方法二：气相色谱法

a. 方法提要　试样用乙醚萃取，以重氮甲烷（或甲醇＋硫酸）将其转化为甲酯，在涂有阿皮松 L 的色谱柱上进行气相色谱分离，用火焰离子化检测器检测，内标法定量。

b. 分析条件　色谱柱：2000mm×4mm（i.d.），玻璃或不锈钢柱，内填 5%阿皮松 L/Chromosorb W（AW DMCS），180～150μm；调节柱温（170～190℃）和载气流速，以十四酸为内标，使试样中杂质流出并与有效成分分离，且有效成分的保留时间合适。

2. 2,4-滴钠盐原药（2,4-D sodium salt technical）

FAO 规格 1.1Na/TC/S/F（1992）

（1）组成和外观

本品应由 2,4-滴钠盐一水化合物和相关的生产杂质组成，应为白色至棕色的结晶粉末，有轻微气味，无可见的外来物和添加的改性剂。

（2）技术指标

2,4-滴含量/（g/kg）	≥815（允许波动范围为标明含量的±2.5%）
水分（游离水分和水合水)/（g/kg）	≤90
游离酚（以 2,4-二氯苯酚计）	≤测得的 2,4-D 含量的 0.3%

水不溶物：本品的水溶液应完全通过 250μm 试验筛，留在 150μm 试验筛上的水不溶物 ≤1g/kg，筛过的溶液应是清澈或乳色的，只能有痕量沉淀。

溶解速率：除水不溶物外，本品应在 5min 内完全溶于蒸馏水中，该溶液静置 18h 后，只能有痕量沉淀。

（3）有效成分分析方法可参照原药。

3. 2,4-滴酯原药（2,4-D technical ester）

FAO 规格 1.3/TC/S/F（1992）

（1）组成和外观

本品应由 2,4-滴酯原药和相关的生产杂质组成，无可见的水分和悬浮物。

（2）技术指标

2,4-滴酯含量/（g/kg）	≥920

2,4-滴含量，需声明以相应的 2,4-滴酸表示（g/kg）的含量，不应低于按下式计算的结果：

$$\frac{2,4\text{-}D\text{ 的相对分子质量}=221}{2,4\text{-}D\text{ 酯的相对分子质量}}\times 920(g/kg)$$

水分/(g/kg)	≤10
游离酚（以 2,4 二氯酚计）	≤测得的 2,4-D 含量的 0.3%
游离酸（以 2,4-滴酸计）/(g/kg)	≤15（低挥发酯产品）
	≤30（高挥发酯产品）
悬浮固体/(g/kg)	≤1

(3) 有效成分分析方法

样品溶于内标溶液后皂化，分析方法同 2,4-滴。

4.2,4-滴酯乳油（2,4-D esters emulsifiable concentrate）

FAO 规格 1.3/EC/S/F(1992)

(1) 组成和外观

本品应由符合标准的 2,4-D 酯原药和其他助剂溶解在适宜的溶剂中制成，应为稳定的均相液体，无可见的悬浮物和沉淀。

(2) 技术指标

2,4-二氯苯氧乙酸含量[g/kg 或 g/L(20℃)]:

标明含量	允许波动范围
≤500	标明含量的±4%
>500	±20

游离酚(以 2,4-二氯酚计)	≤测得的 2,4-滴含量的 0.3%
水分/(g/kg)	≤5
闪点(闭杯法)	≥标明的闪点,并对测定方法加以说明
挥发性	应说明产品挥发性的高低

乳液稳定性和再乳化：本品在 30℃ 下用 CIPAC 规定的标准水（标准水 A 或标准水 C）稀释，该乳液应符合下表要求。

稀释后时间/h	稳定性要求
0	初始乳化完全乳化
0.5	乳膏≤2mL
2	乳膏≤4mL,浮油无
24	再乳化完全
24.5	乳膏≤4mL,浮油≤0.5mL

油不溶物：本品的油溶液应是清澈或乳色的，留在 150μm 试验筛上的残留物应≤1g/kg，筛过的溶液应只能有痕量沉淀。

低温稳定性 [(0±1)℃下贮 7d]：析出固体或液体的体积应小于 3mL/L。

热贮稳定性 [(54±2)℃下贮存 14d]：有效成分含量不应低于贮前测得平均含量的 97%，油不溶物和乳液稳定性和再乳化仍应符合上述标准要求。

(3) 有效成分分析方法可参照原药。

5.2,4-滴盐水剂（2,4-D salt aqueous solution）

FAO 规格 1.1/SL/S/F(1992)

（1）组成和外观

本品应由符合 FAO 标准的 2,4-滴或 2,4-滴钠盐加工制成 2,4-D 盐水溶液，无可见的悬浮物和沉淀。

（2）技术指标

2,4-滴的含量 [g/kg 或 g/L(20℃)]：

标明含量	允许波动范围
≤500	标明含量的±4%
>500	±20

游离酚（以 2,4-二氯苯酚计）　　　　　　　≤测得的 2,4-滴含量的 0.3%

水不溶物：本品的水溶液应完全通过 250μm 试验筛，留在 150μm 试验筛上的水不溶物 ≤1g/kg。

稀释稳定性：20℃下，用 CIPAC 标准水 C 稀释本品，应为清澈或乳色的溶液，静置 1h 后，所有可见的粒子均应通过 45μm 试验筛。

热贮稳定性 [(54±2)℃下贮存 14d]：有效成分含量不应低于贮前测得平均含量的 97%，水不溶物和稀释稳定性仍应符合上述标准要求。

（3）有效成分分析方法可参照原药。

2,4-滴＋2,4-滴丙酸（2,4-D + dichlorprop）

2,4-滴、2,4-滴丙酸相关理化性状等情况可见本书相关部分。

2,4-滴＋2,4-滴丙酸盐水剂（2,4-D＋dichlorprop salt aqueous solution）

FAO 规格 1.4＋84.4/SL/ts/—(1983)

（1）组成和外观

本品为由符合 FAO 标准的 2,4-滴和 2,4-滴丙酸为活性成分，加工成其盐的水溶液，无可见的悬浮物和沉淀。

（2）技术指标

总可提取酸含量(以 2,4-滴丙酸表示)	≤1.18X＋1.11Y，X 为测得的 2,4-滴含量，Y 是测得的 2,4-滴丙酸含量
2,4-滴酸、2,4-滴丙酸含量/[g/kg 或 g/L(20℃下)]	应标明含量，允许波动范围为标明含量的±7.5%
游离酚(以 2,4-二氯苯酚计)/%	≤0.5X＋1.5Y，X 为测得的 2,4-滴含量，Y 为测得的 2,4-滴丙酸含量

水不溶物：本品的水溶液应完全通过 250μm 试验筛，留在 150μm 试验筛上的水不溶物 ≤1g/kg。

稀释稳定性：20℃下，用 CIPAC 标准水 C 稀释本品，应为清澈或乳色的溶液，不得有超过痕量沉淀，无可见的固体颗粒。

低温稳定性［(0±1)℃下贮存 48h］：无固体或油状物析出。

热贮稳定性［(54±2)℃下贮存 14d］：有效成分含量，水不溶物、稀释稳定性和低温稳定性仍应符合上述标准要求。

(3) 有效成分分析方法可参照原药。

2,4-滴+2甲4氯丙酸 (2,4-D+ mecoprop)

2,4-滴+2甲4氯丙酸盐水剂 (2，4-D+mecoprop salt aqueous solution)

FAO 规格 1.4＋51.4/SL/ts/—(1983)

(1) 组成和外观

本品为由符合 FAO 标准的 2,4-滴和 2甲4氯丙酸盐加工制成的水溶液，无可见的悬浮物和沉淀。

(2) 技术指标

总可提取酸含量(以2甲4氯丙酸表示)	≤$1.1X+1.15Y$,X 为测得的 2,4-滴含量,Y 为测得的 2甲4氯丙酸含量
2,4-滴、2甲4氯丙酸含量/［g/kg 或 g/L(20℃下)］	应标明含量,允许波动范围为标明含量的±7.5％
游离酚(以4氯2甲酚计)/％	≤$0.5X+1.5Y$,X 为测得的 2,4-滴含量,Y 是测得的 2甲4氯丙酸含量

水不溶物：本品的水溶液应完全通过 $250\mu m$ 试验筛，留在 $150\mu m$ 试验筛上的水不溶物 ≤1g/kg。

稀释稳定性：20℃下，用 CIPAC 标准水 C 稀释本品，应为清澈或乳色的溶液，沉淀不多于痕量，无可见的固体颗粒。

低温稳定性［(0±1)℃下贮存 48h］：无固体或液体析出。

热贮稳定性［(54±2)℃下贮存 14d］：有效成分含量、水不溶物和稀释稳定性、低温稳定性仍应符合上述标准要求。

(3) 有效成分分析方法可参照原药。

2,4-滴丙酸 (dichlorprop)

$$\text{CH}_3$$

Cl———OCHCOOH

Cl

$C_9H_8Cl_2O_3$，235.1

化学名称　2-(2,4-二氯苯氧基) 丙酸

CAS 登录号　120-36-5

理化性状 无色晶体（工业品为棕色粉末，带有苯酚味）。m.p.116～117.5℃（工业品 114℃），v.p.$<1\times10^{-2}$ mPa（20℃）。$K_{ow}\lg P=1.11$（pH5），<1（pH7 和 9）。$\rho=1.42$ g/cm^3（20℃）。溶解度（g/L，20℃）：水 0.35，丙酮 595，异丙醇 510，苯 85，甲苯 69，二甲苯 51，煤油 2.1。钠盐溶解度（g/L，20℃）：水 660（以酸计）。二乙醇铵盐溶解度（g/L，20℃）：水 740（以酸计）。稳定性：酸非常的稳定，与重金属形成微溶且轻微活性的盐。pK_a3.00，F.p.204℃（开杯）。

1. 2,4-滴丙酸原药（dichlorprop technical）

FAO 规格 84/TC/(S)/—(1983)

(1) 组成和外观

本品应由 2,4-滴丙酸和相关的生产杂质组成，应为白色至棕色的晶体、颗粒、薄片或粉末，有轻微气味，无可见的外来物和添加的改性剂。

(2) 技术指标

总可萃取酸含量（以干基计，以 2,4-滴丙酸表示）	$\leqslant1.11X$，X 为测得的 2,4-滴丙酸含量
2,4-滴丙酸含量（以干基计）/(g/kg)	$\geqslant890$（允许波动范围：±25g/kg）
水分/(g/kg)	$\leqslant15$（干酸），水分含量>15，应大致标明水分含量（湿酸）
游离酚（以 2,4-二氯苯酚计）	$\leqslant$测得的 2,4-滴丙酸含量的 15g/kg
硫酸盐灰分/(g/kg)	$\leqslant10$
三乙醇胺不溶物（留在 105μm 试验筛上不溶物）/(g/kg)	$\leqslant1$，筛过的溶液应是清澈或乳色的，只能有痕量沉淀

(3) 总可萃取酸含量——化学法

方法提要：试样溶于三乙醇胺中，用盐酸酸化，沉淀的酸用乙醚萃取，蒸去乙醚。残留物溶于中性乙醇，以酚酞作指示剂，用氢氧化钠标准溶液滴定。

(4) 有效成分（2,4-滴丙酸）分析方法

① 方法一：液相色谱法

a. 方法提要 以 2-(2,4-二溴苯氧基) 丙酸为内标物，在反相色谱柱（C$_{18}$）上，以高效液相色谱法测定 2,4-滴丙酸含量。

b. 分析条件 色谱柱：300mm×3.9mm(i.d.) 不锈钢柱，μBonddapak 10μm C$_{18}$ 或等价色谱柱，理论塔板数不小于 3000。缓冲溶液：溶解 1.36g 三水合乙酸钠于 2L 水中，用冰乙酸调节至 pH=2.75。流动相：甲醇-缓冲溶液 [45：55（体积比）]，流动相 pH=3.4；流速：2mL/min；检测器灵敏度：0.02AUFS；检测波长：280nm；温度：22℃；进样体积：25μL。

② 方法二：气相色谱法

a. 方法提要 试样用乙醚萃取，以重氮甲烷将其转化为酯。然后在涂有阿皮松 L 的色谱柱上进行气相色谱分离，用火焰离子化检测器检测，内标法定量。

b. 分析条件 色谱柱：2000mm×4mm(i.d.)，玻璃或不锈钢柱，内填 5% 阿皮松 L/Chromosorb W(AW DMCS)，180～150μm。

调节温度（140～190℃）和气体流速，以苯甲酸苯酯为内标使试样中杂质流出并与有效成分分离，并保证有效成分的保留时间合适。

2. 2,4-滴丙酸钾盐原药 (dichloroprop potassium salt technical)

FAO 规格 84.1K/TC/(S)—(1983)

(1) 组成和外观

本品应由 2,4-滴丙酸钾盐和相关的生产杂质组成，应为白色至棕色的结晶粉末，只有轻微气味。

(2) 技术指标

总可萃取酸含量(以干基计,以 2,4-滴丙酸表示)	$\leqslant 1.11X$, X 为测得的 2,4-滴丙酸含量
2,4-滴丙酸含量(以干基计)/(g/kg)	$\geqslant 760$(允许波动范围:± 25g/kg)
游离酚(以 2,4-二氯苯酚计)	$\leqslant$测得的 2,4-滴丙酸含量的 1.5%
水分/(g/kg)	$\leqslant 15$

水不溶物：本品的水溶液应完全通过 $250\mu m$ 试验筛，留在 $150\mu m$ 试验筛上的水不溶物 $\leqslant 1$g/kg，筛过的溶液应是清澈或乳色的，只能有痕量沉淀。

溶解度：除水不溶物外，本品应在 5min 内完全溶于蒸馏水中，该溶液静置 18h 后，仅有痕量沉淀。

(3) 有效成分分析方法可参照原药。

3. 2,4-滴丙酸酯原药 (dichloroprop technical ester)

FAO 规格 84.3/TC/ts(1983)

(1) 组成和外观

本品应由 2,4-滴丙酸酯原药和相关的生产杂质组成，无可见的水分和悬浮物。

(2) 技术指标

总可萃取酸含量(以 2,4-滴丙酸表示)	$\leqslant 1.11X$, X 为测得的 2,4-滴丙酸含量
2,4-滴丙酸含量	$\geqslant$理论上总可萃取酸含量的 740g/kg(允许波动范围:$\pm 5\%$)
游离酚(以 2,4-二氯苯酚计)	$\leqslant$测得的 2,4-滴丙酸含量的 1.5%
游离酸(以 2,4-滴丙酸计)	$\leqslant$测得的总可萃取酸含量的 3%
悬浮固体/(g/kg)	$\leqslant 1$
水分	无可见的水分

(3) 有效成分分析方法可参照原药。

4. 2,4-滴丙酸盐水剂 (dichloroprop salt aqueous solution)

FAO 规格 84.1/SL/(S)/—(1983)

(1) 组成和外观

本品应由符合 FAO 标准的 2,4-滴丙酸加工制成的 2,4-滴丙酸盐水溶液，无可见的悬浮物和沉淀。

（2）技术指标

总可萃取酸含量（以 2,4-滴丙酸表示）　　　　≤1.11X，X 为测得的 2,4-滴丙酸含量

2,4-滴丙酸含量/[g/kg 或 g/L (20℃)]　　　　应标明含量，允许波动范围为标明含量的 ±5%

游离酚(以 2,4-二氯酚计)　　　　≤测得的 2,4-滴丙酸含量的 1.5%

水不溶物：本品的水溶液应完全通过 $250\mu m$ 试验筛，留在 $150\mu m$ 试验筛上的水不溶物 ≤1g/kg。

稀释稳定性：20℃下，用 CIPAC 标准水 C 稀释本品，应为清澈或半透明的溶液，无可见的固体颗粒和痕量沉淀。

低温稳定性（0℃下贮存 48h）：无固体或液体析出。

热贮稳定性 [(54±2)℃下贮存 14d]：2,4-滴丙酸含量，水不溶物、稀释稳定性、低温稳定性仍应符合上述标准要求。

（3）有效成分分析方法可参照原药。

2，4-滴丙酸+2甲4氯 (dichlorprop+ MCPA)

1. 2,4-滴丙酸+2甲4氯盐水剂 (dichloroprop+MCPA salt aqueous solution)

FAO 规格 84.1＋2.1/SL/ts/—(1983)

（1）组成和外观

本品为由符合 FAO 标准的 2,4-滴丙酸和 2甲4氯加工制成的盐水溶液，无可见的悬浮物和沉淀。

（2）技术指标

总可萃取酸含量(以 2,4-滴丙酸表示)　　　　≤1.11X＋1.34Y，X 为测得的 2,4-滴丙酸含量，Y 是测得的 2甲4氯含量

2,4-滴丙酸、2甲4氯含量/[g/kg或 g/L(20℃下)]　　　　应标明含量，允许波动范围为标明含量的 ±7.5%

游离酚(以 2,4-二氯苯酚计)/%　　　　≤1.5X＋1.0Y，X 为测得的 2,4-滴丙酸含量，Y 是测得的 2甲4氯含量

水不溶物：本品的水溶液应完全通过 $250\mu m$ 试验筛，留在 $150\mu m$ 试验筛上的水不溶物 ≤1g/kg。

稀释稳定性：用 CIPAC 标准水 C 稀释本品，应为清澈或乳色的溶液，静置 1h 后，仅有痕量沉淀，无可见的固体颗粒。

低温稳定性（0℃下贮存 48h）：无固体或液体析出。

热贮稳定性 [(54±2)℃下贮存 14d]：有效成分含量、水不溶物、稀释稳定性和低温稳定性仍应符合上述标准要求。

（3） 有效成分分析方法，参照各单剂原药。

2. 2,4-滴丙酸＋2甲4氯混合酯乳油 (dichlorprop＋MCPA mixed esters emulsifiable concentrate)

FAO 规格 84.3＋2.3/EC/ts/—(1983)

（1）组成和外观

本品应由符合标准的 2,4-滴丙酸酯和 2 甲 4 氯酯原药和其他助剂溶解在适宜的溶剂中制成，应为稳定的均相液体，无可见的悬浮物和沉淀。

（2）技术指标

总可萃取酸含量（以 2,4-滴丙酸表示）　　$\leqslant 1.11X+1.35Y$，X 为测得的 2,4-滴丙酸含量，Y 是测得的 2 甲 4 氯含量

2,4-滴丙酸、2 甲 4 氯含量/ [g/kg或 g/L(20℃)]　　应标明含量，允许波动范围为标明含量的 $\pm 7.5\%$

游离酚（以 2,4-二氯酚计）/%　　$\leqslant 1.5X+1.0Y$，X 为测得的 2,4-滴丙酸含量，Y 是测得的 2 甲 4 氯含量

水分/(g/kg)　　$\leqslant 5$

闪点（闭杯法）　　$\geqslant$标明的闪点，并对测定方法加以说明

挥发性　　应说明产品挥发性的高低

乳液稳定性和再乳化：本品在 30℃ 下用 CIPAC 规定的标准水稀释，该乳液应符合下表要求。

稀释后时间/h	稳定性要求
0	完全乳化
0.5	乳膏$\leqslant$2mL
2	乳膏$\leqslant$4mL，浮油无
24	再乳化完全
24.5	乳膏$\leqslant$4mL，浮油$\leqslant$0.5mL

油不溶物：本品的油溶液应是清澈或乳色的，留在 $150\mu m$ 试验筛上的残留物应$\leqslant$1g/L，筛过的溶液应只能有痕量沉淀。

低温稳定性 （0℃下贮存48h）：析出固体或液体的体积应$\leqslant$3mL/L。

热贮稳定性 ［(54±2)℃下贮存14d］：有效成分含量、游离酚、乳液稳定性和再乳化和低温稳定性仍应符合上述标准要求。

（3） 有效成分分析方法，参照相关各原药分析方法。

2,4-滴丙酸＋ 2甲 4氯丙酸 (dichloroprop+ mecoprop)

2,4-滴丙酸、2 甲 4 氯丙酸理化性状等信息分别见本书相关条目。

（2,4-滴丙酸＋2甲4氯丙酸）盐水剂（dichloroprop＋mecoprop salt aqueous solution）

FAO 规格 84.1＋51.1/SL/ts/—（1983）

（1）组成和外观

本品为由符合 FAO 标准的 2,4-滴丙酸盐和 2 甲 4 氯丙酸为活性成分加工制成的盐水溶液，无可见的悬浮物和沉淀。

（2）技术指标

总可萃取酸含量（以 2,4-滴丙酸表示）　　　　≤1.11X＋1.05Y，X 为测得的 2,4-滴丙酸含量，Y 是测得的 2 甲 4 氯丙酸含量

2,4-滴丙酸、2 甲 4 氯丙酸含量/ [g/kg 或 g/L(20℃)]　　应标明含量，允许波动范围为标明含量的±5%

游离酚（以 2,4-二氯苯酚计）　　≤测得的 2,4-滴丙酸和 2 甲 4 氯丙酸含量总和的 1.5%

水不溶物：本品的水溶液应完全通过 250μm 试验筛，留在 150μm 试验筛上的水不溶物≤1g/kg。

稀释稳定性：20℃下，用 CIPAC 标准水 C 稀释本品，应为清澈或乳色的溶液，静置 1h 后，沉淀不多于痕量，无可见的固体颗粒。

低温稳定性 [(0±1)℃下贮存 48h]：无固体或液体析出。

热贮稳定性 [(54±2)℃下贮存 14d]：有效成分含量、水不溶物、稀释稳定性和低温稳定性仍应符合上述标准要求。

（3）有效成分分析方法，参照相关原药分析方法。

2,4-滴丁酸（2，4-DB）

$$Cl{-}\bigcirc{-}O(CH_2)_3COOH$$
$$Cl$$
$$C_{10}H_{10}Cl_2O_3，249.1$$

化学名称　4-(2,4-二氯苯氧基) 丁酸

CAS 登录号　94-82-6

CIPAC 编码　83

理化性状　无色结晶，m. p. 119～119.5℃（工业品 113.5～117.5℃），v. p. 9.44×10^{-2}mPa(23.6℃)，K_{ow} lg$P$（20℃）＝2.94(pH5)、1.35(pH7)，－0.25(pH9)。ρ＝1.461g/cm^3(22℃)。溶解度（g/L，20℃）：水 0.062 (pH5)、4.385(pH7)、454.8(pH9)，易溶于丙酮（185.2g/L）、乙醇、乙醚，微溶于苯、甲苯和煤油，碱金属盐和铵盐易溶于水。稳定性：25℃条件下不会水解。具有酸性，能形成溶于水的碱金属盐和胺盐，在硬水中可能会形成钙盐和镁盐沉淀。酸和其形成的盐都非常稳定，酯对酸和碱都非常敏感。pK_a4.1。

1. 2,4-滴丁酸原药 (2,4-DB technical)

FAO 规格 83/TC/S/—(1983)

(1) 组成和外观

本品应由 2,4-滴丁酸和相关的生产杂质组成，应为白色至棕色的晶体、颗粒、薄片或块状物，有轻微气味，无可见的外来物和添加的改性剂。

(2) 技术指标

总可萃取酸含量（以干基计，以 2,4-滴丁酸表示）	$\leqslant 1.14X$，X 为测得的 2,4-滴丁酸含量
2,4-滴丁酸含量（以干基计）/(g/kg)	$\geqslant 890$，（允许波动范围为 ± 30g/kg）
水分/(g/kg)	$\leqslant 15$（干酸），水分含量一般可大于 15g/kg，应大致标明水分含量（湿酸）
游离酚（以 2,4-二氯酚计）	$\leqslant$ 测得的 2,4-滴丁酸含量的 2%
硫酸盐灰/(g/kg)	$\leqslant 10$
三乙醇胺不溶物（留在 $105\mu m$ 试验筛上的三乙醇胺不溶物）/(g/kg)	$\leqslant 1$，筛过的溶液应是清澈或乳色的，只允许有痕量沉淀

(3) 有效成分分析方法——气相色谱法

① 方法提要　试样用乙醚萃取，以重氮甲烷将其转化为甲酯。这些酯在涂有阿皮松 L 的色谱柱上进行气相色谱分离，用火焰离子化检测器检测，内标法定量。

② 分析条件　色谱柱：2000mm×4mm(i. d.)，玻璃或不锈钢柱，内填 5% 阿皮松 L/Chromosorb W(AW DMCS)，$180\sim150\mu m$；调节柱温和载气流速，使试样中杂质流出并与有效成分分离，并保证有效成分的保留时间合适。

2. 2,4-滴丁酸钾盐原药 (2,4-DB potassium salt technical)

FAO 规格 83.1K/TC/S/—(1983)

(1) 组成和外观

本品应由 2,4-滴丁酸钾盐和相关的生产杂质组成，应为白色至棕色的结晶粉末，有轻微气味，无可见的外来物和添加的改性剂。

(2) 技术指标

总可萃取酸含量（以干基计，以 2,4-滴丁酸表示）	$\leqslant 1.14X$，X 为测得的 2,4-滴丁酸含量
2,4-滴丁酸含量/(g/kg)	$\geqslant 760$，（允许波动范围为 ± 30g/kg）
水分/(g/kg)	$\leqslant 15$
游离酚（以 2,4-二氯苯酚计）	$\leqslant$ 测得的 2,4-DB 含量的 1.5%

水不溶物：本品的水溶液应完全通过 $250\mu m$ 试验筛，留在 $150\mu m$ 试验筛上的水不溶物 $\leqslant 1$g/kg，筛过的溶液应是清澈或乳色的，只能有痕量沉淀。

溶解度：除水不溶物外，本品应在 5min 内完全溶于蒸馏水中，该溶液静置 18h 后，只能有痕量沉淀。

(3) 有效成分分析方法可参照 2,4-滴丁酸原药。

3. 2,4-滴丁酸酯原药 (2,4-DB technical ester)

FAO 规格 83.3/TC/ts/—(1983)

(1) 组成和外观

本品应由 2,4-滴丁酸酯原药和相关的生产杂质组成，无可见的水分和悬浮物。

(2) 技术指标

总可萃取酸含量（以干基计，以 2,4-滴丁酸表示）	≤1.14X，X 为测得的 2,4-滴丁酸含量
2,4-滴丁酸含量	≥理论提取酸含量的 74%，（允许波动范围为±50g/kg)
游离酚（以 2,4-二氯苯酚计）	≤测得的 2,4-滴丁酸含量的 1.5%
游离酸（以 2,4-滴丁酸计）	≤测得的总可萃取酸含量的 3%
悬浮固体/(g/kg)	≤1
水分	无可见的水分

4. 2,4-滴丁酸盐水剂 (2,4-DB salt aqueous solution)

FAO 规格 83.1/SL/S/—(1983)

(1) 组成和外观

本品为由符合 FAO 标准的 2,4-滴丁酸加工制成的 2,4-滴丁酸盐水溶液，无可见的悬浮物和沉淀。

(2) 技术指标

总可萃取酸含量（以 2,4-滴丁酸表示）	≤1.14X，X 为测得的 2,4-滴丁酸含量
2,4-滴丁酸含量/[g/kg 或 g/L(20℃)]	应标明含量，允许波动范围为标明含量的±5%
游离酚（以 2,4-二氯苯酚计）	≤测得的 2,4-滴丁酸含量的 1.5%

水不溶物：本品的水溶液应完全通过 250μm 试验筛，留在 150μm 试验筛上的水不溶物 ≤1g/kg。

稀释稳定性：20℃下，用 CIPAC 标准水 C 稀释本品，应为清澈或乳色的溶液，静置 1h 后，沉淀不多于痕量，无可见的固体颗粒。

低温稳定性 [(0±1)℃下贮存 48h]：无固体或液体析出。

热贮稳定性 [(54±2)℃下贮存 14d]：2,4-滴丁酸含量、水不溶物、稀释稳定性和低温稳定性仍应符合上述标准要求。

(3) 有效成分分析方法可参照 2,4-滴丁酸原药。

5. 2,4-滴丁酸+2甲4氯盐水剂 (2,4-DB+MCPA salt aqueous solution)

FAO 规格 83.1+2.1/SL/ts/—(1983)

(1) 组成和外观

本品应由符合 FAO 标准的 2,4-滴丁酸和 2 甲 4 氯作为活性成分加工制成的盐水溶液，无可见的悬浮物和沉淀。

（2）技术指标

总可萃取酸含量（以 2,4-滴丁酸表示）	$\leqslant 1.14X + 1.41Y$，X 为测得的 2,4-滴丁酸含量，Y 是测得的 2 甲 4 氯酸含量
2,4-滴丁酸、2 甲 4 氯酸含量/[g/kg 或 g/L（20℃下）]	应标明含量，允许波动范围为标明含量的 $\pm 7.5\%$
游离酚（以 2,4-二氯苯酚计）/%	$\leqslant 1.5X + 0.5Y$，X 为测得的 2,4-滴丁酸含量，Y 是测得的 2 甲 4 氯酸含量

水不溶物：本品的水溶液应完全通过 $250\mu m$ 试验筛，留在 $150\mu m$ 试验筛上的水不溶物 $\leqslant 1g/kg$。

稀释稳定性：20℃下，用 CIPAC 标准水 C 稀释本品，应为清澈或乳色的溶液，静置 1h 后，沉淀不多于痕量，无可见的固体颗粒。

低温稳定性（0℃下贮存 48h）：无固体或液体析出。

热贮稳定性 [(54±2)℃下贮存 14d]：有效成分含量、水不溶物、稀释稳定性和低温稳定性仍应符合上述标准要求。

（3）有效成分分析方法可参照 2,4-滴丁酸和 2 甲 4 氯原药。

敌稗（propanil）

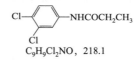

$C_9H_9Cl_2NO$, 218.1

化学名称　3,4-二氯丙酰替苯胺

CAS 登录号　709-98-8

CIPAC 编码　205

理化性状　无色无味晶体（原药为棕色晶状固体）。b. p. 351℃，m. p. 91.5℃，v. p. 0.02mPa(20℃)、0.05mPa(25℃)。$K_{ow} \lg P = 3.3$(20℃)，$\rho = 1.41g/cm^3$(22℃)。溶解度（g/L，20℃）：水 0.13，异丙醇、二氯甲烷 >200，甲苯 $50\sim100$，正己烷 <1，苯 $7\times10^4 mg/kg$，丙酮 $1.7\times10^6 mg/kg$，乙醇 $1.1\times10^6 mg/kg$(25℃)。稳定性：强酸和强碱介质中水解为 3,4-二氯苯胺和丙酸，一般条件下稳定，DT_{50}(22℃) $\gg 1$ 年 （pH4，7，9），日光下在水中迅速光解，DT_{50}（光解）$12\sim13h$。

1. 敌稗原药（propanil technical）

FAO 规格 205/TC/ts/5(1980)

（1）组成和外观

本品应由敌稗和相关的生产性杂质组成，应为棕色液体，无可见的外来物和添加的改性剂。

（2）技术指标

敌稗含量/%	$\geqslant 85$，（允许波动范围：标明含量的 $\pm 2.5\%$）
酸度（以 H_2SO_4 计）/%	$\leqslant 0.3$

水分/%   ≤0.3

（3）有效成分分析方法可见 CIPAC 1。

2. 敌稗乳油（propanil emulsifiable concentrate）

FAO 规格 205/EC/ts/5（1980）

（1）组成和外观

本品应由符合 FAO 标准的敌稗原药和助剂溶解在适宜的溶剂中制成。应为稳定的液体，无可见的悬浮物和沉淀。

（2）技术指标

敌稗含量/[%或 g/L(20℃下)]	应标明含量，允许波动范围为标明含量的±5%
酸度（以 H_2SO_4 计）/%	≤0.1
或碱度（以 NaOH 计）/%	≤0.3
水分/%	≤1.0
闪点（闭杯法）	≥标明的闪点，并对测定方法加以说明

乳液稳定性和再乳化：经热贮稳定性试验后的本产品在 30℃下用 CIPAC 规定的标准水 A 和 C 稀释，该乳液应符合下表要求。

稀释后时间/h	稳定性要求
0	初始乳化完全
0.5	乳膏≤2mL
2	乳膏≤4mL,浮油≤0.5mL
24	再乳化完全
24.5	乳膏≤4mL,浮油≤0.5mL

低温稳定性 [(0±1)℃下贮存 7d]：析出固体或液体的体积应小于 0.3%。

热贮稳定性 [(54±2)℃下贮存 14d]：有效成分含量、酸碱度、乳液稳定性、低温稳定性仍应符合标准要求。

（3）有效成分分析方法可参照原药。

敌草净（desmetryn）

$C_8H_{15}N_5S$, 213.3

化学名称　N^2-异丙基-N^4-甲基-6-甲硫基-1,3,5-三嗪-2,4-二胺

其他名称　地蔓尽

CAS 登录号　1014-69-3

CIPAC 编码　147

理化性状　白色粉末，m.p. 84～86℃，b.p. 339℃/98.4kPa，v.p. 0.133mPa(20℃)，$K_{ow}\lg P(20℃)=2.38$，$\rho=1.172g/cm^3$(20℃)。溶解度（g/L，20℃）：水 0.58，可溶于绝大多数有机溶剂，如甲醇 300，丙酮 230，二氯甲烷，甲苯 200，正己烷 2.6。稳定性：

70℃温度 5＜pH＜7 条件下，几乎不发生水解。pK_a4.0。

1. 敌草净原药（desmetryn technical）

FAO 规格 147/1/S/3

(1) 组成和外观

本产品由敌草净和相关生产性杂质组成，外观为白色至浅褐色粉末，无外来物和添加改性剂。

(2) 技术指标

敌草净含量 ≥95.0%（允许波动范围为标明含量的±2%）

注：某些国家要求敌草净及其相关化合物的含量均需标明，此时敌草净含量 ≥97%

氯化钠含量/% ≤2

水含量/% ≤2

(3) 有效成分分析方法——气相色谱法

① 方法提要 以邻苯二甲酸二辛酯为内标物，用带有氢火焰离子化检测器的气相色谱仪对敌草净原药进行分离和测定。

② 分析条件 色谱柱：1.8m×2mm(i.d.)，壁涂 3% 20M 聚乙二醇固定液；检测器：氢火焰离子化检测器；柱温：220℃；进样口温度：250℃；检测器温度：270℃；载气（氦气或氮气）流速：30～40mL/min；氢气和空气流速：按照检测器通常的推荐流速；保留时间：敌草净 8～10min，内标物 13～15min。

2. 敌草净可分散粉剂（desmetryn dispersible powder）

FAO 规格 147/3/S/3

(1) 组成和外观

本品应由符合 FAO 标准的敌草净原药（唯一活性成分）和必要的助剂制成的均匀混合物。外观为微细粉末，无可见的外来物和硬块。

(2) 技术指标

敌草净含量：

标明含量	允许波动范围
≤40%	标明含量的＋10%（或－5%）
＞40%	标明含量的＋4%（或－2%）

注：某些国家要求敌草净及相关除草剂的含量均需标明，此时可利用以上容许差值。

湿筛试验（留在 75μm 筛上）/% ≤2

悬浮率：

使用 CIPAC 标准水 A ≥敌草净含量的 55%

热贮稳定性实验后，使用 CIPAC 标准水 C ≥敌草净含量的 50%

润湿性（不经搅动）/min ≤1

持久起泡性（1min 后）/mL ≤45

热贮稳定性［在（54±2）℃下贮存 14d］：有效成分平均含量、湿筛试验、悬浮率、润湿性仍应符合以上标准要求。

(3) 有效成分分析方法可参照原药。

敌草快二溴化物（diquat dibromide）

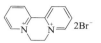

$C_{12}H_{12}N_2Br_2$，504.2

化学名称 1,1'-亚乙基-2,2'-联吡啶阳离子二溴盐

CAS 登录号 85-00-7

理化性状 二溴盐为无色至黄色晶体（一水化合物）。m. p. 高于325℃分解（一水化合物），v. p. ≪0.01mPa(25℃，一水化合物)。$K_{ow}lgP=-4.60(20℃，一水化合物)$，$\rho=1.61g/cm^3$（一水化合物，25℃）。溶解度：水＞700g/L(20℃)，微溶于醇类和含羟基的溶剂（25g/L），难溶于非极性有机溶剂中（＜0.1g/L）。稳定性：在中性和酸性溶液中稳定，但在碱性溶液中易水解；DT_{50}约74d（pH7，模拟日光），光解DT_{50}＜1周（紫外辐射）。

1. 敌草快二溴化物母药（diquat dibromide technical concentrate）

FAO 规格 55.303/TK(2008)

(1) 组成和外观

本产品由敌草快二溴化物和相关生产性杂质组成，外观为水溶液，无可见的外来物和添加改性剂。

(2) 技术指标

敌草快二溴化物含量/[g/kg(g/L)]	≥377(467)[(20±2)℃下,允许波动范围为标明含量的±5%]
游离 2,2'-二联吡啶含量	≤0.75g/kg
三联吡啶类含量	≤0.001g/kg
二溴化乙烯含量	≤0.01g/kg
pH 范围	3.5～7.5

(3) 有效成分分析方法——液相色谱法

① 方法提要 样品以水溶解，在反相色谱柱上对试样中的敌草快二溴化物进行分离，使用紫外检测器检测，以 1,1-二乙基-4,4'-联吡啶二碘化物作为内标定量。

② 分析条件 色谱柱：250mm×4.6mm（i. d.），Hypersil5 ODS；流动相：以 3.89g 1-辛基磺酸钠，900mL 水，100mL 乙腈，16mL 磷酸，10mL 二乙胺混匀；检测波长：290nm；流速：2.0mL/min；进样体积：10μL；保留时间：敌草快 11.8min，内标物 14.8min。

2. 敌草快二溴化物可溶液剂（diquat dibromide soluble concentrate）

FAO 规格 55.303/SL(2008)

(1) 组成和外观

本品应由符合 FAO 标准的敌草快二溴化物母药药和必要的助剂组成的水溶液，不超过痕量的悬浮物质、难混溶溶剂和沉淀物。

(2) 技术指标

敌草快二溴化物含量[g/kg 或 g/L,(20±2)℃]：

标明含量	允许波动范围
＞25 且≤100	标明含量的±10％
＞100 且≤250	标明含量的±6％
＞250 且≤500	标明含量的±5％
游离 2,2′-二联吡啶含量	≤0.75g/kg
三联吡啶类含量	≤0.001g/kg
二溴化乙烯含量	≤0.01g/kg
pH 范围	4.0～8.0
溶液稳定性［制剂在热贮稳定性试验后,于（30±2）℃下,用 CIPAC 标准水 D 稀释］	18h 后应是清澈或乳白色溶液,仅含痕量沉淀物和固体可见颗粒所有可见沉淀或颗粒可通过 0.45µm 测试筛
持久起泡性(1min 后)/mL	≤60

低温稳定性 ［(0±2)℃下贮存 7d］：析出固体或液体的体积应小于等于 0.3mL。

热贮稳定性 ［(54±2)℃下贮存 14d］：有效成分平均含量不应低于贮前测得平均含量的 97％，pH 范围仍应符合上述标准要求。

(3) 有效成分分析方法同母药。

敌草隆（diuron）

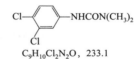

$C_9H_{10}Cl_2N_2O$, 233.1

化学名称 N-(3,4-二氯苯基)-N,N'-二甲基脲

CAS 登录号 330-54-1

CIPAC 编码 100

理化性状 无色晶体。m. p. 158～159℃， v. p. 1.1×10⁻³ mPa(25℃)。$K_{ow}lgP$＝(2.85±0.03) (25℃)，ρ＝1.48g/cm³。溶解度（g/kg，27℃）：水 37.4mg/L(25℃)，丙酮53、丁基硬脂酸盐 1.4、苯 1.2，微溶于烃类。稳定性：常温下中性溶液中稳定，温度升高发生水解，酸碱介质中水解，180～190℃分解。

1. 敌草隆原药（diuron technical）

FAO 规格 100/TC/S/11

(1) 组成和外观

本品应由敌草隆和相关的生产性杂质组成，应为白色至乳白色结晶粉末，无可见的外来物和添加的改性剂。

(2) 技术指标

敌草隆含量/％	≥95,允许波动范围为标明含量的±2％
游离胺盐(以二甲胺盐酸盐计)/％	≤0.4
水分/％	≤1.0

（3）有效成分分析方法——化学法

方法提要：将敌草隆分散于盐酸中，用三氯甲烷萃取，然后用硫酸水解。用盐酸收集游离的二甲胺，用溴百里酚兰-中性红为指示剂，以氢氧化钠标准溶液回滴过量的酸。

2. 敌草隆可分散性粉剂 (diuron dispersible powder)

FAO 规格 100/3/S/14（100/WP/S/14）

（1）组成和外观

本品由符合 FAO 标准的敌草隆原药、载体和助剂组成，应为易流动的细粉末，无可见的外来物和硬块。

（2）技术指标

敌草隆含量（%）：

标明含量	允许波动范围
≤60	标明含量的 ±5%
>60	±3%

游离胺盐（以二甲胺盐酸盐计）	≤敌草隆测得含量的 0.4%
水分/%	≤2.5
湿筛（通过 75μm 筛）/%	≥98
悬浮率（CIPAC 标准水 A，30min）/%	≥40
润湿性（无搅动）/min	≤1.5
持久起泡性（1min 后）/mL	≤20

热贮稳定性［(54±2)℃下贮存 14d］：敌草隆含量、游离胺盐、湿筛、悬浮率仍应符合上述标准要求。

（3）有效成分分析方法可参照原药。

3. 敌草隆水分散粒剂 (diuron water-dispersible granule)

FAO 规格 100/WG/S(1990)

（1）组成和外观

本品为由符合 FAO 标准的敌草隆原药、填料和助剂组成的水分散粒剂，适于水中崩解、分散后使用，干燥、易流动，无可见的外来物和硬块。

（2）技术指标

敌草隆含量（g/kg）：

标明含量	允许波动范围
≤250	标明含量的 ±6%
>250 且≤500	标明含量的 ±5%
>500	±25

游离胺盐（以二甲胺盐酸盐计）	≤敌草隆测得含量的 0.4%
水分/（g/kg）	≤15
水分散液的 pH 范围	6.0～10.0
湿筛（通过 75μm 筛）/%	≥98
悬浮率（CIPAC 标准水 C，30min）/%	≥60
持久起泡性（1min 后）/mL	≤15

润湿性/s	≤10（不经搅动）
粉尘/mg	≤12
分散性	限值待讨论

流动性：试验筛上下跌落20次后，通过5mm试验筛的样品应≥99%。

热贮稳定性［(54±2)℃下贮存14d］：有效成分含量、pH值、湿筛、悬浮率、粉尘仍应符合上述标准要求，如有需要，润湿性、持久起泡性和流动性也应符合要求。

(3) 有效成分分析方法可参照原药。

碘苯腈（ioxynil）

C₇H₃I₂NO, 370.9

化学名称 4-羟基-3,5-二碘苯腈

CAS 登录号 1689-83-4

CIPAC 编码 86

理化性状 白色结晶粉末（工业品奶油色，有微弱酚的气味），m.p. 工业品207.8℃（140℃/0.1mmHg 升华），v.p. 2.04×10⁻³ mPa（25℃），K_{ow} lg$P$ = 2.5（pH5）、0.23（pH8.7），ρ＝2.72g/cm³（20℃）。溶解度（g/L，25℃）：水 3.89×10⁻²（pH5，20℃），6.43×10⁻²（pH7，20℃），丙酮73.5，乙醇、乙醚、甲醇22，环己烷140，四氢呋喃340，DMF 740，氯仿10，四氯化碳＜1。稳定性：存储稳定，但在碱性条件下易水解，紫外线照射下分解。具有酸性，能形成盐。pK_a（4.1±0.1）。

碘苯腈原药（ioxynil technical）

FAO 规格 86/TC/S/F（1995）

(1) 组成和外观

本品应由碘苯腈和相关的生产性杂质组成，应为乳白色至棕色粉末，无可见的外来物和添加的改性剂。

(2) 技术指标

碘苯腈含量(以干基剂)/(g/kg)	≥960（允许波动范围±20g/kg）
水分(g/kg)：	
干基	≤15
湿基	≤100（应标明水含量）
硫酸盐灰/(g/kg)	≤5

(3) 有效成分分析方法——液相色谱法

① 方法提要 样品用甲醇和 pH＝6 的缓冲溶液溶解，以甲醇-pH＝6 的缓冲溶液为流动相，用紫外检测器，对试样中的碘苯腈进行反相液相色谱分离和测定，内标法定量。

② 分析条件 色谱柱：250mm×4.6mm(i.d.)，Spherisorb 5-ODS；内标物：肉桂酸；流动相：甲醇-缓冲溶液［30∶70（体积比）］，pH＝6；流速：2mL/min；检测波长：

287nm；柱温：室温；进样体积：10μL；保留时间：肉桂酸 2.5～3min，碘苯腈 7.5～8.5min。

碘苯腈辛酸酯（ioxynil octanoate）

$C_{15}H_{17}I_2NO_2$，497.1

化学名称　4-氰基-2,6-二碘苯基辛酸酯

其他名称　辛酰碘苯腈

CAS 登录号　3861-47-0

理化性状　m. p. 56.6℃（工业品 55.3℃），b. p. 218℃分解，v. p.＜0.9×10⁻⁴ mPa（45℃），$K_{ow}lgP$（20℃）＝6，$\rho=1.81g/cm^3$（20℃）。溶解度（g/L，20℃）：水＜0.03×10⁻³（pH5～8.7），易溶丙酮＞1000，苯、氯仿 650，环己烷、二甲苯＞1000，二氯甲烷 700，乙醇 150。稳定性：存贮稳定，但在碱性条件下易水解。

1. 碘苯腈辛酸酯原药（ioxynil octanoate technical）

FAO 规格 86.3 oct/TC/S/F(1995)

（1）组成和外观

本品应由碘苯腈辛酸酯和相关的生产性杂质组成，应为浅棕色或棕色结晶粉末，带有特殊气味，无可见的外来物和添加的改性剂，应由符合 FAO 标准的碘苯腈原药制成。

（2）技术指标

碘苯腈辛酸酯含量/(g/kg)	≥920（相当于 686g/kg 碘苯腈，允许波动范围±20g/kg）
游离酸	≤消耗 10mL 0.5mol/L 硫酸的质量分数[相当于 37.1g/kg（以碘苯腈计），RMM＝370.9]
水分/(g/kg)	≤1
硫酸盐灰/(g/kg)	≤5
二甲苯不溶物/(g/kg)	≤1

（3）有效成分分析方法——气相色谱法

① 方法提要　试样用丙酮溶解，以邻苯二甲酸二苯酯为内标物，在 OV-101 色谱柱，使用带有氢火焰离子化检测器的气相色谱仪对试样中的碘苯腈辛酸酯进行分离和测定。

② 分析条件　色谱柱：2m×3mm 玻璃柱；柱填充物：10% OV-101/Chromosorb W-HP(125～150μm)；柱温：240℃；汽化温度：250℃；检测温度：250℃；气体流量氮气，约 50mL/min；进样体积：2μL；保留时间：碘苯腈辛酸酯约 14min，邻苯二甲酸二苯酯约 12min。

2. 碘苯腈辛酸酯乳油（ioxynil octanoate emulsifiable concentrate）

FAO 规格 86.3oct/EC/S/F（1995）

（1）组成和外观

本品应由符合 FAO 标准的碘苯腈辛酸酯原药和助剂溶解在适宜的溶剂中制成。应为稳定的液体，无可见的悬浮物和沉淀。

（2）技术指标

碘苯腈含量[g/L（20℃）]：

标明含量	允许波动范围
≤250	标明含量的±6％
>250 且≤500	标明含量的±5％
>500	±25g/L

水分/（g/L）　　　　　　　　　≤2

酸度/（g/L）　　　　　　　　　≤每克碘苯腈的标明含量消耗 0.2mL

　　　　　　　　　　　　　　　0.5mol/L硫酸

乳液稳定性和再乳化：本产品在 30℃下用 CIPAC 规定的标准水（标准水 A 或标准水 D）稀释，该乳液应符合下表要求。

稀释后时间/h	稳定性要求
0	初始乳化完全
0.5	乳膏≤2mL
2	乳膏≤4mL,浮油≤0.2mL
24	再乳化完全
24.5	乳膏≤4mL,浮油≤0.2mL

低温稳定性 [（0±1）℃下贮存 7d]：析出固体或液体的体积应小于 0.3mL。

热贮稳定性 [（54±2）℃下贮存 14d]：有效成分含量应不低于贮前测得平均含量的 95％，酸度和乳液稳定性和再乳化指标仍应符合上述标准要求。

（3）有效成分分析方法可参照原药。

丁草胺（butachlor）

$$C_{17}H_{26}ClNO_2, 311.9$$

化学名称　N-丁氧甲基-2-氯-2′,6′-二乙基乙酰基苯胺

CAS 登录号　23184-66-9

CIPAC 编码　354

理化性状　淡黄色至紫色液体，有淡淡的甜味。m.p. －2.8℃～1.7℃，b.p. 156℃/0.5mmHg，v.p. 2.4×10^{-1} mPa（25℃）。$\rho = 1.076g/cm^3$（25℃）。溶解度：水 20mg/L

（20℃），可溶于大多数有机溶剂，如乙醚、丙酮、苯、乙醇、乙酸乙酯和正己烷等。稳定性：165℃时分解，对紫外线稳定。f. p. ＞135℃（闭口杯法）。

1. 丁草胺原药（butachlor technical）

FAO 规格 354/TC/S(1991)

（1）组成和外观

本品应由丁草胺和相关的生产杂质、稳定剂组成，应为橙色透明芳香液体，除稳定剂之外，无可见的外来物和添加的改性剂。

（2）技术指标

丁草胺含量/(g/kg)	≥880(允许波动范围为±20g/kg)
丙酮不溶物/(g/kg)	≤0.2
水分/(g/kg)	≤3
2-氯-2′,6′-二乙基乙酰苯胺/(g/kg)	≤20
二丁氧基甲烷/(g/kg)	≤13
氯乙酸丁酯/(g/kg)	≤10
N-丁氧甲基-2-正丁基-2-氯-6′-乙基乙酰苯胺/(g/kg)	≤14
酸度(以 H_2SO_4 计)/(g/kg)	≤2

（3）有效成分分析方法——气相色谱法

①方法提要　试样用丙酮溶解，以磷酸三苯酯为内标物，用带有氢火焰离子化检测器的气相色谱仪对试样中的丁草胺进行分离和测定。

②分析条件　气相色谱仪：带有氢火焰离子化检测器和柱头进样；色谱柱：1.8m×2mm 玻璃柱，内填 10％SP-2250（或相当的固定液）/Supelcoport（75～150μm）；柱温：250℃；汽化温度：280℃；检测器温度：300℃；载气（氮气）流速：30mL/min；氢气流速：34mL/min；空气流速：430mL/min；进样体积：1μL；保留时间：丁草胺约 5.9min，磷酸三苯酯约 18.5min。

2. 丁草胺乳油（butachlor emulsifiable concentrate）

FAO 规格 354/EC/S(1991)

（1）组成和外观

本品应由符合标准的丁草胺原药和其他助剂溶解在适宜的溶剂中制成，应为稳定的均相液体，无可见的悬浮物和沉淀。

（2）技术指标

丁草胺含量[g/kg 或 g/L(20℃)]：

标明含量	允许波动范围
≤400	标明含量的±5％
＞400	±20
水分/(g/kg)	≤2
酸度(以 H_2SO_4 计)/(g/kg)	≤1
或碱度(以 NaOH 计)/(g/kg)	≤1
闪点(闭杯法)	≥标明的闪点,并对测定方法加以说明

乳液稳定性和再乳化：选经过热贮稳定性［(54±2)℃下贮存14d］试验的产品，在25℃下用CIPAC规定的标准水（标准水A或标准水C）稀释，该乳液应符合下表要求。

稀释后时间/h	稳定性要求
0	初始乳化完全
0.5	乳膏≤2mL
2	乳膏≤4mL,浮油无
24	再乳化完全
24.5	乳膏≤2mL,浮油≤0.5mL

低温稳定性［(0±1)℃下贮存7d］：析出固体或液体的体积应小于0.3mL。

热贮稳定性［(54±2)℃下贮存14d］：有效成分含量及酸碱度仍应符合上述标准要求。

(3) 有效成分分析方法可参照原药。

3. 丁草胺颗粒剂（butachlor granule）

FAO规格 354/GR/S(1991)

（适用于机器施药）

(1) 组成和外观

本品应由符合FAO标准的丁草胺原药和适宜的载体及其他助剂制成，应为干燥、易流动的颗粒，无可见的外来物和硬块，基本无粉尘，易于机器施药。

(2) 技术指标

丁草胺含量(g/kg)：

标明含量	允许波动范围
≤100	标明含量的±10%
>100	标明含量的±6%
堆积密度范围	应标明(0.8～1.4g/mL,如适用)
粒度范围	应标明,粒度范围下限与上限粒径比例应不超过1∶4,在粒度范围内的本品应≥900g/kg
125µ试验筛筛余物（留在试验筛上)/(g/kg)	≥990,且留在筛上的样品中丁草胺含量应符合标准要求

热贮稳定性［(54±2)℃下贮存14d］：丁草胺含量、粒度范围、125µm试验筛筛余物仍应符合上述标准要求。

(3) 有效成分分析方法可参照原药。

啶嘧磺隆（flazasulfuron）

$C_{13}H_{12}F_3N_5O_5S$, 407.3

化学名称 1-(4,6-二甲氧基嘧啶-2-基)-3-(3-三氟甲基-2-吡啶磺酰）脲

CAS 登录号　104040-78-0

CIPAC 编码　595

理化性状　白色结晶粉末。m. p. 180℃（纯度 99.7％），v. p. ＜0.013mPa(25℃、35℃、45℃)，$K_{ow}\lg P = 1.30$(pH5)、-0.06（pH7)，$\rho = 1.606g/cm^3$（20℃)。溶解度（g/L，25℃)：水 0.027(pH5)、2.1(pH7)，辛醇 0.2，甲醇 4.2，丙酮 22.7，二氯甲烷 22.1，乙酸乙酯 6.9，甲苯 0.56，乙腈 8.7，正己烷 0.5mg/L。稳定性（22℃)：水解 DT_{50} 7.4h (pH4)、16.6d(pH7)、13.1d(pH9)。f. p. 不易燃烧。

1. 啶嘧磺隆原药（flazasulfuron technical material）

FAO 规格 595/TC(2013)

（1）组成和外观

本品应由啶嘧磺隆和相关的生产性杂质组成，应为奶油色颗粒状固体，具有强烈的草地化肥气味，无可见的外来物和添加的改性剂。

（2）技术指标

啶嘧磺隆含量/(g/kg)　　　　　≥940(测定结果的平均含量应不低于最小的标明含量）

(3)有效成分分析方法——液相色谱法

① 方法提要　在 C_8 反相柱上对试样进行分离，用紫外检测器进行检测，检测波长 236nm，使用外标，标准曲线法定量。

② 分析条件　色谱柱:150mm×4.6mm(i. d.)，3.5μm Zorbax SB-C_8 色谱柱;流动相:乙腈-磷酸水溶液(pH2.7)[45∶55(体积比)];流速:1.0mL/min;检测波长:236nm;参比波长:406nm;柱温:40℃;进样体积:5μL;保留时间:约 6.6min。

2. 啶嘧磺隆水分散粒剂(flazasulfuron water dispersible granule)

FAO 规格 595/WG(2013)

(1)组成和外观

本品为由符合 FAO 标准的啶嘧磺隆原药、填料和助剂组成的棕色颗粒状固体,具有类似桂皮香料的味道,以长粒状颗粒剂的形式在水中崩解、分散后使用,应为干燥、易流动的颗粒,基本无粉尘,无可见的外来物和硬块。

(2)技术指标

啶嘧磺隆含量(g/kg)：

标明含量(上限包含在该范围内)	允许波动范围
100～250	声明含量的±6％
250～500	声明含量的±5％
润湿性(不经搅动)/s	≤5
湿筛(通过 75μm 筛)/％	≥99.8
分散性(1min 后,经搅动)/％	≥97
悬浮率(30℃下,使用 CIPAC 标准水 D,30min)/％	≥70
持久起泡性(1min 后)/mL	≤5

| 粉尘/mg | 几乎无粉尘 |
| 耐磨性/% | ≥99.5 |

流动性：试验筛上下跌落 20 次后，通过 5mm 试验筛的样品应≥99％。

热贮稳定性［(54±2)℃下贮存 14d］：有效成分含量应不低于贮前测得平均含量的 95％、湿筛、悬浮率、分散性、粉尘和耐磨性仍应符合上述标准要求。

(3) 有效成分分析方法可参照原药。

毒草胺 (propachlor)

$$C_{11}H_{14}ClNO, 211.7$$

化学名称 N-异丙基-氯-N-乙酰苯胺

CAS 登录号 1918-16-7

CIPAC 编码 176

理化性状 浅黄褐色固体，m. p. 77℃（工业品 67～76℃），b. p. 110℃/0.03mmHg，v. p. 10mPa（25℃），$K_{ow}lgP$（20℃）＝1.4～2.3，ρ＝1.134g/cm³（25℃）。溶解度（g/L，25℃）：水 580，丙酮 448，苯 737，甲苯 342，乙醇 408，二甲苯 239，氯仿 602，四氯化碳 174，乙醚 219，微溶于脂肪烃。稳定性：在无菌水溶液 pH 为 5、7、9 条件下稳定不水解。在碱性和强酸介质中分解。170℃下分解。对紫外线稳定。f. p. 173.8℃（开杯 ASTM）。

1. 毒草胺原药 (propachlor technical)

FAO 规格 176/TC/S(1991)

(1) 组成和外观

本品应由毒草胺和相关的生产性杂质组成，为米色至深棕色薄片，无可见的外来物和添加的改性剂。

(2) 技术指标

毒草胺含量/(g/kg)	≥950(允许波动范围为±20g/kg)
丙酮不溶物/(g/kg)	≤0.5
水分/(g/kg)	≤3
N,N-二异丙基苯胺/(g/kg)	≤20
2-氯乙酰苯胺/(g/kg)	≤18
2,2-二氯-N-异丙基乙酰苯胺/(g/kg)	≤12
pH 范围(35g 样品溶于 65g 水中)	5.5～7.0

(3) 有效成分分析方法——气相色谱法

① 方法提要　试样用丙酮溶解，以邻苯二甲酸二异丁酯为内标物，用带有氢火焰离子

化检测器的气相色谱仪对试样中的毒草胺进行分离和测定。

　　② 分析条件　气相色谱仪：带有氢火焰离子化检测器和柱头进样；色谱柱：$1.8m \times 2mm$ 玻璃柱，内填 10% SP-2250（或相当的固定液）/Supelcoport（$75 \sim 150\mu m$）；柱温：200℃；汽化温度：250℃；检测器温度：250℃；载气（氨气）流速：30mL/min；氢气流速：34mL/min；空气流速：430mL/min；进样体积：$1\mu L$；保留时间：毒草胺约 5.29min，内标物约 11.51min。

2. 毒草胺可湿性粉剂（propachlor wettable powder）

FAO 规格 176/WP/S(1991)

（1）组成和外观

本品应由符合 FAO 标准的毒草胺原药、填料和助剂组成，应为均匀的细粉末，无可见的外来物和硬块。

（2）技术指标

毒草胺含量(g/kg)：

标明含量	允许波动范围
$\leqslant 500$	标明含量的 $\pm 5\%$
> 500	± 25
湿筛（通过 $75\mu m$ 筛）/%	$\geqslant 99.0$
悬浮率（25℃下 30min，使用 CIPAC 标准水 C）/%	$\geqslant 60$
持久起泡性（取样量 10g，1min 后）/mL	$\leqslant 15$
润湿性（无搅动）/min	$\leqslant 1$

热贮稳定性[（54 ± 2）℃下贮存 14d 后]：有效成分含量、湿筛、悬浮率仍应符合上述标准要求。

（3）有效成分分析方法可参照原药。

3. 毒草胺悬浮剂（propachlor aqueous suspension concentrate）

FAO 规格 176/SC/S(1991)

（1）组成和外观

本品应为由符合 FAO 标准的毒草胺原药的细小颗粒悬浮在水相中，与助剂制成的悬浮液，经轻微搅动为均匀的悬浮液体，易于进一步用水稀释。

（2）技术指标

毒草胺含量[g/kg 或 g/L(20℃)]：

标明含量	允许波动范围
$250 \sim 500$	标明含量的 $\pm 5\%$
> 500	± 25
20℃下含量/(g/mL)	若要求，则应标明
pH 范围	$5.0 \sim 6.5$
倾倒性/%	$\leqslant 2.5$（倾倒后残余物）；$\leqslant 0.2$（清洗后残余物）
自动分散性（25℃下，使用 CIPAC 标准水 C，30min 后）/%	$\geqslant 60$

湿筛（通过 75μm 筛）/(g/kg)	≥999
悬浮率（25℃下，使用 CIPAC 标准 水 C,30min 后)/%	≥60
持久起泡性（取样量为 5g 于 95mL 水中,1min 后)/mL	≤30

低温稳定性 [(0±1)℃下贮存 7d]：产品的倾倒性、自动分散性、悬浮率、湿筛仍应符合标准要求。

热贮稳定性 [(40±2)℃下贮存 2 个月后]：pH（除最小 pH 可放宽至 4.5）、倾倒性（倾倒后残余物最大可放宽至 4%外）、有效成分含量、自动分散性、悬浮率、湿筛仍应符合上述标准要求。

(3) 有效成分分析方法可参照原药。

4. 毒草胺颗粒剂（propachlor granule）

FAO 规格 176/GR/S(1991)

（适用于机器施药）

(1) 组成和外观

本品应由符合 FAO 标准的毒草胺原药和适宜的载体及其他助剂制成，应为干燥、易流动的颗粒，无可见的外来物和硬块，基本无粉尘，易于机器施药。

(2) 技术指标

毒草胺含量(g/kg)：

标明含量	允许波动范围
≤100	标明含量的±10%
>100	标明含量的±6%

堆积密度范围：应标明本产品堆积密度范围。当要求时，密度应在 0.6~0.8g/mL 之间。

粒度范围：应标明产品的粒度范围（如 250~500μm），粒度范围下限与上限粒径比例应不超过 1：4，在标明粒度范围内的本品应≥900g/kg。

125μm 试验筛筛余物（留在 125μm 试验筛上）：≥990g/kg，且留在筛上的样品中毒草胺含量应符合标准要求。

热贮稳定性 [(54±2)℃下贮存 14d]：毒草胺含量、粒度范围、125μm 试验筛筛余物仍应符合上述标准要求。

(3) 有效成分分析方法可参照原药。

二氯喹啉酸（quinclorac）

$C_{10}H_5Cl_2NO_2$, 242.1

化学名称 3,7-二氯-8-喹啉羧酸

CAS 登录号 84087-01-4

CIPAC 编码 493

理化性状 白色至黄色无味固体。m. p. 274℃，v. p. ＜0.01mPa（20℃）。$K_{ow} \lg P = -0.74$(pH7)，$\rho = 1.68$g/cm^3。溶解度：水 0.065mg/kg（pH7，20℃），丙酮＜1g/100mL（20℃），几乎不溶于其他有机溶剂。稳定性：50℃下可稳定贮存 2 年。

1. 二氯喹啉酸原药 （quinclorac technical material）

FAO 规格 493/TC(2002)

（1）组成和外观

本品应由二氯喹啉酸和相关的生产性杂质组成，应为白色或近白色粉末，带有特殊气味，无可见的外来物和添加的改性剂。

（2）技术指标

二氯喹啉酸含量/（g/kg）　　　　　　　　　　≥960（测定结果的平均含量应不低于最小的标明含量）

（3）有效成分分析方法——高效液相色谱法

① 方法提要　试样溶于四氢呋喃中，以四氢呋喃-水-硫酸作为流动性，用反相色谱柱和紫外检测器（238nm）的高压液相色谱仪对试样中的二氯喹啉酸进行测定，外标法定量。

② 分析条件　色谱柱：125mm×4mm/4.6mm（i. d.），Spherisorb ODS Ⅱ，3/5μm；流动相：四氢呋喃-水-硫酸（0.5mol/L）[360：640：5.（体积比）]；流速：0.8mL/min；检测波长：238nm；柱温：室温；进样体积：5μL；保留时间：约 4min。

2. 二氯喹啉酸可湿性粉剂 （quinclorac wettable powder）

FAO 规格 493/WP(2002)

（1）组成和外观

本品为由符合 FAO 标准的二氯喹啉酸原药、填料和助剂组成，应为白色至灰色的细粉末，几乎无气味，无可见的外来物和硬块。

（2）技术指标

二氯喹啉酸含量（g/kg）：

标明含量	允许波动范围
＞250 且≤500	标明含量的±5％
＞500	±25
pH 范围	3～6
湿筛（通过 75μm 筛）/％	≥99
悬浮率（30℃下 30min，使用 CIPAC 标准水 D）/％	≥75
润湿性（不经搅动）/s	≤60
持久起泡性（1min 后）/mL	≤30

热贮稳定性 [（54±2）℃下贮存 14d]：有效成分含量应不低于贮前测得平均含量的 95％，pH 范围、湿筛、悬浮率、润湿性仍应符合上述标准要求。

（3）有效成分分析方法可参照原药。

3. 二氯喹啉酸水分散粒剂 (quinclorac water dispersible granule)

FAO 规格 493/WG(2002)

(1) 组成和外观

本品为由符合 FAO 标准的二氯喹啉酸原药、载体和助剂组成的浅褐色至褐色球形颗粒，适于在水中崩解、分散后使用，应为干燥、易流动的颗粒，基本无粉尘，无可见的外来物和硬块。

(2) 技术指标

二氯喹啉酸含量(g/kg)：

标明含量	允许波动范围
>250 且≤500	标明含量的±5%
>500	±25

pH 范围	3～6
湿筛(通过 75μm 筛)/%	≥99
分散性(1min 后,经搅动)/%	≥70
悬浮率(30℃下,使用 CIPAC 标准水 D,30min)/%	≥70
润湿性(不经搅动)/s	≤60
持久起泡性(1min 后)/mL	≤30
粉尘	基本无粉尘

流动性：试验筛上下跌落 20 次后，通过 5mm 试验筛的样品应≥99.9%。

热贮稳定性 [(54±2)℃下贮存 14d]：有效成分含量应不低于贮前测得平均含量的 95%，pH 范围、湿筛、悬浮率、分散性、粉尘和流动性仍应符合上述标准要求。

(3) 有效成分分析方法可参照原药。

4. 二氯喹啉酸悬浮剂 (quinclorac aqueous suspension concentrate)

FAO 规格 493/SC(2002)

(1) 组成和外观

本品应为由符合 FAO 标准的二氯喹啉酸原药的细小颗粒悬浮在水相中，与助剂制成的白色带有芳香味的悬浮液，经轻微搅动为均匀的悬浮液体，易于进一步用水稀释。

(2) 技术指标

二氯喹啉酸含量[g/kg 或 g/L(20℃)]：

标明含量	允许波动范围
>25 且≤100	标明含量的±10%
>100 且≤250	标明含量的±6%
>250 且≤500	标明含量的±5%

pH 范围	2.5～5.5
倾倒性(倾倒后残余物)/%	≤6.0
自动分散性[(30±2)℃下,使用 CIPAC 标准水 D,5min 后]/%	二氯喹啉酸标明含量的≥75
湿筛(通过 75μm 筛)/%	≥99.8

悬浮率[(30±2)℃下 30min，使用 CIPAC 标准水 D]/%　　　　　　　　　　　　　　≥70

持久起泡性(1min 后)/mL　　　　　　　　　　　　≤30

低温稳定性 [(0±2)℃下贮存 7d]：产品的悬浮率、湿筛仍应符合上述标准要求。

热贮稳定性 [(54±2)℃下贮存 14d]：有效成分含量应不低于贮前测得平均含量的 95%，pH 范围、倾倒性、自动分散性、悬浮率、湿筛仍应符合上述标准要求。

（3）有效成分分析方法可参照原药。

二硝酚（DNOC）

$C_7H_6N_2O_5$，198.1

化学名称　2-甲基-4,6-二硝基酚

其他名称　4,6-二硝基邻甲酚

CAS 登录号　534-52-1

CIPAC 编码　19

理化性状　黄色晶体（纯的二硝酚干燥时为爆炸物）。m. p. 88.2～89.9℃（工业纯83～85℃），v. p. 16mPa(25℃)，K_{ow} lg$P$=0.08(pH7)，ρ=1.58g/cm³(20℃)。溶解度（g/L，20℃）：水 6.94（pH7），甲苯 251、甲醇 58.4、正己烷 4.03、乙酸乙酯 338、丙酮 514、二氯甲烷 503，其钠盐、钾盐、钙盐、铵盐易溶于水。稳定性：水中降解缓慢，DT_{50}>1 年，光解 DT_{50} 253h（20℃），在干燥环境下，其盐易爆炸，因此通常贮存在湿度>10%的潮湿环境中以避免其爆炸风险。pK_a 4.48（20℃）。

无叶木本植物上使用的二硝酚矿物油制剂（DNOC – petroleum oil products for use on leafless woody plant）

FAO 规格 19+29/6/S/4

（1）组成和外观

本品应由矿物油和符合 FAO 19/1/S/15 规格的二硝酚组成的多相混合物。

（2）技术指标

中性油含量/%　　　　　　　　　　　　　　≥60.0

独立中性油的相对密度(15.5℃)　　　　　0.86～0.93

中性油体积(350℃)　　　　　　　　　　　≤独立中性油体积的 5.0%

未磺化的中性油残留量　　　　　　　　　≥65.0%（体积分数）

二硝酚含量　　　　　　　　　　　　　　　≥中性油的质量的 1/45

未稀释产品的稳定性应符合如下条件：

a. 冷却后，未稀释的产品无可见油状分层；

b. 室温下，稀释的产品不应出现多于痕量的油状分层。

未稀释产品的稳定性：产品稀释后如无多于痕量的浮油析出，则视为符合规格。

砜嘧磺隆（rimsulfuron）

$$C_{14}H_{17}N_5O_7S_2，431.4$$

化学名称 1-（4,6-二甲氧嘧啶-2-基）-3-（3-乙基硫基-2-吡啶基硫基）脲

CAS 登录号 122931-48-0

CIPAC 编码 716

理化性状 无色晶体。m. p. 172～173℃（纯度＞98%），v. p. 1.5×10⁻³ mPa(25℃)，$K_{ow}\lg P=0.288$（pH5）、-1.47(pH7)(25℃)，$\rho=0.784g/cm^3$（25℃）。溶解度（25℃）：水＜10mg/L，7.3g/L（缓冲液，pH7）。稳定性：水解 DT_{50}（25℃）4.6d（pH5）、7.2d（pH7）、0.3d(pH9)。

1. 砜嘧磺隆原药（rimsulfuron technical material）

FAO 规格 716/TC(2006.2)

（1）组成和外观

本品由砜嘧磺隆和相关的生产杂质组成，应为白色均匀粉末，无可见的外来物和添加的改性剂。

（2）技术指标

砜嘧磺隆含量/(g/kg)   ≥960(不低于标明含量)

（3）有效成分分析方法——液相色谱法

① 方法提要 采用高效液相色谱法，用 Whatman Partisil C_8（5μm 粒径）色谱柱对砜嘧磺隆原药进行分离，用紫外检测器（254nm）检测，内标物为 diphenyl sulfone），利用校正曲线进行定量。

② 分析条件 液相色谱仪，带有恒流泵，柱温箱。

色谱柱：Whatman Partisil-5C_8，250mm×4.6mm（i. d.），5μm 粒径；或者 Zorbax SB-C_8 或 RX-C_8 柱；流动相：乙腈-水（用 H_3PO_4 调节 pH 为 3）［41∶59（体积比）］；流速：1.5mL/min；柱温：40.0℃；进样体积：10μL；检测波长：254nm（带宽 4nm）；参比波长：350nm（带宽 80nm）；运行时间：12min；保留时间：砜嘧磺隆约 6.3min，二苯砜约 9.7min。

2. 砜嘧磺隆水分散粒剂（rimsulfuron water dispersible granule）

FAO 规格 716/WG(2006)

（1）组成和外观

本品为由符合 FAO 标准的砜嘧磺隆原药、填料和助剂组成的水分散粒剂，适于在水中崩解、分散后使用，应为干燥、易流动的颗粒，基本无粉尘，无可见的外来物和硬块。

（2）技术指标

砜嘧磺隆含量(g/kg)：

    标明含量   允许波动范围

＞100 且≤250	标明含量的±6%
润湿性(不经搅动)/s	≤10
湿筛(通过 75μm 筛)/%	≥98
分散性(2min 后,经搅动)/%	≥70
悬浮率[(30±2)℃下,使用 CIPAC 标准水 D,30min 后]/%	≥70
持久起泡性(1min 后)/mL	≤60
含尘量/mg	基本无粉尘

流动性：经过热贮稳定性试验后，试验筛上下跌落 20 次后，通过 5mm 试验筛的样品应≥99%。

热贮稳定性 [(54±2)℃下贮存 14d]：有效成分含量应不低于贮前测得平均含量的 95%，湿筛、分散性、悬浮率、含尘量仍应符合上述标准要求。

(3) 有效成分分析方法可参照原药。

氟草隆（fluometuron）

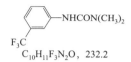

$C_{10}H_{11}F_3N_2O$, 232.2

化学名称 N,N-二甲基-N'-[3-（三氟甲基）苯基]脲

其他名称 伏草隆

CAS 登录号 2164-17-2

CIPAC 编码 159

理 化 性 状 白色晶体。m. p. 163 ～ 164.5℃，v. p. 0.126mPa（25℃）、0.33mPa（30℃），$K_{ow}\lg P=2.38$，$\rho=1.39g/cm^3$（20℃）。溶解度（g/L，20℃）：水 110mg/L，甲醇 110，丙酮 105，二氯甲烷 23，正辛醇 22，正己烷 0.17。稳定性：酸性环境中稳定，20℃时，在中性和碱性条件下通过紫外辐射分解。

1. 氟草隆原药（fluometuron technical）

FAO 规格 159/TC/S/(1990)

(1) 组成和外观

本品由氟草隆和相关的生产性杂质组成，为白色至乳白色结晶粉末，无可见的外来物和添加的改性剂。

(2) 技术指标

氟草隆含量/(g/kg)　　　　　　　　　　≥940(允许波动范围±20g/kg)

(3) 有效成分分析方法——气相色谱法

① 方法提要　试样溶于含有邻苯二甲酸二乙酯作内标物的三氯甲烷，用三氟乙酸酐衍生化，在 OV-3/Gas Chrom Q 色谱柱上，使用氢火焰离子化检测器，测定氟草隆含量。

② 分析条件：色谱柱：1.8m×3mm 玻璃柱；柱填充物：2% OV-3/Gas Chrom Q（150～200μm）；内标物：邻苯二甲酸二乙酯；柱温（115±10）℃；汽化室：150℃；检测器室：250℃；载气，氮气或氦气：20～22mL/min；空气和氢气流速：调节流速使氟草隆衍生物和内标物峰高

为满量程的 60%～80%；进样量：3μL；保留时间：氟草隆衍生物 3～5min，内标物 8～10min。

2. 氟草隆可湿性粉剂 (fluometuron wettable powder)

FAO 规格 159/WP/S(1990)

(1) 组成和外观

本品应由符合 FAO 标准的氟草隆原药、填料和助剂组成，应为均匀的细粉末，无可见的外来物和硬块。

(2) 技术指标

氟草隆含量(g/kg)：

标明含量	允许波动范围
≤500	标明含量的±5%
>500	±25
pH 范围	若要求,6～10
湿筛(通过 75μm 筛)/%	≥98
悬浮率(使用 CIPAC 标准水 C, 30min)/%	≥60
持久起泡性(1min 后)/mL	≤25
润湿性(经搅动)/min	≤1

热贮稳定性 [(54±2)℃下贮存 14d]：有效成分含量、pH、湿筛、悬浮率仍应符合上述标准要求。

(3) 有效成分分析方法可参照原药。

3. 氟草隆悬浮剂 (fluometuron aqueous suspension concentrate)

FAO 规格 159/SC/S(1990)

(1) 组成和外观

本品应为由符合 FAO 标准的氟草隆原药的细小颗粒悬浮在水相中，与助剂制成的悬浮液，经轻微搅动为均匀的悬浮液体，易于进一步用水稀释。

(2) 技术指标

氟草隆含量[g/kg 或 g/L(20℃)]：

标明含量	允许波动范围
>250 且≤500	标明含量的±5%
>500	±25
20℃下每毫升质量/(g/mL)	若要求,则应标明
pH 范围	6.0～8.5
倾倒性(清洗后残余物)/%	≤0.6
自动分散性(使用 CIPAC 标准水 C,5min 后)/%	≥95
湿筛(通过 75μm 筛)/%	≥99
悬浮率(使用 CIPAC 标准水 C,30min)/%	≥70
持久起泡性(1min 后)/mL	≤25

低温稳定性 [(0±1)℃下贮存 7d]：产品的自动分散性、悬浮率、湿筛仍应符合上述标准要求。

热贮稳定性 [(54±2)℃下贮存 14d]：有效成分含量、倾倒性、悬浮率应符合上述标准要求，若要求，pH、自动分散性、湿筛也应符合上述标准要求。

(3) 有效成分分析方法可参照原药。

氟乐灵（trifluralin）

$$C_{13}H_{16}F_3N_3O_4, \ 335.3$$

化学名称 2,6-二硝基-N,N-二正丙基-4-（三氟甲基）苯胺

CAS 登录号 1582-09-8

CIPAC 编码 183

理化性状 橘黄色晶体。b. p. 96～97℃/24Pa，m. p. 48.5～49℃（原药 43～47.5℃），v. p. 6.1mPa（25℃）。$K_{ow} \lg P = 4.83$（20℃），$\rho = 1.36g/cm^3$（22℃）。溶解度：水 0.184mg/L（pH5）、0.221mg/L（pH7）、0.189mg/L（pH9），丙酮、三氯甲烷、乙腈、甲苯、乙酸乙酯＞1000g/L，甲醇 33～40g/L，正己烷 50～67g/L（25℃）。稳定性：52℃稳定，pH 为 3、6 和 9（52℃）时水解稳定，紫外线下分解。f. p. 151℃（闭口杯）、153℃（开口杯）。

1. 氟乐灵原药（trifluralin technical）

FAO 规格 183/TC/S(1989)

（1）组成和外观

本品应由氟乐灵和相关的生产性杂质组成，应为黄色固体，无可见的外来物和添加的改性剂。

（2）技术指标

氟乐灵含量/(g/kg)	≥950(允许波动范围±20g/kg)
亚硝胺/(mg/kg)	≤1

（3）有效成分分析方法——气相色谱法

① 方法提要 试样用丙酮溶解，以邻苯二甲酸二异丁酯为内标物，用带有氢火焰离子化检测器的气相色谱仪对试样中的氟乐灵进行分离和测定。

② 分析条件 气相色谱仪：带有氢火焰离子化检测器；色谱柱：1.5m×6mm 玻璃柱，内填 5%DC 200/Chromosorb W-HP（150～200μm）；柱温：133～190℃范围内 8℃/min 程序升温；汽化温度：205℃；检测器温度：275℃；载气（氮气）流速：60mL/min；氢气、空气流速：按检测器的要求设定；保留时间：氟乐灵 5.5min，内标物 7.5min。

2. 氟乐灵乳油（trifluralin emulsifiable concentrate）

FAO 规格 183/EC/S（1989）

（1）组成和外观

本品应由符合 FAO 标准的氟乐灵原药和助剂溶解在适宜的溶剂中制成。应为稳定的液体，无可见的悬浮物和沉淀。

（2）技术指标

氟乐灵含量[g/kg 或 g/L(20℃)]：

标明含量	允许波动范围

≤400	标明含量的±5%
＞400	±20
亚硝胺	≤1Xmg/kg，X 为测得的氟乐灵含量
水分/（g/kg）	≤2.5
闪点（闭杯法）	≥标明的闪点，并对测定方法加以说明

乳液稳定性和再乳化：经热贮稳定性试验后的本产品在 30℃下用 CIPAC 规定的标准水稀释，该乳液应符合下表要求。

稀释后时间/h	稳定性要求
0	初始乳化完全
0.5	乳膏≤2mL
2	乳膏≤4mL，浮油无
24	再乳化完全
24.5	乳膏≤4mL，浮油≤0.5mL

低温稳定性 [（5±1）℃下贮存 7d]：析出固体或液体的体积应小于 0.3mL。

热贮稳定性 [（54±2）℃下贮存 14d]：有效成分含量仍应符合上述标准要求。

（3）有效成分分析方法可参照原药。

盖草津（methoprotryn）

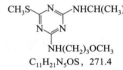

$C_{11}H_{21}N_5OS$，271.4

化学名称　2-异丙氨基-4-(α-甲氧基丙氨基)-6-甲硫基-S-三嗪

其他名称　格草净

CAS 登录号　841-06-5

CIPAC 编码　94

理化性状　无色粉末，m. p. 68～70℃，v. p. 0.038mPa（20℃），亨利常数 $3.22×10^{-5}$ Pa·m³/mol，$\rho=1.186$g/cm³（20℃）。溶解度（g/L，20℃）：水 320mg/L，丙酮 450、二氯甲烷 650、正己烷 5、甲醇 400、甲苯 380。稳定性：在碱性溶液中水解，酸性介质中为惰性 2-hydroxytriazine。pK_a4.0（21℃）。

1. 盖草津原药(methoprotryn technical)

FAO 规格 94/1/S/5（1975）

（1）组成和外观

本品应由盖草津和相关的生产性杂质组成，应为白色至浅米色粉末，无可见的外来物和添加的改性剂。

（2）技术指标

盖草津含量/%	≥95.0(允许波动范围为±2%)
氯化钠含量/%	≤2.0
真空干燥减量/%	≤2.0

（3）有效成分分析方法——气相色谱法

① 方法提要　试样用三氯甲烷溶解，以邻苯二甲酸二辛酯为内标物，用带有氢火焰离

子化检测器的气相色谱仪对试样中的盖草津进行分离和测定。

② 分析条件　气相色谱仪：带有氢火焰离子化检测器；色谱柱：1.8m×4mm 玻璃柱，内填 3% Carbowax 20M/Gas Chrom Q（150～200μm）；柱温：225℃；汽化温度：250℃；检测器温度：270℃；载气流速（氮气或氦气）：30～40mL/min；氢气、空气流速：按检测器的要求设定；进样体积：3μL；保留时间：盖草津 11～12min，内标物 19～21min。

2. 盖草津可分散性粉剂（methoprotryn dispersible powder）

FAO 规格 94/3/S/6（1975）

（1）组成和外观

本品应由符合 FAO 标准的盖草津原药、填料和助剂组成，应为均匀的细粉末，无可见的外来物和硬块。

（2）技术指标

盖草津含量(%)：

标明含量	允许波动范围
≤40	标明含量的-5%～+10%
>40	-2%～+4%

湿筛（通过 75μm 筛）/%	≥98
悬浮率（贮前：CIPAC 标准水 A，30min；热贮后使用 CIPAC 标准水 C）/%	≥50
持久起泡性（1min 后）/mL	≤25
润湿性（无搅动）/min	≤1

热贮稳定性［(54±2)℃下贮存 14d］：有效成分含量、湿筛、润湿性仍应符合上述标准要求。

（3）有效成分分析方法可参照原药。

高效氟吡甲禾灵（haloxyfop-P-methyl）

$C_{16}H_{13}ClF_3NO_4$，375.7

化学名称　2-［4-(5-三氟甲基-3-氯-吡啶-2-氧基) 苯氧基］丙酸甲酯

CAS 登录号　72619-32-0

理化性状　黏稠液体，b. p. >280℃，m. p. -12.4℃，v. p.5.5×10^{-2} mPa（25℃），$K_{ow}lgP=4.0$（20℃），$\rho=1.37$g/cm³（20℃）。溶解度：水（25℃）9.1（无缓冲盐）mg/L、6.9（pH5）mg/L、7.9（pH7）mg/L，在丙酮、乙腈、乙醇、正己烷、甲醇和二甲苯中的溶解度为其质量分数的 50%。稳定性：水解 DT_{50}（20℃）3d（自然水）、稳定（pH4）、43d（pH7）、0.63d（pH9）。f. p. 186℃。

1. 高效氟吡甲禾灵原药（haloxyfop-P-methyl technical）

FAO 规格 526.201/TC（2012）

（1）组成和外观

本品应由高效氟吡甲禾灵和相关的生产性杂质组成，室温下呈淡琥珀色黏稠液体，无可见的外来物和添加的改性剂。

（2）技术指标

高效氟吡甲禾灵含量/(g/kg)　　　　　≥940

（3）有效成分分析方法

R-和 S-氟吡甲禾灵分析方法可采用正相液相色谱法（CIPAC 手册 N 卷）。

2. 高效氟吡甲禾灵乳油（haloxyfop-P-methyl emulsifiable concentrate）

FAO 规格 59/EC(2012)

（1）组成和外观

本品应由符合 FAO 标准的高效氟吡甲禾灵原药和助剂溶解在适宜的溶剂中制成，应为稳定的均相液体，无可见的悬浮物和沉淀，在水中稀释成乳状液后使用。

（2）技术指标

高效氟吡甲禾灵含量[g/kg 或 g/L,(20±2)℃]：

标明含量	允许波动范围
>25 且≤100	≤标明含量的±10%
>100 且≤250	≤标明含量的±6%
>250 且≤500	≤标明含量的±5%
>500	≤标明含量的±2.5%

持久起泡性(1min 后)/mL　　　　　≤40

乳液稳定性和再乳化：在 30℃下用 CIPAC 规定的标准水稀释（标准水 A 或标准水 D），该乳液应符合下表要求。

稀释后时间/h	稳定性要求
0	完全乳化
0.5	乳膏≤2mL
2	乳膏≤2mL,浮油痕量
24	再乳化完全
24.5	乳膏≤2mL,浮油痕量

低温稳定性 [(0±2)℃下贮存 7d]：析出固体或液体的体积应小于 0.3mL。

热贮稳定性 [(54±2)℃下贮存 14d]：有效成分平均含量应不低于贮前测得平均含量的95%，乳液稳定性仍应符合上述标准要求。

（3）有效成分分析方法可参照原药。

环嗪酮（hexazinone）

$C_{12}H_{20}N_4O_2$, 252.3

化学名称　3-环己基-6-(二甲基氨基)-1-甲基-1,3,5-三氮苯-2,4-(1H,3H)-二酮

CAS 登录号　51235-04-2

CIPAC 编码　374

理 化 性 状　无 色 无 味 晶 体。b. p. 沸 腾 前 分 解，m. p. 113.5℃（纯 度＞98%），v. p. 0.03mPa(25℃)，8.5mPa(86℃)。$K_{ow}lgP=1.2(pH7)$，$\rho=1.25g/cm^3$。溶 解 度（g/kg，25℃）：水 29.8g/L（pH7），三 氯 甲 烷 3880，甲 醇 2650，苯 940，DMF 836，丙 酮 792，甲 苯 386，正 己 烷 3。稳 定 性：低 于 37℃，在 pH5 和 pH9 的 水 溶 液 中 稳 定，遇 强 酸 强 碱 分 解，对 光 稳 定。

1. 环嗪酮原药（hexazinone technical material）

FAO 规格 374/TC(2006)

（1）组成和外观

本品应由环嗪酮和相关的生产性杂质组成，应为白至浅灰色结晶固体，无可见的外来物和添加的改性剂或稳定剂。

（2）技术指标

环嗪酮含量/(g/kg)	≥950
氨基甲酸乙酯含量/(g/kg)	≤0.05

（3）有效成分分析方法——液相色谱法

① 方法提要　试样用乙腈和水溶解，以 50∶50（体积比）乙腈-水（pH＝3.0）为流动相，用苯甲酰苯胺作内标物，在 C_8 反相柱上对试样进行分离，用紫外检测器检测，检测波长为 254nm。用校正曲线来测含量。

② 分析条件　色谱柱：250mm×4.6mm（i. d.）不锈钢柱，Zorbax RX-C_8；流动相：水（pH＝3）-乙腈［50∶50（体积比）］；流速：1.5mL/min；检测波长：254nm；参比波长：350nm；温度：40℃；进样体积：5μL；保留时间：环嗪酮约 2.8min，苯甲酰苯胺约 4.4min；运行时间：8min。

2. 环嗪酮水溶性粉剂（hexazinone water soluble powder）

FAO 规格 374/SP/S/F(1998)

（1）组成和外观

本品应由符合 FAO 标准的环嗪酮原药和助剂组成，应为均匀粉末，无可见的外来物和硬块，除可能含有不溶的添加成分外，本品在水中溶解后应形成有效成分的真溶液。

（2）技术指标

环嗪酮含量(g/kg)：

标明含量	允许波动范围
＞250 且≤500	标明含量的±5%
＞500	±25

氨基甲酸乙酯	≤环嗪酮标明含量的 0.005%
水分/(g/kg)	≤10
pH 范围	5.0～9.0
湿筛(通过 75μm 筛)/%	≥98
溶解度(留在 75μm 筛上)/%	≤2
润湿性/s	≤60(不经搅动)
持久起泡性(1min 后)/mL	≤20

热贮稳定性［(54±2)℃下贮存 14d］：有效成分含量、氨基甲酸乙酯、pH、湿筛、溶解度仍应符合上述标准要求。

（3）有效成分分析方法可参照原药。

3. 环嗪酮水分散粒剂（hexazinone water-dispersible granule）

FAO 规格 374/WG/S/F(1998)

（1）组成和外观

本品为由符合 FAO 标准的环嗪酮原药、填料和助剂组成的水分散粒剂，适于在水中崩解、分散后使用，无可见的外来物和硬块。

（2）技术指标

环嗪酮含量(g/kg)：

标明含量	允许波动范围
>250 且≤500	标明含量的±5%
>500	±25

氨基甲酸乙酯	≤环嗪酮标明含量的 0.005%
水分/(g/kg)	≤10
pH 范围	5.0～9.0
湿筛(通过 75μm 筛)/%	≥98
悬浮率(使用 CIPAC 标准水 D)/%	≥70
持久起泡性(1min 后)/mL	≤25
润湿性(不经搅动)/s	≤10
分散性/%	≥80
粉尘(收集的粉尘)/mg	≤30

流动性：试验筛上下跌落 20 次后，通过 4.75mm 试验筛的样品应为 100%。

热贮稳定性［(54±2)℃下贮存 14d］：有效成分含量、氨基甲酸乙酯、pH、湿筛、悬浮率、粉尘和流动性仍应符合上述标准要求。

（3）有效成分分析方法可参照原药。

4. 环嗪酮颗粒剂（hexazinone granule）

FAO 规格 374/GR/S/F(1998)

（1）组成和外观

本品应由符合 FAO 标准的环嗪酮原药和适宜的载体及其他助剂制成，应为干燥、易流动的颗粒，无可见的外来物和硬块，基本无粉尘，易于机器施药。

（2）技术指标

环嗪酮含量(g/kg)：

标明含量	允许波动范围
>25 且≤100	标明含量的±10%
>100 且≤250	标明含量的±6%
>250 且≤500	标明含量的±5%
>500	±25

氨基甲酸乙酯	≤环嗪酮标明含量的 0.005%
水分/(g/kg)	≤20
pH 范围	5.0～9.0

堆积密度范围当要求时,密度应	$\geqslant 0.55 \mathrm{g/mL}$
粒度范围	$1700 \sim 3350 \mu\mathrm{m}$
125μm 试验筛筛余物（未通过 125μm 试验筛）	$\geqslant 980 \mathrm{g/kg}$,且留在筛上的样品中环嗪酮含量不低于测得含量的97%。
粉尘/mg	收集的粉尘$\leqslant 30$

热贮稳定性 [$(54\pm2)℃$下贮存 14d]：含量、粒度范围、125μm 试验筛筛余物、粉尘仍应符合上述标准要求。

(3) 有效成分分析方法可参照原药。

5. 环嗪酮可溶性液剂 (hexazinone soluble concentrate)

FAO 规格 374/SL/S/F(1998)

(1) 组成和外观

本品为由符合 FAO 标准的环嗪酮原药和助剂组成的澄清或乳色溶液，应无可见的悬浮物和沉淀，使用时有效成分在水中形成真溶液。

(2) 技术指标

环嗪酮含量(g/kg)：

标明含量	允许波动范围
250 且$\leqslant 500$	标明含量的$\pm 5\%$
500	± 25
氨基甲酸乙酯	$\leqslant$环嗪酮标明含量的 0.005%
pH 范围	$5.0 \sim 9.0$
闪点(闭杯法)	$\geqslant$标明的闪点,并对测定方法加以说明

溶液稳定性：本品 [在 $(54\pm2)℃$下贮存 14d] 用 CIPAC 标准水 D 稀释（5mL 样品溶于 95mL 水中，[$(30\pm2)℃$下，18h 后] 应为均匀、澄清溶液。

低温稳定性 [$(0\pm1)℃$下贮存 7d]：析出固体或液体的体积应小于 0.3mL

热贮稳定性 [$(54+2)℃$下贮存 14d]：有效成分含量、氨基甲酸乙酯、pH 仍应符合上述标准要求。

(3) 有效成分分析方法可参照原药。

磺草灵 (asulam)

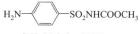

$$C_8H_{10}N_2O_4S, \ 230.2$$

化学名称　甲基-N-(4-氨基苯磺酰）氨基甲酸酯

其他名称　对氨基苯磺酰基氨基甲酸甲酯；对氨基苯磺酰胺甲酸甲酯

CAS 登录号　3337-71-1

CIPAC 编码　240

理化性状　无色晶体。m. p. $142 \sim 144℃$, v. p. $<1\mathrm{mPa}$ （20℃），亨利常数$<5.8\times10^{-5}$ Pa·m^3/mol（20℃）。溶解度 （g/L，$20 \sim 25℃$）：水 4，DMF>800、丙酮 340、甲醇 280、甲基乙基酮 280、乙醇 120、碳氢化合物和氯化碳氢化合物<20；其他盐溶液中溶解度

（g/L，20～25℃）：钾盐＞400、铵盐＞400、钙盐＞200、镁盐＞400。稳定性：在沸水中稳定性≥6h，室温 pH8.5 环境中稳定性大于 4 年。pK_a4.82，形成水溶性盐。

1. 磺草灵钠原药（asulam sodium technical）

FAO 规格 240/TC/S/F(1997)

(1) 组成和外观

本品应由磺草灵钠和相关的生产性杂质组成，应为乳白色至棕色固体颗粒，无可见的外来物和添加的改性剂。

(2) 技术指标

磺草灵含量/(g/kg)	≥800（折成磺草灵钠为 876g/kg）（允许波动范围为±25g/kg）
干燥减量/(g/kg)	≤25
pH 值范围	9.5～11.5

(3) 有效成分分析方法——液相色谱法

① 方法提要　试样用乙腈和水溶解，以乙腈-缓冲溶液（用磷酸调 pH＝3.0）为流动相，用 4-甲氧基苯基乙醇作内标物，在 ODS-2 反相柱上对试样进行分离，用紫外检测器检测。

② 分析条件　色谱柱：100mm×4.6mm（i.d.）不锈钢柱，Spherisorb ODS 25μm 或相当的色谱柱；缓冲溶液：将 9.83g 磷酸二氢钠溶于 1000mL 水中，用磷酸调 pH 至 3.0；流动相：缓冲溶液-乙腈［850：150（体积比）］；流速：1.0mL/min；检测波长：270nm；柱温：40℃；进样体积：20μL；保留时间：磺草灵约 3.8min，内标物约 11.5min；运行时间：25min。

2. 磺草灵钠可溶性液剂（asulam sodium soluble concentrate）

FAO 规格 240/SL/S/F(1997)

(1) 组成和外观

本品为由符合 FAO 标准的磺草灵钠原药和助剂溶于适宜的溶剂组成的澄清或棕黄色溶液，应无可见的悬浮物和沉淀。

(2) 技术指标

磺草灵含量[g/kg 或 g/L(20℃)]：

标明含量	允许波动范围
＞100 且≤250	标明含量的±6%
＞250 且≤500	标明含量的±5%
＞500	±25
甲醇	≤测得的磺草灵含量的 6%
pH 范围	7.0～8.0

与水的混溶性：在（20±2)℃下，用 CIPAC 标准水 D 以 10g/L 的浓度稀释本品，应是透明或乳色的溶液，静置 1h 后，该溶液应完全通过 75μm 试验筛，筛上无可见的颗粒残留。

低温稳定性［(0±1)℃下贮存 7d］：析出固体或液体的体积应小于 0.3mL。

热贮稳定性［(54±2)℃下贮存 14d］：有效成分含量应不低于贮前测得含量的 95%，pH 范围仍应符合上述标准要求。

(3) 有效成分分析方法可参照原药。

3. 磺草灵钠水溶性粒剂（asulam sodium water soluble granule）

FAO 规格 240/SG/S/F(1997)

（1）组成和外观

本品为由符合 FAO 标准的磺草灵钠原药、载体和助剂组成的颗粒，应为易流动的颗粒，无可见的外来物和硬块，基本无粉尘且溶于水。

（2）技术指标

磺草灵含量（g/kg）：

标明含量	允许波动范围
＞100 且≤250	标明含量的±6％
＞250 且≤500	标明含量的±5％
＞500	±25

干燥减量/（g/kg）	≤25
pH 范围	9.5～11.5
持久起泡性（1min 后）/mL	≤15[（30±2）℃下用 CIPAC 标准水 D 制成 10g/L 溶液]
粉尘（收集的粉尘）/mg	≤12
松密度	应标明本品的松密度范围

流动性：试验筛上下跌落 20 次后，留在 5mm 试验筛的样品应≤2％。

溶解度：在（20±2）℃下，将 10g 样品溶于 100mL CIPAC 标准水 D 中制成溶液，留在 75μm 筛上的残余物应≤1％（5min 和 1h 后）。

热贮稳定性［（54±2）℃下贮存 14d］：有效成分含量应不低于贮前测得含量的 95％，干燥减量、pH、溶解度、粉尘和流动性仍应符合上述标准要求。

（3）有效成分分析方法可参照磺草灵钠原药。

2 甲 4 氯（MCPA）

$C_9H_9ClO_3$，200.6

化学名称　4-氯-2-甲苯氧基乙酸

CAS 登录号　94-74-6

CIPAC 编码　2

理化性状　原药为白色结晶，略带苯酚气味。b.p.290℃（分解），m.p.119～120.5℃、115.4～116.8℃（99.5％纯度）。v.p.2.3×10^{-2}mPa（20℃）、4×10^{-1}mPa（32℃）、4mPa（45℃）。K_{ow}lg$P$＝2.75（pH1）、0.59（pH5）、−0.71（pH7）（25℃）。ρ＝1.41g/cm³（23.5℃）。溶解度（g/L，25℃）：水 0.395（pH1）、26.2（pH5）、293.9（pH7）、320.1（pH9）；乙醚 770、甲苯 26.5、二甲苯 49、丙酮 487.8、庚烷 5、甲醇 775.6、二氯甲烷 69.2、正辛醇 218.3、正己烷 0.323。稳定性：稳定性好，遇水生成易溶于水的碱金属盐和铵盐，在硬水中可能会产生钙盐或镁盐沉淀。光化学分解 DT$_{50}$24d（人工光照，25℃）。

1. 2甲4氯原药 (MCPA technical)

FAO 规格 2/TC/S/F(1992)

(1) 组成和外观

本品应由 2 甲 4 氯和相关的生产杂质组成,应为白色至棕色的晶体、颗粒、薄片或粉末,有轻微气味,无可见的外来物和添加的改性剂。

(2) 技术指标

2 甲 4 氯含量/(g/kg)	≥930(允许波动范围为±15g/kg)
水分/(g/kg)	≤15
游离酚(以 4 氯 2 甲酚计)/(g/kg)	≤10
硫酸盐灰分/(g/kg)	≤10
三乙醇胺不溶物(留在 105μm 试验筛上的三乙醇胺不溶物)/(g/kg)	≤1,筛过的溶液应是清澈或乳色的,只能有痕量沉淀

(3) 有效成分分析方法——液相色谱法

① 方法提要　以水杨酸为内标物,在反相色谱柱上对 2 甲 4 氯进行分离和测定。流动相的 pH 对保留时间影响很大,使用 pH2.83 条件和 3mL/min 流速,2 甲 4 氯 (保留时间 16.3min) 在杂质 4 氯-2-甲基苯酚 (保留时间 14.5min) 和 4-氯-2,6-二甲基苯氧乙酸 (保留时间 23.0min) 之间流出。

② 分析条件　色谱柱:250mm×4.5mm (i. d.),Partisil 10μm ODS 柱配 50mm×4.5mm (i. d.) Pell ODS pellicular 保护柱;流动相:乙腈-水 (15∶85),氢氧化钠 0.3mol/L,用磷酸调节 pH 至 2.83;流速:0.9～3.0mL/min;检测波长:280nm;柱温:室温;进样体积:10μL。

(4) 有效成分分析方法——气相色谱法

① 方法提要　试样用乙醚萃取,以重氮甲烷将其转化为酯。这些酯在涂有阿皮松 L 的色谱柱上进行气相色谱分离,用火焰离子化检测器检测,内标法定量。

② 分析条件　色谱柱:2000mm×4mm (i. d.),玻璃或不锈钢柱,内填 5％阿皮松 L/Chromosorb W (AW DMCS),180～150μm;调节温度和气体流速,使试样中杂质流出并与有效成分分离,并保证有效成分的保留时间合适。

2. 2甲4氯碱金属盐原药 (MCPA alkali metal salts technical)

FAO 规格 2.1/TC/S/F(1992)

(1) 组成和外观

本品应由 2 甲 4 氯碱金属盐和相关的生产杂质组成,应为白色至棕色的结晶粉末,有轻微气味,无可见的外来物和添加的改性剂。

(2) 技术指标

2 甲 4 氯酸的含量/(g/kg)　　不应低于按下式计算的结果:

$$\frac{2\ 甲\ 4\ 氯的相对分子质量(200.6)}{2\ 甲\ 4\ 氯金属盐的相对分子质量} \times 930(g/kg)$$

允许波动范围:标明含量的±2.5％

水分/(g/kg)	≤15
游离酚(以 4 氯 2 甲酚计)	≤测得 2 甲 4 氯含量的 1%

水不溶物:本品的水溶液应完全通过 250μm 试验筛,留在 150μm 试验筛上的水不溶物

≤1g/kg，筛过的溶液应是清澈或乳色的，只能有痕量沉淀。

溶解度：除水不溶物外，本品应在5min内完全溶于蒸馏水中，该溶液静置18h后，只能有痕量沉淀。

（3）有效成分分析方法可参照2甲4氯原药。

3. 2甲4氯酯原药（MCPA technical ester）

FAO规格 2.3/TC/S/F(1992)

（1）组成和外观

本品应由2甲4氯酯原药和相关的生产杂质组成，无可见的水分和悬浮物。

（2）技术指标

2甲4氯酯含量/(g/kg)	≥920
2甲4氯酸含量/(g/kg)	不应低于按下式计算的结果：

$$\frac{2甲4氯的相对分子质量(200.6)}{2甲4氯酯的相对分子质量}×930(g/kg)$$

水分/(g/kg)	≤10
游离酚(以4氯2甲酚计)	≤测得2甲4氯含量的1.0%
游离酸(以2甲4氯酸计)	≤由总酯换算出的2甲4氯含量的3.0%
悬浮固体/(g/kg)	≤1

4. 2甲4氯酯乳油（MCPA ester emulsifiable concentrate）

FAO规格 2.3/EC/S/F(1992)

（1）组成和外观

本品应由符合FAO标准的2甲4氯酯原药和其他助剂溶解在适宜的溶剂中制成，应为稳定的均相液体，无可见的悬浮物和沉淀。

（2）技术指标

2甲4氯酯含量(以2甲4氯酸计)[g/kg(g/L,20℃)]：

标明含量	允许波动范围
≤500	标明含量的±4%
>500	±20
游离酚(以4氯2甲酚计)	≤测得2甲4氯酸含量的1.0%
水分/(g/kg)	≤5
闪点(闭杯法)	≥标明的闪点,并对测定方法加以说明
挥发性	应说明产品挥发性的高低

乳液稳定性和再乳化：本品在30℃下用CIPAC规定的标准水（标准水A或标准水C）稀释，该乳液应符合下表要求。

稀释后时间/h	稳定性要求
0	完全乳化
0.5	乳膏≤2mL
2	乳膏≤4mL,浮油无
24	再乳化完全
24.5	乳膏≤4mL,浮油≤0.5mL

油不溶物：本品的油溶液应是清澈或乳色的，留在 $150\mu m$ 试验筛上的残留物应 $\leqslant 1g/$ kg，筛过的溶液应只能有痕量沉淀。

低温稳定性［(0 ± 1)℃下贮存 7d］：析出固体和/或液体的体积应小于 $3mL/L$。

热贮稳定性［(54 ± 2)℃下贮存 14d］：有效成分含量不应低于贮前测得平均含量的 97％，油不溶物和乳液稳定性仍应符合上述标准要求。

5. 2甲4氯盐水剂（MCPA salt aqueous solution）

FAO 规格 2.1/SL/S/F(1992)

(1) 组成和外观

本品为由符合 FAO 标准的 2甲4氯或 2甲4氯盐加工制成的 2甲4氯盐水溶液，无可见的悬浮物和沉淀。

(2) 技术指标

2甲4氯酸的含量［g/kg 或 g/L(20℃)］：

标明含量	允许波动范围
$\leqslant 500$	标明含量的 $\pm4\%$
>500	±20
游离酚(以 4氯2甲酚计)	$\leqslant$测得 2甲4氯含量的 1.0%

水不溶物：本品的水溶液应完全通过 $250\mu m$ 试验筛，留在 $150\mu m$ 试验筛上的水不溶物 $\leqslant 1g/kg$。

稀释稳定性：20℃下，用 CIPAC 标准水 C 稀释本品，应为清澈或乳色的溶液，静置 1h 后，所有可见的粒子均应通过 $45\mu m$ 试验筛。

热贮稳定性［(54 ± 2)℃下贮存 14d］：有效成分含量不应低于贮前测得平均含量的 97％，水不溶物和稀释稳定性仍应符合上述标准要求。

(3) 有效成分分析方法可参照 2甲4氯酸原药。

2甲4氯＋2甲4氯丁酸（MCPA+ MCPB）

2甲4氯＋2甲4氯丁酸盐水剂（MCPA＋MCPB salt aqueous solutions）

FAO 规格 2.1＋50.1/SL/ts/—(1983)

(1) 组成和外观

本品应由符合 FAO 标准的 2甲4氯＋2甲4氯丁酸加工制成的 2甲4氯盐＋2甲4氯丁酸盐水溶液，无可见的悬浮物和沉淀。

(2) 技术指标

总可萃取酸含量(以 2甲4氯表示)	$\leqslant 1.15X＋1.5Y$，X 为测得的 2甲4氯含量，Y 为测得的 2甲4氯丁酸含量

2 甲 4 氯,2 甲 4 氯丁酸含量[g/kg 或 g/L(20℃)]	应标明含量,允许波动范围为标明含量的±5%
游离酚(以 4 氯 2 甲酚计)	≤(10X＋30Y)g/kg,X 和 Y 分别为测得的 2 甲 4 氯和 2 甲 4 氯丁酸含量

水不溶物:本品的水溶液应完全通过 $250\mu m$ 试验筛,留在 $150\mu m$ 试验筛上的水不溶物 ≤1g/kg。

稀释稳定性:20℃下,用 CIPAC 标准水 C 稀释本品,应为清澈或半透明的溶液,无可见的固体颗粒和痕量沉淀。

低温稳定性 [(0±1)℃下贮存48h]:无固体或液体析。

热贮稳定性 [(54±2)℃下贮存14d]:2 甲 4 氯和 2 甲 4 氯丁酸含量,水不溶物、稀释稳定性、低温稳定性仍应符合上述标准要求。

(3) 有效成分分析方法同 2 甲 4 氯和 2 甲 4 氯丁酸原药。

2 甲 4 氯丙酸(mecoprop)

$C_{10}H_{11}ClO_3$, 214.6

化学名称 2-(4-氯-2-甲基苯氧基) 丙酸

CAS 登录号 7085-19-0

CIPAC 编码 51

理化性状 无色结晶, m. p. 93～95℃ (工业品≥90℃), v. p. <1.6mPa (25℃), $K_{ow}lgP = 0.1004$(pH7)、3.2 (未离子化, 25℃)。$\rho = 1.42g/cm^3$(20℃)。溶解度 (g/L, 20℃):水 0.88 (25℃),丙酮、乙醚、乙醇三者>1000,乙酸乙酯825,氯仿339。二乙醇胺盐溶解度 (20℃):水 580g/L。二甲胺盐溶解度 (20℃):水 660g/L。稳定性:热条件下稳定,水解稳定,还原稳定,室温氧化稳定。具有酸性,能形成盐,盐大多能溶于水中。pK_a3.78。

1. 2 甲 4 氯丙酸原药 (mecoprop technical)

FAO 规格 51/TC/(S)/—(1983)

(1) 组成和外观

本品应由 2 甲 4 氯丙酸和相关的生产杂质组成,应为白色至棕色的晶体、颗粒、薄片或粉末,有轻微气味。

(2) 技术指标

总可萃取酸含量(以 2 甲 4 氯丙酸表示)	≤1.15X,X 为测得的 2 甲 4 氯丙酸含量
2 甲 4 氯丙酸含量(以干基计)/(g/kg)	≥840(允许波动范围:±40g/kg)

| 水分/（g/kg） | ≤15(干酸)，
水分含量一般大于 15g/kg，应大致标
明水分含量(湿酸) |

游离酚(以 4 氯 2 甲酚计)　　　　　　≤测得的 2 甲 4 氯丙酸含量的 15g/kg

硫酸盐灰/（g/kg）　　　　　　　　　≤10

三乙醇胺不溶物(留在 105μm 试验筛　≤1,筛过的溶液应是清澈或乳色的,沉
上的不溶物)/（g/kg）　　　　　　　淀不超过痕量

(3) 有效成分分析方法

① 总可萃取酸含量——化学法

方法提要：试样溶于甲醇中并加氢氧化钠溶液,该混合物用盐酸酸化,沉淀的酸用乙醚萃取,蒸去乙醚。残留物溶于中性乙醇,以酚酞作指示剂,用氢氧化钠标准溶液滴定。

② 2 甲 4 氯丙酸含量——液相色谱法

a. 方法提要　以 2-(2,4-二溴苯氧基) 丙酸为内标物,在反相色谱柱上 (C$_{18}$),以高效液相色谱法测定 2 甲 4 氯丙酸含量。

b. 分析条件　色谱柱：300mm×3.9mm (i. d.) 不锈钢柱, μBonddapak 10μm C$_{18}$,理论塔板数不小于 3000；缓冲溶液：溶解 1.36g 三水合乙酸钠于 2L 水中,用冰乙酸调节至 pH=3.5；流动相：甲醇-缓冲溶液 [45：55 (体积比)]；流速：2.0mL/min；检测器灵敏度：0.02AUFS；检测波长：280nm；柱温：22℃；进样体积：25μL；

③ 2 甲 4 氯丙酸含量——气相色谱法

a. 方法提要　试样用乙醚萃取,以重氮甲烷将其转化为酯或醚。这些酯在涂有阿皮松 L 的色谱柱上进行气相色谱分离,用火焰离子化检测器检测,使用内标法定量。

b. 分析条件　色谱柱：2000mm×4mm(i. d.),玻璃或不锈钢柱,内填 5%阿皮松 L/Chromosorb W (AW DMCS),180～150μm；调节温度和气体流速,使试样中杂质流出并与有效成分分离,并保证有效成分的保留时间合适。

2.3.2 甲 4 氯丙酸金属盐原药 (mecoprop metal salt technical)

FAO 规格 51.1/TC/(S) /—(1983)

(1) 组成和外观

本品应由 2 甲 4 氯丙酸金属盐和相关的生产杂质组成,应为白色至棕色的结晶粉末,有轻微气味。

(2) 技术指标

总可萃取酸含量(以干基计,以 2 甲 4　≤1.15X,X 为测得的 2 甲 4 氯丙酸
氯丙酸表示)　　　　　　　　　　　含量

2 甲 4 氯丙酸含量(以干基计)/（g/kg）　≥840(允许波动范围：±40g/kg)

游离酚(以 4 氯 2 甲酚计)　　　　　　≤测得的 2 甲 4 氯丙酸含量的 15g/kg

水分/（g/kg）　　　　　　　　　　　≤15

水不溶物　　　　　　　　　　　　　100%通过 250μm 试验筛

　　　　　　　　　　　　　　　　　≤1g/kg 留在 150μm 试验筛

　　　　　　　　　　　　　　　　　筛过的溶液应是清澈或乳色的,沉淀
　　　　　　　　　　　　　　　　　不超过痕量

溶解速率：除水不溶物外,本品应在 5min 内完全溶于蒸馏水中,该溶液静置 18h 后,

沉淀不应超过痕量。

（3）有效成分分析方法

有效成分分析方法，同 2 甲 4 氯丙酸原药。

3. 2 甲 4 氯丙酸盐水剂（mecoprop salt aqueous solution）

FAO 规格 51.1/SL/(S)/—(1983)

（1）组成和外观

本品为由符合 FAO 标准的 2 甲 4 氯丙酸加工制成的 2 甲 4 氯丙酸盐水溶液，无可见的悬浮物和沉淀。

（2）技术指标

总可萃取酸含量（以 2 甲 4 氯丙酸表示）	$\leqslant 1.15X$，X 为测得的 2 甲 4 氯丙酸含量
2 甲 4 氯丙酸含量［g/kg 或 g/L（20℃）］	应标明含量，允许波动范围为标明含量的 $\pm 5\%$
游离酚（以 4 氯 2 甲酚计）	$\leqslant$ 测得的 2 甲 4 氯丙酸含量的 15g/kg
水不溶物	100％通过 250μm 试验筛 $\leqslant$1g/kg 留在 150μm 试验筛

稀释稳定性：20℃下，用 CIPAC 标准水 C 稀释本品，应为清澈或半透明的溶液，无可见的固体颗粒和超过痕量沉淀。

低温稳定性［(0±1)℃下贮存 48h］无固体或液体析出。

热贮稳定性［(54±2)℃下贮存 14d］：2 甲 4 氯丙酸含量，水不溶物、稀释稳定性、低温稳定性仍应符合上述标准要求。

（3）有效成分分析方法可参照原药。

2 甲 4 氯丁酸（MCPB）

$$C_{11}H_{13}ClO_3，228.7$$

化学名称　4-(4-氯-2-甲基苯氧基)丁酸

CAS 登录号　94-81-5

CIPAC 编码　50

理化性状　无色结晶（工业品：米色到褐色片状）。m. p. 101℃（工业品 95～100℃），b. p. (623±0.5)℃，v. p. 4×10^{-3} mPa(25℃)，K_{ow} lg$P$ >2.37(pH5)、=1.2(pH7)、−0.17(pH9)，ρ=1.233g/cm^3(20℃)。溶解度（g/L，20℃）：水 0.11(pH5)、4.4(pH7)、444(pH9)，丙酮 313，二氯甲烷 169，乙醇 150，正己烷 0.26，甲苯 8。其碱金属盐和铵盐易溶于水（在硬水中可能会形成钙盐和镁盐沉淀），但难溶于有机溶剂。稳定性：酸化学稳定性非常好，在 pH5～9(25℃) 条件下不会水解。固定对光照稳定，溶液中会光降解。DT$_{50}$ 2.2d(pH5)、2.6d(pH7)、2.4d(pH9)。对铝、锡、铁稳定，最高可达 150℃。形成水

溶性碱金属盐和铵盐，也可能会在硬水中形成钙或镁盐沉淀。pK_a4.5（20℃）。

1.2甲4氯丁酸原药（MCPB technical）

FAO 规格 50/TC/(S)/—(1983)

(1) 组成和外观

本品应由 2 甲 4 氯丁酸和相关的生产杂质组成，应为白色至棕色的晶体、颗粒、薄片或粉末，有轻微气味。

(2) 技术指标

总可萃取酸含量（以 2 甲 4 氯丁酸表示）	≤1.15X,X 为测得的 2 甲 4 氯丁酸含量
2 甲 4 氯丁酸含量（以干基计）/(g/kg)	≥840（允许波动范围：±30g/kg）
水分：	
干酸/(g/kg)	≤15
湿酸	水分含量一般大于 15g/kg,应大致标明水分含量
游离酚（以 4 氯 2 甲酚计）	≤测得的 2 甲 4 氯丁酸含量的 30g/kg
硫酸盐灰/(g/kg)	≤10
三乙醇胺不溶物（留在 105μm 试验筛上的三乙醇胺不溶物）/(g/kg)	≤1,筛过的溶液应是清澈或乳色的,沉淀不超过痕量

(3) 有效成分分析方法

① 总可萃取酸含量——化学法

方法提要：试样溶于甲醇中并加氢氧化钠溶液，该混合物用盐酸酸化，沉淀的酸用乙醚萃取，蒸去乙醚。残留物溶于中性乙醇，以酚酞作指示剂，用氢氧化钠标准溶液滴定。

② 2 甲 4 氯丁酸含量——气相色谱法

a. 方法提要　试样用乙醚萃取，以重氮甲烷将其转化为酯。这些酯在涂有阿皮松 L 的色谱柱上进行气相色谱分离，用火焰离子化检测器检测，内标法定量。

b. 分析条件　色谱柱：2000mm×4mm（i. d.），玻璃或不锈钢柱，内填 5％阿皮松 L/Chromosorb W（AW DMCS），180～150μm；调节温度和气体流速，使试样中杂质流出并与有效成分分离，并保证有效成分的保留时间合适。

2.2甲4氯丁酸钾盐原药（MCPB potassium salt technical）

FAO 规格 50.1K/TC/(S)/—(1983)

(1) 组成和外观

本品应由 2 甲 4 氯丁酸钾盐和相关的生产杂质组成，应为白色至棕色的结晶粉末，有轻微气味。

(2) 技术指标

总可萃取酸含量（以干基计,以 2 甲 4 氯丁酸表示）	≤1.15X,X 为测得的 2 甲 4 氯丁酸含量
2 甲 4 氯丁酸含量（以干基计）/(g/kg)	≥720,（允许波动范围：±30g/kg）

游离酚(以 4 氯 2 甲酚计)   ≤测得的 2 甲 4 氯丁酸含量的 30g/kg

水分/(g/kg)   ≤15

水不溶物   100％通过 250μm 试验筛，≤1g/kg

                                 留在 150μm 试验筛，筛过的溶液应是清

                                 澈或乳色的，沉淀不超过痕量

溶解速率：除水不溶物外，本品应在 5min 内完全溶于蒸馏水中，该溶液静置 18h 后，沉淀不应超过痕量。

(3) 有效成分分析方法可参照原药

3. 2 甲 4 氯丁酸盐水剂 (MCPB salt aqueous solution)

FAO 规格 50.1/SL/(S)/-(1983)

(1) 组成和外观

本品为由符合 FAO 标准的 2 甲 4 氯丁酸加工制成的 2 甲 4 氯丁酸盐水溶液，无可见的悬浮物和沉淀。

(2) 技术指标

总可萃取酸含量(以 2 甲 4 氯丁酸表示)   ≤1.15X , X 为测得的 2 甲 4 氯丁酸含量

2 甲 4 氯丁酸含量[g/kg 或 g/L(20℃)]   应标明含量，允许波动范围为标明含量的 ±5％

游离酚(以 4 氯 2 甲酚计)   ≤测得的 2 甲 4 氯丁酸含量的 30g/kg

水不溶物   100％通过 250μm 试验筛

                                 ≤1g/kg 留在 150μm 试验筛

稀释稳定性：20℃下，用 CIPAC 标准水 C 稀释本品，应为清澈或半透明的溶液，无可见的固体颗粒和超过痕量沉淀

低温稳定性［在（0±1)℃下贮存 48h］：无固体或液体析出。

热贮稳定性［(54±2)℃下贮存 14d］：2 甲 4 氯丁酸含量，水不溶物、稀释稳定性、低温稳定性仍应符合上述标准要求。

甲苯氟磺胺 (tolylfluanid)

$C_{10}H_{13}Cl_2FN_2O_2S_2$，347.3

化学名称 N，N-二甲基-N'-4-甲基苯基-N'-（氟二氯甲硫基）磺酰胺

其他名称   对甲抑菌灵

CAS 登录号　731-27-1

CIPAC 编码　275

理化性状　白色结晶状粉末、结块，略带特殊气味，m. p. 93℃，b. p. 大于200℃分解，v. p. 0. 2mPa（20℃），K_{ow} lg$P$ = 3. 90（20℃），ρ = 1. 52g/cm³（20℃）。溶解度（g/L，20℃）：水 0. 9mg/L；正庚烷 54，二甲苯 190，异丙醇 22，正辛醇 16，聚氧乙烯 56，二氯甲烷、丙酮、乙腈、DMSO、乙酸乙酯＞250。稳定性：DT_{50} 11. 7d（pH4，22℃）、29. 1h（pH7，22℃）、≪10min（pH9，20℃）。

1. 甲苯氟磺胺原药（tolylfluanid technical）

FAO 规格 275/TC/S/P(1991)

(1) 组成和外观

本品应由甲苯氟磺胺和相关的生产性杂质组成，应为无色或白色结晶，无可见的外来物和添加的改性剂。

(2) 技术指标

甲苯氟磺胺含量/(g/kg)	≥960,允许波动范围为±20g/kg
丙酮不溶物/(g/kg)	≤25
pH 范围	9. 0～11. 0

(3) 有效成分分析方法——高效液相色谱法

① 方法提要　试样用乙腈溶解，以二苯酮为内标物，用乙腈-水作流动相，在反相色谱柱上对试样中的甲苯氟磺胺进行分离，使用紫外检测器检测。

② 分析条件　色谱柱：不锈钢，125mm×4mm(i. d.)，填充 Sphersorb ODS 5μm；流动相：乙腈-水［53：47（体积比）］，过滤并脱气；流速：1. 5mL/min；检测波长：254nm；温度：30℃；进样体积：10μL。

2. 甲苯氟磺胺可湿性粉剂（tolylfluanid wettable powder）

FAO 规格 275/WP/S/F(1991)

(1) 组成和外观

本品应由符合 FAO 标准的甲苯氟磺胺原药、填料和助剂组成，应为细粉末，无可见的外来物和硬块。

(2) 技术指标

甲苯氟磺胺含量(g/kg)：

标明含量	允许波动范围
＞100 且≤250	标明含量的±6％
＞250 且≤500	标明含量的±5％
＞500	±25
水分/(g/kg)	≤15
pH	7. 5～10. 5
湿筛（未通过 75μm 筛)/％	≤2
悬浮率（25℃,30min,CIPAC 标准水 C)/％	≥50

持久起泡性(1min 后)/mL   ≤10
润湿性(无搅动)/min   ≤2

热贮稳定性 [(54±2)℃下贮存 14d]：有效成分含量应不低于贮前测得平均含量的97%，pH、湿筛、悬浮率仍应符合上述标准要求。

(3) 有效成分分析方法可参照原药。

甲草胺（alachlor）

$$C_{14}H_{20}ClNO_2,\ 269.8$$

化学名称 2-氯-N-($2'$,$6'$-二乙基苯基）-N-（甲氧基甲基）乙酰胺

CAS 登录号 15972-60-8

CIPAC 编码 204

理化性状 淡黄色至酒红色无味固体（室温）；黄色至红色液体（>40℃）。b. p. 100℃/0.0026kPa，m. p. 40.5～41.5℃，v. p. 2.7mPa（20℃）、5.5mPa（25℃），$K_{ow}lgP=3.09$，$\rho=1.1330g/cm^3$（25℃）。溶解度：水 170.31mg/L(pH7，20℃），能溶于苯、乙醇、乙醚、丙酮、乙酸乙酯、氯仿等有机溶剂，微溶于庚烷。稳定性：分解温度 105℃，DT_{50}>1 年（pH5.7 和 pH9），对紫外线稳定。f. p. 137℃（闭口杯）、160℃（开口杯）

1. 甲草胺原药（alachlor technical）

FAO 规格 204/TC/S(1991)

(1) 组成和外观

本品应由甲草胺和相关的生产杂质、稳定剂组成，应为黄色至红色的液体（室温下），除稳定剂之外，无可见的外来物和添加的改性剂。

(2) 技术指标

甲草胺含量/(g/kg)	≥900(允许波动范围:±25g/kg)
丙酮不溶物/(g/kg)	≤0.2
水分/(g/kg)	≤3
2-氯-$2'$,$6'$-二乙基乙酰苯胺/(g/kg)	≤30
$2'$-正丁基-2-氯-$6'$-乙基-N-（甲氧甲基)乙酰苯胺/(g/kg)	≤19
酸度（以 H_2SO_4计)/(g/kg)	≤2

(3) 有效成分分析方法——气相色谱法

① **方法提要** 试样用丙酮溶解，以邻苯二甲酸二正戊酯为内标物，用带有氢火焰离子化检测器的气相色谱仪对试样中的甲草胺进行分离和测定。

② **分析条件** 气相色谱仪：带有氢火焰离子化检测器和柱头进样；色谱柱：1.8m×

2mm 玻璃柱，内填 10% SP-2250（或相当的固定液）/Supelcoport（75～150μm）；柱温：230℃；汽化温度：250℃；检测器温度：260℃；载气（氦气）流速：35mL/min；氢气流速：30mL/min；空气流速：250mL/min；进样体积：1μL；保留时间：甲草胺约 5.5min，邻苯二甲酸二正戊酯约 11.2min。

2. 甲草胺乳油（alachlor emulsifiable concentrate）

FAO 规格 204/EC/S(1991)

（1）组成和外观

本品应由符合 FAO 标准的甲草胺原药和其他助剂溶解在适宜的溶剂中制成，应为稳定的均相液体，无可见的悬浮物和沉淀。

（2）技术指标

甲草胺含量[g/kg 或 g/L(20℃)]：

标明含量	允许波动范围
≤500	标明含量的±5%
>500	±25

水分/(g/kg)	≤2
酸度（以 H_2SO_4 计）/(g/kg)	≤1
闪点（闭杯法）	≥标明的闪点，并对测定方法加以说明

乳液稳定性和再乳化：选经过热贮稳定性［(54±2)℃下贮存 14d］试验的产品，在 25℃下用 CIPAC 规定的标准水（标准水 A 或标准水 C）稀释，该乳液应符合下表要求。

稀释后时间/h	稳定性要求
0	初始乳化完全
0.5	乳膏≤2mL
2	乳膏≤4mL,浮油无
24	再乳化完全
24.5	乳膏≤4mL,浮油≤0.5mL

低温稳定性 ［(0±1)℃下贮存 7d］：析出固体或液体的体积应小于 0.3mL。

热贮稳定性 ［(54±2)℃下贮存 14d］：有效成分含量和酸度仍应符合标准要求。

（3）有效成分分析方法可参照原药。

3. 甲草胺颗粒剂（alachlor granule）

FAO 规格 204/GR/S(1991)

（适用于机器施药）

（1）组成和外观

本品应由符合标准的甲草胺原药和适宜的载体及其他助剂制成，应为干燥、易流动的颗粒，无可见的外来物和硬块，基本无粉尘，易于机器施药。

（2）技术指标

甲草胺含量(g/kg)：

标明含量	允许波动范围
≤25	标明含量的±15%

>25 且$\leqslant100$　　　　　　　　　　　　　标明含量的$\pm10\%$

>100　　　　　　　　　　　　　　　　标明含量的$\pm6\%$

酸度(以 H_2SO_4 计)/(g/kg)　　　　　　　$\leqslant5$

堆积密度范围：在适当的情况下，应标明本产品堆积密度范围。当要求时，密度应$\geqslant$0.70g/mL。

粒度范围：应标明产品的粒度范围，粒度范围下限与上限粒径比例应不超过 1：4，在粒度范围内的本品应$\geqslant$850g/kg。

$125\mu m$ 试验筛筛余物（留在 $125\mu m$ 试验筛上），$\geqslant$990g/kg，且留在筛上的样品中甲草胺含量应符合上述标准要求。

热贮稳定性 [(54 ± 2)℃下贮存 14d]：有效成分含量、粒度范围、$125\mu m$ 试验筛筛余物仍应符合上述标准要求。

(3) 有效成分分析方法可参照原药。

甲磺隆 (metsulfuron methyl)

$C_{14}H_{15}N_5O_6S$，381.4

化学名称　2-［(4-甲氧基-6-甲基-1,3,5-三嗪基-2-基) 脲基磺酰基］苯甲酸甲酯

CAS 登录号　74223-64-6

理化性状　纯品为无色晶体（原药白色固体，略带酯味）。m. p. 162℃，v. p. 3.3×10^{-7}mPa （25℃），$K_{ow}\lg P=0.018$（pH7，25℃），$\rho=1.447$g/cm³（20℃）。溶解度(g/L，25℃)：水 0.548(pH5)、2.79(pH7)、213(pH9)，正己烷 5.84×10^{-1}，乙酸乙酯 1.11×10^4，甲醇 7.63×10^3，丙酮 3.7×10^4，二氯甲烷 1.32×10^5，甲苯 1.24×10^3mg/L。稳定性：对光稳定，水解 DT_{50}22d（pH5，25℃），pH7 和 9 稳定。

1. 甲磺隆原药 (metsulfuron methyl technical material)

FAO 规格 441/TC(2011)

(1) 组成和外观

本品应由甲磺隆和相关的生产性杂质组成，应为白色至米黄色均匀结晶固体，无可见的外来物和添加的改性剂。

(2) 技术指标

甲磺隆含量/(g/kg)　　　　　　　　　$\geqslant$960,（测定结果的平均含量应不

　　　　　　　　　　　　　　　　　　低于最小的标明含量）

(3) 有效成分分析方法——液相色谱法

① 方法提要　试样溶于乙腈-氨水中，以乙腈-水［35：65（体积比），pH＝3］作流动相，在反相色谱柱（C_8）上对试样中的甲磺隆进行分离，使用紫外检测器（254nm）对甲磺隆含量进行检测，内标法定量。

② 分析条件　色谱柱：150mm×4.6mm（i.d.），Zorbax SB-C$_8$；流动相：乙腈-水[35：65（体积比）]，用磷酸调 pH＝3；流速：2.0mL/min；检测波长：254nm；柱温：40℃；进样体积：5μL；保留时间：甲磺隆约 3min，二苯砜约 6min。

2. 甲磺隆水分散粒剂 (metsulfuron-methyl water dispersible granule)

FAO 规格 441/WG/(2011)

(1) 组成和外观

本品为由符合 FAO 标准的甲磺隆原药、填料和助剂组成的水分散粒剂，适于在水中崩解、分散后使用，应为干燥、易流动的颗粒，基本无粉尘，无可见的外来物和硬块。

(2) 技术指标

甲磺隆含量(g/kg)：

标明含量	允许波动范围
＞100 且≤250	标明含量的±6％
＞250 且≤500	标明含量的±5％
＞500	±25
湿筛(通过 75μm 筛)/％	≥98.0
分散性(1min 后,经搅动)/％	≥70
悬浮率（30℃下 30min，使用 CIPAC 标准水 D)/％	≥75
润湿性(不经搅动)/s	≤60
持久起泡性(1min 后)/mL	≤25
粉尘/mg	基本无粉尘
流动性(试验筛上下跌落 20 次后)	通过 5mm 试验筛的样品≥99％

热贮稳定性 [(54±2)℃下贮存 14d]：有效成分含量应不低于贮前测得平均含量的 95％，湿筛、悬浮率、分散性、粉尘仍应符合上述标准要求。

(3) 有效成分分析方法可参照原药。

3. 甲磺隆可湿性粉剂 (metsulfuron-methyl wettable powder)

FAO 规格 441/WP/(2011)

(1) 组成和外观

本品为由符合 FAO 标准的甲磺隆原药、填料和助剂组成，应为均匀的细粉末，无可见的外来物和硬块。

(2) 技术指标

甲磺隆含量(g/kg,20℃)：

标明含量	允许波动范围
＞25 且≤100	标明含量的±10％
＞100 且≤250	标明含量的±6％
＞250 且≤500	标明含量的±5％
＞500	±25
湿筛(通过 75μm 筛)/％	≥98
悬浮率(30℃下 30min,使用 CIPAC 标准水 D)/％	≥65

润湿性（不经搅动）/s $\leqslant$60

持久起泡性（1min 后）/mL $\leqslant$25

热贮稳定性［（54±2）℃下贮存 14d］：有效成分含量应不低于贮前测得平均含量的 95％，湿筛、悬浮率、润湿性仍应符合上述标准要求。

（3）有效成分分析方法可参照原药。

甲羧除草醚（bifenox）

$C_{14}H_9Cl_2NO_5$，342.1

化学名称   5-（2,4-二氯苯氧基）-2-硝基苯甲酸甲酯

其他名称   芳毒，治草醚，茅毒

CAS 登录号   42576-02-3

CIPAC 编码   413

理化性状   略带芳香气味黄色晶体。m. p. 84～86℃，v. p. 0.32mPa（30℃），$K_{ow}\lg P=$ 4.5，亨利常数 1.14×10^{-2} Pa·m³/mol，$\rho=0.65g/cm^3$。溶解度（g/kg，25℃）：水 0.35mg/L；丙酮 400，氯苯 400，二甲苯 300，乙醇<50；微溶于脂肪族碳氢化合物。稳定性：175℃以下耐热稳定，290℃以上分解完全；20℃时，在 pH5.0～7.3 的水溶液中稳定，在 pH9.0 的碱性溶液中迅速水解；其饱和水溶液在 250～400nm 下 DT_{50} 为 24min，进入土壤 5h 后会形成薄膜。

1. 甲羧除草醚原药（bifenox technical）

FAO 规格 413/TC/S/F(1992)

（1）组成和外观

本品应由甲羧除草醚和相关的生产性杂质组成，应为黄色至米色晶状粉末，部分结块，无可见的外来物和添加的改性剂。

（2）技术指标

甲羧除草醚含量/(g/kg) $\geqslant$970（允许波动范围为±20g/kg）

2,4-二氯酚/(g/kg) $\leqslant$3

2,4-二氯苯甲醚/(g/kg) $\leqslant$6

干燥减量/(g/kg) $\leqslant$10

（3）有效成分分析方法——液相色谱法

① 方法提要   试样用甲醇溶解，以甲醇-水-冰乙酸为流动相，在 C_8 反相柱上对试样进行分离，用紫外检测器检测，内标法定量。

② 分析条件   色谱柱：250mm×4.6mm（i. d.）不锈钢柱，内填 Lichrospher C_8 5μm；内标物：二苯酮；流动相：甲醇-水-冰乙酸［620∶380∶1（体积比）］；流速：1.5mL/min；检测波长：280nm；保留时间：甲羧除草醚 20.2min，二苯酮 8.2min。

2. 甲羧除草醚悬浮剂（bifenox aqueous suspension concentrate）

FAO 规格 413/SC/S/F(1992)

(1) 组成和外观

本品应由符合 FAO 标准并悬浮在水相中的甲羧除草醚原药细颗粒与适宜的助剂组成，经轻微搅动应为均匀的悬浮液体，易于用水稀释。

(2) 技术指标

甲羧除草醚含量(g/kg)：

标明含量	允许波动范围
≤250	标明含量的±6％
＞250 且≤500	标明含量的±5％
＞500	±25

(20℃下每毫升质量：若需要,应标明本产品 20℃下每毫升质量范围)

倾倒性(清洗后残余物)/％	≤1
自动分散性(用 CIPAC 标准水 C,在 25℃下稀释,放置 5min)/％	≥90
悬浮率(25℃下,使用 CIPAC 标准水 C)/％	≥70
湿筛(通过 75μm 筛)/％	≥99
持久起泡性(1min 后)/mL	≤25

低温稳定性〔(0±1)℃下贮存 7d〕：产品的自动分散性、悬浮率、湿筛仍应符合上述标准要求。

热贮稳定性〔(54±2)℃下贮存 14d〕：有效成分含量应不低于贮前测得平均含量的 97％，倾倒性、自动分散性、悬浮率、湿筛仍应符合上述标准要求。

(3) 有效成分分析方法可参照原药

精吡氟禾草灵（fluazifop-P-butyl）

$C_{19}H_{20}F_3NO_4$，383.4

化学名称 (R)-2-{4-[(5-三氟甲基)-2-基-吡啶基] 苯氧基} 丙酸丁酯

CAS 登录号 79241-46-6

CIPAC 编码 467

理化性状 无色液体。b. p. 199.8℃/20Pa，m. p. －15℃，v. p. 4.14 × 10^{-1} mPa (25℃)，$K_{ow} \lg P = 4.95$(20℃)，$\rho = 1.22$g/cm³(20℃)。溶解度（25℃）：水 1.75mg/L，易溶于丙酮、正己烷、甲醇、甲苯、二氯甲烷、乙酸乙酯、二甲苯。稳定性：对紫外线稳定；水解 DT_{50}＞120d(pH4)、35d(pH5)、17d(pH7)、0.2h(pH9)，光催化下的水解 DT_{50} 6d （pH5）。f. p. 83℃。

1. 精吡氟禾草灵原药（fluazifop-P-butyl technical material）

FAO 规格 467.205/TC(2000)

（1）组成和外观

本品应由精吡氟禾草灵和相关的生产杂质组成，应为深棕色的液体，除含有痕量不溶物之外，无可见的外来物和添加的改性剂。

（2）技术指标

精吡氟禾草灵含量/(g/kg)   ≥900(测定结果的平均含量应不低于最小的标明含量)

酸度(以 H_2SO_4 计)/(g/kg)   ≤4

（3）有效成分分析方法——液相色谱法

① 方法提要 试样用含二苯基乙二酮为内标的溶剂溶解，以（R)-3,5-二硝基苯甲酰苯基甘氨酸固定相键合的色谱柱上对试样进液相分离。

② 分析条件 色谱柱：250mm×4.6mm(i. d.) 不锈钢柱，CHIRA-chrom-1 色谱柱，(R)-3,5-二硝基苯甲酰苯基甘氨酸键合硅胶柱，5μm；内标物：二苯基乙二酮；流动相：2,2,4-三甲基戊烷-异丙醇-三氟乙酸［1000∶7∶2（体积比）]；流速：1.5mL/min；检测波长：254nm；柱温：室温；进样量：10μL；保留时间：二苯基乙二酮 7.7min，精吡氟禾草灵 9.8min，fluazifop-M-butyl 10.4min。

2. 精吡氟禾草灵乳油（fluazifop-P-butyl emulsifiable concentrate）

FAO 规格 467.205/EC(2000)

（1）组成和外观

本品应由符合 FAO 标准的精吡氟禾草灵原药和其他助剂溶解在适宜的溶剂中制成，为清澈或略浑浊的棕色液体，应为稳定的均相液体，无可见的悬浮物和沉淀。

（2）技术指标

精吡氟禾草灵含量[g/kg 或 g/L(20℃)]：

标明含量	允许波动范围
＞100 且≤250	标明含量的±6%

pH 范围   6.0～6.5

持久起泡性(1min 后)/mL   ≤20

乳液稳定性和再乳化：在（30±2)℃下用 CIPAC 规定的标准水（标准水 A 或标准水 D）稀释，该乳液应符合下表要求。

稀释后时间/h	稳定性要求
0	初始乳化完全
0.5	乳膏≤0.5mL
2	乳膏≤1mL,浮油≤痕量
24	再乳化完全
24.5	乳膏≤1mL,浮油≤痕量

低温稳定性［(0±2)℃下贮存 7d]：析出固体或液体的体积应小于 0.3mL。

热贮稳定性［(54±2)℃下贮存 14d]：有效成分含量应不低于贮前测得平均含量的

95％，pH 范围、乳液稳定性和再乳化仍应符合上述标准要求。

(3) 有效成分分析方法可参照原药。

3. 精吡氟禾草灵水乳剂（fluazifop-P-butyl emulsion, oil in water）

FAO 规格 467.205/EW(2000)

(1) 组成和外观

本品应为由符合 FAO 标准的精吡氟禾草灵原药与助剂在水相中制成的乳状液（静置可能出现分层），经轻微搅动为均匀的，易于进一步用水稀释。

(2) 技术指标

精吡氟禾草灵含量[g/kg 或 g/L(20℃)]：

标明含量	允许波动范围
＞100 且≤250	标明含量的±6％

20℃下质量浓度/(g/mL)　　　　　　　　　1.000～1.060

pH 范围　　　　　　　　　　　　　　　　5.6～6.6

倾倒性(残留物)/％　　　　　　　　　　　≤0.8

持久起泡性(1min 后)/mL　　　　　　　　≤20

乳液稳定性和再乳化：在 30℃下用 CIPAC 规定的标准水（标准水 A 或标准水 D）稀释，该乳液应符合下表要求。

稀释后时间/h	稳定性要求
0	完全乳化
0.5	乳膏≤0.5mL
2	乳膏≤1mL,浮油≤痕量
24	再乳化完全
24.5	乳膏≤1mL,浮油≤痕量

低温稳定性 [(0±2)℃下贮存 7d]：经轻微搅动，应无可见的油状物或固体颗粒。

热贮稳定性 [(54±2)℃下贮存 14d]：有效成分含量应不低于贮前测得平均含量的 95％，pH、乳液稳定性和再乳化、持久起泡性仍应符合上述标准要求。

(3) 有效成分分析方法可参照原药。

精噁唑禾草灵（fenoxaprop-P-ethyl）

$C_{18}H_{16}ClNO_5$，361.8

化学名称　(R)-2-[4-(6-氯-1,3-苯并噁唑-2-基氧)苯氧基]丙酸乙酯

CAS 登录号　71283-80-2

理化性状　白色、无味固体。m.p.89～91℃，v.p.5.3×10^{-4}mPa(20℃)，$K_{ow}lgP=4.58$，$\rho=1.3$g/cm³(20℃)。溶解度(20℃)：水 0.7mg/L(pH5.8)，丙酮、甲苯、乙酸乙酯＞200g/L，甲醇 43g/L。稳定性：50℃稳定 90d，对光稳定；水解 DT_{50}(25℃) 28d （pH4）、19.2d（pH5）、23.2d（pH7）、0.6d（pH9）。

1. 精噁唑禾草灵原药 (fenoxaprop-P-ethyl technical material)

FAO 规格 484.202/TC(2010)

(1) 组成和外观

本产品由精噁唑禾草灵和相关生产性杂质组成，外观为米黄色至褐色晶体，无可见的外来物和添加改性剂。

(2) 技术指标

精噁唑禾草灵含量/（g/kg）　　　　　　　　　≥920

(3) 有效成分分析方法——液相色谱法

① 方法提要　精噁唑禾草灵及其对映体 fenoxaprop-M-ethyl 在对映体选择性固定相（硅胶嵌合全甲基 β-环糊精）上分离，使用紫外检测器（237nm）进行检测，并计算精噁唑禾草灵在对映体中所占比率。

② 分析条件　色谱柱：200mm×4mm（i.d.），5μm 不锈钢柱，填料 Nucleodex beta-PM（Macherey-Nagel）；流动相：正庚烷-乙醇（96∶4）；流速：0.5mL/min；检测波长：237nm；柱温：15℃；进样体积：20μL；保留时间：精噁唑禾草灵约 9.6min，fenoxaprop-M-ethyl 约 10.5min。

2. 精噁唑禾草灵乳油 (fenoxaprop-P-ethyl emulsifiable concentrate)

FAO 规格 484.202/EC(2010)

(1) 组成和外观

本品应由符合 FAO 标准的精噁唑禾草灵原药和助剂溶解在适宜的溶剂中制成，外观为稳定均相的米黄色至淡褐色液体，无可见的悬浮物和沉淀，用水稀释成乳状液后使用。

(2) 技术指标

精噁唑禾草灵含量（g/kg）：

标明含量	允许波动范围
≤25	标明含量的±15％
＞25 且≤100	标明含量的±10％
＞100 且≤250	标明含量的±6％

持久起泡性（1min 后）/mL　　　　　　　　　≤40

乳液稳定性和再乳化：在（30±2）℃下用 CIPAC 规定的标准水（标准水 A 或标准水 D）稀释，该乳液应符合下表要求。

稀释后时间/h	稳定性要求
0	初始乳化完全
0.5	乳膏≤2mL；浮油痕量
2	乳膏≤2mL；浮油≤1mL
24	再乳化完全
24.5	乳膏≤2mL；浮油痕量

注：只用在 2h 后的检测有疑问时再进行 24h 以后的检测。

低温稳定性［（0±2）℃下贮存 7d］：析出固体和/或液体的体积应小于等于 0.3mL。

热贮稳定性［（54±2）℃下贮存 14d］：有效成分含量应不低于贮前测得平均含量的

95%，乳液稳定性和再乳化仍应符合上述标准要求。

（3）有效成分分析方法可参照原药。

3. 精噁唑禾草灵水乳剂（fenoxaprop-P-ethyl emulsion, oil in water）

FAO 规格 484.202/EW(2010)

（1）组成和外观

本品应由符合 FAO 标准的精噁唑禾草灵原药与适当助剂在水相中制成白色至米黄色乳状液。制剂轻微搅动后应为均相且易于进一步用水稀释。

（2）技术指标

精噁唑禾草灵含量[g/kg 或 g/L(20±2)℃]：

标明含量	允许波动范围
>25 且≤100	标明含量的±10%
>100 且≤250	标明含量的±6%
pH 范围(1%,水稀释)	6.5~8.5
倾倒性/%	≤9(残余物);≤0.5(清洗后残余物)
持久起泡性(1min)/mL	≤60

乳液稳定性和再乳化：在（30±2)℃下用 CIPAC 规定的标准水（标准水 A 或标准水 D）稀释，该乳液应符合下表要求。

稀释后时间/h	稳定性要求
0	初始乳化完全
0.5	乳膏≤2mL;浮油痕量
2	乳膏≤2mL;浮油≤1mL
24	再乳化完全
24.5	乳膏≤2mL;浮油痕量

注:只用在 2h 后的检测有疑问时再进行 24h 以后的检测。

低温稳定性 [(0±2)℃下贮存 7d]：经轻微搅拌后无微粒及油状物析出。

热贮稳定性 [(54±2)℃下贮存 14d]：有效成分平均含量不应低于贮前测得平均含量的 95%，pH 范围、乳液稳定性及再乳化仍应符合上述标准要求。

（3）有效成分分析方法可参照原药。

利谷隆（linuron）

$C_9H_{10}Cl_2N_2O_2$, 249.1

化学名称 3-（3,4-二氯苯基）-1-甲氧基-1-甲基脲

CAS 登录号 330-55-2

CIPAC 编码 76

理化性状 纯品为无色晶体。m.p.93～95℃，v.p.0.051mPa（20℃）、7.1mPa（50℃），$K_{ow}\lg P=3.00$，$\rho=1.49g/cm^3$（20℃）。溶解度（g/kg，25℃）：水 63.8mg/L（20℃，pH7）；丙酮 500，苯、乙醇 150，二甲苯 130，易溶于 DMF、三氯甲烷和乙醚，易溶于芳香烃化合物，微溶于脂肪族化合物。稳定性：在熔点下和溶液中都是稳定的，水解 $DT_{50}>1000d$（pH 为 5、7、9）。

1. 利谷隆原药（linuron technical）

FAO 规格 76/TC/S/11(1980)

（1）组成和外观

本品应由利谷隆和相关的生产性杂质组成，应为白色至灰色粉末，无可见的外来物和添加的改性剂。

（2）技术指标

利谷隆含量/%	≥90（允许波动范围为标明含量的 ±2%）
游离胺盐（以二甲胺盐酸盐计）/%	≤0.4
水分/%	≤1.0

（3）有效成分分析方法——化学法

方法提要：利谷隆在辛醇中用四丁基氢氧化胺甲醇溶液分解，将反应生成的 N,O-二甲基羟胺蒸出，在冷的冰乙酸-三氯甲烷溶液中吸收，然后用高氯酸-冰乙酸标准溶液滴定，以结晶紫为指示剂。

2. 利谷隆可分散性粉剂（linuron dispersible powder）

FAO 规格 76/WP/S/14(1980)

（1）组成和外观

本品由符合 FAO 标准的利谷隆原药、载体和助剂组成，应为易流动的细粉末，无可见的外来物和硬块。

（2）技术指标

利谷隆含量（%）：

标明含量	允许波动范围
≤50	标明含量的 ±6%
>50	±3%
游离胺盐（以二甲胺盐酸盐计）	≤利谷隆测得含量的 0.4%
水分/%	≤2.5
湿筛（通过 75μm 筛）/%	≥98
悬浮率（30min，CIPAC 标准水 A，储后样品用标准水 C）/%	≥40
润湿性（无搅动）/min	≤2
持久起泡性（1min 后）/mL	≤20

热贮稳定性〔（54±2）℃下贮存 14d〕：利谷隆含量、湿筛、悬浮率仍应符合上述标准要求。

（3）有效成分分析方法可参照原药。

3. 利谷隆水分散粒剂（linuron water-dispersible granule）

FAO 规格 76/WG/S(1991)

（1）组成和外观

本品为由符合 FAO 标准的利谷隆原药、填料和助剂组成的水分散粒剂，适于在水中崩解、分散后使用，干燥、易流动，无可见的外来物和硬块。

（2）技术指标

利谷隆含量(g/kg)：

标明含量	允许波动范围
≤250	标明含量的±6%
>250 且≤500	标明含量的±5%
>500	±25

游离胺盐(以二甲胺盐酸盐计)	≤利谷隆测得含量的 0.4%
水分/(g/kg)	≤15
水分散液的 pH 范围	6.0～10.0
湿筛(通过 75μm 筛)/%	≥98
悬浮率(30min，CIPAC 标准水 C)/%	≥60
持久起泡性(1min 后)/mL	≤15
润湿性(不经搅动)/s	≤10
粉尘(收集的粉尘)/mg	≤12

流动性：试验筛上下跌落 20 次后，通过 5mm 试验筛的样品应≥99%。

热贮稳定性 [(54±2)℃下贮存 14d]：有效成分含量、pH、湿筛、悬浮率、粉尘应符合上述标准要求，如适用，润湿性、持久起泡性和流动性仍应符合上述标准要求。

（3）有效成分分析方法可参照原药

绿麦隆（chlorotoluron）

$$CH_3 \diagup \diagdown NHCON(CH_3)_2$$
$$Cl$$

$$C_{10}H_{13}ClN_2O, \quad 212.7$$

化学名称　N-(3-氯-4-甲基苯基)-N,N-二甲基脲

CAS 登录号　15545-48-9

CIPAC 编码　217

理化性状　白色粉末。m. p. 148.1℃，v. p. 0.005mPa (25℃)，$K_{ow}\lg P = 2.5$ (25℃)，$\rho = 1.40\text{g/cm}^3$(20℃)。溶解度 (g/L，25℃)：水 74mg/L；丙酮 54，二氯甲烷 51，乙醇 48，甲苯 3.0，正己烷 0.06，正辛醇 24，乙酸乙酯 21。稳定性：对热和紫外线稳定。在强酸和强碱条件下缓慢水解，水解 $DT_{50} > 200\text{d}$ (pH 为 5、7、9；30℃)。

1. 绿麦隆原药 (chlorotoluron technical)

FAO 规格 217/TC/S(1990)

（1）组成和外观

本品由绿麦隆和相关的生产性杂质组成，为白色至浅黄色粉末，无可见的外来物和添加的改性剂。

（2）技术指标

绿麦隆含量/(g/kg)	≥975(允许波动范围±20g/kg)
3-(3-氯-4-甲苯基)-1-甲基脲/(g/kg)	≤8
3-(4-甲苯基)-1,1 二甲基脲/(g/kg)	≤8

（3）有效成分分析方法——液相色谱法（摘自行业标准）

① 方法提要 试样用甲醇溶解，以甲醇-水-冰乙酸为流动相，用 C_{18} 反相液相色谱柱进行分离，紫外检测器检测，外标法定量。

② 分析条件 色谱柱：250mm×4.6mm(i.d.)，Bonddapak C_{18}；流动相：甲醇-水-冰乙酸［60：40：0.1（体积比）］；流速：1mL/min；检测波长：243nm；温度：40℃；进样体积：10μL；保留时间：绿麦隆约10min。

2. 绿麦隆可湿性粉剂 (chlorotoluron wettable powder)

FAO 规格 217/WP/S(1990)

（1）组成和外观

本品应由符合 FAO 标准的绿麦隆原药、填料和助剂组成，应为均匀的细粉末，无可见的外来物和硬块。

（2）技术指标

绿麦隆含量(g/kg)：

标明含量	允许波动范围
≤500	标明含量的±5%
>500	±25
pH 范围	6～10
湿筛(通过 75μm 筛)/%	≥98
悬浮率(30min,CIPAC 标准水 C)/%	≥60
持久起泡性(1min 后)/mL	≤25
润湿性(无搅动)/min	≤1

热贮稳定性［(54±2)℃下贮存 14d］：有效成分含量、pH、湿筛、悬浮率仍应符合上述标准要求。

（3）有效成分分析方法可参照原药。

3. 绿麦隆悬浮剂 (chlorotoluron aqueous suspension concentrate)

FAO 规格 217/SC/S(1990)

（1）组成和外观

本品应为由符合 FAO 标准的绿麦隆原药的细小颗粒悬浮在水相中，与助剂制成的悬浮液，经轻微搅动为均匀的悬浮液体，易于进一步用水稀释。

（2）技术指标

绿麦隆含量[g/kg 或 g/L(20℃)]：

标明含量	允许波动范围
＞250 且≤500	标明含量的±5％
＞500	±25
20℃下每毫升质量/(g/mL)	若要求，则应标明
pH 范围	6.0～8.5
倾倒性(清洗后残余物)/％	≤0.6
自动分散性(CIPAC 标准水 C,5min)/％	≥95
湿筛(通过 75μm 筛)/％	≥99
悬浮率(30min,CIPAC 标准水 C)/％	≥70
持久起泡性(1min 后)/mL	≤25

低温稳定性 [(0±1)℃下贮存 7d]：产品的自动分散性、悬浮率、筛分仍应符合标准要求。

热贮稳定性 [(54±2)℃下贮存 14d]：有效成分含量、倾倒性、悬浮率应符合上述标准要求，若要求，pH、自动分散性、湿筛也应符合上述标准要求。

（3）有效成分分析方法可参照原药。

氯苯胺灵（chlorpropham）

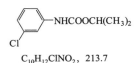

$C_{10}H_{12}ClNO_2$，213.7

化学名称 N-(3-氯苯基) 氨基甲酸异丙酯

CAS 登录号 101-21-3

CIPAC 编码 43

理化性状 奶油状白色晶体。m.p.41.4℃ （工业纯 38.5～40℃），b.p.256～258℃（纯度＞98％），v.p.24mPa （纯度＞98％，20℃），K_{ow} lg$P$ = 3.79 （pH4，20℃），ρ = 1.180g/cm³ （30℃）。溶解度：水 89mg/L （25℃），易溶于大部分有机溶剂，如醇类、酮类、酯类、氯化烃类、芳香烃类等，适度溶于矿物油 （如煤油中为 100g/kg）。稳定性：紫外线下稳定，150℃以上分解，在酸性和碱性介质中缓慢水解。

氯苯胺灵原药（chlorpropham technical）

FAO 规格 43/1/S/2(1977)

（1）组成和外观

本品应由氯苯胺灵和相关的生产性杂质组成，应为黄褐色至棕色颗粒、片或结晶物，无可见的外来物和添加的改性剂。

（2）技术指标

氯苯胺灵含量/％　　　　　　　　　　　　≥95.0(允许波动范围:标明含量的±2％)

全氯乙烯不溶物/%	≤0.5
干燥减量(20℃下,真空)/%	≤1.5
氯苯胺/(μg/g)	≤250

(3) 有效成分分析方法——气相色谱法

① 方法提要　试样用丙酮溶解,以正十八烷为内标物,用带有氢火焰离子化检测器的气相色谱仪对试样中的氯苯胺灵进行分离和测定。

② 分析条件　气相色谱仪:带有氢火焰离子化检测器;色谱柱:1m×2.7mm玻璃柱,内填4%OV-17/Chromosorb W-HP(150～200μm);柱温:150℃;汽化温度:175℃;检测器温度:225℃;载气(氮气)流速:40mL/min;氢气、空气流速:按检测器的要求设定;保留时间:氯苯胺灵7min,正十八烷5.3min。

氯草敏(chloridazon)

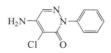

$C_{10}H_8ClN_3O$, 221.6

化学名称　5-氨基-4-氯-2-苯基哒嗪-3-酮

其他名称　杀草敏

CAS登录号　1698-60-8

CIPAC编码　111

理化性状　无色无味固体(原药为棕色无味固体)。m.p.206℃(原药198～202℃),v.p.<0.01mPa(20℃),$K_{ow}\lg P = 1.19$(pH7),$\rho = 1.54g/cm^3$(20℃)。溶解度(g/L,20℃):水0.34,甲醇15.1,乙酸乙酯3.7二氯甲烷1.9,甲苯0.1.不溶于正庚烷,稳定性:50℃两年以上稳定,pH3～9的水溶液中稳定。

1. 氯草敏原药(chloridazon technical)

FAO规格111/TC/S/F(1997)

(1) 组成和外观

本品应由氯草敏和相关的生产性杂质组成,应为黄色至棕色固体,无可见的外来物和添加的改性剂。

(2) 技术指标

氯草敏含量/(g/kg)	≥910(允许波动范围±25g/kg)
4-氨基-5-氯异构体/(g/kg)	≤60
水分/(g/kg)	≤20
酸度(以 H_2SO_4 计)/(g/kg)	≤1
或碱度(以 NaOH 计)/(g/kg)	≤1

(3) 有效成分分析方法——液相色谱法

① 方法提要　试样用甲醇和水溶解,在 LiChrosorb RP-8 色谱柱上,以甲醇-水[60:40(体积比)]作流动相和紫外检测器(286nm)对氯草敏进行高效液相色谱分离和测定。

② 分析条件　色谱柱：250mm×4mm(i.d.)不锈钢柱，填充 LiChrosorb RP-8，7μm 或具有同等分离效能的；流动相：甲醇-水[60：40（体积比）]，使用前脱气；流速：1mL/min；检测波长：286nm；进样体积：10μL；保留时间：杀草敏约5min，4-氨基-5-氯异构体约7min。

2. 氯草敏原药浓剂 (chloridazon technical concentrate)

FAO 规格 111/TK/S/F(1997)

(1) 组成和外观

本品应由符合 FAO 标准的氯草敏原药和相关的生产杂质组成，应为黄色至棕色固体，除载体和辅助剂外，无可见的外来物和添加的改性剂。

(2) 技术指标

氯草敏含量(g/kg)

标明含量	允许波动范围
＞500	±25

水分/(g/kg)	≤50
酸度(以 H_2SO_4 计)/(g/kg)	≤50
或碱度(以 NaOH 计)/(g/kg)	≤50
pH 范围	5.0～10.0

热贮稳定性 [(54±2)℃下贮存 14d]：有效成分含量应不低于贮前测得平均含量的97%，酸碱度、pH 仍应符合上述标准要求。

(3) 有效成分分析方法可参照原药。

3. 氯草敏可湿性粉剂 (chloridazon wettable powder)

FAO 规格 111/WP/S/F(1997)

(1) 组成和外观

本品应由符合 FAO 标准的氯草敏原药、填料和助剂组成，应为均匀的细粉末，无可见的外来物和硬块。

(2) 技术指标

氯草敏含量(g/kg)：

标明含量	允许波动范围
＞100 且≤250	标明含量的±6%
＞250 且≤500	标明含量的±5%
＞500	±25

水分/(g/kg)	≤50
pH 范围	7.0～10.0
湿筛(通过 75μm 筛)/%	≥99.5
悬浮率(30℃下 30min,使用 CIPAC 标准水 D)/%	≥70
持久起泡性(1min 后)/mL	≤20
润湿性(无搅动)/min	≤3

热贮稳定性 [(54±2)℃下贮存 14d]：有效成分含量应不低于贮前测得平均含量的97%，pH、湿筛、悬浮率、润湿性仍应符合上述标准要求。

（3）有效成分分析方法可参照原药。

4. 杀草敏水分散粒剂（chloridazon water dispersible granule）

FAO 规格 111/WG/S/F(1997)

（1）组成和外观

本品为由符合 FAO 标准的杀草敏原药、载体和助剂组成的水分散粒剂，适于在水中崩解、分散后使用，无可见的外来物和硬块。

（2）技术指标

氯草敏含量(g/kg)：

标明含量	允许波动范围
＞250 且≤500	标明含量的±5％
＞500	±25

水分/(g/kg)	≤50
pH 范围	7.0～10.0
湿筛（通过 75μm 筛)/％	≥99.5
分散性/％	≥80
悬浮率(30℃下 30min,使用 CIPAC 标准水 D)/％	≥75
持久起泡性(1min 后)/mL	≤20
润湿性（无搅动)/s	≤30
粉尘/mg	收集的粉尘≤12

流动性：试验筛上下跌落 20 次后，通过 5mm 试验筛的样品应≥99％。

热贮稳定性〔在(54±2)℃下贮存 14d〕：有效成分含量应不低于贮前测得平均含量的 97％，pH、湿筛、悬浮率、分散性、粉尘和流动性仍应符合上述标准要求。

（3）有效成分分析方法可参照原药。

5. 氯草敏悬浮剂（chloridazon aqueous suspension concentrate）

FAO 规格 111/SC/S/F(1997)

（1）组成和外观

本品应为由符合 FAO 标准的氯草敏原药的细小颗粒悬浮在水相中，与助剂制成的悬浮液，经轻微搅动为均匀的悬浮液体，易于进一步用水稀释。

（2）技术指标

氯草敏含量[g/kg 或 g/L(20℃)]：

标明含量	允许波动范围
＞100 且≤250	标明含量的±6％
＞250 且≤500	标明含量的±5％
＞500	±25

20℃下每毫升质量/(g/mL)	若要求,则应标明;一般 1.1～1.3g/mL
pH 范围	5.0～9.0
倾倒性(％)：	
倾倒后残余物	≤8.0

清洗后残余物	≤0.6
自动分散性(25℃下,使用 CIPAC 标准水 D,5min 后)/%	≥75
湿筛(通过 75μm 筛)/%	≥99.8
悬浮率(30℃下 30min,使用 CIPAC 标准水 D)/%	≥75
持久起泡性(1min 后)/mL	≤20

低温稳定性 [(0±1)℃下贮存 7d]:产品的自动分散性、悬浮率、湿筛仍应符合上述标准要求。

热贮稳定性 [(54±2)℃下贮存 14d]:有效成分含量应不低于贮前测得平均含量的 97%,倾倒性、自动分散性、悬浮率、湿筛仍应符合标准要求,如有需要,pH 也应符合要求。

(3) 有效成分分析方法可参照原药。

氯化乙氧基汞种子处理剂
(ethoxyethylmercury chloride seed treatment)

1. 氯化乙氧基汞原药 (ethoxyethylmercury chloride technical)

FAO 规格 71E.2ch/1/ts/14

(1) 组成和外观

本品应由氯化乙氧基汞和相关的生产性杂质组成,应为干燥、白色粉末固体,无可见的外来杂质和添加的改性剂。

(2) 技术指标

汞总含量(均以干物为基础)/%	63.0~66.0
氯含量(均以干物为基础)/%	10.0~12.0
碳酸氢钠不溶物中汞含量/%	≤汞总含量的 5%
其他有机汞物质(转换为氯化乙氧基乙基汞含量计算)/%:	≤10
常温下真空干燥损失量/%	≤1.0
硫酸盐灰分/%	≤1.5
干筛	通过 500μm 筛
干筛(通过 150μm 筛)/%	≥90

(3) 有效成分分析方法见 CIPAC 1B 卷

2. 氯化乙氧基汞种子处理粉剂 (ethoxyethylmercury chloride powder for seed treatment)

FAO 规格 71E.2ch/9/ts/1

(1) 组成和外观

本品为由符合 FAO 标准 7IE.2ch/1/ts/14 的氯化乙氧基汞原药、合适的填料、助剂和染色剂组成,应为干燥、符合泥浆处理规定的混合均匀细粉末,无可见的外来物和硬块。

(2) 技术指标

| 汞含量 | 需标明汞含量,允许波动范围不超过标明含量的±10% |

无杀虫活性的汞含量/%	$XY/100\%$，X 为符合 FAO 规定的原药中无杀虫活性汞（即碳酸氢钠不溶物中汞）的平均含量，Y 为汞的标明总量
水分散体 pH 范围	$6.0\sim7.5$
干筛（通过 $75\mu m$ 筛）/%	$\geqslant95$
未通过筛分的汞含量	$\leqslant0.10X\%$（X 为在汞总量中所占的百分含量）
种子黏附性/%	$\geqslant60$

热贮稳定性［(54 ± 2)℃下贮存 14d］：汞总含量、无杀虫活性的汞含量、干筛、种子黏附性应符合上述标准要求。

（3）有效成分分析方法可参照原药

3. 氯化乙氧基汞种子处理液剂（ethoxyethylmercury chloride solutions for seed treatment）

FAO 规格 71E.2ch/10/ts/1

（1）组成和外观

本品为由符合 FAO 标准 7IE.2ch/1/ts/14 的氯化乙氧基汞原药、合适的溶剂、助剂和染色剂组成，无可见的悬浮物和沉淀物。

（2）技术指标

汞含量［g/L（20℃）或%（质量分数）］	需标明汞含量，允许波动范围不超过标明含量的$\pm7.5\%$
无杀虫活性的汞含量/%	$xy/100$（x 为符合 FAO 规定的原药中无杀虫活性汞的平均含量，y 为汞的标明总量）
水分/%	$\leqslant0.5$
闪点	需标明合适的最小闪点及分析方法

低温稳定性［(0 ± 1)℃下贮存 7d］：无固体或油状物质析出。

热贮稳定性［(54 ± 2)℃下贮存 14d］：汞总含量、无杀虫活性的汞含量、低温稳定性应符合上述标准要求。

（3）有效成分分析方法可参照原药

氯磺隆（chlorsulfuron）

$C_{12}H_{12}ClN_5O_4S$，357.8

化学名称 1-(2-氯苯基磺酰)-3-(4-甲氧基-6-甲基-1,3,5-三嗪-2-基）脲

CAS 登录号 64902-72-3

CIPAC 编码 391

理化性状 白色晶状固体。m.p. $170 \sim 173℃$（纯度 98%），v.p. 1.2×10^{-6} mPa（20℃）、3×10^{-6} mPa（25℃，努森气体扩散），$K_{ow} \lg P = -0.99$（pH7），$\rho = 1.48$g/cm^3。溶解度（g/L，25℃）：水（20℃）0.876（pH5）、12.5（pH7）、134（pH9）；二氯甲烷1.4，丙酮4，甲醇15，甲苯3，正己烷<0.01。稳定性：在干燥情况下光稳定，分解温度192℃。水溶液 DT_{50} 23d（pH5，25℃），>31d（pH≥7）。在极性有机溶剂中加速分解，如甲醇、丙酮。

1. 氯磺隆原药（chlorsulfuron technical）

FAO 规格 391/TC(2003)

(1) 组成和外观

本品应由氯磺隆和相关的生产性杂质组成，应为浅灰色、均匀细结晶固体，无可见的外来物和添加的改性剂的粉末。

(2) 技术指标

氯磺隆含量/(g/kg) ≥950(测定结果的平均含量应不低于最小的标明含量)

(3) 有效成分分析方法——液相色谱法

① 方法提要 试样溶于乙腈-氨水中，以乙腈-水（35：65，体积比，pH=3）作流动相，在反相色谱柱（C$_{18}$）上对试样中的氯磺隆进行分离，使用紫外检测器（254nm）对氯磺隆含量进行检测，内标法定量。

② 分析条件 色谱柱：250mm×4.6mm(i.d.)，Zorbax SB C$_{18}$；流动相：乙腈-水[35：65（体积比）]，用磷酸调 pH=3；流速：2.0mL/min；检测波长：254nm；温度：40℃；进样体积：10μL；保留时间：氯磺隆约7min，二苯砜约11min。

2. 氯磺隆可湿性粉剂（chlorsulfuron wettable powder）

FAO 规格 391/WP(2003)

(1) 组成和外观

本品为由符合 FAO 标准的氯磺隆原药、填料和助剂组成，应为均匀的细粉末，无可见的外来物和硬块。

(2) 技术指标

氯磺隆含量(g/kg)：

标明含量	允许波动范围
>500	±25

湿筛(通过 75μm 筛)/%	≥98
悬浮率（30℃ 下 30min，使用 CIPAC 标准水 D)/%	≥60
持久起泡性(1min 后)/mL	≤60
润湿性(不经搅动)/s	≤60

热贮稳定性 [(54±2)℃下贮存 14d]：有效成分含量应不低于贮前测得平均含量的

95％，湿筛、悬浮率、润湿性仍应符合上述标准要求。

（3）有效成分分析方法可参照原药。

3. 氯磺隆水分散粒剂 (chlorsulfuron water dispersible granule)

FAO 规格 391/WG(2003)

（1）组成和外观

本品应为符合 FAO 标准的氯磺隆原药、载体和助剂组成的水分散粒剂，适于在水中崩解、分散后使用，无可见的外来物和硬块。

（2）技术指标

氯磺隆含量(g/kg)：

标明含量	允许波动范围
＞500	±25

润湿性(不经搅动)/s	≤10
湿筛(通过 75μm 筛)/％	≥98
分散性(1min 后,经搅动)/％	≥80
悬浮率（30℃ 下 30min，使用 CIPAC 标准水 D)/％	≥60
持久起泡性(1min 后)/mL	≤60
粉尘	基本无粉尘

流动性：试验筛上下跌落 20 次后，通过 5mm 试验筛的样品应≥99％。

热贮稳定性［在(54±2)℃下贮存 14d］：有效成分含量应不低于贮前测得平均含量的 95％，湿筛、分散性、悬浮率、粉尘仍应符合上述标准要求。当用可溶性袋包装时，该包装袋应置于防水密封袋或盒或其他容器中，于（45±2)℃下贮存 8 周，分散性、悬浮率、粉尘、包装袋溶解性和持久起泡性仍应符合上述标准要求。

（3）有效成分分析方法可参照原药。

氯硫酰草胺 (chlorthiamid)

C$_7$H$_5$Cl$_2$NS，206.1

化学名称　2,6-二氯（硫代苯甲酰胺）

其他名称　草克乐

CAS 登录号　1918-13-4

理化性状　类白色固体。m. p. 151～152℃，v. p. 0.13mPa(20℃)。溶解度：水 950mg/L(21℃)，芳香和氯化碳氢化合物中 50～100g/kg。稳定性：90℃以下热稳定，酸性溶液中稳定，但在碱性溶液中转变为敌草腈。

1. 氯硫酰草胺原药 (chlorthiamid technical)

FAO 规格 72/1/S/6(1977)

(1) 组成和外观

本品应由氯硫酰草胺和相关的生产杂质组成，应为白色至灰色或黄褐色粉末，无可见的外来物和添加的改性剂。

(2) 技术指标

氯硫酰草胺含量/%	≥95.0（允许波动范围为标明含量的±2.5%）
水分/%	≤0.5

(3) 有效成分分析方法——气相色谱法

① 方法提要　试样用乙酸乙酯溶解，用 OV225 色谱柱，FID 检测器对氟虫腈进行气相色谱分离和测定。

② 分析条件　色谱柱：1m×3mm（i.d.）的 OV225 色谱柱 3%固定液（质量分数）；检测器：氢火焰离子化检测器；柱温：130℃，以每分钟 16℃的速率升到 195℃；进样量：5μL；载气（氮气）流速：0.05/min；保留时间：氯硫酰草胺约 10min，内标物敌草腈（2,6-二氯苯腈）2min。

2. 氯硫酰草胺可分散性粉剂 (chlorthiamid dispersible powder)

FAO 规格 72/3/S/6(1977)

(1) 组成和外观

本品由符合 FAO 标准的氯硫酰草胺原药、载体和助剂组成，应为易流动的细粉末，无可见的外来物和硬块。

(2) 技术指标

氯硫酰草胺含量(%)：

标明含量	允许波动范围
≤50	标明含量的±5%
>50	±2.5

酸度(以 H_2SO_4 计)/%	≤2.0
或碱度(以 NaOH 计)/%	≤1.0
湿筛(通过 75μm 筛)/%	≥98
悬浮率(30min,CIPAC 标准水 A,热储后样品试用 CIPAC 标准水 C)/%	≥50
润湿性(无搅动)/min	≤1
持久起泡性(1min 后)/mL	≤40

热贮稳定性（在 90℃下贮存 48h）：氯硫酰草胺含量符合标准要求且应不低于贮前含量的 90%。

热贮稳定性［在（54±2）℃下贮存 14d 后］：有效成分含量、酸碱度、湿筛、润湿性仍应符合上述标准要求。

(3) 有效成分分析方法可参照原药。

氯酸钠（sodium chlorate）

$$Na^+ \quad O^- \!-\! Cl \overset{\textstyle O}{\underset{\textstyle O}{\vert\vert}}$$

NaClO$_3$，106.4

化学名称　氯酸钠

其他名称　白药钠，氯酸碱

CAS 登录号　7775-09-9

CIPAC 编码　7

理化性状　无色粉末。m.p.248℃，b.p.300℃分解，v.p.室温下可忽略不计。溶解度：水 790g/L（0℃），水 2300g/L（100℃），90％乙醇中 16g/kg，能溶于甘油中。稳定性：常温下，在中性或弱碱性溶液中氧化能力较低，但在酸性溶液中或有诱导氧化剂和催化剂存在时，则是强氧化剂，具有诱发火灾的危险，例如溅洒衣物上。

1. 氯酸钠原药（sodium chlorate technical）

FAO 规格 7/1/S/6(1977)

（1）组成和外观

本品应由氯酸钠和相关的生产性杂质组成，当要求本品具有易流动特性时，应含有抗结块剂。本品是强氧化剂，当与易燃物质混合或轻微摩擦及加热时，均可引起着火。

（2）技术指标

氯酸钠含量/％	≥98.0
总水不溶物/％	≤0.5
不溶于水的粗粒物/％	≤0.05
干筛试验	若本品用来加工成干制剂使用,则原药应全部通过 500μm 试验筛,留在 125μm 试验筛上的原药应≥99.5％

（3）有效成分分析方法——化学法

方法提要：试样溶于水中，加入溴化钾，用盐酸酸化，加入碘化钾，释放出的碘用硫代硫酸钠标准溶液滴定。

2. 氯酸钠粉剂（作为干制剂使用）（sodium chlorate powder for dry application）

FAO 规格 7/12/S/5(1977)

（1）组成和外观

本品应由符合 FAO 标准的氯酸钠原药和助剂组成，应为易流动的粉末，无可见的外来物和硬块，并含有适当的阻燃剂。

（2）技术指标

氯酸钠含量/％	应标明含量,允许波动范围为标明含量的±5％

点燃试验	仍在讨论中
干筛试验	本品应全部通过 $500\mu m$ 试验筛,留在 $125\mu m$ 试验筛上的本品应$\geqslant 99.5\%$
流动数	$\leqslant 1$

热贮稳定性 [(54 ± 2)℃下贮存 14d]:干筛试验、流动数仍应符合上述标准要求。

(3) 有效成分分析方法可参照原药。

3. 氯酸钠水剂 (sodium chlorate aqueous solution)

FAO 规格 7/13/S/5(1977)

(1) 组成和外观

本品应由符合 FAO 标准的氯酸钠原药和助剂和阻燃剂组成。

(2) 技术指标

氯酸钠含量/[％或 g/L(20℃)]	应标明含量,允许波动范围为标明含量的$\pm5\%$
pH 范围	$6.0\sim8.0$

水不溶物:本品的水溶液应完全通过 $250\mu m$ 试验筛,留在 $150\mu m$ 试验筛上的水不溶物$\leqslant 0.1\%$。

低温稳定性 (0℃下贮存 7d):无固体或液体析出。

(3) 有效成分分析方法可参照原药。

4. 氯酸钠水溶性粉剂 (sodium chlorate water soluble powder)

FAO 规格 7/16/S1/4(1977)

(1) 组成和外观

本品应由符合 FAO 标准的氯酸钠原药和助剂和阻燃剂组成。

(2) 技术指标

氯酸钠含量/[％或 g/L(20℃)]	应标明含量,允许波动范围为标明含量的$\pm2.5\%$
总水不溶物/％	$\leqslant 0.5$
不溶于水的粗粒物/％	$\leqslant 0.05$

(3) 有效成分分析方法可参照原药。

5. 氯化钠含量 25％的氯酸钠水溶性粉剂 (sodium chlorate water soluble powder containing 25％ sodium chloride)

FAO 规格 7/16/S2/4

(1) 组成和外观

本品应由符合 FAO 标准 (7/1/S/6) 的氯酸钠原药,阻燃剂 25％氯化钠和必要的助剂组成的均匀混合物。

(2) 技术指标

氯酸钠含量	应标明含量,允许波动范围为标明含量的$\pm2.5\%$
氯化钠含量	应标明含量,允许波动范围为标明含量的$\pm2.5\%$

抗结块剂	应表明其种类及含量，≤1.0%
有机物/%	≤0.5
不溶于水的粗粒物/%	≤0.05

（3）有效成分分析方法可参照原药。

氯乙氟灵（fluchloralin）

$C_{12}H_{13}ClF_3N_3O_4$，355.7

化学名称　N-(2-氯乙基)-2,6-二硝基-N-丙基-4-(三氟甲基) 苯胺

其他名称　氯氟乐灵，氟消草

CAS 登录号　33245-39-5

CIPAC 编码　281

理化性状　橘黄色固体。m.p. 42～43℃；v.p. 4mPa(20℃)，3.3mPa(30℃)，13mPa(40℃)，53mPa(50℃)。溶解度（g/L，20℃）：水＜1mg/L，丙酮、苯、氯仿、乙醚、乙酸乙酯＞1000，环己烷251、乙醇177、橄榄油260。稳定性：紫外辐射分解、室温下，贮存在密闭容器中可稳定保存至少2年。

1. 氯乙氟灵原药（fluchloralin technical）

FAO 规格 281/TC/ts(1983)

（1）组成和外观

本品应由氯乙氟灵和相关的生产杂质、稳定剂组成，应为橙色透明液体，无可见的外来物和添加的改性剂。

（2）技术指标

氯乙氟灵含量/(g/kg)	≥550(允许波动范围:±20g/kg)
水分/(g/kg)	≤5
酸度(以 H_2SO_4 计)/(g/kg)	≤2
或碱度(以 NaOH 计)/(g/kg)	≤2

（3）有效成分分析方法可由 FAO 作物保护部获得

2. 氯乙氟灵乳油（fluchloralin emulsifiable concentrate）

FAO 规格 281/EC/ts(1983)

（1）组成和外观

本品应由符合标准的氯乙氟灵原药和其他助剂溶解在适宜的溶剂中制成，应为稳定的均相液体，无可见的悬浮物和沉淀。

（2）技术指标

氯乙氟灵含量[g/kg 或 g/L(20℃)]：

标明含量	允许波动范围
≤400	标明含量的±5%
>400	±20

水分/(g/kg)	≤2
酸度(以 H₂SO₄计)/(g/kg)	≤1
或碱度(以 NaOH 计)/(g/kg)	≤1
闪点	≥标明的闪点,并对测定方法加以说明

乳液稳定性和再乳化：取经过热贮稳定性［(54±2)℃下贮存 14d］试验的产品，在 30℃下用 CIPAC 规定的标准水（标准水 A 或标准水 C）稀释，该乳液应符合下表要求。

稀释后时间/h	稳定性要求
0	初始乳化完全
0.5	乳膏≤2mL
2	乳膏≤4mL,浮油无
24	再乳化完全
24.5	乳膏≤4mL,浮油≤0.5mL

低温稳定性［(0±1)℃下贮存 7d］：析出固体或液体的体积应小于 3mL/L。

热贮稳定性［(54±2)℃下贮存 14d］：有效成分含量及酸、酸碱度、低温稳定性仍应符合上述标准要求。

麦草畏(dicamba)

$C_8H_6Cl_2O_3$, 221.0

化学名称 3,6-二氯-2-甲氧基苯甲酸

CAS 登录号 1918-00-9

CIPAC 编码 85

理化性状 纯品为白色粒状固体。b. p. >200℃，m. p. 114~116℃，v. p. 1.67mPa (25℃)，$K_{ow}lgP = -0.55(pH5.0)$、$-1.88(pH6.8)$、$-1.9(pH8.9)$，$\rho = 1.488g/cm^3$ (25℃)。溶解度（g/L，25℃）：水 6.6(pH1.8)，>250(pH=4.1、6.8、8.2)；甲醇、乙酸乙酯和丙酮>500；二氯甲烷 340，甲苯 180，正己烷 2.8，辛醇 490。稳定性：一般条件下不易氧化和水解，在酸性和碱性条件下亦稳定。分解温度为 200℃，光催化下的水解 DT_{50} 14~50d。

1. 麦草畏原药 (dicamba technical)

FAO 规格 85/TC(2001)

(1) 组成和外观

本品应由麦草畏和相关的生产性杂质组成，应为灰色至黄褐色固体，无可见的外来物和添加的改性剂。

（2）技术指标

麦草畏含量/（g/kg） ≥850

（3）有效成分分析方法——红外测定（CIPAC H，p127）

方法提要：将样品溶于二硫化碳，用红外分光光度法测定麦草畏含量。

（4）有效成分分析方法——HPLC测定（CIPAC K，p32）

① 方法提要 试样溶于甲醇中，以甲醇-0.1%磷酸水溶液作流动相，在反相色谱柱（C_{18}）上对试样中的麦草畏进行分离，使用紫外检测器（280nm）对麦草畏含量进行检测，外标法定量。

② 分析条件 色谱柱：250mm×4.0mm（i. d.），Nucleosil C_{18}。

流动相：

时间/min	甲醇	0.1%磷酸水溶液（体积分数）
0	65	35
20	15	85
21	65	35
30	65	35

流速：1.5mL/min；检测波长：280nm；温度：20～40℃；进样体积：10μL；保留时间：麦草畏约12.2min。

2. 麦草畏可溶性液剂（dicamba soluble concentrate）

FAO规格 85/SL(2001)

（1）组成和外观

本品为由符合FAO标准的麦草畏原药（一般为二甲胺盐或碱金属盐）和助剂组成的溶液，应为澄清或乳色溶液，无可见的悬浮物和沉淀，使用时有效成分在水中形成真溶液。

（2）技术指标

麦草畏含量(以麦草畏酸计)[g/kg 或 g/L(20℃)]：

标明含量	允许波动范围
>25 且≤100	标明含量的±10%
>100 且≤250	标明含量的±6%
>250 且≤500	标明含量的±5%
>500	±25
pH 范围	5～10
持久起泡性(1min 后)/mL	≤30

稀释稳定性：[54℃贮存稳定性测试后，试样于 CIPAC 标准水 D 中，（30±2）℃下，18h 后]澄清或乳白色溶液，至多含有痕量可视沉淀物或固体颗粒且可全部通过45μm测试筛。

低温稳定性［在（0±2）℃下贮存 7d］：析出固体或液体的体积应小于 0.3%。

热贮稳定性［在（54±2）℃下贮存 14d］：有效成分含量应不低于贮前测得平均含量的95%，pH 范围仍应符合上述标准要求。

（3）有效成分分析方法可参照原药。

3. 麦草畏可溶粒剂（dicamba soluble granule）

FAO规格 85/SG(2001)

（1）组成和外观

本品由符合 FAO 标准的麦草畏钠原药、载体和助剂组成，为易流动的颗粒，无可见的外来物和硬块，基本无粉尘。有效成分应溶于水，不溶的载体和助剂应不影响"溶解度和溶液稳定性"的测定。

（2）技术指标

麦草畏含量（以麦草畏酸计）（g/kg）：

标明含量	允许波动范围
＞25 且≤100	标明含量的±10％
＞100 且≤250	标明含量的±6％
＞250 且≤500	标明含量的±5％
＞500	±25

pH 范围　　　　　　　　　　　　　　　5～10

溶解程度和溶液稳定性［(30±2)℃，用 CIPAC 标准水 D 溶解，通过 75μm 试验筛］：

5min 后	≥98％
18h 后	≥98％
持久起泡性（1min 后）/mL	≤30
粉尘	基本无粉尘

流动性：试验筛上下跌落 20 次后，留在 5mm 试验筛的样品应≤1％。

热贮稳定性［(54±2)℃下贮存 14d］：有效成分含量应不低于贮前测得平均含量的 97％，pH 范围、溶解程度和溶液稳定性、粉尘仍应符合上述标准要求。

（3）有效成分分析方法可参照原药。

茅草枯钠盐（dalapon-sodium）

$C_3H_3Cl_2NaO_2$，165.0

化学名称　2,2-二氯丙酸钠

其他名称　达拉朋钠

CAS 登录号　127-20-8

CIPAC 编码　52

理化性状　苍白色易吸湿粉末。m. p. ＞190℃（分解），v. p. ＜1.7×10^{-1} mPa（25℃），$\rho=1.74$ g/cm³（20℃）。溶解度（g/kg，25℃）：水 629，乙醇 110，甲醇 369，丙酮 3.25，苯 0.02，乙醚 0.16。稳定性：150℃以下稳定。

1. 茅草枯钠盐原药（dalapon-sodium technical）

FAO 规格 52.1Na/1/S/5(1977)

（1）组成和外观

本品应由茅草枯钠盐和相关的生产性杂质组成。

（2）技术指标

茅草枯钠盐含量/％　　　　　　　　　　≥85.0（允许波动范围为标明含量的±3.0％）

干燥减量/%	≤3.0
总水不溶物/%	≤0.5
不溶于水的粗粒物（留在 $150\mu m$ 上）/%	≤0.2

（3）有效成分分析方法——液相色谱法

① 方法提要　试样用水溶解，以乙腈-正辛胺-磷酸氢二铵为流动相，在 C_{18} 反相柱上对试样进行分离，用紫外检测器检测。

② 分析条件　色谱柱：100mm×8mm（i.d.）不锈钢柱，内填 $C_{18}10\mu m$；流动相：将乙腈（200mL），正辛胺（1.6mL）和磷酸氢二铵（2.4g）混合，用水稀释至1L，过滤；流速：1.5mL/min；检测器灵敏度：0.25AUFS；检测波长：214nm；温度：30℃；进样体积：$20\mu L$；保留时间：茅草枯 6.0min。

2. 茅草枯钠盐水溶性粉剂（dalapon-sodium water soluble powder）

FAO 规格 52.1Na/16/S/4(1977)

（1）组成和外观

本品应由符合 FAO 标准的茅草枯钠盐原药和助剂组成，应为均匀粉末或很脆的聚结物，无可见的外来物，可能含有润湿剂。

（2）技术指标

茅草枯钠盐含量/%	应标明含量,允许波动范围为标明含量的±3.0%
水分/%	≤1.0
水不溶物（$150\mu m$ 筛余物）/%	≤0.25,筛过的溶液应是清澈或半透明的,沉淀为痕量
pH 范围（10%水溶液）	4.5～7.0
溶解速度（用 CIPAC 标准水 C,20℃下）	10min 后全部溶解,2h 后沉淀不超过 0.1%（体积分数）
持久起泡性（1min 后）/mL	≤25

热贮稳定性［(54±2)℃下贮存 14d］：有效成分含量、水不溶物、pH、溶解速度仍应符合上述标准要求。

（3）有效成分分析方法可参照原药。

嘧磺隆（sulfometuron methyl）

$$C_{15}H_{16}N_4O_5S, \quad 364.4$$

化学名称　2-(4,6-二甲基嘧啶-2-基氨基甲酰氨基磺酰基）苯甲酸酯

其他名称　甲嘧磺隆

CAS 登录号　74222-97-2

CIPAC 编码 610

理化性状 原药为无色固体。m. p. 203～205℃，v. p. 7.3×10^{-11} mPa(25℃)，K_{ow}lg$P$ = 1.18(pH5)、−0.51(pH7)，ρ=1.48g/cm^3。溶解度(mg/kg，25℃)：水 244mg/L(pH7)，丙酮 3300，乙腈 1800，乙酸乙酯 650，乙醚 60，正己烷<1，甲醇 550，二氯甲烷 15000，二甲基亚砜 32000，辛醇 140，甲苯 240。稳定性：水悬浮液在pH7～9稳定，DT$_{50}$ 18d (pH5)。

1. 嘧磺隆原药 (sulfometuron methyl technical)

FAO 规格 610/TC/S/F(1998)

(1) 组成和外观

本品应由嘧磺隆和相关的生产性杂质组成，带有轻微刺激气味，是均匀的类白色至浅褐色结晶固体，无可见的外来物和添加的改性剂。

(2) 技术指标

嘧磺隆含量/(g/kg)	≥950(允许波动范围±25g/kg)
水分/(g/kg)	≤3.0
N-甲基吡咯烷酮不溶物/(g/kg)	≤10
熔点	203～205℃

(3) 有效成分分析方法——液相色谱法

① 方法提要 试样用乙腈和水溶解，以乙腈-水（用磷酸调 pH=3.0）为流动相，用苯甲酰苯胺作内标物，在 C$_8$ 反相柱上对试样进行分离，用紫外检测器检测。

② 分析条件 色谱柱：150mm×4.6mm（i.d.）不锈钢柱，内填 YMC ODS-AQ 5μm；流动相：水（pH=3)-乙腈 [60：40（体积比）]；流速：1.5mL/min；检测器灵敏度：1AUFS；检测波长：234nm；参比波长：350nm；温度：40℃；进样体积：5μL；保留时间：嘧磺隆约 4.7min，苯甲酰苯胺约 6.9min；运行时间：10min。

2. 嘧磺隆水分散粒剂 (sulfometuron methyl water dispersible granule)

FAO 规格 610/WG/S/F(1998)

(1) 组成和外观

本品为由符合 FAO 标准的嘧磺隆原药、填料和助剂组成的水分散粒剂，适于在水中崩解、分散后使用，应干燥、易流动、基本无粉尘，无可见的外来物和硬块。

(2) 技术指标

嘧磺隆含量(g/kg)：	
标明含量	允许波动范围
>250 且≤500	标明含量的±5%
>500	±25
水分/(g/kg)	≤15
pH 范围	4.0～9.0
湿筛（通过 75μm 筛)/%	≥98
分散性/%	≥70
悬浮率（30℃ 下 30min，使用	≥60
CIPAC 标准水 D)/%	
润湿性(不经搅动)/s	≤10
持久起泡性(1min 后)/mL	≤25

粉尘/mg　　　　　　　　　　　　收集的粉尘≤30

流动性：试验筛上下跌落 20 次后，通过 5mm 试验筛的样品应为 100%。

热贮稳定性〔(54±2)℃下贮存 14d〕：有效成分含量、pH、湿筛、悬浮率、分散性和粉尘仍应符合上述标准要求。

（3）有效成分分析方法可参照原药。

灭草松（bentazone）

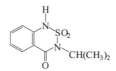

$C_{10}H_{12}N_2O_3S$，240.3

化学名称　3-异丙基-($1H$)-苯并-2,1,3-噻二嗪-4-酮-2,2-二氧化物

CAS 登录号　25057-89-0

CIPAC 编码　366

理化性状　纯品为无色晶体。m. p. 138℃，v. p. 5.4×10^{-3} mPa(20℃)，K_{ow} lg$P$＝0.77 (pH5)、−0.46(pH7)、−0.55(pH9)。ρ＝1.41g/cm^3(20℃)。溶解度（g/L，20℃）：水 570mg/L(pH7)；丙酮 1387、甲醇 1061、乙酸乙酯 582、二氯甲烷 206、正庚烷 0.5×10^{-3}。稳定性：酸碱介质中不易水解，遇光分解。

1. 灭草松原药（bentazone technical）

FAO 规格 366/TC(1999)

（1）组成和外观

本品应由灭草松和相关的生产性杂质组成，应为浅赭石至黄色固体，无可见的外来物和添加的改性剂。

（2）技术指标

灭草松含量/(g/kg)　　　　　　　≥960

（3）有效成分分析方法——液相色谱法

① 方法提要　试样用甲醇溶解，以甲醇-乙酸钠缓冲溶液（40：60，体积比）为流动相，在 C$_{18}$ 反相柱上对试样进行分离，用紫外检测器进行检测，外标法定量。

② 分析条件　色谱柱：300mm×3.9mm（i. d.）不锈钢柱，μBonddapak 10μm C$_{18}$ 或相当色谱柱；乙酸钠缓冲溶液：0.075mol/L，用冰乙酸调节 pH 至 6；流动相：甲醇-乙酸钠缓冲溶液〔40：60（体积比）〕；流速：1.0mL/min；检测器灵敏度：1AUFS；检测波长：340nm；温度：室温；进样体积：20μL；保留时间：灭草松约 5min。

2. 灭草松盐母药（bentazone salt technical concentrate）

FAO 规格 366/TK(1999)

（1）组成和外观

本品应由符合 FAO 标准的灭草松原药组成，水溶液中有效成分以灭草松盐的形式存在，应为黄色至深褐色液体，无可见的悬浮物和沉淀。

（2）技术指标

应指出灭草松盐的名称

灭草松含量[g/kg 或 g/L(20℃)]：

标明含量	允许波动范围
＞500	±25

水不溶物（通过 150μm 试验筛）/（g/kg）　　　　≤1

pH 范围　　　　　　　　　　　　　　　　　　6.5～9.5

（3）有效成分分析方法可参照原药。

3. 灭草松可湿性粉剂（bentazone wettable powder）

FAO 规格 366/WP(1999)

（1）组成和外观

本品应由符合 FAO 标准的灭草松原药、填料和助剂组成，应为均匀的细粉末，无可见的外来物和硬块。

（2）技术指标

灭草松含量（g/kg）：

标明含量	允许波动范围
＞250 且≤500	标明含量的±5％
＞500	±25

pH 范围　　　　　　　　　　　　　　　　　2.0～4.0

湿筛（通过 75μm 筛）/％　　　　　　　　　 ≥99.5

悬浮率（30℃下，使用 CIPAC 标准　　　　　 ≥75

水 D，30 分钟）/％

持久起泡性（1min 后）/mL　　　　　　　　　 ≤10

润湿性（无搅动）/min　　　　　　　　　　　　≤2

热贮稳定性 [(54±2)℃下贮存 14d]：有效成分含量应不低于贮前测得平均含量的97％，pH、湿筛、悬浮率、润湿性仍应符合上述标准要求。

（3）有效成分分析方法可参照原药。

4. 灭草松盐水剂（bentazone salt soluble concentrate）

FAO 规格 366/SL(1999)

（1）组成和外观

本品应由符合 FAO 标准的灭草松原药的盐和助剂组成，应为清澈或带乳白光的黄色至深棕色液体，在水中形成有效成分的真溶液，无可见的悬浮物和沉淀。

（2）技术指标

应指出灭草松盐的名称

灭草松含量[g/kg 或 g/L(20℃)]：

标明含量	允许波动范围
250～500	标明含量的±5％
＞500	±25

水不溶物（通过 150μm 试验筛）/（g/kg）　　　≤1

pH 范围　　　　　　　　　　　　　　　　　　6.5～9.5

持久起泡性（1min 后）/mL　　　　　　　　　 ≤25

稀释稳定性：本品用 CIPAC 标准水 D 稀释，并在 30℃下放置 18h 后，该溶液应均匀透明，不超过痕量的可见沉淀和颗粒且均应通过 $45\mu m$ 试验筛。

低温稳定性 [(0±2)℃下贮存 7d 后]：析出固体或液体体积不超过 0.3mL。

热贮稳定性 [(54±2)℃下贮存 14d]：有效成分含量应不低于贮前测得平均含量的 97%，水不溶物、pH 范围、稀释稳定性仍应符合上述标准要求。

(3) 有效成分分析方法可参照原药。

扑草净（prometryn）

$C_{10}H_{19}N_5S$，241.4

化学名称 4,6-双(异丙氨基)-2-甲硫基-1,3,5-三嗪

CAS 登录号 7287-19-6

CIPAC 编码 93

理化性状 白色粉末。b. p. > 300℃/100kPa，m. p. 118 ~ 120℃，v. p. 0.165mPa (25℃)，$K_{ow}\lg P = 3.1$(25℃，未离子化)，$\rho = 1.15 g/cm^3$(20℃)。溶解度(g/L，25℃)：水 33mg/L (22℃，pH6.7)；丙酮 300、乙醇 140、正己烷 6.3、甲苯 200、正辛醇 110。稳定性：20℃下，在中性、弱酸、弱碱介质中稳定，在强酸或强碱介质中水解，遇紫外辐射分解。

1. 扑草净原药（prometryn technical）

FAO 规格 93/1/S/5(1975)

(1) 组成和外观

本品应由扑草净和相关的生产性杂质组成，应为白色至浅米色粉末，无可见的外来物和添加的改性剂。

(2) 技术指标

扑草净含量/%	≥95.0 （允许波动范围为±2%）
氯化钠含量/%	≤2.0
真空干燥减量/%	≤2.0

(3) 有效成分分析方法——气相色谱法

① 方法提要 试样用三氯甲烷溶解，以狄氏剂为内标物，用带有氢火焰离子化检测器的气相色谱仪对试样中的扑草净进行分离和测定。

② 分析条件 气相色谱仪：带有氢火焰离子化检测器；色谱柱：1.8m×4mm 玻璃柱，内填 3%Carbowax 20M/Gas Chrom Q（150~200μm）；柱温：200℃；汽化温度：240℃；检测器温度：240℃；载气流速（氮气或氦气）：80~100mL/min；氢气、空气流速：按检测器的要求设定；进样体积：3μL；保留时间：扑草净 6~8min，内标物 9~12min。

2. 扑草净可分散性粉剂 (prometryn dispersible powder)

FAO 规格 93/3/S/5(1975)

(1) 组成和外观

本品应由符合 FAO 标准的扑草净原药、填料和助剂组成,应为均匀的细粉末,无可见的外来物和硬块。

(2) 技术指标

扑草净含量/%:

标明含量	允许波动范围
≤40	标明含量的+10%~−5%
>40	+4%~−2%

湿筛(通过 75μm 筛)/%	≥98
悬浮率(CIPAC 标准水 A,30min,热贮后样品用标准水 C)/%	≥50
持久起泡性(1min 后)/mL	≤25
润湿性(无搅动)/min	≤1

热贮稳定性 [(54±2)℃下贮存 14d]:有效成分含量、湿筛、润湿性仍应符合上述标准要求。

(3) 有效成分分析方法可参照原药。

扑灭津 (propazine)

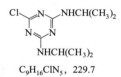

$C_9H_{16}ClN_5$, 229.7

化学名称 6-氯-N^2,N^4-二异丙基-1,3,5-三嗪-2,4-二胺

CAS 登录号 139-40-2

CIPAC 编码 92

理化性状 无色粉末。m. p. 212~214℃,v. p. 0.0039mPa(20℃),$K_{ow} \lg P = 3.01$,$\rho = 1.162g/cm^3(20℃)$。溶解度(g/kg,20℃):水 5.0mg/L,苯、甲苯 6.2,乙醚 5.0,四氯化碳 2.5。稳定性:中性、弱酸或弱碱性介质中稳定,在较强酸碱中加热可水解生成羟基扑灭津。

1. 扑灭津原药 (propazine technical)

FAO 规格 92/1/S/6(1975)

(1) 组成和外观

本品应由扑灭津和相关的生产性杂质组成,应为白色至浅米色粉末,无可见的外来物和添加的改性剂。

（2）技术指标

扑灭津含量/%	≥95.0　（允许波动范围为±2%）
氯化钠含量/%	≤2.0
干燥减量（105℃下）/%	≤3.0

（3）有效成分分析方法——气相色谱法

① 方法提要　试样用三氯甲烷溶解，以狄氏剂为内标物，用带有氢火焰离子化检测器的气相色谱仪对试样中的扑灭津进行分离和测定。

② 分析条件　气相色谱仪：带有氢火焰离子化检测器；色谱柱：1.2m×4mm 玻璃柱，内填 3% Carbowax 20M/Gas Chrom Q（150～200μm）；柱温：210℃；汽化温度：250℃；检测器温度：240℃；载气流速（氮气或氩气）：80～100mL/min；氢气、空气流速：按检测器的要求设定；进样体积：3μL；保留时间：扑灭津 3～5min，内标物 7～9min。

2. 扑灭津可分散性粉剂（propazine dispersible powder）

FAO 规格 92/3/S/7（1975）

（1）组成和外观

本品应由符合 FAO 标准的扑灭津原药、填料和助剂组成，应为均匀的细粉末，无可见的外来物和硬块。

（2）技术指标

扑灭津含量/%：

标明含量	允许波动范围
≤40	标明含量的＋10%～－5%
＞40	＋4%～－2%

湿筛（通过 75μm 筛）/%	≥98
悬浮率（CIPAC 标准水 A，30min，热贮后样品使用 CIPAC 标准水 C）/%	≥60
持久起泡性（1min 后）/mL	≤25
润湿性（无搅动）/min	≤1.5

热贮稳定性［（54±2）℃下贮存 14d］：有效成分含量、湿筛、润湿性仍应符合上述标准要求。

（3）有效成分分析方法可参照原药。

嗪草酮（metribuzin）

$C_8H_{14}N_4OS$，214.3

化学名称　4-氨基-6-叔丁基-4,5-二氢-3-甲硫基-1,2,4-三嗪-5-酮

CAS 登录号　21087-64-9

CIPAC 编码 283

理化性状 白色晶体，略带特殊气味。b. p. 132℃/2Pa，m. p. 126℃，v. p. 0.058mPa (20℃)，$K_{ow}\lg P = 1.6$（pH5.6，20℃），$\rho = 1.26 g/cm^3$（20℃）。溶解度（20℃，g/L）：水 1.05，二甲基亚砜、丙酮、乙酸乙酯、二氯甲烷、乙腈、异丙醇、聚乙二醇＞250，苯 220，二甲苯 60，正辛醇 54。稳定性：对紫外线稳定，20℃ 弱酸、弱碱中稳定；DT_{50} 6.7h（pH1.2，37℃）；DT_{50}（70℃）569h（pH4）、47d（pH7）、191h（pH9）；水中迅速光解（DT_{50}＜1d）；土壤中光解 DT_{50} 14～25d。

1. 嗪草酮原药（metribuzin technical）

FAO 规格 283/TC/S/F(1991)

(1) 组成和外观

本品应由嗪草酮和相关的生产杂质组成，应为白色至类白色的粉末，无可见的外来物和添加的改性剂。

(2) 技术指标

嗪草酮含量/(g/kg)	≥930（允许波动范围±20g/kg）
水分/(g/kg)	≤10
丙酮不溶物/(g/kg)	≤10
酸度（以 H_2SO_4 计）/(g/kg)	≤4
或碱度（以 NaOH 计）/(g/kg)	≤3

(3) 有效成分分析方法——气相色谱法

① 方法提要 试样用含有内标物的二氯甲烷溶解，用带有氢火焰离子化检测器的气相色谱仪对试样中的嗪草酮进行分离和测定。

② 分析条件 气相色谱仪：带有氢火焰离子化检测器和柱头进样；色谱柱：1～2m× 2mm 玻璃柱，内填 3%OV-225（或相当的固定液）/Gas Chromosorb Q(200～250μm)；内标物：邻苯二甲酸二丁酯；柱温：210℃；汽化温度：250℃；检测器温度：250℃；载气（氮气）流速：30mL/min；氢气、空气流速：按氢火焰离子化检测器推荐的流速；进样体积：2μL；保留时间：N-甲基异构体 1.5～2min，邻苯二甲酸二丁酯 2～3min，嗪草酮 3～5min。

2. 嗪草酮原药母药（metribuzin technical concentrate）

FAO 规格 283/TK/S/F(1991)

(1) 组成和外观

本品应由嗪草酮和相关的生产杂质组成，应为白色细粉末，除稳定剂外，无可见的外来物和添加的改性剂。

(2) 技术指标

嗪草酮含量/(g/kg)	≥800,（允许波动范围±20g/kg）
水分/(g/kg)	≤15
丙酮不溶物/(g/kg)	≤150
pH 范围	6～8
干筛（通过 75μm 实验筛)/%	≥95,留在 75μm 试验筛上嗪草酮的量应不超过试验用样品量的(0.05X)%，X 是测得的嗪草酮的含量

(3) 有效成分分析方法可参照原药。

3. 嗪草酮可湿性粉剂 (metribuzin wettable powder)

FAO 规格 283/WP/S/F(1991)

(1) 组成和外观

本品应由符合 FAO 标准的嗪草酮原药、填料和助剂组成，应为均匀的细粉末，无可见的外来物和硬块。

(2) 技术指标

嗪草酮含量/(g/kg)：

标明含量	允许波动范围
250～500	标明含量的±5%
>500	±25

水分/(g/kg)	≤25
pH 范围	7～9
湿筛(通过 75μm 筛)/%	≥98
悬浮率(25℃下,使用 CIPAC 标准水 C,30min)	≥嗪草酮含量的 50%
持久起泡性(1min 后)/mL	≤15
润湿性(无搅动)/min	≤3

热贮稳定性 [(54±2)℃下贮存 14d 后]：有效成分含量应不低于贮前测得平均含量的 97%，pH、湿筛、悬浮率仍应符合上述指标要求。

(3) 有效成分分析方法可参照原药。

4. 嗪草酮水分散粒剂 (metribuzin water dispersible granule)

FAO 规格 283/WG/S/F(1992)

(1) 组成和外观

本品应由符合 FAO 标准的嗪草酮原药或原药浓剂、填料和助剂组成的水分散粒剂，适于在水中崩解、分散后使用，无可见的外来物和硬块。

(2) 技术指标

嗪草酮含量/(g/kg)：

标明含量	允许波动范围
250～500	标明含量的±5%
>500	±25

水分/(g/kg)	≤20
湿筛(通过 75μm 筛)/%	≥98
悬浮率(25℃下,使用 CIPAC 标准水 C,30min)	≥嗪草酮含量的 50%
持久起泡性(1min 后)/mL	≤20
润湿性/min	≤2
粉尘/mg	收集的粉尘≤30

流动性：试验筛上下跌落 20 次后，通过 5mm 实验筛的样品应≥95%。

热贮稳定性 [(54±2)℃下贮存 14d 后]：有效成分含量应不低于贮前测得平均含量的 97%，湿筛、悬浮率、粉尘和流动性仍应符合上述指标要求。

（3）有效成分分析方法可参照原药。

5. 嗪草酮悬浮剂（metribuzin aqueous suspension concentrate）

FAO 规格　283/SC/S/F(1991)

（1）组成和外观

本品应由符合 FAO 标准并悬浮在水相中的嗪草酮原药细颗粒与适宜的助剂组成，经轻微搅动应为均匀的悬浮液体，易于用水稀释。

（2）技术指标

嗪草酮含量[g/kg 或 g/L(20℃)]：

标明含量	允许波动范围
250～500	标明含量的±5%
>500	±25
20℃下每毫升质量	若需要，应标明本产品 20℃下每毫升质量范围
pH 范围	6～7
倾倒性（清洗后残余物）/%	≤0.5
自动分散性（用 CIPAC 标准水 C，在 25℃下稀释，放置 5min）/%	≥60
悬浮率（25℃下，使用 CIPAC 标准水 C，30min）/%	≥90
湿筛（通过 75μm 筛）/%	≥99
持久起泡性（1min 后）/mL	≤20

低温稳定性 [(0±1)℃下贮存 7d]：产品的自动分散性、悬浮率、湿筛仍应符合上述标准要求。

热贮稳定性 [(54±2)℃下贮存 14d]：有效成分含量应不低于贮前测得平均含量的 97%，pH、倾倒性、自动分散性、悬浮率、湿筛仍应符合上述标准要求。

（3）有效成分分析方法可参照原药。

氰草津（cyanazine）

$$C_9H_{13}ClN_6,\ 240.7$$

化学名称　2-氯-4-(1-氰基-1-甲基乙氨基)-6-乙氨基-1,3,5-三嗪

CAS 登录号　21725-46-2

CIPAC 编码　230

理化性状　原药白色晶状固体。m. p. 167.5～169℃（原药，166.5～167℃），v. p. 2×

10^{-4} mPa（20℃），$K_{ow} \lg P = 2.1$，$\rho = 1.29 \mathrm{g/cm^3}$（g/L20℃）。溶解度（g/L，25℃）：水171mg/L；甲基环己酮、氯仿210，丙酮195，乙醇45，苯、正己烷15，四氯化碳＜10。稳定性：对光和热稳定，（在75℃下加热100h仅分解1.8%），在pH为5～9的溶液中稳定，强酸、强碱介质中水解。

1. 氰草津原药（cyanazine technical）

FAO规格 230/TC/S(1988)

（1）组成和外观

本品应由氰草津和相关的生产性杂质组成，应为白色至乳白色粉末，无可见的外来物和添加的改性剂。

（2）技术指标

氰草津含量/(g/kg)	≥950(允许波动范围为±25g/kg)
2-(4-氨基-6-氯-1,3,5-三嗪-2-胺)-2-甲基丙腈/(g/kg)	≤20
2-(4,6-二氯-1,3,5-三嗪-2-胺)-2-甲基丙腈/(g/kg)	≤3
西玛津/(g/kg)	≤10
无机氯/(g/kg)	≤5
干燥减量(70℃下,真空)/(g/kg)	≤15
水分/(g/kg)	≤5
三氯甲烷不溶物/(g/kg)	≤20

（3）有效成分分析方法——液相色谱法

① 方法提要　试样用二氯甲烷溶解，以二氯甲烷-异丙醇为流动相，在 LiChrosorb-NH₂柱上对试样进行分离，用紫外检测器检测，外标法定量。

② 分析条件　色谱柱：LiChrosorb-NH₂ 10μm；流动相：二氯甲烷-异丙醇〔99∶1（体积比）〕；流速：1.2mL/min；检测波长：254nm；温度：室温；进样体积：10μL；保留时间：氰草津5.6min。

2. 氰草津可湿性粉剂（cyanazine wettable powder）

FAO规格 230/WP/S(1988)

（1）组成和外观

本品应由符合FAO标准的氰草津原药、填料和助剂组成，应为均匀的细粉末，无可见的外来物和硬块。

（2）技术指标

氰草津含量/(g/kg)：

标明含量	允许波动范围
≤250	标明含量的±6%
＞250 且≤500	标明含量的±5%
＞500	±25
2-(4-氨基-6-氯-1,3,5-三嗪-2-胺)-2-甲基丙腈	≤测得氰草津含量的2.0%
2-(4,6-二氯-1,3,5-三嗪-2-胺)-2-甲基丙腈	≤测得氰草津含量的0.3%

西玛津 ≤测得氰草津含量的 1.0%

湿筛(通过 75μm 筛)/% ≥98

悬浮率(20℃下,使用 CIPAC 标准水 C)/% ≥60%

持久起泡性(1min 后)/mL ≤20

润湿性/min ≤2

热贮稳定性 [(54±2)℃下贮存 14d]:有效成分含量不应低于贮前测得含量的 95%,湿筛、持久起泡性仍应符合上述标准要求。

(3) 有效成分分析方法可参照原药。

3. 氰草津悬浮剂 (cyanazine suspension concentrate)

FAO 规格 230/SC/S(1988)

(1) 组成和外观

本品为由符合 FAO 标准的氰草津原药的细小颗粒悬浮在水相中,与助剂制成的悬浮液,经轻微搅动为均匀的悬浮液体,易于进一步用水稀释。

(2) 技术指标

氰草津含量[g/kg 或 g/L(20℃)]:

标明含量	允许波动范围
≤250	标明含量的 ±6%
>250 且≤500	标明含量的 ±5%
>500	±25

2-(4-氨基-6-氯-1,3,5-三嗪-2-胺)-2-甲基丙腈 ≤测得氰草津含量的 2.0%

2-(4,6-二氯-1,3,5-三嗪-2-胺)-2-甲基丙腈 ≤测得氰草津含量的 0.3%

西玛津 ≤测得氰草津含量的 1.0%

20℃下每毫升质量/(g/mL) 若要求,则应标明

pH 范围 6.5~9.0

自动分散性,最多颠倒次数 ≤10

湿筛(留在 75μm 筛上)/(g/kg) ≤1

悬浮率(20℃下,使用 CIPAC 标准水 C)/% ≥60

持久起泡性(1min 后)/mL ≤40

低温稳定性 [(0±1)℃下贮存 7d]:产品的 pH 范围、自动分散性、悬浮率、湿筛仍应符合上述标准要求。

热贮稳定性 [(54±2)℃下贮存 14d]:有效成分含量不应低于贮前测得含量的 90%,pH 范围、自动分散性、悬浮率、湿筛仍应符合上述标准要求。

(3) 有效成分分析方法可参照原药

炔草酯 (clodinafop-propargyl)

$C_{17}H_{13}ClFNO_4$, 349.7

化学名称 *R*-2-[4-(5-氯-3-氟-2-吡啶氧基) 苯氧基]-丙酸炔丙酯

CAS 登录号　105512-06-9

理化性状　无色晶体。m.p.59.5℃（原药，48.2～57.1℃），v.p.3.19×10^{-3} mPa（25℃），K_{ow}lgP＝3.9（25℃），ρ＝1.37g/cm^3（20℃）。溶解度（g/L，25℃）：水 4.0mg/L（pH7）；甲醇 180、丙酮＞500、甲苯＞500、正己烷 7.5、正辛醇 21。稳定性：50℃酸性介质中相对稳定，在碱性介质中水解，水解 DT$_{50}$（25℃）4.8d（pH7）、0.07d（pH9）。

1. 炔草酯原药 (clodinafop-propargyl technical material)

FAO 规格 683.225/TC(2008)

(1) 组成和外观

本产品由炔草酯和相关生产性杂质组成，外观应为浅棕色至棕色粉末，无可见的外来物和添加改性剂。

(2) 技术指标

炔草酯含量/(g/kg)　　　　　　　　　　　≥960

(3) 有效成分分析方法见 CIPAC 手册 M 卷

2. 炔草酯可湿性粉剂 (clodinafop-propargyl wettable powder)

FAO 规格 683.225/WP(2008)

(1) 组成和外观

本品应由符合 FAO 标准的炔草酯原药、填料和必要的助剂溶解在适宜的溶剂中制成。外观应为细小粉末，无可见的外来物和硬块。

(2) 技术指标

炔草酯含量(g/kg)：

标明含量	允许波动范围
＞100 且≤250	标明含量的±6％

pH 范围　　　　　　　　　　　　　　　　4.0～8.0

湿筛试验(留在 75μm 筛上)/％　　　　　　≤2

悬浮率[(30±2)℃ 30min，使用 CIPAC 标准水 D]　　　　　　　　　　　≥炔草酯含量的 60％

持久起泡性(1min)/mL　　　　　　　　　　≤60

润湿性(不经搅动)/min　　　　　　　　　　≤1

热贮稳定性 [(54±2)℃下贮存 14d]：有效成分含量应不低于贮存前测得平均含量的 95％，pH 范围、湿筛试验、悬浮率和润湿性仍应符合上述标准要求。

(3) 有效成分分析方法可参照原药。

3. 炔草酯乳油 (clodinafop-propargyl emulsifiable concentrate)

FAO 规格 683.225/EC (2008)

(1) 组成和外观

本品应由符合 FAO 标准的炔草酯原药和必要的助剂溶解在适宜的溶剂中制成。外观应为清澈至稍浑的稳定均相液体，无可见的悬浮物和沉淀，在水中稀释成乳状液后使用。

(2) 技术指标

有效成分含量[g/kg 或 g/L(20℃±2)℃]：

标明含量	允许波动范围
>25 且≤100	标明含量的±10%
>100 且≤250	标明含量的±6%
pH 范围（水分散液）	4.0～8.0
持久起泡性（1min）/mL	≤40

乳液稳定性和再乳化：选经过热贮稳定性试验的产品，在（30±2）℃下用 CIPAC 规定的标准水（标准水 A 或标准水 D）稀释，该乳液应符合下表要求。

稀释后时间/h	稳定性要求
0	初始乳化完全
0.5	乳膏≤2mL
2	乳膏≤4mL，浮油痕量
24	再乳化完全
24.5	乳膏≤2mL，浮油痕量

注：只有在 2h 后的检测有疑问时再进行 24h 以后的检测。

低温稳定性 [（0±2）℃下贮存 7d]：析出固体和/或液体的体积应小于 0.3mL。

热贮稳定性 [（54±2）℃下贮存 14d]：有效成分含量应不低于贮存前测得平均含量的 95.0%，pH 范围、乳液稳定性和再乳化仍应符合上述标准要求。

（3）有效成分分析方法可参照原药。

噻吩磺隆（thifensulfuron-methyl）

$C_{12}H_{13}N_5O_6S_2$，387.4

化学名称 3-(4-甲氧基-6-甲基-1,3,5-三嗪-2-基氨基甲酰氨基磺酰基)噻吩-2-羧酸甲酯

CAS 登录号 79277-27-3

CIPAC 编码 452

理化性状 白色无味固体。m. p. 176℃，v. p. 1.7×10^{-5} mPa（25℃，克努森方法），$K_{ow}\lg P=1.06$(pH5)、0.02(pH7)、0.0079(pH9)，$\rho=1.580 g/cm^3$(20℃)。溶解度(g/L，25℃)：水(mg/L) 223(pH5)、2240(pH5)、8830(pH9)，正己烷<0.1、邻二甲苯 0.212、乙酸乙酯 3.3、甲醇 2.8、乙腈 7.7、丙酮 10.3、二氯甲烷 23.8。稳定性：水解 DT$_{50}$(25℃) 4～6d(pH5)、180d(pH7)、90d(pH9)。

1. 噻吩磺隆原药（thifensulfuron-methyl technical material）

FAO 规格 452.201/TC(2010)

（1）组成和外观

本品应由噻吩磺隆和相关的生产性杂质组成，应为白色至浅灰色结晶固体，无可见的外

来物和添加的改性剂。

（2）技术指标

噻吩磺隆含量/（g/kg）　　　　　　≥960,（测定结果的平均含量应不低于最小的标明含量）

（3）有效成分分析方法——液相色谱法

① 方法提要　试样在反相 C_{18} 柱上对试样进行分离，用紫外检测器280nm检测，外标法定量。

② 分析条件　色谱柱：150mm×4.6mm（i.d.）SB-C_{18} 3.5μm；流动相：乙腈-水（pH2.5磷酸水溶液）[38：62（体积比）]；流速：1.0mL/min；检测波长：280nm（缝宽4nm）；参比波长：450nm（缝宽100nm）；温度：40℃；进样体积：5μL；保留时间：噻吩磺隆4.4min。

2. 噻吩磺隆水分散粒剂 （thifensulfuron-methyl water dispersible granule）

FAO规格452.201/WG/（2010）

（1）组成和外观

本品为由符合FAO标准的噻吩磺隆原药、填料和助剂组成的水分散粒剂，适于在水中崩解、分散后使用，应为干燥、易流动的颗粒，基本无粉尘，无可见的外来物和硬块。用水溶性包装袋包装的本品应由规定数量的并符合上述要求的水分散粒剂组成。

（2）技术指标

噻吩磺隆含量（g/kg）：

标明含量	允许波动范围
＞500	±25
pH 范围	4.0～7.0
湿筛（通过 75μm 筛）/％	≥98
分散性（1min 后，经搅动）/％	≥75
悬浮率（30℃下 30min，使用 CIPAC 标准水 D）/％	≥60
润湿性（不经搅动）/s	≤10
持久起泡性（1min 后）/mL	≤60
粉尘/mg	基本无粉尘

流动性：试验筛上下跌落 20 次后，通过 5mm 试验筛的样品为 99.9％。

热贮稳定性 [（54±2）℃下贮存 14d]：有效成分含量应不低于贮前测得平均含量的 95％、pH 范围、湿筛、悬浮率、分散性、粉尘仍应符合上述标准要求。当用可溶性袋包装时，该包装袋应置于防水密封袋或盒或其他容器中，于（54±2）℃下贮存 14d，有效成分含量应不低于贮前测得平均含量的 95％、pH 范围、悬浮率、分散性、水溶性袋溶解速度，持久起泡性仍应符合标准要求。贮前和贮后操作过程中，水溶性袋不能有破裂或泄漏。

水溶性密封袋的包装材料要求

水溶性密封袋的溶解速度（MT176）：测试材料包括干净未使用过的包装袋及一定量的 WG 制剂。将双层包装袋保持原状放平，画出并切割部分做样品，包括上部密封条（5cm）和侧面密封条（10cm）。如果包装袋大小小于上述尺寸，将整个袋子作为样品。取样后马上进行测试以免发生变化。悬浮流动时间：不超过 60s。

悬浮率（MT184）：按照实际比例配制一个含有 WG 和包装材料的悬浮液并对其进行悬浮率的测定。

悬浮率/%　　　　　　　≥60 [（30±2）℃下，使用 CIPAC 标准水 D，30min]

持久起泡性（MT47.2）：按照实际比例配制一个含有 WG 和包装材料的悬浮液并对其进行悬浮率的测定。配制过程：准确称取约 100mg 包装材料样品（不包含密封条部分）溶解到标准水中搅拌成一个浓度为 1mg/mL 的包装样品母液，盖上塞子贮存。按照如下公式计算添加母液体积（VmL）

$$V(mL) = X \times 1000B/W$$

式中　　B——空白干净包装袋质量，g；

　　　　W——包装袋中 WG 质量，g；

　　　　X——测试中使用的 WG 样品，g。

持久起泡性（1min 后）/mL　　　　≤60

（3）有效成分分析方法可参照原药。

杀草强（amitrole）

$C_2H_4N_4$，84.1

化学名称　3-氨基-1,2,4-三氮唑

其他名称　甲磺比林钠；磺甲比林

CAS 登录号　61-82-5

CIPAC 编码　90

理化性状　无色结晶。m. p. 157～159℃（原药 150～153℃），v. p. 3.3×10^{-5} mPa（20℃），$K_{ow}lgP = -0.969$（pH7，23℃），$\rho = 1.138g/cm^3$（20℃）。溶解度（g/L，20℃）：水＞1384（pH4）、264（pH7）、261（pH10），二氯甲烷 0.1，丙烯 20～50，甲苯 0.02，异丙醇 27，甲醇 133～160，丙酮 2.9～3.3，乙酸乙酯 1，正己烷＜0.01，正庚烷和对二甲苯≪0.1。稳定性：在中性，酸性或碱性介质中稳定，DT_{50} 35d（pH5，25℃），光解 DT_{50}＞30d（pH5～9，25℃）。

1. 杀草强原药（amitrole technical）

FAO 规格 90/TC/S/P(1998)

（1）组成和外观
本品应由白色至灰色或黄色的杀草强结晶组成，无可见的外来物和添加的改性剂。

（2）技术指标

杀草强含量/（g/kg）　　　　　　　　≥900（允许波动范围为±25g/kg）

熔程/℃	145～157
水分/（g/kg）	≤20
水不溶物/（g/kg）	≤5

（3）有效成分分析方法

① 方法一：银量法

a. 方法提要　本方法基于生成分子式可能为 $[（C_2H_3N_4）Ag]_2Ag$ 的杀草强/硝酸银配合物。用乙酸乙酯萃取杀草强，蒸发溶剂，用水溶解残渣，加入乙酸铵，以银/银电极系统，用硝酸银进行电位滴定。

b. 分析条件　银/银电极系统电位计；硝酸银标准滴定溶液：0.1mol/L。

② 方法二：电位滴定法

a. 方法提要　试样用水溶解，用 0.5mol/L 盐酸调节 pH 至 1.8，用氢氧化钠标准溶液进行电位滴定。记录 pH2.5～2.9 的第一个突跃点和 pH7.5 处的第二个突跃点。

b. 分析条件　pH 计：配备玻璃甘汞电极系统，并在 pH4.0 和 pH7.0 处，用缓冲溶液进行校正；氢氧化钠标准滴定溶液：0.5mol/L。

③ 方法三：液相色谱法

a. 方法提要　试样用含有乙酸铵的乙腈溶解，以乙腈-乙酸铵为流动相，在硅胶柱上对试样进行分离，用紫外检测器检测，外标法定量。

b. 分析条件　色谱柱：250mm×4mm（i. d.）不锈钢柱，内填 LiChrospher 100 DIOL 5μm 或相当色谱柱；预柱：LiChroCART4-4 LiChrospher 100 DIOL 5μm 或相当的预柱；流动相：称（400±10）mg 乙酸铵于 125mL 烧杯中，加 40mL 色谱纯水振摇使其溶解，转移至 1000mL 容量瓶中，用乙腈定容，使用前过滤；流速：1.2mL/min；检测器灵敏度：1AUFS；检测波长：215nm；温度：40℃；进样体积：5μL；运行时间：25min；保留时间：杀草强 7.2min。

2. 杀草强可溶性液剂　（amitrole water soluble concentrate）

FAO 规格 90/SL/S/P（1998）

（1）组成和外观

本品为由符合 FAO 标准的杀草强原药和助剂组成的澄清或乳色溶液，应无可见的悬浮物和沉淀，使用时有效成分在水中形成真溶液。

（2）技术指标

杀草强含量[g/kg 或 g/L（20℃）]：

标明含量	允许波动范围
＞25 且≤100	标明含量的±10%
＞100 且≤250	标明含量的±6%
＞250 且≤500	标明含量的±5%
＞500	±25

闪点　　　　　　　　　　　　　　≥标明的闪点，并对测定方法加以说明

与水的混溶性：在（20±2）℃下，用 CIPAC 标准水 D 稀释本品，均是透明或略混浊的

溶液，静置 1h 后，该溶液应完全通过 $75\mu m$ 试验筛，筛上无可见的颗粒残留。

低温稳定性 $[(0\pm1)℃下贮存7d]$：析出固体或液体的体积应小于 0.3%。

热贮稳定性 $[(54\pm2)℃下贮存14d]$：有效成分含量、与水的混溶性仍应符合上述标准要求。

(3) 有效成分分析方法可参照原药。

3. 杀草强水溶性粉剂（amitrole water soluble powder）

FAO 规格 90/SP/S/P(1998)

(1) 组成和外观

本品应由符合 FAO 标准的杀草强原药和助剂组成，应为均匀粉末，无可见的外来物和硬块，颜色为白色或灰黄色，除可能含有不溶的添加成分外，本品在水中溶解后应形成有效成分的真溶液。

(2) 技术指标

杀草强含量(g/kg)：

标明含量	允许波动范围
>25 且≤100	标明含量的±10%
>100 且≤250	标明含量的±6%
>250 且≤500	标明含量的±5%
>500	±25
水分/(g/kg)	≤20
持久起泡性(1min 后)/mL	≤25
水不溶物	应标明本品的水不溶物
湿筛(通过 $75\mu m$ 筛)/%	≥98

溶解度：在 $(20\pm1)℃$ 下，按 1% 的浓度，3min 后，除不溶物外，产品应完全溶于水中。

热贮稳定性 $[(54\pm2)℃下贮存14d]$：有效成分含量、湿筛、溶解度仍应符合上述标准要求。

(3) 有效成分分析方法可参照原药。

双酰草胺（carbetamide）

$C_{12}H_{16}N_2O_3$, 236.3

化学名称　　(R)-N-乙基-2-[(苯氨羰基) 氧基] 丙酰胺

其他名称　卡草胺；草长灭；长杀草

　　CAS 登录号　16118-49-3

　　CIPAC 编码　95

　　理化性状　无色晶体。m. p. 119℃（原药＞110℃），v. p. 可忽略（20℃）。溶解度（g/L）：水 3.5（20℃），丙酮 900，N,N-二甲基甲酰胺 1500，乙醇 850，甲醇 1400，环己烷 0.3。稳定性：常贮稳定。

1. 双酰草胺原药（carbetamide technical）

FAO 规格 95/TC/ts(1988)

（1）组成和外观

本品应由双酰草胺和相关的生产性杂质组成，为白色至微黄色结晶固体，无可见的外来物和添加的改性剂。

（2）技术指标

双酰草胺含量/（g/kg）	≥950（允许波动范围为±20g/kg）
水分和挥发分/（g/kg）	≤10
丙酮不溶物/（g/kg）	≤5
酸度（以 H_2SO_4 计）/（g/kg）	≤1
或碱度（以 NaOH 计）/（g/kg）	≤1
旋光度	$[\alpha]_D^{20}=19°\sim23°$

（3）有效成分分析方法——液相色谱法

①　方法提要　试样溶于乙腈中，以甲醇-乙腈-水为流动相，在反相色谱柱（RP-18）上对双酰草胺进行分离，使用紫外检测器检测，内标法定量。

②　分析条件　色谱柱：250mm×4mm(i. d.)不锈钢柱，内填 LiChrosorb RP-18 5μm 填料；内标物：邻苯二甲酸二乙酯；流动相：甲醇-乙腈-水 [50∶400∶550（体积比）]。流速：1mL/min；检测波长：235nm；温度：40℃；进样体积：10μL；运行时间：15min；保留时间：双酰草胺 4.9min，邻苯二甲酸二乙酯 10.1min。

2. 双酰草胺可湿性粉剂（carbetamide wettable powder）

FAO 规格 95/WP/ts(1988)

（1）组成和外观

本品应由符合 FAO 标准的双酰草胺原药、填料和助剂组成，应为均匀的细粉末，无可见的外来物和硬块。

（2）技术指标

双酰草胺含量（g/kg）：

标明含量	允许波动范围
≤250	标明含量的±6％
＞250 且≤500	标明含量的±5％

>500	±25
pH 范围(1%分散液)	9.0～10.5
湿筛(通过 75μm 筛)/%	≥98
悬浮率(使用 CIPAC 标准水 C,30min)/%	≥60
持久起泡性(1min 后)/mL	≤25
润湿性(无搅动)/min	≤1

热贮稳定性 [(54±2)℃下贮存 14d 后]：有效成分含量、湿筛、润湿性仍应符合上述标准要求。

(3) 有效成分分析方法可参照原药。

3. 双酰草胺乳油 (carbetamide emulsifiable concentrate)

FAO 规格 95/EC/ts(1988)

(1) 组成和外观

本品应由符合 FAO 标准的双酰草胺原药和其他助剂溶解在适宜的溶剂中制成，应为稳定的均相液体，无可见的悬浮物和沉淀。

(2) 技术指标

双酰草胺含量[g/kg 或 g/L(20℃)]：

标明含量	允许波动范围
≤250	标明含量的±6%
>250 且≤500	标明含量的±5%
>500	±25
酸度(以 H₂SO₄ 计)/(g/kg)	≤1
或碱度(以 NaOH 计)/(g/kg)	≤1
闪点(闭杯法)	≥标明的闪点,并对测定方法加以说明

乳液稳定性和再乳化：取经过热贮稳定性 [(54±2)℃下贮存 14d]试验的产品，在 30℃下用 CIPAC 规定的标准水 （标准水 A 或标准水 C） 稀释，该乳液应符合下表要求。

稀释后时间/h	稳定性要求
0	初始乳化完全
0.5	乳膏≤2mL
2	乳膏≤4mL,浮油无
24	再乳化完全
24.5	乳膏≤4mL,浮油≤0.5mL

低温稳定性 [(0±1)℃下贮存 7d]：析出固体或液体的体积应小于 0.3mL。

热贮稳定性 [(54±2)℃下贮存 14d]：有效成分含量及酸、碱度仍应符合上述标准要求。

(3) 有效成分分析方法可参照原药。

四唑嘧磺隆（azimsulfuron）

$$C_{13}H_{16}N_{10}O_5S, \ 424.4$$

化学名称　2-（4,6-二甲基嘧啶-2-基氨基甲酰氨基磺酰基）苯甲酸酯

其他名称　康宁

CAS 登录号　120162-55-2

CIPAC 编码　584

理化性状　白色粉末固体，有酚的气味。m. p. 170℃，v. p. 4.0×10^{-6} mPa（25℃），$K_{ow} \lg P = 4.43$（pH5）、0.043（pH7）、0.008（pH9）（25℃），$\rho = 1.12$g/cm^3（25℃）。溶解度（g/L，25℃）：水（mg/L，20℃）72.3（pH5）、1050（pH7）、6536（pH9）；丙酮 26.4，乙腈 13.9，乙酸乙酯 13.0，甲醇 2.1，二氯甲烷 65.9，甲苯 1.8，正己烷＜0.2。稳定性：水解 DT$_{50}$ 89d（pH5）、124d（pH7）、132d（pH9）（25℃）。照射水解 DT$_{50}$ 103d（pH5）、164d（pH7）、225d（pH9，25℃）。

1. 四唑嘧磺隆原药（azimsulfuron technical material）

FAO 规格 584/TC（2005）

（1）组成和外观

本品为由四唑嘧磺隆和相关的生产杂质组成，应是白色结晶固体，无可见的外来物和添加的改性剂。

（2）技术指标

四唑嘧磺隆含量/（g/kg）　　　　　　　　　　　≥980（测定结果的平均含量应不低于标明含量）

（3）有效成分分析方法——液相色谱法

① 方法提要　试样溶于乙腈-水中，以乙腈-水（pH＝3）作流动相，在反相色谱柱（Zorbax SB-C$_8$）上对试样中的四唑嘧磺隆进行分离，用紫外检测器（240nm）检测，内标法定量。

② 分析条件　液相色谱仪，带有紫外检测器；色谱柱：150mm×4.6mm（i. d.），Zorbax SB-C$_8$ 柱；内标物：4,4'-二羟基联苯。

流动相：

时间/min	A（磷酸水,pH＝3）/％	B（乙腈）/％
0	70	30
10.0	30	70
10.1	70	30
14.0	70	30

流速：1.0mL/min；检测波长：240nm（缝宽4nm）；参比波长：350nm（峰宽50nm）；运行时间：14min；保留时间：4,4'-二羟基联苯4.8min，四唑嘧磺隆7.1min；温度：40℃；进样体积：5µL。

2．四唑嘧磺隆水分散粒剂（azimsulfuron water dispersible granule）

FAO 规格 584/WG/（2005）

（1）组成和外观

本品为由符合 FAO 标准的四唑嘧磺隆原药、填料和助剂组成的水分散粒剂，适于在水中崩解、分散后使用，应为干燥、易流动的颗粒，基本无粉尘，无可见的外来物和硬块。

（2）技术指标

四唑嘧磺隆含量（g/kg）：

标明含量	允许波动范围
＞500	±25

润湿性（不经搅动）/s	≤10
湿筛（通过 75µm 筛）/%	≥98
分散性（1min 后，经搅动）/%	≥75
悬浮率（30℃下 30min，使用 CIPAC 标准水 D）/%	≥60
持久起泡性（1min 后）/mL	≤60
粉尘/mg	基本无粉尘

流动性：用经热贮试验的样品，试验筛上下跌落 20 次后，通过 5mm 试验筛的样品应≥99%。

热贮稳定性〔（54±2）℃下贮存 14d〕：有效成分含量应不低于贮前测得平均含量的 97%，湿筛、悬浮率、分散性、粉尘仍应符合上述标准要求。

（3）有效成分分析方法可参照原药。

特丁津（terbuthylazine）

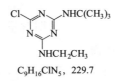

$C_9H_{16}ClN_5$，229.7

化学名称 2-氯-4-叔丁氨基-6-乙氨基-1,3,5-三嗪

CAS 登录号 5915-41-3

CIPAC 编码 234

理化性状 无色粉末。m.p. 175.5℃，v.p. 0.09mPa（25℃），$K_{ow}\lg P = 3.4$（25℃），$\rho = 1.22$g/cm³（22℃）。溶解度（g/L，25℃）：水 9mg/L（pH7.4）；丙酮 41、乙醇 14、正辛醇 12、正己烷 0.36。稳定性：水解 DT_{50}（25℃）73d（pH5）、205d（pH7）、194d（pH9）。在光照条件下，光解 DT_{50}＞40d。f.p.＞150℃。

1．特丁津原药（terbuthylazine technical）

FAO 规格 234/TC/S（1991）

（1）组成和外观

本品应由特丁津和相关的生产性杂质组成，应为白色或浅黄色粉末，无可见的外来物和添加的改性剂。

（2）技术指标

根据各国家的要求，或者标明特丁津及相关化合物含量，或标明特丁津含量。

特丁津及相关化合物含量/（g/kg）	≥970　（允许波动范围为±20g/kg）
特丁津含量/（g/kg）	≥950　（允许波动范围为±20g/kg）

（3）有效成分分析方法——气相色谱法

① 方法提要　试样用二氯甲烷溶解，以邻苯二甲酸二正戊酯为内标物，用带有氢火焰离子化检测器的气相色谱仪对特丁津原药进行分离和测定。

② 分析条件　气相色谱仪：带有氢火焰离子化检测器；色谱柱：$1.8m \times 2mm$ 玻璃柱，内填 3%Carbowax 20M/Gas Chrom Q（$150 \sim 200\mu m$）；内标溶液：称取 4g 邻苯二甲酸二正戊酯溶于 1L 二氯甲烷中；柱温：210℃；汽化温度：250℃；检测器温度：270℃；载气流速（氮气或氦气）：35mL/min；氢气、空气流速：按检测器的要求设定；进样体积：$1\mu L$；保留时间：特丁津 $5 \sim 7min$，邻苯二甲酸二正戊酯 $7 \sim 9min$。

2. 特丁津可湿性粉剂（terbuthylazine wettable powder）

FAO 规格 234/WP/S(1991)

（1）组成和外观

本品应由符合 FAO 标准的特丁津原药、填料和助剂组成，应为均匀的细粉末，无可见的外来物和硬块。

（2）技术指标

根据各国家的要求，应标明特丁津及相关化合物含量或特丁津含量（g/kg）：

标明含量	允许波动范围
≤250	标明含量的±6%
>250 且≤500	标明含量的±5%
>500	±25
pH 范围	5～10
湿筛（通过 $75\mu m$ 筛）/%	≥98
悬浮率（使用 CIPAC 标准水 C，30min）/%	≥60
持久起泡性（1min 后）/mL	≤25
润湿性（无搅拌）/min	≤1

热贮稳定性［(54±2)℃下贮存 14d］：有效成分含量、pH 值、湿筛、悬浮率仍应符合上述标准要求。

（3）有效成分分析方法可参照原药。

3. 特丁津悬浮剂（terbuthylazine suspension concentrate）

FAO 规格 234/SC/S(1991)

（1）组成和外观

本品为由符合 FAO 标准的特丁津原药的细小颗粒悬浮在水相中，与助剂制成的悬浮液，经轻微搅动为均匀的悬浮液体，易于进一步用水稀释。

（2）技术指标

根据各国家的要求，应标明特丁津及相关化合物含量或特丁津含量［g/kg 或 g/L（20℃）］：

标明含量	允许波动范围
≤250	标明含量的±6％
>250 且≤500	标明含量的±5％
>500	±25
20℃下每毫升质量/（g/mL）	若要求,则应标明
pH 范围	5.5～8.5
倾倒性(清洗后残余物)/％	≤0.01
自动分散性(使用 CIPAC 标准水 C,5min 后)/％	≥80
湿筛(通过 75μm 筛)/％	≥99
悬浮率(使用 CIPAC 标准水 C,30min)/％	≥70
持久起泡性(1min 后)/mL	≤25

低温稳定性［(0±1)℃下贮存 7d］：产品的自动分散性、悬浮率、筛分仍应符合上述标准要求。

热贮稳定性［(54±2)℃下贮存 14d］：有效成分含量、倾倒性、悬浮率符合标准要求；如有需要 pH 范围、自动分散性、湿筛仍应符合上述标准要求。

（3）有效成分分析方法可参照原药。

特丁净（terbutryn）

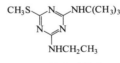

$C_{10}H_{19}N_5S$, 241.4

化学名称　2-甲硫基-4-乙氨基-6-叔丁氨基-1,3,5-三嗪

CAS 登录号　886-50-0

CIPAC 编码　212

理化性状　白色粉末。b. p. 274℃/101kPa，m. p. 104～105℃，v. p. 0.225mPa（25℃），$K_{ow}\lg P = 3.65$（25℃，未离子化的），$\rho = 1.12g/cm^3$（20℃）。溶解度（g/L，20℃）：水 22mg/L（pH6.8，22℃）；丙酮 220、正己烷 9、正辛醇 130、甲醇 220、甲苯 45；易溶于二氧杂环乙烷、乙醚、二甲苯、氯仿、四氯化碳和 DMF，微溶于石油醚。稳定性：一般条件下稳定，甲硫基团在强酸或强碱介质中会水解，在 25℃，pH 为 5、7 或 9 的情况下一般不会水解。

1. 特丁净原药（terbutryn technical）

FAO 规格 212/1/S/3(1975)

（1）组成和外观

本品应由特丁净和相关的生产性杂质组成，应为白色至浅米色粉末，无可见的外来物和添加的改性剂。

（2）技术指标

特丁净含量/％	≥92.0　（允许波动范围为±2％）
氯化钠含量/％	≤2.0
真空干燥减量/％	≤3.0

（3）有效成分分析方法——气相色谱法

① 方法提要　试样用聚乙二醇涂布的 Gas Chrom Q 以气相色谱法分析，以 dieldrin 为内标物。

② 分析条件　气相色谱仪：带有氢火焰离子化检测器；色谱柱：1.8m×4mm 玻璃柱，内填 3％Carbowax 20M/Gas Chrom Q（80～100 目）；柱温：（200±10）℃；汽化温度：240℃；检测器温度：240℃；载气流速（氮气或氦气）：80～100mL/min；氢气、空气流速：按检测器的要求设定；保留时间：特丁净 5～7min，内标 9～12min。

2. 特丁净可分散性粉剂（terbutryn dispersible powder）

FAO 规格 212/3/S/3（1975）

（1）组成和外观

本品应由符合 FAO 标准的特丁净原药、填料和助剂组成，应为均匀的细粉末，无可见的外来物和硬块。

（2）技术指标

特丁净含量(％)：

标明含量	允许波动范围
≤40	标明含量的+10％～−5％
>40	+4％～−2％

湿筛(通过 75μm 筛)/％	≥98
悬浮率/％	
热贮前时(标准水 A,30min)	≥60
热贮后(标准水 C,30min)	≥50
持久起泡性(1min 后)/mL	≤40
润湿性(无搅动)/min	≤1

热贮稳定性 [（54±2）℃下贮存 14d]：有效成分含量、湿筛、润湿性仍应符合上述标准要求。

（3）有效成分分析方法可参照原药。

特乐酚（dinoterb）

$C_{10}H_{12}N_2O_5$，240.2

化学名称　2-叔丁基-4,6-二硝基苯酚

其他名称　芸香酸二壬酯；二硝特丁酚

CAS 登录号　1420-07-1

CIPAC 编码　238

理化性状　淡黄色固体，具有类苯酚气味，m. p. 125.5～126.5℃，v. p. 20mPa(20℃)。
溶解度：水 4.5mg/L(pH5，20℃)，环己酮、乙酸乙酯、二甲基亚砜 200g/kg，醇类、甘油
醇、脂肪烃 100g/kg，溶于碱性水溶液形成盐。稳定性：在熔点以下稳定，220℃以上分解，
pH5～9(22℃) 稳定至少 34d。

1. 特乐酚原药 (dinoterb technical)

FAO 规格 238/TC/S(1990)

(1) 组成和外观

本品由特乐酚和相关的生产性杂质组成，为黄色至橙色结晶固体，无可见的外来物和添
加的改性剂。

(2) 技术指标

特乐酚含量(以干基计)/(g/kg)	≥990(允许波动范围±20g/kg)
水分	应标明每批产品的平均水分
游离无机酸(以 H_2SO_4 计)	≤特乐酚含量(以干基计)的 0.5％
无机亚硝酸盐(以 $NaNO_2$ 计)	≤特乐酚含量(以干基计)的 $2×10^{-4}$％

(3) 有效成分分析方法——气相色谱法

① 方法提要　试样溶于乙醚中，以重氮甲烷甲基化。甲基化的特乐酚衍生物在 SE-30
色谱柱上分离，用热导检测器检测，内标法定量。

② 分析条件　气相色谱仪：适合柱头进样，配备热导检测器；色谱柱：1500mm×
4mm(i. d.)，玻璃柱，内填 10％SE-30/Chromosorb W (AW DMCS)，150～180μm；内标
物：4,6-二硝基邻甲酚（DNOC），应无干扰组分测定的杂质；柱温：180℃；汽化温度：
240℃；检测器温度：250℃；载气（氢气）流速：80mL/min；热导检测器电流强度：
150mA；记录仪灵敏度：满量程1mV；进样体积：5μL；保留时间：特乐酚甲酯约 4.5min，
DNOC 甲醚约 2.8min。

2. 特乐酚盐可溶性液剂 (dinoterb salt soluble concentrate)

FAO 规格 238/SL/S(1990)

(1) 组成和外观

本品为由符合 FAO 标准的特乐酚原药和助剂组成的溶液，应无可见的悬浮物和沉淀。

(2) 技术指标

特乐酚含量[g/kg 或 g/L(20℃)]：

标明含量	允许波动范围
≤250	标明含量的±6％
>250 且≤500	标明含量的±5％
>500	±25
pH 范围	若要求,应标明 pH 范围
闪点(闭杯法)	≥标明的闪点,并对测定方法加以说明

与水的混溶性：在 20℃下，用 CIPAC 标准水 C 稀释本品，18h 后应是清澈或略有浑浊

的溶液，无沉淀和可见颗粒。

低温稳定性 [(0±1)℃下贮存 7d]：析出固体或液体的体积应小于 0.3mL。

热贮稳定性 [(54±2)℃下贮存 14d]：有效成分含量、pH、与水的混溶性仍应符合上述标准要求。

(3) 有效成分分析方法可参照原药。

西玛津（simazine）

$C_7H_{12}ClN_5$, 201.7

化学名称 2-氯-4,6-二（乙氨基）-1,3,5-三嗪

其他名称 西玛嗪，田保净

CAS 登录号 122-34-9

CIPAC 编码 22

理化性状 无色粉末。m. p. 225.2℃（分解），v. p. 2.94×10⁻³ mPa（25℃），$K_{ow}lgP$ = 2.1（25℃，未离子化的），ρ = 1.33g/cm³（22℃）。溶解度（mg/L）：水 6.2(pH7，20℃)；乙醇 570、丙酮 1500、甲苯 130、正辛醇 390、正己烷 3.1(25℃)。稳定性：在中性、弱酸和弱碱介质中相对稳定；在强酸或强碱条件下快速水解，水解 DT_{50}（20℃）8.8d（pH1）、96d（pH5）、3.7d（pH13）；紫外照射时分解（96h 内降解 90%）。

1. 西玛津原药（simazine technical）

FAO 规格 22/1/S/9(1975)

(1) 组成和外观

本品应由西玛津和相关的生产性杂质组成，应为白色至浅米色粉末，无可见的外来物和添加的改性剂。

(2) 技术要求

西玛津含量/%	≥95.0 （允许波动范围为±2%）
氯化钠含量/%	≤2.0
干燥减量(105℃下)/%	≤3.0

(3) 有效成分分析方法——气相色谱法

① 方法提要 试样用二甲基甲酰胺溶解，以邻苯二甲酸二（2-乙基己基）酯为内标物，用带有氢火焰离子化检测器的气相色谱仪对试样中的西玛津进行分离和测定。

② 分析条件 气相色谱仪：带有氢火焰离子化检测器；色谱柱：1.8m×4mm 玻璃柱，内填 3%Carbowax 20M/Gas Chrom Q（150~200μm）；柱温：210℃；汽化温度：250℃；检测器温度：250℃；载气流速（氮气或氦气）：80~100mL/min；氢气、空气流速：按检测器的要求设定；进样体积：3μL；保留时间：西玛津 6~8min，内标物 10~14min。

2. 西玛津可分散性粉剂（simazine dispersible powder）

FAO 规格 22/3/S/9(1975)

（1）组成和外观

本品应由符合 FAO 标准的西玛津原药、填料和助剂组成，应为均匀的细粉末，无可见的外来物和硬块。

（2）技术要求

西玛津含量（%）：

标明含量	允许波动范围
≤40	标明含量的 +10%～-5%
>40	+4%～-2%

湿筛（通过 75μm 筛）/%	≥98
悬浮率（CIPAC 标准水 A，30min；热贮后样品使用 CIPAC 标准水 C）/%	≥60
持久起泡性（1min 后）/mL	≤25
润湿性（无搅动）/min	≤1.5

热贮稳定性[（54±2）℃下贮存 14d]：有效成分含量、湿筛、润湿性仍应符合上述标准要求。

（3）有效成分分析方法可参照原药。

溴苯腈（bromoxynil）

C$_7$H$_3$Br$_2$NO，276.9

化学名称　3,5-二溴-4-羟基-1-氰基苯

CAS 登录号　1689-84-5

CIPAC 编码　87

理化性状　无色固体。b. p. 分解温度 270℃，m. p. 194～195℃（原药 188～192℃），V. p. 1.7×10^{-1} mPa（25℃），K_{ow} lg$P$ = 1.04（pH7），ρ = 2.31g/cm^3。溶解度（g/L，25℃）：水 89～90mg/L（pH7），二甲基甲酰胺 610，四氢呋喃 410，丙酮、环己烷 170，甲醇 90，乙醇 70，矿物油<20，苯 10。稳定性：在弱酸和弱碱性介质中稳定，对紫外线稳定，低于熔点热稳定。

溴苯腈原药（bromoxynil technical）

FAO 规格 87/TC/S/F（1995）

（1）组成和外观

本品应由溴苯腈和相关的生产性杂质组成，应为乳白色至棕色或粉色粉末或颗粒，无可见的外来物和添加的改性剂。

（2）技术指标

溴苯腈含量（以干基计）/（g/kg）	≥970（允许波动范围±20g/kg）

水分：

    干基/(g/kg)   ≤15
    湿基/(g/kg)   ≤100(应标明水含量)
硫酸盐灰/(g/kg)   ≤5

（3）有效成分分析方法——气相色谱法

① 方法提要　用重氮甲烷使溴苯腈和及其相关物转化成其甲醚，在非极性柱上对溴苯腈和及其相关杂质进行气相色谱分离，以 2,4-二氯苯甲酸甲酯为内标物，使用氢火焰离子化检测器，测定溴苯腈含量。

② 分析条件　色谱柱：2m×（1.5～6)mm 玻璃柱；柱填充物：2.5％阿皮松 L/Chromosorb G-AW-DMCS（180～250μm）；柱温：170～190℃；气体流速（mL/min）：载气，调节流速使溴苯腈甲醚约 8min 出峰；进样量：2μL。

溴苯腈庚酸酯（bromoxynil heptanoate）

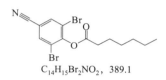

$C_{14}H_{15}Br_2NO_2$，389.1

化学名称　3,5-二溴-4-庚酰氧基苄腈

CAS 登录号　56634-95-8

理化性状　白色粉末（原药为奶油色蜡状固体）。m. p. 38～44.1℃，b. p. 185℃（分解），v. p. <1×10⁻⁴mPa(40℃)，$K_{ow}\lg P=5.4$(pH7，25℃)，$\rho=1.632$g/cm³(20℃)。溶解度（g/L，20℃）：水 0.08mg/L（pH7），丙酮 1113、二氯甲烷 851、甲醇 553、甲苯 838、庚烷 562。稳定性：水中光解迅速水解成苯酚 DT₅₀ 18h. 水解在一定程度上稳定，DT₅₀ 5.3d（pH7）、4.1d（pH9）。

1. 溴苯腈庚酸酯原药（bromoxynil heptanoate technical）

FAO 规格 87.407/TC/S/T(1995)

（1）组成和外观

本品应由溴苯腈庚酸酯和相关的生产性杂质组成，应为浅棕色至棕色晶状固体，带有特殊气味，无可见的外来物和添加的改性剂。应由符合 FAO 标准的溴苯腈原药制成。

（2）技术指标

溴苯腈庚酸酯含量/(g/kg)　　　　　　≥930(相当于 662g/kg 溴苯腈,允许波动范围±20g/kg)

游离酸　　　　　　　　　　　　　　≤相当于 10mL 0.5mol/L 硫酸的百分比[相当于 27.7g/kg(以溴苯腈计)]

水分/(g/kg)　　　　　　　　　　　　≤1

硫酸盐灰分/(g/kg)　　　　　　　　　≤5

二甲苯不溶物/(g/kg)　　　　　　　　≤1

（3）有效成分分析方法——气相色谱法

① 方法提要　试样用丙酮溶解，以邻苯二甲酸二苯酯为内标物，使用带有氢火焰离子化检测器的气相色谱仪对试样中的溴苯腈庚酸酯进行分离和测定。

② 分析条件　色谱柱：2m×3mm 玻璃柱；柱填充物：10% OV-101/Chromosorb W-HP（125～150μm）；柱温 230℃；汽化温度：250℃；检测温度：280℃；气体流速（mL/min）：载气，调节流速使溴苯腈庚酸酯约 12min 出峰；进样体积：1μL；保留时间：溴苯腈庚酸酯约 12min，邻苯二甲酸二苯酯约 27min。

2. 溴苯腈庚酸酯乳油（bromoxynil heptanoate emulsifiable concentrate）

FAO 规格 87.407/EC/S/T(1995)

（1）组成和外观

本品应由符合 FAO 标准的溴苯腈庚酸酯原药和助剂溶解在适宜的溶剂中制成。应为稳定的液体，无可见的悬浮物和沉淀。

（2）技术指标

溴苯腈含量[g/L（20℃下）]：

标明含量	允许波动范围
≤250	标明含量的±6%
>250 且≤500	标明含量的±5%
>500	±25

水分/（g/L）　　　　　　　　　≤2

酸度/（g/L）　　　　　　　　　≤每克溴苯腈消耗 0.2mL 0.5mol/L 硫酸

乳液稳定性和再乳化：本产品在 30℃下用 CIPAC 规定的标准水（标准水 A 或标准水 D）稀释，该乳液应符合下表要求。

稀释后时间/h	稳定性要求
0	初始乳化完全
0.5	乳膏≤2mL
2	乳膏≤4mL，浮油≤0.2mL
24	再乳化完全
24.5	乳膏≤4mL，浮油≤0.2mL

低温稳定性［(0±1)℃下贮存 7d］：析出固体或液体的体积应小于 0.3mL。

热贮稳定性［(54±2)℃下贮存 14d］：有效成分含量应不低于贮前测得平均含量的 95%，酸度、乳液稳定性和再乳化仍应符合上述标准要求。

（3）有效成分分析方法可参照原药。

溴苯腈辛酸酯（bromoxynil octanoate）

$C_{15}H_{17}Br_2NO_2$，403.0

化学名称　3,5-二溴-4-辛酰氧基苄腈

CAS 登录号　1689-99-2

理化性状　白色粉末（原药为淡黄色粉末）。m. p. 45.3℃（原药171.1℃），b. p. 分解180℃，v. p. <1×10⁻⁴ mPa(40℃)，$K_{ow}\lg P=5.9$(pH7，25℃)，$\rho=1.638g/cm^3$。溶解度(g/L，20～25℃)：水 0.03mg/L(pH7，25℃)；氯仿 800，二甲苯、N,N-二甲基甲酰胺700，乙酸乙酯847，环己酮550，四氯化碳500，正丙醇120，丙酮1215，乙醇100。稳定性：水中光解迅速水解成苯酚 DT_{50} 4～5h，水解在一定程度上稳定 DT_{50} 11d(pH7)、1.7d(pH9)。

1. 溴苯腈辛酸酯原药（bromoxynil octanoate technical）

FAO 规格 87.3oct/TC/S/F(1995)

（1）组成和外观

本品应由溴苯腈辛酸酯和相关的生产性杂质组成，应为浅棕色至棕色晶状固体，带有特殊气味，无可见的外来物和添加的改性剂。应由符合 FAO 标准的溴苯腈原药制成。

（2）技术指标

溴苯腈辛酸酯含量/(g/kg)	≥920(相当于 632g/kg 溴苯腈，允许波动范围±20g/kg)
游离酸	≤消耗 10mL 0.5mol/L 硫酸的百分比〔相当于 27.7g/kg(以溴苯腈计)〕
水分/(g/kg)	≤1
硫酸盐灰/(g/kg)	≤5
二甲苯不溶物/(g/kg)	≤1

（3）有效成分分析方法——气相色谱法

① 方法一

a. 方法提要　在非极性柱上对溴苯腈辛酸酯及其相关杂质进行气相色谱分离，以邻苯二甲酸二苯酯为内标物，使用氢火焰离子化检测器，测定溴苯腈辛酸酯含量。

b. 分析条件　色谱柱：2m×(1.5～6) mm 玻璃柱；柱填充物：5％ OV-101/Cas Chrom Q(180～250μm)；柱温225℃±0.5℃；气体流速（mL/min）：载气，调节流速使溴苯腈辛酸酯约 14min 出峰；进样量（μL）：2。

② 方法二

a. 方法提要　试样用三氯甲烷稀释，以正二十四烷作内标物，使用氢火焰离子化检测器，测定溴苯腈辛酸酯含量。

b. 分析条件　色谱柱：1.8m×2mm 玻璃柱；柱填充物：10％ SP-2100/Supelcoport(125～150μm)；柱温：220℃；汽化室：240℃；检测器室：300℃；气体流速（mL/min）：载气，氮气40；进样量（μL）：2。

2. 溴苯腈辛酸酯乳油（bromoxynil octanoate emulsifiable concentrate）

FAO 规格 87.3 oct/EC/S/F(1995)

（1）组成和外观

本品应由符合 FAO 标准的溴苯腈辛酸酯原药和助剂溶解在适宜的溶剂中制成。应为稳定的液体，无可见的悬浮物和沉淀。

（2）技术指标

溴苯腈含量[g/L(20℃)]：

标明含量	允许波动范围
≤250	标明含量的±6%
>250 且≤500	标明含量的±5%
>500	±25

水分/(g/L) ≤2

酸度/(g/L) ≤消耗 0.2mL 0.5mol/L 硫酸的百分比[相当于 27.7g/kg(以溴苯腈计)]

乳液稳定性和再乳化：本产品在 30℃下用 CIPAC 规定的标准水（标准水 A 或标准水 D）稀释，该乳液应符合下表要求。

稀释后时间/h	稳定性要求
0	初始乳化完全
0.5	乳膏≤2mL
2	乳膏≤4mL,浮油≤0.2mL
24	再乳化完全
24.5	乳膏≤4mL,浮油≤0.2mL

低温稳定性 [(0±1)℃下贮存 7d]：析出固体或液体的体积应小于 0.3mL。

热贮稳定性 [(54±2)℃下贮存 14d]：有效成分含量应不低于贮前测得平均含量的 95%，酸度，乳液稳定性和再乳化指标仍应符合上述标准要求。

（3）有效成分分析方法可参照原药。

烟嘧磺隆（nicosulfuron）

$C_{15}H_{18}O_6N_6$，410.4

化学名称 2-(4,6-二甲氧基嘧啶-2-基氨基甲酰胺基磺酰)-N,N-二甲基烟酰胺

CAS 登录号 111991-09-4

CIPAC 编码 709

理化性状 纯品为无色晶体。m. p. 169～172℃（原药，140～161℃），v. p. <8×10^{-7} mPa（25℃），K_{ow}lg$P$=-0.36（pH5）、-1.8（pH7）、-2（pH9），ρ=0.313g/cm^3。溶解度（g/kg，25℃）：水 7.4g/L(pH7)，丙酮 18，乙醇 4.5，氯仿、二甲基甲酰胺 64，乙腈 23，甲苯 0.370，正己烷<0.02，二氯甲烷 160。稳定性：水解 DT$_{50}$15d（pH5），pH7～9 稳定。f. p. >200℃（克利夫兰开口杯法）。

1. 烟嘧磺隆原药（nicosulfuron technical material）

FAO 规格 709/TC(2006.5)

（1）组成和外观

本品应由烟嘧磺隆和相关的生产性杂质组成，应为单一白色晶体或粉末固体，无可见的外来物和添加的改性剂。

（2）技术指标

烟嘧磺隆含量/（g/kg）　　　　　　　　≥910（测定结果的平均含量应不低于最小的标明含量）

（3）有效成分分析方法——高效液相色谱法（见 CIPAC Handbook M）

① 方法提要　试样溶于乙腈中，以乙腈-水（30:70，体积比，磷酸调 pH＝2.5）作流动相，在反相色谱柱（Zorbax SB-C$_8$）上对试样中的烟嘧磺隆进行分离，使用紫外检测器（245nm）及内标物（3-甲基-1,1-二苯基脲）对烟嘧磺隆含量进行检测，内标法定量。

② 分析条件　色谱柱：Zorbax® SB-C$_8$，75mm×4.6mm(i.d.)，3.5μm；流动相：乙腈-水［30:70（体积比）］，用磷酸调 pH＝2.5；流速：1.5mL/min；柱温：40.0℃；进样体积：2μL；检测波长：245nm（带宽4nm）；参照波长：350nm（带宽100nm）；运行时间：5min；保留时间：烟嘧磺隆约1.9min；内标约3.5min。

2. 烟嘧磺隆水分散粒剂（nicosulfuron water dispersible granule）

FAO 规格 709/WG(2006.5)

（1）组成和外观

本品为由符合 FAO 标准的烟嘧磺隆原药、填料和助剂组成的混合均匀的水分散粒剂，适于在水中崩解、分散后使用，应为干燥、易流动的颗粒，基本无粉尘，无可见的外来物和硬块。

（2）技术指标

烟嘧磺隆含量(g/kg)：

标明含量	允许波动范围
＞500	标明含量的±25％

润湿性(不经搅动)/s	≤20
湿筛(通过75μm筛)/％	≥98
分散性(1min后,经搅动)/％	≥70
悬浮率[CIPAC 标准水 D,(30±2)℃]/％	≥70
持久起泡性(1min后)/mL	≤60
粉尘/mg	基本无粉尘
流动性(20次后,通过5 mm试验筛的样品)	≥99％

热贮稳定性［(54±2)℃下贮存14d］：有效成分含量应不低于贮前平均含量的95％、湿筛、分散性、悬浮率、粉尘、流动性仍应符合上述标准要求。

（3）有效成分分析方法可参照原药。

乙氧呋草黄 (ethofumesate)

$$C_{13}H_{18}O_5S, \ 286.3$$

化学名称 2-乙氧基-2,3-二氢-3,3-二甲基苯并呋喃-5-基甲磺酸酯

CAS 登录号 26225-79-6

CIPAC 编码 233

理化性状 白色结晶固体。m. p. $70\sim72℃$（工业品 $69\sim71℃$），v. p. $0.12\sim0.65$ mPa（25℃），K_{ow} lg$P = 2.7$（pH6.5 ~ 7.6，25℃），$\rho = 1.29$ g/cm³（20℃）。溶解度（g/L，25℃）：水 50mg/L（25℃）、丙酮、二氯甲烷、二甲基亚砜、乙酸乙酯>600，甲苯、对二甲苯 $300\sim600$，甲醇 $120\sim150$，乙醇 $60\sim75$，异丙醇 $25\sim30$，正己烷 4.67。稳定性：pH7 和 pH9 水解稳定，pH5.0，水解 DT_{50} 940d，形成羟基化合物，水中光解 DT_{50} 31h，空气中降解，DT_{50} 4.1h。

1. 乙氧呋草黄原药 (ethofumesate technical material)

FAO 规格 233/TC(2007)

(1) 组成和外观

本产品由乙氧呋草黄和相关生产性杂质组成，外观为浅黄至棕色固体，无可见的外来物和添加改性剂。

(2) 技术指标

乙氧呋草黄含量/(g/kg)	$\geqslant$960(无限定的相关杂质,但当乙基甲磺酸和/或异丁基甲磺酸与乙氧呋草黄中的相对含量$\geqslant$0.1mg/kg 时要将它们作为相关杂质)
水含量/(g/kg)	$\leqslant$5

(3) 有效成分分析方法——液相色谱法

① 方法提要　利用高效液相色谱将乙氧呋草黄与其他物质分离，以苯甲酸乙酯为内标定量。

② 分析条件　色谱柱：150mm×4.6mm，Phenomenex Prodigy ODS-3，或 Jones Genesis C$_{18}$ 或 Waters Symmetry C$_{18}$；流速：2.0mL/min；流动相：去离子水-乙腈-四氢呋喃（23∶13∶4），以柠檬酸或柠檬酸水溶液调流动相 pH＝4；检测波长：225nm；进样体积：5μL；保留时间：苯甲酸乙酯 5.6min，乙氧呋草黄 9.0min。

2. 乙氧呋草黄乳油 (ethofumesate emulsifiable concentrate)

FAO 规格 233/EC(2007)

(1) 组成和外观

本品应由符合 FAO 标准的乙氧呋草黄原药和必要的助剂溶解在适宜的溶剂中制成，外观为稳定的褐色均相液体，无可见的悬浮物和沉淀，用水稀释成乳状液后使用。

(2) 技术指标

乙氧呋草黄含量[g/kg 或 g/L,(20±2)℃]:

标明含量　　　　　　　　　　　　　　　　　　允许波动范围

＞100 且≤250　　　　　　　　　　　　　　　　标明含量的±6％

持久起泡性(1min 后)/mL　　　　　　　　　　　≤60

无限定的相关杂质,但当乙基甲磺酸和/或异丁基甲磺酸与乙氧呋草黄中的相对含量≥0.1mg/kg 时要将它们作为相关杂质。

乳液稳定性和再乳化:在(30±2)℃下用 CIPAC 规定的标准水（标准水 A 或标准水 D）稀释,该乳液应符合下表要求。

稀释后时间/h	稳定性要求
0	初始乳化完全
0.5	乳膏≤0.5mL
2	乳膏≤1mL,浮油无
24	再乳化完全
24.5	乳膏≤2mL,浮油无

注:在应用 MT36.1 或 36.3 时,只有在 2h 后的检测有疑问时再进行 24h 以后的检测。

低温稳定性 [(0±2)℃下贮存 7d]:析出固体或液体的体积应小于 0.3mL。

热贮稳定性 [(54±2)℃下贮存 14d]:有效成分平均含量不应低于贮前测得平均含量的95％,乳液稳定性和再乳化仍应符合上述标准要求。

(3) 有效成分分析方法可参照原药。

3. 乙氧呋草黄悬浮剂 (ethofumesate aqueous suspension concentrate)

FAO 规格 233/SC(2007)

(1) 组成和外观 (测试时须将悬浮剂混合均匀)

本品应由符合 FAO 标准的乙氧呋草黄原药和适宜的助剂在水相中制成的细小颗粒悬浮液。制剂经轻微搅动后应为均相匀且易于进一步用水稀释。

(2) 技术指标

乙氧呋草黄含量[g/kg 或 g/L,(20±2)℃]:

标明含量　　　　　　　　　　　　　　　　　　允许波动范围

＞100 且≤250　　　　　　　　　　　　　　　　标明含量的±6％

＞250 且≤500　　　　　　　　　　　　　　　　标明含量的±5％

无限定的相关杂质,但当乙基甲磺酸和/或异丁基甲磺酸与乙氧呋草黄中的相对含量≥0.1mg/kg 时要将它们作为相关杂质。

倾倒性(残余物)/％　　　　　　　　　　　　　≤5

自发分散性[(30±2)℃,5min,使用 CIPAC 标准水 D]　　≥乙氧呋草黄含量的 90％

悬浮率[(30±2)℃,30min,使用 CIPAC 标准水 D]　　≥乙氧呋草黄含量的 90％

湿筛(未通过 75μm 筛)/％　　　　　　　　　　≤2

持久起泡性(1min)/mL　　　　　　　　　　　　≤60

低温稳定性 [(0±2)℃下贮存 7d]:悬浮率和湿筛仍应符合上述标准要求。

热贮稳定性 [(54±2)℃下贮存 14d]:有效成分平均含量不应低于贮前测得平均含量的95％,倾倒性、自发分散性、悬浮率和湿筛仍应符合上述标准要求。

(3) 有效成分分析方法可参照原药。

4. 乙氧呋草黄悬乳剂 (ethofumesate aqueous suspo-emulsion)

FAO 规格 233/SE(2007)

（1）组成和外观（测试时须将悬乳剂混合均匀）

本品应为由符合 FAO 标准的乙氧呋草黄原药微粒和另外一种有效成分的细微液滴乳液，与适宜助剂在水相中制成的细小颗粒悬浮液；或由符合 FAO 标准的乙氧呋草黄原药微粒和另外一种有效成分的细微液滴乳液，与适宜助剂在水相中制成的细小颗粒乳液。轻微搅动后制剂应为均相且易于进一步用水稀释。

（2）技术要求

乙氧呋草黄含量[g/kg 或 g/L，(20±2)℃]：

标明含量	允许波动范围
＞25 且≤100	标明含量的±10％

无限定的相关杂质，但当乙基甲磺酸和/或异丁基甲磺酸与乙氧呋草黄中的相对含量≥0.1mg/kg 时要将它们作为相关杂质。

倾倒性(残余物)/％	≤2
湿筛试验(未通过 75μm 筛)/％	≤2
持久起泡性(1min 后)/mL	≤60

分散稳定性：在(30±2)℃下用 CIPAC 规定的标准水(标准水 A 或标准水 D)稀释，该制剂应符合下表要求。

稀释后时间/h	稳定性要求
0	初分散完全
0.5	乳膏≤0.5mL，浮油无，沉积物≤0.1mL
24	再分散完全
24.5	乳膏≤2mL，浮油无，沉积物≤0.1mL

低温稳定性 [(0±2)℃下贮存 7d]：分散稳定性和湿筛仍应符合上述标准要求。

热贮稳定性 [(54±2)℃下贮存 14d]：有效成分平均含量不应低于贮前测得平均含量的 95％，倾倒性、分散稳定性和湿筛仍应符合上述标准要求。

（3）有效成分分析方法可参照原药。

异丙甲草胺（metolachlor）

$C_{15}H_{22}ClNO_2$，283.8

化学名称 2-乙基-6-甲基-N-($1'$-甲基-$2'$-甲氧乙基)氯代乙酰替苯胺

CAS 登录号 51218-45-2

CIPAC 编码 400

理化性状 无色至黄褐色液体。b. p. 100℃/0.001mmHg，m. p. −62.1℃，v. p. 4.2mPa (25℃)，K_{ow} lg$P$ = 2.9（25℃），ρ = 1.12g/cm³（20℃）。溶解度：水 488mg/L（25℃）(OECD，105)，与苯、甲苯、乙醇、丙酮、二甲苯、正己烷、二甲基甲酰胺、二氯乙烷、环己酮、甲醇、辛醇和二氯甲烷混溶，不溶于乙烯、乙二醇、丙烯和石油醚。稳定性：

275℃下稳定，在强碱、强无机酸下水解，20℃下不水解，$DT_{50} > 200d$（$2 \leqslant pH \leqslant 10$）。

1. 异丙甲草胺原药（metolachlor technical）

FAO规格 400/TC/S(1991)

（1）组成和外观

本品应由异丙甲草胺和相关的生产性杂质组成，为浅黄色液体，无可见的外来物和添加的改性剂。

（2）技术指标

异丙甲草胺含量/(g/kg)	≥960（允许波动范围为±20g/kg）
2-乙基-6-甲基苯胺/(g/kg)	≤1
2-乙基-6-甲基-N-（2-甲氧基-1-甲乙基）苯胺/(g/kg)	≤2
2-乙基-6′-甲基-2-氯乙酰苯胺/(g/kg)	≤15

（3）有效成分分析方法——气相色谱法

① 方法提要　试样用丙酮溶解，以邻苯二甲酸二苯酯为内标物，用带有氢火焰离子化检测器的气相色谱仪对试样中的异丙甲草胺进行分离和测定。

② 分析条件　气相色谱仪：带有氢火焰离子化检测器；色谱柱：$1.8m \times 2mm$ 玻璃柱，内填 3%OV-101/Gas Chrom Q（150～170μm）；柱温：180℃；汽化温度：250℃；检测器温度：250℃；载气（氮气）流速：25mL/min；进样体积：1μL；保留时间：异丙甲草胺约8.8min，内标物约 15.6min。

2. 异丙甲草胺乳油（metolachlor emulsifiable concentrate）

FAO规格 400/EC/S(1991)

（1）组成和外观

本品应由符合FAO标准的异丙甲草胺原药和助剂溶解在适宜的溶剂中制成。应为稳定的液体，无可见的悬浮物和沉淀。

（2）技术指标

异丙甲草胺含量[g/kg 或 g/L（20℃）]：

标明含量	允许波动范围
≤500	标明含量的±5%
>500	±25

2-乙基-6-甲基苯胺	≤测得异丙甲草胺含量的0.1%
pH 范围	若要求，应为5～9
闪点（闭杯法）	≥标明的闪点，并对测定方法加以说明

乳液稳定性和再乳化：经热贮实验的本产品在30℃下用CIPAC规定的标准水（标准水A或标准水D）稀释，该乳液应符合下表要求。

稀释后时间/h	稳定性要求
0	初始乳化完全
0.5	≥80%
2	≥75%
24	再乳化：完全
24.5	≥80%

低温稳定性［(0±1)℃下贮存 7d］：无析出固体或液体。

热贮稳定性［(54±2)℃下贮存 14d］：有效成分含量及 2-乙基-6-甲基苯胺仍应符合上述标准要求。

(3) 有效成分分析方法可参照原药。

3. 异丙甲草胺颗粒剂（metolachlor granule）

FAO 规格 400/GR/S(1991)

(适用于机器施药)

(1) 组成和外观

本品应由符合标准的异丙甲草胺原药和适宜的载体及其他助剂制成，应为干燥、易流动的颗粒，无可见的外来物和硬块，基本无粉尘，易于机器施药。

(2) 技术指标

异丙甲草胺含量/(g/kg)：

标明含量	允许波动范围
≤25	标明含量的±15%
>25 且≤100	标明含量的±10%
>100	标明含量的±6%
2-乙基-6-甲基苯胺	≤测得异丙甲草胺含量的 0.1%
水分散液的 pH 范围	若要求，应为 5.5～9.5

堆积密度范围：应标明本产品堆积密度范围。当要求时，密度应≥0.5g/mL。

粒度范围：应标明产品的粒度范围，粒度范围下限与上限粒径比例应不超过 1∶4，在粒度范围内的本品应≥85% 125μm 试验筛筛余物（留在 125μm 试验筛上），≥970g/kg，且留在筛上的样品中异丙甲草胺含量应不低于测得的异丙甲草胺含量的 92%。

热贮稳定性［(54±2)℃下贮存 14d］：异丙甲草胺含量、2-乙基-6-甲基苯胺、粒度范围、125μm 试验筛筛余物仍应符合上述标准要求，如需要水分散液的 pH 范围也应符合上述标准要求。

(3) 有效成分分析方法可参照原药。

异丙隆（ isoproturon ）

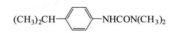

$C_{12}H_{18}N_2O, 206.3$

化学名称 3-(4-异丙基苯基)-1,1-二甲基脲

CAS 登录号 34123-59-6

CIPAC 编码 336

理化性状 无色晶体。m. p. 158℃（原药，153～156℃），v. p. 3.15×10⁻³mPa(20℃)、8.1×10⁻³mPa(25℃)，$K_{ow}\lg P=2.5(20℃)$，$\rho=1.2g/cm^3(20℃)$。溶解度（g/L, 20℃）：

水 65mg/L（22℃），甲醇 75、二氯甲烷 63、丙酮 38、苯 5、二甲苯 4、正己烷 0.2。稳定性：对光、酸和碱稳定，遇强碱和高温水解，DT_{50} 1560d（pH7）。

1. 异丙隆原药（isoproturon technical）

FAO 规格 336/TC/S（1990）

（1）组成和外观

本品应由异丙隆和相关的生产性杂质组成，应为白色至乳白色结晶粉末，无可见的外来物和添加的改性剂。

（2）技术指标

异丙隆含量/（g/kg）	≥970（允许波动范围±20g/kg）
干燥减量/（g/kg）	≤2
邻位异构体：N,N-二甲基-N'-[2-(1-甲基乙基)苯基]脲/（g/kg）	≤10
间位异构体：N,N-二甲基-N'-[3-(1-甲基乙基)苯基]脲/（g/kg）	≤20
对称脲：N,N' 双-[3-(1-甲基乙基)苯基]脲/（g/kg）	≤10

（3）有效成分分析方法——液相色谱法

① 方法提要　试样用二氯甲烷溶解，以乙酰苯胺为内标物，用正庚烷-三氯甲烷-乙醇作流动相，在正相硅胶柱上对试样进行分离，用紫外检测器检测。

② 分析条件　色谱柱：250mm×3.9mm（i.d.）不锈钢柱，LiChrosorb Si 100 5μm；三氯甲烷：色谱级，含有 1% 乙醇，若市售三氯甲烷中乙醇含量低于 1%，必须添加无水乙醇；流动相：正庚烷-三氯甲烷（含 1% 乙醇）-乙醇 [70：15：1（体积比）]；流速：3.0mL/min；检测波长：254nm；温度：室温；进样体积：10μL；保留时间：异丙隆约 7.5min，乙酰苯胺约 12min。

2. 异丙隆悬浮剂（isoproturon aqueous suspension concentrate）

FAO 规格 336/SC/S（1990）

（1）组成和外观

本品应为由符合 FAO 标准的异丙隆原药的细小颗粒悬浮在水相中，与助剂制成的悬浮液，经轻微搅动为均匀的悬浮液体，易于进一步用水稀释。

（2）技术指标

异丙隆含量[g/kg 或 g/L（20℃）]：

标明含量	允许波动范围
≤250	标明含量的±6%
>250 且≤500	标明含量的±5%
>500	±25
20℃下每毫升质量/（g/mL）	若要求，则应标明
pH 范围	6~8.5

倾倒性(清洗后残余物)/%	≤0.8
自动分散性(使用 CIPAC 标准水 C,5min 后)/%	≥95
湿筛(通过 63μm 筛)/%	≥99
悬浮率(使用 CIPAC 标准水 C,30min)/%	≥70
持久起泡性(1min 后)/mL	≤5

低温稳定性 [(0±1)℃下贮存 7d]：产品的自动分散性、悬浮率、湿筛仍应符合上述标准要求。

热贮稳定性 [(54±2)℃下贮存 14d]：有效成分含量、pH、倾倒性、自动分散性、悬浮率、湿筛仍应符合上述标准要求。

(3) 有效成分分析方法可参照原药。

3. 异丙隆可湿性粉剂 (isoproturon wettable powder)

FAO 规格 336/WP/S(1990)

(1) 组成和外观

本品应由符合 FAO 标准的异丙隆原药、填料和助剂组成，应为均匀的细粉末，无可见的外来物和硬块。

(2) 技术指标

异丙隆含量(g/kg)：

标明含量	允许波动范围
≤250	标明含量的±6%
>250 且≤500	标明含量的±5%
>500	±25

水分/(g/kg)	≤25
pH 范围	6～10
湿筛(通过 63μm 筛)/%	≥99
悬浮率(使用 CIPAC 标准水 C,30min)/%	≥70
持久起泡性(1min 后)/mL	≤25
润湿性(无搅动)/min	≤2

热贮稳定性 [(54±2)℃下贮存 14d]：有效成分含量、pH 值、湿筛、悬浮率仍应符合上述标准要求。

(3) 有效成分分析方法可参照原药。

莠灭净 (ametryn)

$$CH_3S-\underset{NHCH(CH_3)_2}{\overset{NHCH_2CH_3}{\text{三嗪环}}}$$

$C_9H_{17}N_5S$, 227.3

化学名称 2-乙氨基-4-异丙氨基-6-甲硫基-1,3,5-三嗪

CAS 登录号　834-12-8

CIPAC 编码　133

理化性状　白色粉末。b. p. 337℃/98.6kPa，m. p. 86.3～87.0℃，v. p. 0.365mPa（25℃），$K_{ow} \lg P = 2.63$（25℃），$\rho = 1.18 g/cm^3$（22℃）。溶解度（g/L，25℃）：水 200mg/L（pH7.1，22℃），丙酮 610、甲醇 510、甲苯 470、正辛酯 220、正己烷 12。稳定性：在中性、弱酸、弱碱介质中稳定，强酸（pH1）、强碱（pH13）介质中则水解为无除草活性的羟基衍生物，紫外线照下缓慢分解。

1. 莠灭净原药（ametryn technical）

FAO 规格 133/1/S/3（1975）

(1) 组成和外观

本品应由莠灭净和相关的生产性杂质组成，应为白色至浅米色粉末，无可见的外来物和添加的改性剂。

(2) 技术指标

莠灭净含量/%	≥95.0　（允许波动范围为±2%）
氯化钠含量/%	≤2.0
真空干燥减量/%	≤3.0

(3) 有效成分分析方法——气相色谱法

① 方法提要　试样用三氯甲烷溶解，以狄氏剂为内标物，用带有氢火焰离子化检测器的气相色谱仪对试样中的莠灭净进行分离和测定。

② 分析条件　气相色谱仪：带有氢火焰离子化检测器；色谱柱：1.8m×4mm 玻璃柱，内填 3% Carbowax 20M/Gas Chrom Q（150～200μm）；柱温：215℃；汽化温度：240℃；检测器温度：240℃；载气流速（氮气或氦气）：80～100mL/min；氢气、空气流速：按检测器的要求设定；进样体积：3μL；保留时间：莠灭净 8～12min，内标物 9～15min。

2. 莠灭净可分散性粉剂（ametryn dispersible powder）

FAO 规格 133/3/S/3（1975）

(1) 组成和外观

本品应由符合 FAO 标准的莠灭净原药、填料和助剂组成，应为均匀的细粉末，无可见的外来物和硬块。

(2) 技术指标

莠灭净含量（%）：

标明含量	允许波动范围
≤40	标明含量的+10%～-5%
＞40	+4%～-2%

湿筛（通过 75μm 筛）/%	≥98
悬浮率（30min）（%）：	
热贮前	≥55（CIPAC 标准水 A）
热贮后	≥50（CIPAC 标准水 C）
持久起泡性（1min 后）/mL	≤40
润湿性（无搅动）/min	≤1

热贮稳定性 [(54±2)℃下贮存 14d]：有效成分含量、湿筛、润湿性仍应符合上述标准要求。

(3) 有效成分分析方法可参照原药。

莠去津（atrazine）

$$C_8H_{14}ClN_5,\ 251.7$$

化学名称　2-氯-4-乙氨基-6-异丙氨基-1,3,5-三嗪

CAS 登录号　1912-24-9

CIPAC 编码　91

理化性状　白色粉末。b. p. 205.0℃/101kPa，m. p. 175.8℃，v. p. 3.85×10^{-2} mPa（25℃），$K_{ow}\lg P=2.5$（25℃），$\rho=1.23g/cm^3$（22℃）。溶解度（g/L，25℃）：水 33mg/L（pH7，22℃），乙酸乙酯 24、丙酮 31、二氯甲烷 28、乙醇 15、甲苯 4.0、正己烷 0.11、正辛酯 8.7。稳定性：在中性、弱酸、弱碱介质中相对稳定，在 70℃中性介质、强酸、强碱介质中迅速水解成羟基衍生物，水解 DT$_{50}$9.5d(pH1)、86d(pH5)、5.0d(pH13)。

1. 莠去津原药（atrazine technical）

FAO 规格 91/1/S/6(1975)

(1) 组成和外观

本品应由莠去津和相关的生产性杂质组成，应为白色至浅米色粉末，无可见的外来物和添加的改性剂。

(2) 技术指标

莠去津含量/%	≥92.0　（允许波动范围为±2%）
氯化钠含量/%	≤2.0
干燥减量(105℃)/%	≤3.0

(3) 有效成分分析方法——气相色谱法

① 方法提要　试样用三氯甲烷溶解，以狄氏剂为内标物，用带有氢火焰离子化检测器的气相色谱仪对试样中的莠去津进行分离和测定。

② 分析条件　气相色谱仪：带有氢火焰离子化检测器；色谱柱：1.8m×4mm 玻璃柱，内填 3%Carbowax 20M/Gas Chrom Q（150～200μm）；柱温：200℃；汽化温度：240℃；检测器温度：240℃；载气流速（氮气或氦气）：80～100mL/min；氢气、空气流速：按检测器的要求设定；进样体积：3μL；保留时间：莠去津 5～7min，内标物 9～12min。

2. 莠去津可分散性粉剂（atrazine dispersible powder）

FAO 规格 91/3/S/7(1975)

(1) 组成和外观

本品应由符合 FAO 标准的莠去津原药、填料和助剂组成，应为均匀的细粉末，无可见

的外来物和硬块。

（2）技术指标

莠去津含量(%)：

标明含量	允许波动范围
≤40	标明含量的-5%~+10%
>40	-2%~+4%
湿筛(通过 75μm 筛)/%	≥98
悬浮率(CIPAC 标准水 A,30min,热贮后样品试用 CIPAC 标准水 C)/%	≥60
持久起泡性(1min 后)/mL	≤25
润湿性(无搅动)/min	≤1.5

热贮稳定性 [(54±2)℃下贮存 14d]：有效成分含量、湿筛、润湿性仍应符合上述标准要求。

（3）有效成分分析方法可参照原药。

第四章

其他类农药

矮壮素氯化物（chlormequat chloride）

$$ClCH_2CH_2\overset{+}{N}(CH_3)_3\overset{-}{Cl}$$

$$C_5H_{13}NCl_2, 158.1$$

化学名称　2-氯乙基三甲基铵离子或 2-氯乙基三甲基氯化铵

其他名称　氯化氯代胆碱

CAS 登记号　999-81-5

CIPAC 编码　143

理化性质　无色结晶体，略有鱼腥味，极易吸湿。m. p. 235℃，v. p. ＜0.001mPa(25℃)。溶解度(g/kg,20℃)：水＞1000，乙醇 320，二氯甲烷、乙酸乙酯、正己烷＜0.1，丙酮 0.2，氯仿 0.3，不溶于苯、二甲苯、乙醚。稳定性：极易吸潮，水溶液稳定。235℃开始分解。在土壤中能被酶快速降解。对未作保护的金属有腐蚀性。

1. 矮壮素氯化物母药(chlormequat chloride technical concentrate)

FAO 规格 143.302/TK(2005)

(1)组成和外观

本品由矮壮素氯化物和相关的生产性杂质组成，为无色液体，略带有鱼腥味，无可见的外来物和添加的改性剂。

(2)技术指标

矮壮素氯化物含量[g/kg 或 g/L(20℃)]	≥750,允许波动范围±25
1,2-二氯乙烷	≤测得矮壮素氯化物含量的 0.01%

(3) 有效成分分析方法——液相色谱法

① 方法提要　将样品溶解在水中，在阳离子交换硅胶色谱柱对其进行离子色谱分离，流动相为乙腈-水-乙二胺，电导检测器对其进行外标定量。

② 分析条件　色谱柱：250mm×4.0mm(i. d.)，Nucleosil 100 ODS 5μm；流动相：乙腈-水-乙酸 [150∶350∶1(体积比)]；流速：0.8mL/min；检测器：电导检测器，适用于非抑制离子色谱；检测范围：20mS；背景电导：400mS；柱温：室温；进样体积：20μL；保留时间：矮壮素氯化物约 10min。

2. 矮壮素氯化物可溶液剂 (chlormequat chloride soluble concentrate)

FAO 规格 143.302/SL(2005)

(1) 组成和外观

本品为符合 FAO 标准的矮壮素氯化物母药和助剂溶解在适宜的溶剂中制成，应为澄清或乳状溶液，无可见的悬浮物和沉淀，使用时有效成分在水中形成真溶液。

(2) 技术指标

矮壮素氯化物含量[g/kg 或 g/L(20℃)]：

标明含量	允许波动范围
＞25 且≤100	标明含量的±10%

>100 且≤250	标明含量的±6%
>250 且≤500	标明含量的±5%
>500	±25
1,2-二氯乙烷	≤测得矮壮素氯化物含量的0.01%
pH 范围	2.5～8
持久起泡性(1min 后)/mL	≤30

溶液稳定性：将54℃贮样用CIPAC标准水的稀释后在（30±2）℃下放置18h后，溶液澄清或乳白色，至多含有痕量沉淀物或可见固体颗粒且全部通过45μm试验筛。

低温稳定性［(0±2)℃下贮存7d］：析出固体或液体的体积应小于0.3mL。

热贮稳定性［(54±2)℃下贮存14d］：有效成分含量应不低于贮前测得平均含量的95%，pH仍应符合上述标准要求。

（3）有效成分分析方法可参照原药。

溴鼠灵 (brodifacoum)

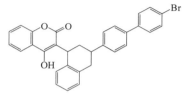

$C_{31}H_{23}BrO_3$, 523.4

化学名称 3-[3-(4′-溴联苯-4-基)-1,2,3,4-四氢-1-萘基]-4-羟基香豆素

其他名称 溴鼠隆，溴联苯鼠隆

CAS 登录号 56073-10-0

CIPAC 编码 370

理化性状 白色粉末（原药纯度>95%为白色至浅黄色粉末），m. p. 228～232℃，v. p. ≪0.001mPa(20℃饱和蒸汽法)，$K_{ow}lgP=8.5$，$\rho=1.42$(25℃，原药)。溶解度(mg/L，20℃)：水 3.8×10⁻³(pH5.2)、0.24(pH7.4)、10(pH9.3)，丙酮20，三氯甲烷3，二氯甲烷50，苯<67.2。稳定性：50℃下热稳定；直接太阳光照30d的情况下光稳定。溶液状态下经紫外线照射分解。水溶后的盐显极弱的酸性。

1. 溴鼠灵原药 (brodifacoum technical material)

WHO 规格 WHO/SRoT/1. R1(2009 年 8 月)

（1）组成和外观

本产品由溴鼠灵和相关生产性杂质组成，外观为白色到暗黄色粉末，无味，无可见的外来物和添加改性剂。

（2）技术指标

溴鼠灵含量/(g/kg)	≥880
cis-trans 异构体比例	50：50～80：20

干燥失重(100℃)/(g/kg)	≤5

(3) 有效成分分析方法——液相色谱法 ［见 **CIPAC 1C，370/TC/(M)/3，p. 1982，1985**］

① 方法提要　样品溶于二氯甲烷-甲醇中，经反相液相色谱分离、UV 检测器定量，使用 1，3，5-三苯基苯作内标。

② 分析条件　液相色谱仪：带有定量环、UV 检测器；不锈钢色谱柱：250mm×4.6mm(i. d.)，填充 Zorbax ODS5 μm；柱温：室温；流速：1mL/min；进样体积：10μL；检测波长：254nm；保留时间：溴鼠灵 6.2min，内标 11.7min。

2. 溴鼠灵浓饵剂（brodifacoum bait concentrate）

WHO 规格 WHO/SRoF/1. R1(2009 年 8 月)

(1) 组成和外观

本品应由符合 WHO 标准 WHO/SRoT/1. R1 的溴鼠灵原药以三乙醇胺盐溶液的形式、必要的助剂和红色或蓝色染料组成，无可见的悬浮物或沉淀物。

(2) 技术指标

溴鼠灵含量(g/kg)：

标明含量	允许波动范围
>25	标明含量的±15%

(3) 有效成分分析方法可参照原药。

3. 溴鼠灵饵剂（直接使用）[brodifacoum bait（ready for use）]

WHO 规格 WHO/IS/7. Ro1. 1. R3(2009 年 8 月)

(1) 组成和外观

本品应由符合 WHO 标准 WHO/SRoT/1. R1 的溴鼠灵原药、圆形全麦、嗜食剂、颜料和高岭土混成浓缩微球剂。

(2) 技术指标

溴鼠灵含量(mg/kg)：

标明含量	允许波动范围
>25	标明含量的-25%～+30%
>25 且≤100	标明含量的-20%～+30%
水分含量/(g/kg)	≤100

(3) 有效成分分析方法可参照原药。

乙烯利（ethephon）

$$C_2H_6ClO_3P，144.5$$

化学名称　2-氯乙基膦酸

其他名称　一试灵，乙烯磷

CAS 登录号　16672-87-0

CIPAC 编码　373

理化性状　无色固体，m. p. $74\sim75℃$，b. p. $265℃$（分解），v. p. $<0.01mPa(20℃)$，$\rho=1.409(20℃$，原药$)$，$K_{ow}\lg P<-2.20(25℃)$，pK_{a1} 2.5，pK_{a2} 7.2。溶解度：水约 $1kg/L(23℃)$，溶于乙醇，甲醇，异丙醇，丙酮，乙酸乙酯和其他极性有机溶剂，微溶于非极性有机溶剂如苯，甲苯，不溶于煤油，柴油。稳定性：$pH<5$ 时水溶液中稳定，随 pH 升高，水解释放出乙烯；半衰期 $2.4d(pH7，25℃)$。对紫外线敏感，$75℃$ 以下稳定。

1. 乙烯利原药 (ethephon technical)

FAO 规格 373/TC/S/F(2000)

(1) 组成和外观

本品由乙烯利和相关的生产性杂质组成的灰白色蜡状固体，无可见的外来物和添加的改性剂。

(2) 技术指标

乙烯利含量/(g/kg)	≥910,含量不应低于声明值
MEPHA(单-2-氯乙基酯,2-氯乙基硫酸酯)/(g/kg)	≤20
1,2-二氯乙烷/(g/kg)	≤0.5
pH 范围	1.5～2.0

(3) 有效成分分析方法——化学法

① 方法提要　试样用碱中和至 pH 等于 9.3，形成乙烯利二钠盐，该二钠盐在加热条件下分解成乙烯和磷酸二氢钠，磷酸二氢钠用酸碱滴定法测定。

② 分析条件　仪器：pH 计或自动电位滴定仪。

2. 乙烯利原药母药 (ethephon technical concentrate)

FAO 规格 373/TK/S/F(2000)

(1) 组成和外观

本品由乙烯利和相关的生产性杂质组成，应为无色至黄褐色灰白色含水的溶液，无可见的外来物和添加的改性剂。

(2) 技术指标

乙烯利含量(g/kg)：

标明含量	允许波动范围
>500	±25
单-2-氯乙基酯,2-氯乙基硫酸酯	≤测得的乙烯利含量的 2%
1,2-二氯乙烷	≤测得的乙烯利含量的 0.04%
水分/(g/kg)	≥(1000－乙烯利含量/0.91)－15
pH	1.5～2.0

水不溶物，本品应全部通过 $250\mu m$ 筛，留在 $150\mu m$ 筛上的残余物≤1g/kg

(3) 有效成分分析方法可参照原药。

3. 乙烯利可溶性液剂（ethephon soluble concentrate）

FAO 规格 373/SL/S/F(1997)

（1）组成和外观

本品由符合 FAO 标准的乙烯利原药和助剂溶解在适宜的溶剂中制成，应为清澈或乳白色至浅褐色液体，无可见的悬浮物和沉淀。

（2）技术指标

乙烯利含量(g/kg 或 g/L)：

标明含量	允许波动范围
＞100 且≤250	标明含量的±6％
＞250 且≤500	标明含量的±5％
＞500	±25

单 2-氯乙基酯, 2-氯乙基硫酸酯	≤测得的乙烯利含量的 2％
1,2-二氯乙烷	≤测得的乙烯利含量的 0.04％
pH 范围	1.5～2.0

溶液稳定性：本品在用（20±2)℃CIPAC 标准水 D 稀释，应为均匀、澄清或乳色溶液，静置 1h 后，所有可见的粒子均应通过 75μm 试验筛。

低温稳定性 [(0±1)℃下贮存 7d]：析出固体或液体的体积应小于 0.3mL。

热贮稳定性 [(54＋2)℃下贮存 14d]：有效成分含量不应低于贮前测得平均含量的 95％，pH、溶液稳定性仍应符合上述标准要求。

（3）有效成分分析方法可参照原药。

抑芽丹 （ maleic hydrazide ）

C₄H₄N₂O₂, 112.1

$C_4H_4N_2O_2$, 112.1

化学名称 1,2-二氢-3,6-哒嗪二酮

其他名称 马来酰肼

CAS 登录号 10071-13-3

理化性状 干原药为白色结晶固体(纯度＞95％)。m. p. 298～300℃，v. p. ＜1×10⁻² mPa(25℃)，$\rho=1.61$(25℃)，$K_{ow} lgP=-1.96$(pH7)。溶解度(g/L，25℃)：水 4.417 (pH4.3，25℃)、144(pH7，20℃)、145.8(pH9)；甲醇 4.179，己烷、甲苯＜0.001。稳定性：见光分解，不易水解，遇氧化剂和强酸分解，25℃ 时保存 1 年不分解。pK_a5.62 (20℃)。

1. 抑芽丹原药（maleic hydrazide technical）

FAO 规格 310/TC(2008)

（1）组成和外观

本品应由抑芽丹和相关的生产性杂质组成，外观应为白色结晶粉末，无可见的外来物和

添加的改性剂。

（2）技术指标

抑芽丹含量/（g/kg）	≥970
肼含量/（g/kg）	≤0.001（1mg/kg）

（3）有效成分分析方法——液相色谱法

① 方法提要　试样用 1mol/L KOH 溶解，以硫酸钠和磷酸二氢钠的水溶液（磷酸调 pH＝4.3）为流动相，用磺胺酸作内标物，在 C_8 柱上对试样进行分离，用紫外检测器检测，检查波长为 254nm。用校正曲线来测含量。

② 分析条件　色谱柱：250mm×4.6mm（i.d.），5μm，Partisil C_8；流动相：称取 14.2g 无水硫酸钠和 15.6g 二水合磷酸二氢钠溶于 1L 水中，磷酸调 pH 至 4.3；流速：1.0mL/min；检测波长：254nm；进样体积：10μL；保留时间：抑芽丹钾盐约 6.5min，磺胺酸约 4.2min。

2. 抑芽丹可溶性液剂　（maleic hydrazide soluble concentrate）

FAO 规格 310.019/SL（2008）

（1）组成和外观

本品应由符合 FAO 标准 310/TC（2008）的抑芽丹原药和必要的助剂以抑芽丹钾盐的形式在适宜的溶剂中制成。外观应为透明或乳白色溶液，无可见悬浮物或沉淀，兑水后以有效成分真溶液使用。

（2）技术指标

抑芽丹含量[g/kg 或 g/L，（20±2）℃]：

标明含量	允许波动范围
＞100 且≤250	标明含量的±6％
＞250 且≤500	标明含量的±5％
肼含量（1mg/kg）	≤抑芽丹含量的 0.001g/kg
持久起泡性（1min 后）/mL	≤50

溶液稳定性 [热贮稳定性试验后，在（30±2）℃下用 CIPAC 标准水 D 稀释 18h]：制剂应为透明或乳白色溶液，不超过痕量的沉淀或可见固体颗粒。无可见分离物。

低温稳定性 [（0±2）℃下贮存 7d]：析出固体和/或液体的体积应小于等于 0.3mL。

热贮稳定性 [（54±2）℃下贮存 14d]：有效成分含量应不低于贮前测得平均含量的 97％、肼含量、溶液稳定性仍应符合上述标准要求。

（3）有效成分分析方法可参照原药。

3. 抑芽丹可溶性粒剂　（maleic hydrazide water soluble granule）

FAO 规格 310.019/SG（2008）

（1）组成和外观

本品应由符合 FAO 标准的抑芽丹原药以抑芽丹钾盐的形式与适宜的载体和/或助剂组成的颗粒剂。外观应为均相，无可见的外来物和硬块，基本无尘。活性成分应能溶于水，不溶性载体或助剂能满足下述技术要求。

（2）技术指标

抑芽丹含量(g/kg)：

标明含量	允许波动范围
＞500	±25g/kg

肼含量	≤抑芽丹含量的 1.0×10^{-4} ％
水分含量/(g/kg)	≤70
溶解度和溶液稳定性[(30±2)℃使用 CIPAC 标准水 D]	≤0.0％(5min 后)；≤0.0％(18h 后)
持久起泡性(1min 后)/mL	≤35
粉尘	基本无尘
流动性(通过 5mm 试验筛)	≥99％

热贮稳定性 [(54±2)℃下贮存 14d]：有效成分含量应不低于贮前测得的平均含量，肼含量、溶解度和溶液稳定性、粉尘、流动性仍应符合上述标准要求。

(3) 有效成分分析方法可参照原药。

4. 抑芽丹可溶性粉剂 (maleic hydrazide water soluble powder)

FAO 规格 310.019/SP(2008)

(1) 组成和外观

本品应由符合 FAO 标准的抑芽丹原药以抑芽丹钾盐的形式和必要的助剂组成的均相混合物。外观应为粉末状，虽可能含有不溶性惰性成分，但溶于水后一有效成分的真溶液使用。制剂保存在密封性水溶性袋中，包装中应明确标明制剂的量。

(2) 技术指标

抑芽丹含量/(g/kg)

标明含量	允许波动范围
＞500	±25g/kg

肼含量	≤抑芽丹含量的 1.0×10^{-4} ％
水分含量/(g/kg)	≤20
润湿性(不经搅动)/min	≤1
溶解度和溶液稳定性[(30±2)℃使用 CIPAC 标准水 D]	≤0.0％(5min 后)；≤0.0％(18h 后)
持久起泡性(1min 后)/mL	≤40

热贮稳定性 [(54±2)℃下贮存 14d]：有效成分含量应不低于贮前测得平均含量的 97％，肼含量、润湿性、溶解度和溶液稳定性仍应符合上述标准要求。当用可溶性袋包装时，该包装袋应附带防水密封袋、盒或其他容器，于 (54±2)℃下贮存 14d，有效成分含量应不低于贮前测得平均含量的 97％，肼含量、润湿性、水溶性袋溶解速度、溶解度和溶液稳定性仍应符合上述标准要求。贮前和贮后操作过程中，水溶性袋不能有破裂或泄漏。

水溶性包装袋封装产品

水溶性袋溶解度/s	≤15(悬浮液流动时间)
溶解度和溶液稳定性[(30±2)℃使用 CIPAC 标准水 D]	≤0.0％(5min 后)；≤0.0％(18h 后)
持久起泡性(1min 后)/mL	≤40

(3) 有效成分分析方法可参照原药。

增效醚（piperonyl butoxide）

$$CH_3(CH_2)_3OCH_2CH_2OCH_2CH_2OCH_2$$

$$CH_3(CH_2)_2$$

$C_{19}H_{30}O_5$，338.4

化学名称　3,4-亚甲二氧基-6-正丙基苄基正丁基二缩乙二醇醚

其他名称　胡椒基丁醚

CAS 登录号　51-03-6

CIPAC 编码　33

理化性状　无色液体（原药为黄色油状液体）。b.p.180℃/1mmHg（原药），v.p. $2.0×10^{-2}$mPa(60℃)，$K_{ow}lgP=4.75$，$\rho=1.060g/cm^3$(20℃)。溶解度(g/L，25℃)：水 $1.43×10^{-2}$，溶于所有的常规有机试剂，包括矿物油和氟代脂肪族碳氢化合物（气溶胶喷射剂）。稳定性：25℃黑暗环境下，在 pH=5、7 和 9 的无菌缓冲溶液中基本稳定。光照条件下，pH=7 水溶液中快速降解，DT_{50}8.4h(pH7)。f.p.140℃（ASTM D93）。黏度：40cP (25℃)。

一、FAO 规格

增效醚原药（piperonyl butoxide technical material）

FAO 规格 33/TC（2011）

（1）组成和外观

本产品由增效醚和相关生产性杂质组成，外观为一种无色至浅黄色油状液体，无可见的外来物和添加改性剂。

（2）技术指标

有效成分含量/(g/kg)　　　　≥920(测定结果的平均值应不低于标明含量下限)

二氢黄樟素含量　　　　　　≤0.1g/kg

（3）有效成分分析方法——气相色谱法

① 方法提要　试样用丙酮溶解，以邻苯二甲酸二环己酯为内标物，在 OV-101/Chromosorb W-HP 色谱柱上进行分离，用带有氢火焰离子化检测器的气相色谱仪对试样中的增效醚进行测定。

② 分析条件　气相色谱仪，带有氢火焰离子化检测器；色谱柱：1.2m×4mm，内装 5%OV-101/Chromosorb W-HP(150～200μm)；柱温：210℃；汽化温度：250℃；检测器温度：250℃；载气（氮气）流速：50mL/min；氢气：50mL/min；空气：350mL/min；进样体积：2μL；保留时间：增效醚 12min，邻苯二甲酸二环己酯 16min。

二、WHO 规格

增效醚原药（piperonyl butoxide technical material）

WHO 规格 33/TC(2010)

（1）组成和外观

本产品由增效醚和相关生产性杂质组成，外观为一种黏稠的，无色至微黄色液体，无可见的外来物和添加改性剂。

（2）技术指标

有效成分含量/（g/kg）	≥920（测定结果的平均含量应不低于最小的标明含量）

附　　录

农药剂型名称及代码

代码	英文名称	剂型名称	代码	英文名称	剂型名称
AE	aerosol	气雾剂	LA	lacquer	涂膜剂
AS	aqueous solution	水剂	LS	solution for seed treatment	拌种液剂
BA	bag	药袋	MC	smoke coil	蚊香
BB	block bait	饵块	ME	micro-emulsion	微乳剂
BF	block formulation	块剂	MF	mulching film	药膜
BG	bait gel	胶饵	MG	micro granule	微粒剂
BP	powder bait	饵粉	MP	mogh-proofer	防蛀剂
BR	bripuette	缓释剂	OF	oil miscible flowable concentrate	油悬浮剂
CB	bait concentrate	浓饵剂	OL	oil miscible liquid	油剂
CC	cockroach coil	蟑香	OP	oil dispersible powder	油分散粉剂
CG	encapsulated granule	微囊粒剂	PA	paste	糊剂
CP	contact powder	触杀粉	PN	paint	涂抹剂
CS	aqueous capsule suspension	微囊悬浮剂	RA	repellent paste	驱虫膏
DC	dispersible concentrate	可分散液剂	RB	bait	饵剂
DP	dustable powder	粉剂	RE	repellent	驱避剂
EA	effervescent granule	泡腾粒剂	SC	aqueous suspension concentrate	悬浮剂
EB	effervescent tablet	泡腾片剂	SE	aqueous suspoemulsion	悬乳剂
EC	emulsifiable concentrate	乳油	SF	spray fluid	喷射剂
ED	electrochargeable liquid	静电喷雾液剂	SG	water soluble granule	可溶粒剂
EG	emulsifiable granule	乳粒剂	SL	soluble con centrate	可溶液剂
EO	emulsion，water in oil	油乳剂	SO	spreading oil	展膜油剂
EW	emulsion，oil in water	水乳剂	SP	water soluble powder	可溶粉剂
FG	fine granule	细粒剂	ST	water soluble tablet	可溶片剂
FO	smoke fog	烟雾剂	TB	tablet DT	片剂
FT	smoki tablet	烟片	TC	technical material	原药
FU	smoke generator	烟剂	TK	technical concentrate	母药
GB	granuoar bait	饵粒	TM	tank mixture	桶混剂
GG	macro granule	大粒剂	UL	ultralow-volume concentrate	超低容量液剂
GP	flo-dust	漂浮粉剂	VP	vapour releasing product	熏蒸剂
GR	granule	颗粒剂	WBA	water-based aerosol	水基气雾剂
GW	water soluble gel	可溶胶剂	WG	water dispersible granule	水分散粒剂
HN	hot fogging concentrate	热雾剂	WP	wettable powder	可湿性粉剂
KN	cold fogging concentrate	冷雾剂	WT	water dispersible tablet	可分散片剂

参考文献

［1］陈铁春，李国平，赵永辉．农药分析手册．北京：化学工业出版社，2013．

［2］赵欣昕，侯宇凯．农药规格质量标准汇编．北京：化学工业出版社，2002．

［3］国际农药协作委员会编．CIPAC Handbook Volume 1A. England：Black Bear Press . limited，1980．

［4］国际农药协作委员会编．CIPAC Handbook Volume 1B-Volume E. England：Black Bear Press limited，1963-1993．

［5］国际农药协作委员会编．CIPAC Handbook Volume F-Volume N. England：Black Bear Press limited，1994-2012．

［6］FAO Specifications for Agricultural Pesticides in agriculture，http：/WWW. FAO. ORG/.

［7］WHO specifications for pesticides used in public health. http：//www. who. int.

［8］中华人民共和国国家标准．农药中文通用名称．GB 4839—2009．

［9］联合国粮食及农业组织和世界卫生组织农药标准制定和使用手册（第二次修订版）．北京：农业出版社，2012．

［10］骆焱平，符悦冠．农药专业英语．北京：化学工业出版社，2009．

索 引

中文农药名称索引

英文农药通用名称索引

书　号	书　名	定　价
122-22028	农药手册	480.0
122-22115	新编农药品种手册	288.0
122-21908	农药残留风险评估与毒理学应用基础	78.0
122-20582	农药国际贸易与质量管理	80.0
122-21445	专利过期重要农药品种手册	128.0
122-21715	吡啶类化合物及其应用	80.0
122-21298	农药合成与分析技术	168.0
122-21262	农民安全科学使用农药必读（第三版）	18.0
122-21548	蔬菜常用农药100种	28.0
122-19639	除草剂安全使用与药害鉴定技术	38.0
122-19573	药用植物九里香研究与利用	68.0
122-19029	国际农药管理与应用丛书——哥伦比亚农药手册	60.0
122-18414	世界重要农药品种与专利分析	198.0
122-18588	世界农药新进展（三）	118.0
122-17305	新农药创制与合成	128.0
122-18051	植物生长调节剂应用手册	128.0
122-15415	农药分析手册	298.0
122-16497	现代农药化学	198.0
122-15164	现代农药剂型加工技术	380.0
122-15528	农药品种手册精编	128.0
122-13248	世界农药大全——杀虫剂卷	380.0
122-11319	世界农药大全——植物生长调节剂卷	80.0
122-11206	现代农药合成技术	268.0
122-10705	农药残留分析原理与方法	88.0
122-17119	农药科学使用技术	19.8
122-17227	简明农药问答	39.0
122-19531	现代农药应用技术丛书——除草剂卷	29.0
122-18779	现代农药应用技术丛书——植物生长调节剂与杀鼠剂卷	28.0
122-18891	现代农药应用技术丛书——杀菌剂卷	29.0
122-19071	现代农药应用技术丛书——杀虫剂卷	28.0
122-11678	农药施用技术指南（二版）	75.0
122-12698	生物农药手册	60.0
122-15797	稻田杂草原色图谱与全程防除技术	36.0
122-14661	南方果园农药应用技术	29.0
122-13875	冬季瓜菜安全用药技术	23.0
122-13695	城市绿化病虫害防治	35.0
122-09034	常用植物生长调节剂应用指南（二版）	24.0

书　号	书　名	定　价
122-08873	植物生长调节剂在农作物上的应用（二版）	29.0
122-08589	植物生长调节剂在蔬菜上的应用（二版）	26.0
122-08496	植物生长调节剂在观赏植物上的应用（二版）	29.0
122-08280	植物生长调节剂在植物组织培养中的应用（二版）	29.0
122-12403	植物生长调节剂在果树上的应用（二版）	29.0
122-09867	植物杀虫剂苦皮藤素研究与应用	80.0
122-09825	农药质量与残留实用检测技术	48.0
122-09521	螨类控制剂	68.0
122-10127	麻田杂草识别与防除技术	22.0
122-09494	农药出口登记实用指南	80.0
122-10134	农药问答（第五版）	68.0
122-10467	新杂环农药——除草剂	99.0
122-03824	新杂环农药——杀菌剂	88.0
122-06802	新杂环农药——杀虫剂	98.0
122-09568	生物农药及其使用技术	29.0
122-09348	除草剂使用技术	32.0
122-08195	世界农药新进展（二）	68.0
122-08497	热带果树常见病虫害防治	24.0
122-10636	南方水稻黑条矮缩病防控技术	60.0
122-07898	无公害果园农药使用指南	19.0
122-07615	卫生害虫防治技术	28.0
122-07217	农民安全科学使用农药必读（二版）	14.5
122-09671	堤坝白蚁防治技术	28.0
122-06695	农药活性天然产物及其分离技术	49.0
122-05945	无公害农药使用问答	29.0
122-18387	杂草化学防除实用技术（第二版）	38.0
122-05509	农药学实验技术与指导	39.0
122-05506	农药施用技术问答	19.0
122-04825	农药水分散粒剂	38.0
122-04812	生物农药问答	28.0
122-04796	农药生产节能减排技术	42.0
122-04785	农药残留检测与质量控制手册	60.0
122-04413	农药专业英语	32.0
122-03737	农药制剂加工实验	28.0
122-03635	农药使用技术与残留危害风险评估	58.0
122-03474	城乡白蚁防治实用技术	42.0
122-03200	无公害农药手册	32.0
122-02585	常见作物病虫害防治	29.0

书　号	书　名	定　价
122-02416	农药化学合成基础	49.0
122-02178	农药毒理学	88.0
122-06690	无公害蔬菜科学使用农药问答	26.0
122-01987	新编植物医生手册	128.0
122-02286	现代农资经营丛书——农药销售技巧与实战	32.0
122-00818	中国农药大辞典	198.0
5025-9756	农药问答精编	30.0
122-00989	腐植酸应用丛书——腐植酸类绿色环保农药	32.0
122-00034	新农药的研发——方法·进展	60.0
122-02135	农药残留快速检测技术	65.0
122-11849	新农药科学使用问答	19.0
122-11396	抗菌防霉技术手册	80.0

如需相关图书内容简介、详细目录以及更多的科技图书信息，请登录 www.cip.com.cn。

邮购地址：（100011）北京市东城区青年湖南街 13 号 化学工业出版社

服务电话：010-64518888，64518800（销售中心）

如有化学化工、农药、植保类著作出版，请与编辑联系。联系方式：010-64519457，286087775@qq.com